21 世纪高等院校规划教材

高等数学学习指导与习题解答

（经管、文科类）

主　编　郭照庄

副主编　赵　艳　聂铭玮

中国水利水电出版社

www.waterpub.com.cn

内 容 提 要

本书是与 21 世纪高等院校规划教材《高等数学（经管、文科类）》配套的学习辅导书。

本书对应教材章节编写。全书共分 10 章，各章均由内容提要、典型例题解析、习题选解、同步练习及答案四部分构成。本书对教材中的基本概念、基本理论进行了简要的归纳和提炼。根据经管、文科类专业的特点，本书在选材和编排上着眼于基础训练的强化，突出解题思路和方法指导，并对解题步骤和思路进行了适当的归纳，以提高读者分析问题和解决问题的能力。

本书可供高等院校经管、文科类本科专业的学生学习使用，也可供高校教师和科技工作者使用。

由于编写的独立性，本书也可作为使用其他高等数学教材的经管、文科类学生的复习参考书。

图书在版编目（ＣＩＰ）数据

高等数学学习指导与习题解答：经管、文科类 / 郭照庄主编. -- 北京：中国水利水电出版社，2015.1
21世纪高等院校规划教材
ISBN 978-7-5170-2807-9

Ⅰ.①高… Ⅱ.①郭… Ⅲ.①高等数学－高等学校－教学参考资料 Ⅳ.①O13

中国版本图书馆CIP数据核字(2015)第000625号

策划编辑：雷顺加   责任编辑：宋俊娥   封面设计：李 佳

书　　名	21世纪高等院校规划教材 **高等数学学习指导与习题解答（经管、文科类）**
作　　者	主　编　郭照庄 副主编　赵　艳　聂铭玮
出版发行	中国水利水电出版社 （北京市海淀区玉渊潭南路 1 号 D 座　100038） 网址：www.waterpub.com.cn E-mail：mchannel@263.net（万水） 　　　　　sales@waterpub.com.cn 电话：（010）68367658（发行部）、82562819（万水）
经　　售	北京科水图书销售中心（零售） 电话：（010）88383994、63202643、68545874 全国各地新华书店和相关出版物销售网点
排　　版	北京万水电子信息有限公司
印　　刷	北京正合鼎业印刷技术有限公司
规　　格	170mm×227mm　16 开本　16.75 印张　337 千字
版　　次	2015 年 1 月第 1 版　2015 年 1 月第 1 次印刷
印　　数	0001—3000 册
定　　价	28.00 元

前　　言

　　高等数学（经管、文科类）作为经管、文科类专业的重要基础课，由于概念抽象、推理独特、方法灵活，初学者往往面临着课程难学，规律难寻，习题难做的困境，本书作为 21 世纪高等院校规划教材《高等数学（经管、文科类）》配套的学习辅导书，正是针对普遍存在的"三难"而编写的。

　　全书各章均由内容提要、典型例题解析、习题选解、同步练习及答案四部分构成。

　　内容提要：对教材中的基本概念、基本理论进行简要归纳，揭示重点，剖析难点。

　　典型例题分析：突出解题分析和方法指导，并对解题的步骤和思路进行适当的归纳。

　　习题选解：对主教材中的百分之九十的习题给出了详解，供读者解题时参考。对主教材各章的复习题和自测题都一一进行了详尽解答，在某些题解中，编者还通过加注的方式说明解证这类习题的一般方法及易犯的错误，习题选解中的习题和题号与主教材完全一致，读者可以在独立练习的基础上方便的对照参考。

　　同步练习及答案：为读者精选了难易适中，与各章所学基本概念、基本运算、基本内容密切相关的题目，并给出了参考答案。

　　本书由郭照庄主编，赵艳、聂铭玮担任副主编。各章编写分工如下：第 1 章、第 2 章、第 3 章由郭照庄编写，第 4 章、第 5 章、第 6 章、第 7 章由赵艳编写，第 8 章、第 9 章、第 10 章由聂铭玮编写。张文治、张翠莲、翟秀娜、王晓威、毕晓华、孙月芳、程广涛、张静、江志超、霍东升、戴江涛、陈博海、刘园园等参加了本书大纲及编写风格的讨论工作。

　　在编写过程中，编者参考了很多相关的书籍和资料，采用了一些相关内容，在此谨表谢意！

　　由于编者水平有限，书中难免有不当或疏漏之处，恳请读者批评赐教。

编　者

2014 年 12 月

目　　录

第 1 章　函数、极限与连续

1.1　内容提要

1.1.1　预备知识

1.　集合的概念

（1）集合

集合是具有某种属性的事物的全体，或是一些确定对象的汇总. 通常用大写字母 A、B、C 等表示集合. 构成集合的事物或对象，称为集合的元素. 通常用小写字母 a、b、c 等表示集合的元素.

如果 a 是集合 A 的元素，则记作 $a \in A$，读作 a 属于 A 或 a 在 A 中；如果 a 不是集合 A 的元素，则记作 $a \notin A$，读作 a 不属于 A 或 a 不在 A 中.

（2）集合的表示方法

① 列举法　按任意顺序列出集合的所有元素，并用花括号 $\{\ \}$ 括起来.

② 描述法　设 $P(a)$ 为某个与 a 有关的条件或法则，A 为满足 $P(a)$ 的一切 a 构成的集合，则记为 $A = \{a \mid P(a)\}$.

（3）全集与空集

由所研究的所有事物构成的集合称为全集，记为 U. 全集是相对的，一个集合在一定条件下是全集，在另一条件下就可能不是全集. 不包括任何元素的集合称为空集，记作 $\varnothing$.

（4）子集

定义 1.1.1　如果集合 A 的每一个元素都是集合 B 的元素，即"如果 $a \in A$，则 $a \in B$"，则称 A 为 B 的子集，记为 $A \subset B$ 或 $B \supset A$，读作 A 包含于 B 或 B 包含 A.

定义 1.1.2　设有集合 A 和 B，如果 $A \subset B$ 且 $B \subset A$，则称 A 与 B 相等，记作 $A = B$.

关于子集有以下结论：

① $A \subset A$，即"集合 A 是其自己的子集"；

② 对任意集合 A，有 $\varnothing \subset A$，即"空集是任何集合的子集"；

③ 如果 $A \subset B$，$B \subset C$，则 $A \subset C$，即"集合的包含关系有传递性".

（5）集合的运算

定义 1.1.3　设有集合 A 和 B，由 A 和 B 的所有元素构成的集合，称为 A 与 B

的并，记为 $A\bigcup B$，即 $A\bigcup B=\{x|x\in A$ 或 $x\in B\}$．

集合的并有下列性质：

① $A\subset A\bigcup B$，$B\subset A\bigcup B$；

② 对任何集合 A，有 $A\bigcup\varnothing=A$，$A\bigcup U=U$，$A\bigcup A=A$．

定义 1.1.4 设有集合 A 和 B，由 A 和 B 的所有公共元素构成的集合，称为 A 与 B 的交，记为 $A\bigcap B$，即 $A\bigcap B=\{x|x\in A$ 且 $x\in B\}$．

集合的交有下列性质：

① $A\bigcap B\subset A$，$A\bigcap B\subset B$；

② 对任何集合 A，有 $A\bigcap\varnothing=\varnothing$，$A\bigcap U=A$，$A\bigcap A=A$．

定义 1.1.5 设有集合 A 和 B，属于 A 而不属于 B 的所有元素构成的集合，称为 A 与 B 的差，记为 $A-B$，即 $A-B=\{x|x\in A$ 且 $x\notin B\}$．

定义 1.1.6 全集 U 中所有不属于 A 的元素构成的集合，称为 A 的补集，记为 A'，即

$$A'=\{x|x\in U\text{且}x\notin A\}.$$

补集有下列性质：$A\bigcup A'=U$，$A\bigcap A'=\varnothing$．

（6）集合运算律

① 交换律：$A\bigcup B=B\bigcup A$，$A\bigcap B=B\bigcap A$；

② 结合律：$(A\bigcup B)\bigcup C=A\bigcup(B\bigcup C)$，$(A\bigcap B)\bigcap C=A\bigcap(B\bigcap C)$；

③ 分配律：$(A\bigcup B)\bigcap C=(A\bigcap C)\bigcup(B\bigcap C)$，$(A\bigcap B)\bigcup C=(A\bigcup C)\bigcap(B\bigcup C)$；

④ 摩根律：$(A\bigcup B)'=A'\bigcap B'$，$(A\bigcap B)'=A'\bigcup B'$．

（7）集合的笛卡尔乘积

集合的元素是不涉及顺序问题的，例如 $\{a,b\}$ 与 $\{b,a\}$ 是指同一个集合．但有时需要研究元素必须按某种规定顺序排列的问题．

定义 1.1.7 设有集合 A 和 B．$x\in A$，$y\in B$，所有二元有序数组 (x,y) 构成的集合，称为集合 A 与 B 的笛卡尔乘积．记为 $A\times B$，即 $A\times B=\{(x,y)|x\in A,y\in B\}$．

如果集合 A 的每一个元素都是集合 B 的元素，即"如果 $a\in A$，则 $a\in B$"，则称 A 为 B 的子集．记为 $A\subset B$ 或 $B\supset A$，读作 A 包含于 B 或 B 包含 A．

2．实数轴

（1）实数与数轴

有理数可以表示为 $\dfrac{p}{q}$，无理数不能表示为 $\dfrac{p}{q}$，其中 p、q 都是整数，且 $q\neq0$．分数可以用有穷小数或无穷循环小数表示；反之，有穷小数或无穷循环小数亦可用分数表示．

因此，有理数可以表示为有穷小数或无穷循环小数，而无理数为无穷不循环小数．

注意：有理点在数轴上是稠密的.

有理数与无理数统称为实数. 实数充满数轴而且没有空隙，这就是实数的连续性. 这就是说全体实数与数轴上的全体点形成一一对应的关系.

（2）绝对值

定义 1.1.8 一个实数 x 的绝对值，记为 $|x|$，定义为 $|x| = \begin{cases} x, & x \geqslant 0, \\ -x, & x < 0. \end{cases}$

$|x|$ 的几何意义：$|x|$ 表示数轴上点 x（不论 x 在原点左边还是右边）与原点之间的距离.

绝对值及其运算有下列性质：

① $|x| = \sqrt{x^2}$；　　　　　　　　② $|x| \geqslant 0$；

③ $|x| = |-x|$；　　　　　　　　　④ $-|x| \leqslant x \leqslant |x|$；

⑤ 如果 $a > 0$，则 $\{x \mid |x| < a\} = \{x \mid -a < x < a\}$；

⑥ 如果 $b > 0$，则 $\{x \mid |x| > b\} = \{x \mid x < -b\} \cup \{x \mid x > b\}$；

⑦ $|x + y| \leqslant |x| + |y|$；　　　　⑧ $|x - y| \geqslant |x| - |y|$；

⑨ $|xy| = |x| \cdot |y|$；　　　　　　⑩ $\left| \dfrac{x}{y} \right| = \dfrac{|x|}{|y|}, y \neq 0$.

（3）区间

设 a, b 为实数，且 $a < b$.

① 满足不等式 $a < x < b$ 的所有实数 x 的集合，称为以 a、b 为端点的开区间，记作 (a, b)，即 $(a, b) = \{x \mid a < x < b\}$.

② 满足不等式 $a \leqslant x \leqslant b$ 的所有实数 x 的集合，称为以 a、b 为端点的闭区间，记作 $[a, b]$. 即 $[a, b] = \{x \mid a \leqslant x \leqslant b\}$.

③ 满足不等式 $a \leqslant x < b$（或 $a < x \leqslant b$）的所有实数 x 的集合，称为以 a、b 为端点的半开区间，记作 $[a, b)$（或 $(a, b]$）. 即 $[a, b) = \{x \mid a \leqslant x < b\}$，$(a, b] = \{x \mid a < x \leqslant b\}$.

以上三类区间为有限区间. 有限区间右端点 b 与左端点 a 的差 $b - a$，称为区间的长.

还有下面几类无限区间：

④ $(a, +\infty) = \{x \mid a < x\}$，$[a, +\infty) = \{x \mid a \leqslant x\}$.

⑤ $(-\infty, b) = \{x \mid x < b\}$，$(-\infty, b] = \{x \mid x \leqslant b\}$.

⑥ $(-\infty, +\infty) = \{x \mid -\infty < x < +\infty\}$，即全体实数的集合.

（4）邻域

由绝对值的性质（5）可知，实数集合 $\{x \mid |x - x_0| < \delta, \delta > 0\}$ 在数轴上，是一个

以点 x_0 为中心、长度为 2δ 的开区间 $(x_0 - \delta, x_0 + \delta)$，称为点 x_0 的 δ 邻域. x_0 称为邻域的中心，δ 称为邻域的半径.

在微积分中还常常用到集合 $\{x \mid 0 < |x - x_0| < \delta, \delta > 0\}$，这是在点 x_0 的 δ 邻域内去掉点 x_0，其余的点所组成的集合，即集合 $(x_0 - \delta, x_0) \bigcup (x_0, x_0 + \delta)$，称为以 x_0 为中心，半径为 δ 的去心邻域.

1.1.2 函数

1. 函数的概念

定义 1.2.1 设 x, y 是两个变量，D 是一个给定的数集. 如果有一个对应法则 f，使得对于每一个数值 $x \in D$，变量 y 都有唯一确定的数值与之对应，则称变量 y 是变量 x 的函数，记为 $y = f(x)$，$x \in D$. 其中 x 称为自变量，y 称为因变量，集合 D 称为函数的定义域，记为 D_f.

注意：函数的两个要素：函数的定义域 D_f 和对应法则 f.

2. 函数的表示法

表示函数的方法常用的有以下三种：

（1）表格法　把自变量的一系列值与对应的函数值列成表格. 例如，平方表、立方表、常用对数表、三角函数表等.

（2）图示法　在平面直角坐标系中，将自变量 x 和因变量 y 之间的对应法则用图像表示出来. 图示法的优点是简明直观，缺点是不便于理论上的分析和研究.

（3）公式法（解析法）　用一个或几个数学式子来表示自变量 x 和因变量 y 之间的对应法则的方法.

在实际问题中，用公式法表示函数时，会遇到一个函数在其定义域的不同范围内用不同的数学式子来表示，用这种形式表示的函数称为分段函数.

3. 反函数与复合函数

（1）反函数

定义 1.2.2 一般地，设 $y = f(x)$ 是定义在 D_f 上的一个函数，其值域 Z_f. 如果对每一数值 $y \in Z_f$，有确定的且满足 $y = f(x)$ 的数值 $x \in D_f$ 与之对应，其对应法则记为 f^{-1}，则定义在 Z_f 上的函数 $x = f^{-1}(y)$ 称为函数 $y = f(x)$ 的反函数.

注意：函数 $y = f(x)$ 与其反函数 $y = f^{-1}(x)$ 的图像关于直线 $y = x$ 对称.

（2）复合函数

定义 1.2.3 设 y 是 u 的函数 $y = f(u)$，而 u 又是 x 的函数 $u = \varphi(x)$. 如果对于 $\varphi(x)$ 的定义域中某些 x 值所对应的 u 值，函数 $y = f(u)$ 有定义，则 y 通过 u 也成为 x 的函数，称为由 $y = f(u)$ 及 $u = \varphi(x)$ 复合而成的复合函数，记为 $y = f[\varphi(x)]$，其中 u 称为中间变量.

注意：不是任意两个函数都能复合成一个函数.

4．隐函数

变量 x,y 之间的相互依赖关系，是由某一个二元方程 $F(x,y)=0$ 给出的，用这种方法表示的函数称为隐函数．

注意：有些隐函数可以改写成显函数的形式，而有些隐函数不能改写成显函数的形式．

5．初等函数

（1）基本初等函数

① 幂函数 $y=x^\mu$（μ 为实数）；

② 指数函数 $y=a^x$（$a>0,\ a\neq1$）；

③ 对数函数 $y=\log_a x$（$a>0,\ a\neq1$）；

④ 三角函数 $y=\sin x,\ y=\cos x,\ y=\tan x,\ y=\cot x$；

⑤ 反三角函数 $y=\arcsin x,\ y=\arccos x,\ y=\arctan x,\ y=\operatorname{arccot} x$．

（2）初等函数

由常数和基本初等函数经过有限次四则运算或有限次复合所构成，并可用一个解析式表示的函数称为初等函数．

6．函数的基本性质

（1）函数的单调性

设函数 $y=f(x)$ 在区间 I 上有定义，如果对于区间 I 内的任意两点 x_1,x_2，当 $x_1<x_2$ 时，都有 $f(x_1)<f(x_2)$（或 $f(x_1)>f(x_2)$），则称 $f(x)$ 在区间 I 上是单调递增（或单调递减）的．

（2）函数的有界性

设函数 $y=f(x)$ 在区间 I 上有定义，如果存在正常数 M，使得对于区间 I 内所有 x，恒有 $|f(x)|\leqslant \Delta y=f(x)-f(x_0)$，则称 $f(x)$ 在区间 I 上有界．如果这样的 M 不存在，则称 $f(x)$ 在区间 I 上无界．

（3）函数的奇偶性

设函数 $y=f(x)$ 的定义域 D_f 关于原点对称，如果对于任意 $x\in D_f$，恒有 $f(-x)=-f(x)$（或 $f(-x)=f(x)$），则称 $f(x)$ 为奇（或偶）函数．

注意：奇函数的图形关于原点对称，偶函数的图形关于 y 轴对称．

（4）函数的周期性

设函数 $y=f(x)$ 的定义域为 D_f，如果存在一个常数 $T\neq0$，使得对任意的 $x\in D_f$ 有 $x\pm T\in D_f$，且 $f(x\pm T)=f(x)$，则称函数 $f(x)$ 为周期函数，T 称为 $f(x)$ 的周期．通常我们所说的周期是指函数 $f(x)$ 的最小正周期．

7．常见的经济函数

（1）总成本函数、总收入函数和总利润函数

总成本是企业生产一定数量的某种产品的总费用．总成本通常又分成固定成本（亦称间接成本，记为 C_0）和可变成本两部分．

通常把成本 C、收入 R 和利润 L 称为经济变量．在不考虑一些次要因素的情况下，它们可以看成是销售量 x 的函数，分别称为总成本函数 $C(x)$、总收入函数 $R(x)$、总利润函数 $L(x)$．

一般地，固定成本与产量 x 无关．可变成本随产量增加而增加．显而易见，总成本 $C(x) = C_0 + C_1(x)$ 是产量 x 的单增函数；总收入 $R(x)$ 是销售量 x 与销售单价 P 的乘积，即 $R(x) = Px$；总利润 $L(x)$ 等于总收入减去总成本，即 $L(x) = R(x) - C(x)$．

在市场经济理论中，企业是以获得最大利润为追求目标的，所以，利润函数亦称为企业的目标函数．所以当企业刚好保本时，应满足 $L(x) = R(x) - C(x) = 0$，由上式得出的 x_0 值，即为保本生产量，亦称盈亏临界生产量，因为当生产量 $x < x_0$ 时，企业经营的结果是亏损，只有当生产量 $x > x_0$ 时，企业方能盈利．

（2）需求函数和供给函数

需求量是指某种商品在一定价格条件下，消费者愿意购买并有付款能力购买的商品量．商品的需求量是受多种因素所制约的，但价格是影响需求量的主要因素．因此，我们只讨论需求量与价格的关系．

设 P 表示商品的价格、x_d 表示商品的需求量，则 $x_d = f(P)$ 称为需求函数．

一般地，当商品的价格提高时，需求量就减少；反之，当商品的价格降低时，需求量便增加．因此，需求函数是单调减少函数．

供给量是指某种商品在一定价格条件下，生产者愿意出售且可能出售的商品量．同需求量一样，供给量也是受多种因素所制约的，但价格是影响供给量的主要因素．因此，我们只讨论供给量与价格的关系．

设 P 表示商品的价格、x_s 表示商品的需求量，则 $x_s = \varphi(P)$ 称为供给函数．

一般地，当商品的价格降低时，供给量就减少；反之，当商品的价格提高时，供给量便增加．因此，需求函数是严格单调增加函数．

综上所述，同一种商品的供给量和需求量都是随该商品价格的变化而变化的．在经济理论中，使得某商品的供给量和需求量相等时的价格称为均衡价格．

1.1.3 极限的概念

1．数列的极限

（1）数列概念

自变量为正整数的函数 $u_n = f(n)$（$n = 1, 2, \cdots$），将其函数值按自变量 n 由小到大排成一列数 $u_1, u_2, u_3, \cdots, u_n, \cdots$ 称为数列，将其简记为 $\{u_n\}$，其中 u_n 称为数列的通项或一般项．

（2）数列的极限

定义 1.3.1 对于数列 $\{u_n\}$，如果当 n 无限增大时，通项 u_n 无限趋近于某个确定的常数 a，则称常数 a 为数列 $\{u_n\}$ 的极限，或称数列 $\{u_n\}$ 收敛于 a，记为 $\lim\limits_{n \to \infty} u_n = a$ 或 $u_n \to a$（$n \to \infty$）．若数列 $\{u_n\}$ 没有极限，我们称数列是发散的．

如果数列 $\{u_n\}$ 对于每一个正整数 n，都有 $u_n \leqslant u_{n+1}$，则称数列 $\{u_n\}$ 为单调递增

的数列；类似地，如果数列 $\{u_n\}$ 对于每一个正整数 n 都有 $u_n \geqslant u_{n+1}$，则称数列 $\{u_n\}$ 为单调递减的数列，单调递增与单调递减的数列统称为单调数列. 如果对于数列 $\{u_n\}$ 存在一个固定的常数 M，使得对于其每一项 u_n，都有 $|u_n| \leqslant M$，则称数列 $\{u_n\}$ 为有界数列.

注意：收敛数列一定有界；单调有界数列必有极限.

2. 函数的极限

数列是一种特殊的函数，下面研究一般函数的极限概念.

（1）当 $x \to \infty$ 时，函数 $f(x)$ 的极限

定义 1.3.2 若自变量 x 无限增大时，函数 $f(x)$ 无限趋近于某个确定的常数 A，则称常数 A 为函数 $f(x)$ 当 $x \to +\infty$ 时的极限，记为 $\lim\limits_{x \to +\infty} f(x) = A$ 或 $f(x) \to A$（$x \to +\infty$）.

关于 $x \to -\infty$ 时函数极限的定义，可仿照上面的定义给出.

如果当 $x \to +\infty$ 时函数 $f(x)$ 的极限为 A，且当 $x \to -\infty$ 时，函数 $f(x)$ 的极限也为 A，此时称当 $x \to \infty$ 时，函数 $f(x)$ 的极限为 A，记为

$$\lim_{x \to \infty} f(x) = A \quad \text{或} \quad f(x) \to A（x \to +\infty）.$$

定理 1.3.1 $\lim\limits_{x \to \infty} f(x) = A \Leftrightarrow \lim\limits_{x \to -\infty} f(x) = \lim\limits_{x \to +\infty} f(x) = A$.

（2）当 $x \to x_0$ 时，函数 $f(x)$ 的极限

定义 1.3.3 设函数 $f(x)$ 在 x_0 的某邻域内有定义（x_0 可以除外），如果当自变量 x 趋近于 x_0（$x \neq x_0$）时，函数 $f(x)$ 的函数值无限趋近于某个确定的常数 A，则称 A 为函数 $f(x)$ 当 $x \to x_0$ 时的极限，记为 $\lim\limits_{x \to x_0} f(x) = A$ 或 $f(x) \to A$（$x \to x_0$）.

注意：$f(x)$ 在 $x \to x_0$ 时的极限是否存在，与 $f(x)$ 在点 x_0 处有无定义以及在点 x_0 处函数值的大小无关.

在定义 1.3.3 中，x 是以任意方式趋近于 x_0 的，但在有些问题中，往往只需要考虑点 x 从 x_0 的一侧趋近于 x_0 时，函数 $f(x)$ 的变化趋向.

如果当 x 从 x_0 的左侧（$x < x_0$）趋近于 x_0（记为 $x \to x_0^-$）时 $f(x)$ 以 A 为极限，则称 A 为函数 $f(x)$ 当 $x \to x_0$ 时的左极限，记为 $\lim\limits_{x \to x_0^-} f(x) = A$ 或 $f(x) \to A$（$x \to x_0^-$）.

如果当 x 从 x_0 的右侧（$x > x_0$）趋近于 x_0（记为 $x \to x_0^+$）时，$f(x)$ 以 A 为极限，则称 A 为 $f(x)$ 当 $x \to x_0$ 时的右极限，记为 $\lim\limits_{x \to x_0^+} f(x) = A$ 或 $f(x) \to A$（$x \to x_0^+$）.

类似地，函数的极限与左、右极限有如下关系：

定理 1.3.2 $\lim\limits_{x \to x_0} f(x) = A \Leftrightarrow \lim\limits_{x \to x_0^-} f(x) = \lim\limits_{x \to x_0^+} f(x) = A$.

这个定理常用来判断分段函数在分段点处的极限是否存在.

以上数列的极限、函数的极限描述的都是当自变量在某一变化过种中函数的

变化趋向，因此，在自变量的以下各种变化过程中：

$$n \to \infty, x \to +\infty, x \to -\infty, x \to \infty, x \to x_0, x \to x_0^-, x \to x_0^+,$$

其函数极限的定义可以统一于如下定义.

定义 1.3.4 如果变量 Y 在自变量的某一变化过程中，无限趋近于某一常数 A，则称 A 为变量 Y 的极限，简记为 $\lim Y = A$ 或 $Y \to A$．

（3）极限的性质

定理 1.3.3 （唯一性定理）如果函数 $f(x)$ 在某一变化过程中有极限，则其极限是唯一的.

定理 1.3.4 （局部有界性定理）若函数 $f(x)$ 当 $x \to x_0$ 时极限存在，则必存在 x_0 的某一邻域，使得函数 $f(x)$ 在该邻域内有界.

定理 1.3.5 （两边夹定理）如果对于 x_0 的某邻域内的一切 x（ x_0 可以除外），有

$$h(x) \leqslant f(x) \leqslant g(x) \text{，且 } \lim_{x \to x_0} h(x) = \lim_{x \to x_0} g(x) = A \text{，则 } \lim_{x \to x_0} f(x) = A .$$

定理 1.3.6 （数列极限存在准则） 单调有界数列必有极限.

（4）无穷小量与无穷大量

① 无穷小量

定义 1.3.5 极限为零的变量称为无穷小量，简称无穷小.

注意：无穷小是以零为极限的变量，不能将其与很小的常数相混淆；在所有常数中，零是唯一可以看作无穷小的数，这是因为如果 $f(x) \equiv 0$，则 $\lim f(x) = 0$．同时也要注意无穷小与自变量的变化过程有关，当 $x \to x_0$ 时，$f(x)$ 是无穷小，但当 $x \to x_1$（ $x_1 \neq x_0$ ）时，$f(x)$ 不一定还是无穷小.

② 无穷小的性质

定理 1.3.7 在自变量的同一变化过程中，

（1）有限个无穷小的代数和仍是无穷小；

（2）有限个无穷小的乘积仍是无穷小；

（3）有界函数与无穷小的乘积仍是无穷小，特别地，常数与无穷小的乘积仍是无穷小.

③ 无穷大量

定义 1.3.6 在自变量 x 的某个变化过程中，若函数值的绝对值 $|f(x)|$ 无限增大，则称 $f(x)$ 为此变化过程中的无穷大量，简称无穷大.

注意：无穷大是指绝对值无限增大的变量，不能将其与很大的常数相混淆，任何常数都不是无穷大.

④ 无穷小与无穷大的关系

定理 1.3.8 在自变量的同一变化过程中，若 $f(x)$ 为无穷大，则 $\dfrac{1}{f(x)}$ 为无穷小；反之，若 $f(x)$ 为无穷小且 $f(x) \neq 0$，则 $\dfrac{1}{f(x)}$ 为无穷大.

⑤ 无穷小量与极限的关系

定理 1.3.9 在自变量的某一变化过程中，函数 $f(x)$ 以 A 为极限的充分必要条件是 $f(x)$ 可以表示成常数 A 与某一无穷小量之和，即 $f(x) = A + \alpha(x)$，其中 $\alpha(x)$ 为同一过程下的无穷小量.

1.1.4 极限的运算

1. 极限的运算法则

定理 1.4.1 若 $\lim\limits_{x \to x_0} f(x) = A$，$\lim\limits_{x \to x_0} g(x) = B$，则

（1）$\lim\limits_{x \to x_0} \left[f(x) \pm g(x) \right] = A \pm B$；

（2）$\lim\limits_{x \to x_0} \left[f(x) \cdot g(x) \right] = A \cdot B$；

（3）$\lim\limits_{x \to x_0} \dfrac{f(x)}{g(x)} = \dfrac{A}{B}$（$B \neq 0$）.

注意 1：定理 1.4.1 中的（1）（2）可推广到有限多个函数的情形，即若当 $x \to x_0$ 时，$f_1(x), f_2(x), \cdots, f_n(x)$ 的极限都存在，则有

$$\lim\limits_{x \to x_0} \left[f_1(x) \pm f_2(x) \pm \cdots \pm f_n(x) \right] = \lim\limits_{x \to x_0} f_1(x) \pm \lim\limits_{x \to x_0} f_2(x) \pm \cdots \pm \lim\limits_{x \to x_0} f_n(x)，$$

$$\lim\limits_{x \to x_0} \left[f_1(x) \cdot f_2(x) \cdots f_n(x) \right] = \lim\limits_{x \to x_0} f_1(x) \cdot \lim\limits_{x \to x_0} f_2(x) \cdots \lim\limits_{x \to x_0} f_n(x).$$

特别地，在（2）中若 $g(x) \equiv C$，则有

$$\lim\limits_{x \to x_0} \left(C \cdot f(x) \right) = C \cdot A.$$

注意 2：以上结论中的 $x \to x_0$ 换成其它变化过程同样成立，即 将 $x \to x_0$ 换成 $x \to x_0^-, x \to x_0^+, x \to +\infty, x \to -\infty, x \to \infty, n \to \infty$ 上述法则均成立.

2. 两个重要极限

（1）$\lim\limits_{x \to 0} \dfrac{\sin x}{x} = 1$

注意：此极限可记为：$\lim\limits_{\square \to 0} \dfrac{\sin \square}{\square} = 1$ （式中□代表同一个变量）.

（2）$\lim\limits_{x \to \infty} \left(1 + \dfrac{1}{x} \right)^x = \mathrm{e}$

注意：此极限可记为：$\lim\limits_{\square \to \infty} \left(1 + \dfrac{1}{\square} \right)^{\square} = \mathrm{e}$ （式中□代表同一个变量）.

如果令 $\dfrac{1}{x} = t$，则当 $x \to \infty$ 时，$t \to 0$，从而 $\lim\limits_{t \to 0}(1 + t)^{\frac{1}{t}} = \mathrm{e}$.

3. 无穷小的比较

定义 1.4.1 设 α 与 β 是自变量的同一变化过程中的两个无穷小，则在所论过程中：

（1）若 $\dfrac{\alpha}{\beta} \to 0$，则称 α 为比 β 高阶的无穷小，记作 $\alpha = o(\beta)$；

（2）若 $\dfrac{\alpha}{\beta} \to c \neq 0$，$c$ 为常数，则称 α 与 β 为同阶无穷小；

（3）若 $\dfrac{\alpha}{\beta} \to 1$，则称 α 与 β 为等价无穷小，记作 $\alpha \sim \beta$.

定理 1.4.2 设在自变量的同一变化过程中 $\alpha \sim \alpha'$，$\beta \sim \beta'$，且 $\lim \dfrac{\beta'}{\alpha'}$ 存在，则

$$\lim \frac{\beta}{\alpha} = \lim \frac{\beta'}{\alpha'}.$$

注意： 无穷小的等价代换只能代换乘积因子.

1.1.5 函数的连续性

1. 函数的连续性概念

定义 1.5.1 设函数 $y = f(x)$ 在 x_0 的某邻域内有定义，当自变量 x 在点 x_0 处有改变量 Δx 时，相应地函数有改变量 $\Delta y = f(x_0 + \Delta x) - f(x_0)$. 如果当自变量的改变量 Δx 趋于零时，函数的改变量 Δy 也趋于零，即 $\lim\limits_{\Delta x \to 0} \Delta y = \lim\limits_{\Delta x \to 0} \left[f(x_0 + \Delta x) - f(x_0) \right] = 0$，则称函数 $y = f(x)$ 在点 x_0 处连续，x_0 称为函数 $f(x)$ 的连续点.

定义 1.5.1 中，若记 $x = x_0 + \Delta x$，则 $\Delta y = f(x) - f(x_0)$，且当 $\Delta x \to 0$ 时，$x \to x_0$，故定义 1.5.1 又可叙述为：

定义 1.5.2 设函数 $y = f(x)$ 在 x_0 的某邻域内有定义，如果极限 $\lim\limits_{x \to x_0} f(x)$ 存在，且等于函数在 x_0 处的函数值，即 $f(x_0)$，即 $\lim\limits_{x \to x_0} f(x) = f(x_0)$，则称函数 $y = f(x)$ 在点 x_0 处连续.

如果函数 $y = f(x)$ 在开区间 (a,b) 内每一点都连续，则称 $f(x)$ 在 (a,b) 内连续.

若函数 $f(x)$ 满足 $\lim\limits_{\substack{x \to x_0^- \\ (x \to x_0^+)}} f(x) = f(x_0)$，则称函数 $f(x)$ 在点 x_0 处左（右）连续，如果函数 $f(x)$ 在 (a,b) 内连续，且在左端点 a 处右连续，在右端点 b 处左连续，则称函数 $f(x)$ 在闭区间 $[a,b]$ 上连续.

2. 函数的间断点及其分类

由定义 1.5.2 可知，函数 $f(x)$ 在点 x_0 处连续，必须同时满足以下三个条件：

（1）$f(x)$ 在 x_0 的某邻域内有定义；

（2）$\lim\limits_{x \to x_0} f(x)$ 存在；

（3）$\lim\limits_{x \to x_0} f(x) = f(x_0)$.

如果 x_0 是函数 $f(x)$ 的间断点，并且函数 $f(x)$ 在点 x_0 处的左右极限存在，称点 x_0 是函数 $f(x)$ 的第一类间断点；若函数 $f(x)$ 在点 x_0 处的左右极限至少有一个不存在，则称点 x_0 为函数 $f(x)$ 的第二类间断点.

3. 初等函数的连续性

定理 1.5.1（连续函数的四则运算） 如果 $f(x)$、$g(x)$ 均在点 x_0 处连续，那么 $f(x) \pm g(x)$，$f(x) \cdot g(x)$，$\dfrac{f(x)}{g(x)}$（$g(x_0) \neq 0$）也在 x_0 处连续.

此定理表明，连续函数的和、差、积、商（分母不为零）仍是连续函数.

定理 1.5.2（反函数的连续性） 连续函数的反函数在其对应区间上也是连续函数.

由定理 1.5.1 和定理 1.5.2 容易证明：基本初等函数在其定义域内连续.

定理 1.5.3（复合函数的连续性） 设函数 $u = \varphi(x)$ 在点 x_0 处连续，且 $u_0 = \varphi(x_0)$，又函数 $y = f(u)$ 在 u_0 处连续，则复合函数 $y = f[\varphi(x)]$ 在点 x_0 处连续，即

$$\lim_{x \to x_0} f[\varphi(x)] = f[\varphi(x_0)].$$

此定理表明，由连续函数复合而成的复合函数仍是连续函数.

定理 1.5.3 也可以表述为：

如果 $\lim\limits_{x \to x_0} \varphi(x) = \varphi(x_0)$，$\lim\limits_{x \to x_0} f(u) = f(u_0)$，且 $u_0 = \varphi(x_0)$，$y = f(u)$ 在 u_0 处连续，则 $\lim\limits_{x \to x_0} f[\varphi(x)] = f[\lim\limits_{x \to x_0} \varphi(x)].$

由以上三个定理可知：一切初等函数在其有定义的区间内是连续的.

4. 闭区间上连续函数的性质

定理 1.5.4（最值定理） 闭区间上的连续函数一定有最大值和最小值.

注意：对于在开区间连续的函数或在闭区间上有间断点的函数，结论不一定正确.

定理 1.5.5（介值定理） 设函数 $f(x)$ 在闭区间 $[a,b]$ 上连续，且 $f(a) \neq f(b)$，C 为介于 $f(a)$ 与 $f(b)$ 之间的任一实数，则至少存在一点 $\xi \in (a,b)$，使得 $f(\xi) = C$.

推论 如果 $f(x)$ 在 $[a,b]$ 上连续，且 $f(a) \cdot f(b) < 0$，则至少存在一点 $\xi \in (a,b)$，使得 $f(\xi) = 0$.

1.2 典型例题解析

例 1 求函数 $y = \dfrac{\sqrt{\ln(x+2)}}{x(x-4)}$ 的定义域.

解 在该函数中有三种情况同时出现，即要求分母不为零，偶次根式的被开

方式大于等于零和对数函数符号内的式子大于零，可建立不等式组，并求出联立不等式组的解．即

$$\begin{cases} x(x-4) \neq 0, \\ \ln(x+2) \geqslant 0, \\ x+2 > 0, \end{cases} \text{推得} \begin{cases} x \neq 4, \quad x \neq 0, \\ x \geqslant -1, \\ x > -2, \end{cases} \text{即} -1 \leqslant x < 0 \text{ 或 } 0 < x < 4 \text{ 或 } x > 4.$$

因此，所给函数的定义域为 $-1 \leqslant x < 0$ 或 $0 < x < 4$ 或 $x > 4$，即 $[-1,0) \cup (0,4) \cup (4,+\infty)$．

小结 函数的定义域是指使函数有意义的全体自变量构成的集合，求函数的定义域要考虑下列几个方面：

（1）分式的分母不能为零；

（2）偶次根式的被开方式不能为负值；

（3）负数和零没有对数；

（4）反三角函数要考虑主值区间；

（5）代数和的情况下定义域取各式定义域的交集．

例2 $\lim\limits_{x \to \infty} \dfrac{(2x+1)^{20}(3x+2)^{30}}{(4x+3)^{50}}$．

解 分子分母同除 x^{50}，

$$\lim\limits_{x \to \infty} \dfrac{(2x+1)^{20}(3x+2)^{30}}{(2x+3)^{50}} = \lim\limits_{x \to \infty} \dfrac{\left(2+\dfrac{1}{x}\right)^{20}\left(3+\dfrac{2}{x}\right)^{30}}{\left(2+\dfrac{3}{x}\right)^{50}} = \dfrac{2^{20} \cdot 3^{30}}{2^{50}} = \left(\dfrac{3}{2}\right)^{30}.$$

小结 求这种形式的极限的方法主要是分子、分母同除以分子、分母中次数最高的项，然后运用极限的四则运算法则求极限．

例3 $\lim\limits_{x \to 4} \dfrac{\sqrt{2x+1}-3}{\sqrt{x-2}-\sqrt{2}}$．

解 分子分母同时乘以 $\sqrt{2x+1}+3$ 和 $\sqrt{x-2}+\sqrt{2}$，得

$$\lim\limits_{x \to 4} \dfrac{\sqrt{2x+1}-3}{\sqrt{x-2}-\sqrt{2}} = \lim\limits_{x \to 4} \dfrac{\left(\sqrt{2x+1}-3\right)\left(\sqrt{2x+1}+3\right)\left(\sqrt{x-2}+\sqrt{2}\right)}{\left(\sqrt{x-2}-\sqrt{2}\right)\left(\sqrt{x-2}+\sqrt{2}\right)\left(\sqrt{2x+1}+3\right)}$$

$$= \lim\limits_{x \to 4} \dfrac{(2x+1-9)\left(\sqrt{x-2}+\sqrt{2}\right)}{(x-2-2)\left(\sqrt{2x+1}+3\right)} = \lim\limits_{x \to 4} \dfrac{(2x-8)\left(\sqrt{x-2}+\sqrt{2}\right)}{(x-4)\left(\sqrt{2x+1}+3\right)}$$

$$= \lim\limits_{x \to 4} \dfrac{2\left(\sqrt{x-2}+\sqrt{2}\right)}{\sqrt{2x+1}+3} = \dfrac{4\sqrt{2}}{6} = \dfrac{2\sqrt{2}}{3}.$$

例4 $\lim\limits_{x \to 0} \dfrac{1-\cos x}{\sin x \cdot \arctan x}$．

解 此极限为"$\dfrac{0}{0}$"形式，由三角恒等式 $1-\cos x=2\sin^2\dfrac{x}{2}$，再利用无穷小等

价代换定理有

$$\lim_{x\to 0}\frac{1-\cos x}{\sin x\cdot\arctan x}=\lim_{x\to 0}\frac{2\sin^2\dfrac{x}{2}}{x\cdot x}=\lim_{x\to 0}\frac{2\left(\dfrac{x}{2}\right)^2}{x^2}=\frac{1}{2}.$$

例 5 $\lim\limits_{x\to -1}\left(\dfrac{2x-1}{x+1}-\dfrac{2-x}{x^2+x}\right).$

解 这个极限为"$\infty-\infty$"形式，应分别经过通分和有理化后再计算.

$$\lim_{x\to -1}\left(\frac{2x-1}{x+1}-\frac{2-x}{x^2+x}\right)=\lim_{x\to -1}\frac{2x^2-x+x-2}{x(x+1)}=\lim_{x\to -1}\frac{2(x^2-1)}{x(x+1)}$$

$$=\lim_{x\to -1}\frac{2(x+1)(x-1)}{x(x+1)}=\lim_{x\to -1}\frac{2(x-1)}{x}=4.$$

1.3 习题选解

习题 1.1

1. 用集合的描述法表示下列集合：

（1）大于 5 的所有实数集合；

（2）圆 $x^2+y^2=25$ 内部（不包括圆周）一切点的集合；

（3）抛物线 $y=x^2$ 与直线 $x-y=0$ 交点的集合.

解 （1）$\left\{x\,\middle|\,x>5\right\}$；（2）$\left\{(x,y)\,\middle|\,x^2+y^2<25\right\}$；（3）$\left\{(x,y)\,\middle|\,x-y=0\text{且}y=x^2\right\}$.

2. 如果 $A=\left\{x\,\middle|\,3<x<5\right\}$，$B=\left\{x\,\middle|\,x>4\right\}$，求（1）$A\cup B$；（2）$A\cap B$；（3）$A-B$.

解 （1）$A\cup B=\left\{x\,\middle|\,x>3\right\}$；（2）$A\cap B=\left\{x\,\middle|\,4<x<5\right\}$；（3）$A-B=\left\{x\,\middle|\,3<x\leqslant 4\right\}$.

3. 用区间表示满足下列不等式的所有 x 的集合：

（1）$|x|\leqslant 3$；（2）$|x-2|\leqslant 1$；（3）$|x-a|<\varepsilon$（a 为常数，$\varepsilon>0$）；（4）$|x|>5$；

（5）$|x+1|>2$.

解 （1）$[-3,3]$；（2）$[1,3]$；（3）$(a-\varepsilon,a+\varepsilon)$；（4）$(-\infty,-5]\cup[5,+\infty)$；

（5）$(-\infty,-3)\cup(1,+\infty)$.

4. 用区间表示下列点集，并在数轴上表示出来：

（1）$I_1=\left\{x\,\middle|\,|x+3|<2\right\}$；（2）$I_2=\left\{x\,\middle|\,1<|x-2|<3\right\}$.

解 （1）$\because\ |x+3|<2$ $\therefore\ -2<x+3<2$，从而 $-5<x<-1$，即 I_1 用区间表示为 $(-5,-1)$；

（2）$\because 1 < |x-2| < 3$，$\therefore \begin{cases} |x-2| < 3, \\ |x-2| > 1, \end{cases}$ 解得 $-1 < x < 1$ 或 $3 < x < 5$，即 I_2 用区间表示为

$(-1,1) \cup (3,5)$．

习题 1.2

1．下列各题中，$f(x)$ 与 $\varphi(x)$ 是否表示同一个函数，说明理由．

（1）$f(x) = \dfrac{x^2-1}{x-1}$，$\varphi(x) = x+1$；　　　　（2）$f(x) = \lg x$，$\varphi(x) = 2\lg x$；

（3）$f(x) = |x|$，$\varphi(x) = \sqrt{x^2}$；　　　　　　　　（4）$f(x) = \arccos x$，$\varphi(x) = \dfrac{\pi}{2} - \arcsin x$．

解　（1）$f(x)$ 的定义域是 $(-\infty,1) \cup (1,+\infty)$，$\varphi(x)$ 的定义域为 $(-\infty,+\infty)$，两个函数的定义域不同，故 $f(x)$ 与 $\varphi(x)$ 不表示同一函数．

（2）$f(x)$ 与 $\varphi(x)$ 的对应法则不同，故 $f(x)$ 与 $\varphi(x)$ 不表示同一函数．

（3）$f(x)$ 的定义域为 $(-\infty,+\infty)$，$\varphi(x)$ 的定义域也为 $(-\infty,+\infty)$，即两个函数的定义域相同，$\varphi(x) = \sqrt{x^2} = |x| = f(x)$，即对应法则也相同，故 $f(x)$ 与 $\varphi(x)$ 是相同的函数．

（4）$f(x)$ 的定义域为 $[-1,1]$，$\varphi(x)$ 的定义域也为 $[-1,1]$，即两个函数的定义域相同，$\varphi(x) = \dfrac{\pi}{2} - \arcsin x = \arccos x = f(x)$，即对应法则也相同，故 $f(x)$ 与 $\varphi(x)$ 是相同的函数．

2．求下列函数的定义域：

（1）$y = \sqrt{4-x^2} + \dfrac{1}{x-1}$；　　　　　　　（2）$y = \ln(x-1) + \sqrt{x+2}$；

（3）$y = \arcsin \dfrac{x-1}{2}$；　　　　　　　　　（4）$y = \lg \sin x$．

解　（1）$\begin{cases} 4-x^2 \geqslant 0 \\ x-1 \neq 0 \end{cases} \Rightarrow \begin{cases} -2 \leqslant x \leqslant 2 \\ x \neq 1 \end{cases} \therefore$ 定义域为 $[-2,1) \cup (1,2]$；

（2）$\begin{cases} x-1 > 0 \\ x+2 \geqslant 0 \end{cases} \Rightarrow \begin{cases} x > 1 \\ x \geqslant -2 \end{cases} \therefore$ 定义域为 $(1,+\infty)$；

（3）$\left| \dfrac{x-1}{2} \right| \leqslant 1 \therefore |x-1| \leqslant 2$，$-2 \leqslant x-1 \leqslant 2$，$-1 \leqslant x \leqslant 3$，定义域为 $[-1,3]$；

（4）$\sin x > 0 \therefore$ 定义域为 $2k\pi < x < (2k+1)\pi$　（k 为整数）．

3．如果 $f(x) = \begin{cases} 2x+3, & x>0, \\ 1, & x=0, \\ x^2, & x<0, \end{cases}$ 求 $f(0)$，$f\left(-\dfrac{1}{2}\right)$，$f\left(\dfrac{1}{2}\right)$．

解　$f(0) = 1$，$f\left(-\dfrac{1}{2}\right) = \left(-\dfrac{1}{2}\right)^2 = \dfrac{1}{4}$，$f\left(\dfrac{1}{2}\right) = 2 \cdot \dfrac{1}{2} + 3 = 4$．

4．$f(x+1) = x^2 + 3x + 5$，求 $f(x)$，$f(x-1)$．

解　令 $u = x+1$，$x = u-1$，则 $f(u) = (u-1)^2 + 3(u-1) + 5 = u^2 + u + 3$，

$\therefore f(x) = x^2 + x + 3$，$f(x-1) = (x-1)^2 + (x-1) + 3 = x^2 - x + 3$.

5. $f\left(x + \dfrac{1}{x}\right) = x^2 + \dfrac{1}{x^2}$，求 $f(x)$，$f\left(x - \dfrac{1}{x}\right)$.

解 $\because f\left(x + \dfrac{1}{x}\right) = x^2 + \dfrac{1}{x^2} = \left(x + \dfrac{1}{x}\right)^2 - 2$，

$\therefore f(x) = x^2 - 2$，$f\left(x - \dfrac{1}{x}\right) = \left(x - \dfrac{1}{x}\right)^2 - 2 = x^2 + \dfrac{1}{x^2} - 4$.

6. 已知 $f(\sin x) = 2\ln\cos x + x$，求 $f(x)$.

解 设 $\sin x = t$，则 $f(t) = \ln(1 - t^2) + k\pi + (-1)^k \arcsin t$（$k = 0, \pm 1, \pm 2, \cdots$），

即 $f(x) = \ln(1 - x^2) + k\pi + (-1)^k \arcsin x$（$k = 0, \pm 1, \pm 2, \cdots$）.

7. 求下列函数的反函数：

（1）$y = x^2 - 2x$，$[1, +\infty)$；　　　　　　　　　（2）$y = 3x - 5$.

解（1）$y = x^2 - 2x = (x-1)^2 - 1$，解出 x 得 $x = \sqrt{y+1} + 1$. 所以，$y = x^2 - 2x$ 的反函数为 $y = \sqrt{x+1} + 1$，$[-1, +\infty)$.

（2）由 $y = 3x - 5$ 解得 $x = \dfrac{1}{3}(y + 5)$，所以，$y = 3x - 5$ 的反函数为 $y = \dfrac{1}{3}(x + 5)$.

8. 下列函数是由哪些简单函数复合而成的？

（1）$y = \ln(2x+1)^2$；　　　　　　　　　（2）$y = \sin^2(3x+1)$；

（3）$y = \arctan(x^3 - 1)$　　　　　　　　　（4）$y = \ln(\arcsin x)$.

解（1）$y = \ln u$，$u = v^2$，$v = 2x + 1$；

（2）$y = u^2$，$u = \sin v$，$v = 3x + 1$；

（3）$y = \arctan u$，$u = x^3 - 1$；

（4）$y = \ln u$，$u = \arcsin x$.

9. 已知 $f(x^2 - 1) = \ln\dfrac{x^2 + 1}{x^2 - 3}$，且 $f[\varphi(x)] = x^2$，求 $\varphi(x)$ 及其定义域.

解 令 $t = x^2 - 1$，可得 $f(t) = \ln\dfrac{t+2}{t-2} = \ln\left(1 + \dfrac{4}{t-2}\right)$，再由 $f[\varphi(x)] = x^2$ 可知，

$\varphi(x) = \dfrac{2(e^{x^2} + 1)}{e^{x^2} - 1}$，其定义域为 $\{x \,|\, x \neq 0\}$.

10. 设 $f(x) = \begin{cases} x^2, & x \geqslant 0, \\ 2x - 1, & x < 0; \end{cases}$ $g(x) = \begin{cases} -x^2, & x \leqslant 1, \\ \log_2(1+x), & x > 1, \end{cases}$ 求 $f[g(x)]$ 与 $g[f(x)]$.

解 $f[g(x)] = \begin{cases} \log_2^2(1+x), & x > 1, \\ -2x^2 - 1, & x \leqslant 1; \end{cases}$ $g[f(x)] = \begin{cases} -(2x-1)^2, & x < 0, \\ -x^4, & 0 \leqslant x \leqslant 1, \\ \log_2(1+x^2), & x > 1. \end{cases}$

11. 略.

12. 略.

13．某工厂生产积木玩具，每生产一套积木玩具的可变成本为 15 元，每天固定成本为 2000 元，如果每套积木玩具的出厂价为 20 元，为了不亏本，该厂每天至少要生产多少套这种积木玩具？

解 设每天生产 x 套，当工厂不亏本时，应满足 $L(x) = R(x) - C(x) = 0$，

即 $20x - (2000 + 15x) = 0$，解得 $x = 400$．

14．某商场以每件 a 元的价格出售某种商品，某顾客一次购买 50 件以上，则超出 50 件的商品以每件 $0.8a$ 元的优惠价出售，试将一次成交的销售收入 R 表示成销售量 x 的函数．

解 根据题意可得 $R(x) = \begin{cases} ax, & 0 < x \leqslant 50, \\ 50a + 0.8a(x - 50), & x > 50. \end{cases}$

习题 1.3

1．观察下列数列，哪些数列收敛？其极限是多少？哪些数列发散？

（1）$u_n = \dfrac{(-1)^n}{n}$；

（2）$u_n = 1 + \left(\dfrac{3}{4}\right)^n$；

（3）$u_n = \dfrac{2n + 3}{n^2}$；

（4）$u_n = \dfrac{1}{n} \sin \dfrac{n\pi}{2}$；

（5）$u_n = (-1)^n$；

（6）$u_n = \dfrac{4n + 3}{3n - 1}$．

解 （1）收敛，其极限是 0．（2）收敛，其极限是 1．（3）收敛，其极限是 0．

（4）收敛，其极限是 0．（5）发散．（6）收敛，其极限是 $\dfrac{4}{3}$．

2．设 $f(x) = \begin{cases} x^2 - 1, & x < 0, \\ x, & x \geqslant 0, \end{cases}$ 作出 $f(x)$ 的图形，求 $\lim\limits_{x \to 0^-} f(x)$ 及 $\lim\limits_{x \to 0^+} f(x)$，并问 $\lim\limits_{x \to 0} f(x)$ 是否存在．

解 函数图形见下图．

$$\lim_{x \to 0^-} f(x) = \lim_{x \to 0^-} (x^2 - 1) = -1,$$

$$\lim_{x \to 0^+} f(x) = \lim_{x \to 0^+} x = 0,$$

所以 $\lim\limits_{x \to 0} f(x)$ 不存在．

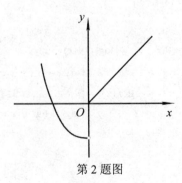

第 2 题图

3. 观察下列函数，那些是无穷小？那些是无穷大？

(1) $\dfrac{x-2}{x}$，当 $x \to 0$ 时；

(2) $\lg x$，当 $x \to 0^+$ 时；

(3) $10^{\frac{1}{x}}$，当 $x \to 0^+$ 时；

(4) $x^2 \cdot \sin \dfrac{1}{x}$，当 $x \to 0$ 时；

(5) $2^{-x} - 1$，当 $x \to 0$ 时；

(6) e^{-x}，当 $x \to +\infty$ 时；

(7) $\dfrac{\sin x}{x}$，当 $x \to +\infty$ 时；

(8) $\dfrac{\cos x}{x}$，当 $x \to 0$ 时.

解 （1）是无穷大．（2）是无穷大．（3）是无穷大．（4）是无穷小．（5）是无穷小．（6）是无穷小．（7）是无穷小．（8）是无穷大．

习题 1.4

1. 求下列极限：

(1) $\lim\limits_{x \to 2} \dfrac{x^2+5}{x^2-3}$ ；

(2) $\lim\limits_{x \to 3} \dfrac{x+1}{x-3}$ ；

(3) $\lim\limits_{x \to 1} \dfrac{x^2-2x+1}{x^3-x}$ ；

(4) $\lim\limits_{x \to \infty} \dfrac{x^2+2x-3}{3x^2-5x+2}$ ；

(5) $\lim\limits_{x \to 2} \left(\dfrac{1}{x-2} - \dfrac{2}{x^2-4} \right)$ ；

(6) $\lim\limits_{x \to \infty} \dfrac{\sin x}{x}$ ；

(7) $\lim\limits_{x \to 0} x^2 \cos \dfrac{1}{x^2}$ ；

(8) $\lim\limits_{n \to \infty} \left(\dfrac{1}{n^2} + \dfrac{2}{n^2} + \dfrac{3}{n^2} + \cdots + \dfrac{n}{n^2} \right)$ ；

(9) $\lim\limits_{x \to 0} (x^2+x) \sin \dfrac{1}{x}$ ；

(10) $\lim\limits_{x \to \infty} \dfrac{x^3-4x+1}{2x^2+x-1}$ ；

(11) $\lim\limits_{x \to 1} \dfrac{1-\sqrt{x}}{1-\sqrt[3]{x}}$ ；

(12) $\lim\limits_{x \to \infty} \dfrac{x^3+x}{x^4-3x^2+1}$.

解 （1）$\lim\limits_{x \to 2} \dfrac{x^2+5}{x^2-3} = \lim\limits_{x \to 2} \dfrac{4+5}{4-3} = 9$ ；

（2）$\lim\limits_{x \to 3}(x-3) = 0$ ，$\lim\limits_{x \to 3}(x+1) = 4$ ，所以 $\lim\limits_{x \to 3} \dfrac{x+1}{x-3} = \infty$ ；

（3）$\lim\limits_{x \to 1} \dfrac{x^2-2x+1}{x^3-x} = \lim\limits_{x \to 1} \dfrac{(x-1)^2}{x(x+1)(x-1)} = \lim\limits_{x \to 1} \dfrac{x-1}{x(x+1)} = 0$ ；

（4）$\lim\limits_{x \to \infty} \dfrac{x^2+2x-3}{3x^2-5x+2} = \lim\limits_{x \to \infty} \dfrac{(x-1)(x+3)}{(x-1)(3x-2)} = \lim\limits_{x \to \infty} \dfrac{x+3}{3x-2} = \dfrac{1}{3}$ ；

（5）$\lim\limits_{x \to 2} \left(\dfrac{1}{x-2} - \dfrac{2}{x^2-4} \right) = \lim\limits_{x \to 2} \dfrac{x+2-2}{x^2-4} = \lim\limits_{x \to 2} \dfrac{x}{x^2-4} = \infty$ ；

（6）$\lim\limits_{x \to \infty} \dfrac{1}{x} = 0$ ，而 $\sin x$ 是有界变量，所以 $\lim\limits_{x \to \infty} \dfrac{\sin x}{x} = 0$ ；

（7）$\lim\limits_{x \to 0} x^2 = 0$ ，$\cos \dfrac{1}{x^2}$ 是有界变量，所以 $\lim\limits_{x \to 0} x^2 \cos \dfrac{1}{x^2} = 0$ ；

（8）$\lim\limits_{n\to\infty}\left(\dfrac{1}{n^2}+\dfrac{2}{n^2}+\dfrac{3}{n^2}+\cdots+\dfrac{n}{n^2}\right)=\lim\limits_{n\to\infty}\dfrac{\dfrac{n(n+1)}{2}}{n^2}=\lim\limits_{n\to\infty}\dfrac{n(n+1)}{2n^2}=\dfrac{1}{2}$ ；

（9）$\lim\limits_{x\to0}\left(x^2+x\right)=0$ ，$\sin\dfrac{1}{x}$ 是有界变量，所以 $\lim\limits_{x\to0}\left(x^2+x\right)\sin\dfrac{1}{x}=0$ ；

（10）$\lim\limits_{x\to\infty}\dfrac{x^3-4x+1}{2x^2+x-1}=\lim\limits_{x\to\infty}\dfrac{\dfrac{x^3}{x^2}-\dfrac{4x}{x^2}+\dfrac{1}{x^2}}{\dfrac{2x^2}{x^2}+\dfrac{x}{x^2}-\dfrac{1}{x^2}}=\lim\limits_{x\to\infty}\dfrac{x-\dfrac{4}{x}+\dfrac{1}{x^2}}{2+\dfrac{1}{x}-\dfrac{1}{x^2}}=\infty$ ；

（11）令 $\sqrt[6]{x}=t$ ，

$$\lim\limits_{x\to1}\dfrac{1-\sqrt{x}}{1-\sqrt[3]{x}}=\lim\limits_{x\to1}\dfrac{1-t^3}{1-t^2}=\lim\limits_{x\to1}\dfrac{(1-t)\left(1+t+t^2\right)}{(1+t)(1-t)}=\lim\limits_{x\to1}\dfrac{1+t+t^2}{1+t}=\dfrac{3}{2}$$ ；

（12）$\lim\limits_{x\to\infty}\dfrac{x^3+x}{x^4-3x^2+1}=\lim\limits_{x\to\infty}\dfrac{\dfrac{x^3}{x^4}+\dfrac{x}{x^4}}{1-\dfrac{3x^2}{x^4}+\dfrac{1}{x^4}}=\dfrac{0}{1}=0$.

2．求下列极限：

（1）$\lim\limits_{x\to0}\dfrac{\sin3x}{4x}$ ；

（2）$\lim\limits_{x\to\infty}x\cdot\sin\dfrac{1}{x}$ ；

（3）$\lim\limits_{x\to0}\dfrac{\sin5x}{\tan2x}$ ；

（4）$\lim\limits_{x\to0}\left(1+\tan x\right)^{\cot x}$ ；

（5）$\lim\limits_{x\to\infty}\left(1+\dfrac{2}{x}\right)^{x+3}$ ；

（6）$\lim\limits_{x\to0}(1-4x)^{\frac{1}{x}}$ ；

（7）$\lim\limits_{x\to1}\dfrac{\sin^2(x-1)}{x^2-1}$ ；

（8）$\lim\limits_{x\to\infty}\left(\dfrac{x+1}{x-2}\right)^x$ ；

（9）$\lim\limits_{x\to0}\dfrac{1-\cos4x}{x\sin x}$ ；

（10）$\lim\limits_{x\to\infty}\left(\dfrac{2x-1}{2x+1}\right)^x$.

解 （1）$\lim\limits_{x\to0}\dfrac{\sin3x}{4x}=\lim\limits_{x\to0}\dfrac{\sin3x}{4x}\cdot\dfrac{3x}{3x}=\lim\limits_{x\to0}\dfrac{\sin3x}{3x}\cdot\dfrac{3x}{4x}=\dfrac{3}{4}$ ；

（2）$\lim\limits_{x\to\infty}x\cdot\sin\dfrac{1}{x}=\lim\limits_{x\to\infty}\dfrac{\sin\dfrac{1}{x}}{\dfrac{1}{x}}\xlongequal{\frac{1}{x}=t}\lim\limits_{t\to0}\dfrac{\sin t}{t}=1$ ；

（3）$\lim\limits_{x\to0}\dfrac{\sin5x}{\tan2x}=\lim\limits_{x\to0}\dfrac{\sin5x}{5x}\cdot\dfrac{2x}{\tan2x}\cdot\dfrac{5x}{2x}$

$\qquad=\lim\limits_{x\to0}\dfrac{\sin5x}{5x}\cdot\dfrac{2x}{\sin2x}\cdot\cos x\cdot\dfrac{5x}{2x}=\dfrac{5}{2}$ ；

（4）$\lim\limits_{x\to0}\left(1+\tan x\right)^{\cot x}=\lim\limits_{x\to0}\left(1+\tan x\right)^{\frac{1}{\tan x}}\xlongequal{\tan x=t}\lim\limits_{t\to0}(1+t)^{\frac{1}{t}}=\mathrm{e}$ ；

（5）$\lim\limits_{x\to\infty}\left(1+\dfrac{2}{x}\right)^{x+3}=\lim\limits_{x\to\infty}\left(1+\dfrac{1}{\frac{x}{2}}\right)^{\frac{x}{2}\cdot2+3}=\lim\limits_{x\to\infty}\left(1+\dfrac{1}{\frac{x}{2}}\right)^{\frac{x}{2}\cdot2}\left(1+\dfrac{1}{\frac{x}{2}}\right)^{3}$

$$=\lim\limits_{x\to\infty}\left(\left(1+\dfrac{1}{\frac{x}{2}}\right)^{\frac{x}{2}}\right)^{2}\left(1+\dfrac{1}{\frac{x}{2}}\right)^{3}=\mathrm{e}^{2}\ ;$$

（6）$\lim\limits_{x\to0}(1-4x)^{\frac{1}{x}}=\lim\limits_{x\to0}\left[1+(-4x)\right]^{\frac{1}{-4x}\cdot(-4)}=\lim\limits_{x\to0}\left(\left[1+(-4x)\right]^{\frac{1}{-4x}}\right)^{-4}=\mathrm{e}^{-4}\ ;$

（7）$\lim\limits_{x\to1}\dfrac{\sin^{2}(x-1)}{x^{2}-1}=\lim\limits_{x\to1}\dfrac{\sin^{2}(x-1)}{(x+1)(x-1)}=\lim\limits_{x\to1}\dfrac{\sin^{2}(x-1)}{(x-1)^{2}}\cdot\dfrac{x-1}{x+1}$

$$=\lim\limits_{x\to1}\left(\dfrac{\sin(x-1)}{x-1}\right)^{2}\cdot\dfrac{x-1}{x+1}$$

$$\xlongequal{x-1=t}\lim\limits_{t\to0}\left(\dfrac{\sin t}{t}\right)^{2}\dfrac{t}{t+2}=0\ ;$$

（8）$\lim\limits_{x\to\infty}\left(\dfrac{x+1}{x-2}\right)^{x}=\lim\limits_{x\to\infty}\left(\dfrac{x-2+3}{x-2}\right)^{x}=\lim\limits_{x\to\infty}\left(1+\dfrac{3}{x-2}\right)^{x}=\lim\limits_{x\to\infty}\left(1+\dfrac{3}{x-2}\right)^{\frac{x-2}{3}\cdot3+2}$

$$=\lim\limits_{x\to\infty}\left(\left(1+\dfrac{3}{x-2}\right)^{\frac{x-2}{3}}\right)^{3}\cdot\left(1+\dfrac{3}{x-2}\right)^{2}=\mathrm{e}^{3}\ ;$$

（9）$\lim\limits_{x\to0}\dfrac{1-\cos4x}{x\sin x}=\lim\limits_{x\to0}\dfrac{\frac{1}{2}(4x)^{2}}{x\sin x}=\lim\limits_{x\to0}\dfrac{8x^{2}}{x^{2}}=8\ ;$

（10）$\lim\limits_{x\to\infty}\left(\dfrac{2x-1}{2x+1}\right)^{x}=\lim\limits_{x\to\infty}\left(\dfrac{1-\frac{1}{2x}}{1+\frac{1}{2x}}\right)^{x}=\lim\limits_{x\to\infty}\dfrac{\left(1-\frac{1}{2x}\right)^{x}}{\left(1+\frac{1}{2x}\right)^{x}}=\dfrac{\lim\limits_{x\to\infty}\left(1-\frac{1}{2x}\right)^{x}}{\lim\limits_{x\to\infty}\left(1+\frac{1}{2x}\right)^{x}}=\mathrm{e}^{-1}\ .$

3. 证明 $x\to0$ 时 $\sqrt[n]{1+x}-1\sim\dfrac{x}{n}$.

证明　$\lim\limits_{x\to0}\dfrac{\sqrt[n]{1+x}-1}{\frac{x}{n}}=\lim\limits_{x\to0}\dfrac{\left(\sqrt[n]{1+x}-1\right)\left(\left(\sqrt[n]{1+x}\right)^{n-1}+\left(\sqrt[n]{1+x}\right)^{n-2}+\cdots+1\right)}{\frac{x}{n}\left(\left(\sqrt[n]{1+x}\right)^{n-1}+\left(\sqrt[n]{1+x}\right)^{n-2}+\cdots+1\right)}$

$$=\lim\limits_{x\to0}\dfrac{x}{\frac{x}{n}\left(\left(\sqrt[n]{1+x}\right)^{n-1}+\left(\sqrt[n]{1+x}\right)^{n-2}+\cdots+1\right)}$$

$$= \lim_{x \to 0} \frac{1}{\frac{1}{n}\left(\left(\sqrt[n]{1+x}\right)^{n-1} + \left(\sqrt[n]{1+x}\right)^{n-2} + \cdots + 1\right)}$$

$$= 1.$$

4. 利用等价无穷小代换计算下列极限：

（1）$\displaystyle\lim_{x \to 0} \frac{\arctan 2x}{\sin 5x}$；

（2）$\displaystyle\lim_{x \to 0} \frac{1 - \sqrt[3]{\cos x}}{x \arctan x}$；

（3）$\displaystyle\lim_{x \to 0} \frac{\sin x}{x^3 + 3x}$；

（4）$\displaystyle\lim_{x \to 0} \frac{\arcsin 4x}{3x}$；

（5）$\displaystyle\lim_{x \to \infty} x \sin \frac{\pi}{x}$.

解 （1）当 $x \to 0$ 时，$\arctan x \sim x$，$\arcsin x \sim x$，所以

$$\lim_{x \to 0} \frac{\arctan 2x}{\sin 5x} = \lim_{x \to 0} \frac{2x}{5x} = \frac{2}{5};$$

（2）$\displaystyle\lim_{x \to 0} \frac{1 - \sqrt[3]{\cos x}}{x \arctan x} = \lim_{x \to 0} \frac{1 - \sqrt[3]{1 - 2\sin^2 \frac{x}{2}}}{x^2} = -\lim_{x \to 0} \frac{\sqrt[3]{1 - 2\sin^2 \frac{x}{2}} - 1}{x^2}$

$$= -\lim_{x \to 0} \frac{\frac{1}{3}\left(-2\sin^2 \frac{x}{2}\right)}{x^2} = \frac{2}{3}\lim_{x \to 0} \frac{\left(\frac{x}{2}\right)^2}{x^2} = \frac{1}{6};$$

（3）$\displaystyle\lim_{x \to 0} \frac{\sin x}{x^3 + 3x} = \lim_{x \to 0} \frac{x}{x^3 + 3x} = \lim_{x \to 0} \frac{1}{x^2 + 3} = \frac{1}{3};$

（4）$\displaystyle\lim_{x \to 0} \frac{\arcsin 4x}{3x} = \lim_{x \to 0} \frac{4x}{3x} = \frac{4}{3};$

（5）$\displaystyle\lim_{x \to \infty} x \sin \frac{\pi}{x} = \lim_{x \to \infty} \frac{\sin \frac{\pi}{x}}{\frac{1}{x}} = \lim_{x \to \infty} \frac{\frac{\pi}{x}}{\frac{1}{x}} = \pi.$

5. 根据已知条件确定未知常数 a,b.

（1）$\displaystyle\lim_{x \to \infty}\left(ax + b - \frac{2x^2 - 1}{x - 1}\right) = 1$；

（2）$\displaystyle\lim_{x \to \infty}\left(2x - b - \sqrt{ax^2 + 1}\right) = -1$；

（3）$\displaystyle\lim_{x \to 2} \frac{x^2 + ax + b}{x^2 - 3x + 2} = 0$；

（4）$\displaystyle\lim_{x \to 1} \frac{x^2 + ax + b}{1 - x} = 5$.

解 （1）$\displaystyle\lim_{x \to \infty}\left(ax + b - \frac{2x^2 - 1}{x - 1}\right) = \lim_{x \to \infty} \frac{(a-2)x^2 + (b-a)x + 1 - b}{x - 1} = 1$，

所以 $\begin{cases} a - 2 = 0, \\ b - a = 1, \end{cases}$ 解得 $\begin{cases} a = 2, \\ b = 3. \end{cases}$

（2）$\displaystyle\lim_{x \to \infty}\left(2x - b - \sqrt{ax^2 + 1}\right) = \lim_{x \to \infty} \frac{\left(2x - b - \sqrt{ax^2 + 1}\right)\left(2x - b + \sqrt{ax^2 + 1}\right)}{2x - b + \sqrt{ax^2 + 1}}$

$$= \lim_{x \to \infty} \frac{(4-a)x^2 - 4bx + b^2 - 1}{2x - b + \sqrt{ax^2+1}} = -1,$$

所以 $\begin{cases} 4-a=0, \\ \dfrac{-4b}{2+a}=-1, \end{cases}$ 解得 $\begin{cases} a=4, \\ b=1. \end{cases}$

（3）因为 $\lim\limits_{x \to 2} \dfrac{x^2+ax+b}{x^2-3x+2} = 0$，所以 $x^2+ax+b=(x-2)^2$，解得 $\begin{cases} a=-4, \\ b=4. \end{cases}$

（4）因为 $\lim\limits_{x \to 1} \dfrac{x^2+ax+b}{1-x} = 5$，所以 $\lim\limits_{x \to 1} \dfrac{x^2+ax+b}{1-x} = \lim\limits_{x \to 1} \dfrac{(x-1)(x-m)}{1-x} = 5$，

解得 $m=6$，从而 $x^2+ax+b=(x-1)(x-6)$，即 $\begin{cases} a=-7, \\ b=6. \end{cases}$

6．某保险公司开展养老保险业务，当存入 R_0（单位：元）时，t 年后可得养老金 $R(t)=R_0\mathrm{e}^{at}$（单位：元）（$a>0$），另外，银行存款的年利率为 r，按连续复利记息，问 t 年后的养老金现在价值是多少（即养老金的现值是多少）？

解 因为连续复利记息，故利率为 $\lim\limits_{n \to \infty}\left(1+\dfrac{r}{n}\right)^n = \mathrm{e}^r$，根据题意 $A(t)\mathrm{e}^{rt}=R_0\mathrm{e}^{at}$，可得 $A(t)=R_0\mathrm{e}^{(a-r)t}$．

习题 1.5

1．求下列函数的间断点，并确定其所属类型．如果是可去间断点，试补充或改变函数定义使函数在该点连续．

（1）$y = \dfrac{x^2-1}{x^2-3x+2}$，$x=1$，$x=2$；

（2）$y = \dfrac{x}{\sin x}$，$x=0$；

（3）$y = \cos\dfrac{1}{x}$，$x=0$．

解 （1）$y = \dfrac{x^2-1}{x^2-3x+2} = \dfrac{(x+1)(x-1)}{(x-1)(x-2)}$，函数在 $x_1=1$ 和 $x_2=2$ 处没有定义，则 $x_1=1$ 和 $x_2=2$ 为间断点．在 $x_1=1$，因为 $\lim\limits_{x \to 1} \dfrac{(x+1)(x-1)}{(x-1)(x-2)} = -2$，所以，$x_1=1$ 是第一类可去间断点．补充定义 $f(1)=-2$，则函数 $y = \begin{cases} \dfrac{x^2-1}{x^2-3x+2}, & x \neq 1, \\ -2, & x=1 \end{cases}$ 在 $x_1=1$ 处连续．在 $x_2=2$ 处，因为 $\lim\limits_{x \to 2} \dfrac{(x+1)(x-1)}{(x-1)(x-2)} = \infty$，所以，$x_2=2$ 是第二类无穷间断点．

（2）函数当 $x=0$ 时没有定义，则 $x=0$ 为函数的间断点，$\lim\limits_{x \to 1} \dfrac{x}{\sin x} = 1$，所以，$x=0$ 是

第一类可去间断点. 补充定义 $f(1)=1$，则函数 $y=\begin{cases} \dfrac{x}{\sin x}, & x\neq 0, \\ 1, & x=0 \end{cases}$ 连续.

（3）函数在 $x=0$ 点处没有定义，则 $x=0$ 为函数的间断点，$\lim\limits_{x\to 0}\cos\dfrac{1}{x}$ 极限不存在，所以 $x=0$ 为第二类的振荡间断点.

2．设函数 $f(x)=\begin{cases} 1-e^{-x}, & x<0, \\ a+x, & x\geqslant 0, \end{cases}$ 应当怎样选择 a，才能使 $f(x)$ 在其定义域内连续？

解 当 $x\neq 0$ 时，函数连续. 当 $x=0$ 时，$\lim\limits_{x\to 0^{-}}f(x)=\lim\limits_{x\to 0^{-}}(1-e^{-x})=0$，

$\lim\limits_{x\to 0^{+}}f(x)=\lim\limits_{x\to 0^{+}}(a+x)=a$，所以取 $a=0$ 时，$\lim\limits_{x\to 0}f(x)=0$，此时亦有 $f(0)=0$，

故当 $a=0$ 时函数在 $x=0$ 处连续.

3．讨论下列函数的连续性，如果有间断点，则说明其类型，如果是可去间断点，则补充或改变函数的定义，使它在该点连续.

（1）$y=\begin{cases} 0, & x<0, \\ x, & 0\leqslant x<1, \\ 1, & x\geqslant 1; \end{cases}$ （2）$y=\begin{cases} e^{\frac{1}{x}}, & x<0, \\ 1, & x=0, \\ \dfrac{x}{2}, & x>0. \end{cases}$

解 （1）因为当 $x<0$、$0\leqslant x<1$、$x\geqslant 1$ 时函数都是初等函数，所以连续.
在 $x=0$ 点，$\lim\limits_{x\to 0^{-}}y=\lim\limits_{x\to 0^{-}}0=0$，$\lim\limits_{x\to 0^{+}}y=\lim\limits_{x\to 0^{+}}x=0$，$y(0)=0$，所以，函数在 $x=0$ 点连续. 在 $x=1$ 点，$\lim\limits_{x\to 1^{-}}y=\lim\limits_{x\to 1^{-}}x=1$，$\lim\limits_{x\to 1^{+}}y=\lim\limits_{x\to 1^{+}}1=1$，且 $f(1)=1$，所以函数在 $x=1$ 点连续. 综上所述，函数在定义域内连续.

（2）当 $x<0$ 及 $x>0$ 时函数都是初等函数，所以连续.

当 $x=0$ 时，$\lim\limits_{x\to 0^{-}}y=\lim\limits_{x\to 0^{-}}e^{\frac{1}{x}}=0$，$\lim\limits_{x\to 0^{+}}y=\lim\limits_{x\to 0^{+}}\dfrac{x}{2}=0$，而 $f(0)=1$，所以 $x=0$ 是第一

类的可去间断点，改变函数定义，使 $f(0)=0$，则函数 $y=\begin{cases} e^{\frac{1}{x}}, & x<0, \\ 0, & x=0, \\ \dfrac{x}{2}, & x>0 \end{cases}$ 成为连续函数.

4．证明 $x\to 0$ 时 $2^{x}-1\sim x\ln 2$．

证明： 设 $2^{x}-1=t$，则 $x=\log_{2}(t+1)$，当 $x\to 0$ 时，$t\to 0$，

$\lim\limits_{x\to 0}\dfrac{2^{x}-1}{x\ln 2}=\lim\limits_{t\to 0}\dfrac{t}{\log_{2}(t+1)\ln 2}=\lim\limits_{t\to 0}\dfrac{1}{\log_{2}(t+1)^{\frac{1}{t}}\ln 2}$，由于 $\lim\limits_{t\to 0}\log_{2}(t+1)^{\frac{1}{t}}=\log_{2}e$，

所以 $\lim\limits_{x\to 0}\dfrac{2^x-1}{x\ln 2}=1$，故当 $x\to 0$ 时，e^x-1 与 x 是等价无穷小.

5. 求下列极限:

（1）$\lim\limits_{x\to 3}\dfrac{2}{\sqrt{x+1}}$;　　　　（2）$\lim\limits_{x\to 0}(1+\sin x)^{\frac{1}{2x}}$;　　　　（3）$\lim\limits_{x\to +\infty}\arccos(\sqrt{x^2+1}-x)$;

（4）$\lim\limits_{x\to 0}\dfrac{\ln(1+3x)}{\sin 2x}$;　　　　（5）$\lim\limits_{x\to 0}\dfrac{\ln(x+e^x)}{\sin x}$;　　　　（6）$\lim\limits_{x\to 0}\dfrac{\ln(1+\sqrt[3]{x})}{\ln(1+2\sqrt[3]{x})}$;

（7）$\lim\limits_{x\to 0}\dfrac{x\arcsin x}{e^{-x^2}-1}$;　　　　（8）$\lim\limits_{x\to 0}(x+e^x)^{\frac{1}{x}}$.

解　（1）由于 $f(x)=\dfrac{2}{\sqrt{x+1}}$ 是初等函数，$x=3$ 是其定义区间内的一点，所以

$$\lim_{x\to 3}\frac{2}{\sqrt{x+1}}=\frac{2}{\sqrt{3+1}}=1 .$$

（2）设 $y=(1+\sin x)^{\frac{1}{2x}}$，两边取自然对数，$\ln y=\dfrac{1}{2x}\ln(1+\sin x)$，

$$\lim_{x\to 0}\ln y=\lim_{x\to 0}\frac{\ln(1+\sin x)}{2x}=\lim_{x\to 0}\frac{1+\sin x-1}{2x}=\frac{1}{2},\quad \text{所以}\ \lim_{x\to 0}(x+\sin x)^{\frac{1}{2x}}=e^{\frac{1}{2}} .$$

（3）$\displaystyle\lim_{x\to +\infty}\arccos\left(\sqrt{x^2+1}-x\right)=\lim_{x\to +\infty}\arccos\frac{\left(\sqrt{x^2+1}-x\right)\left(\sqrt{x^2+1}+x\right)}{\sqrt{x^2+1}+x}$

$$=\lim_{x\to +\infty}\arccos\frac{1}{\sqrt{x^2+1}+x}=\arccos 0=\frac{\pi}{2} .$$

（4）当 $x\to 0$ 时 $\ln(1+x)\sim x$，$\sin 2x\sim 2x$，$\displaystyle\lim_{x\to 0}\frac{\ln(1+3x)}{\sin 2x}=\lim_{x\to 0}\frac{3x}{2x}=\frac{3}{2}$.

（5）当 $x\to 0$ 时 $\ln(x+e^x)\sim x+e^x-1$，$\sin x\sim x$，

$$\lim_{x\to 0}\frac{\ln(x+e^x)}{\sin x}=\lim_{x\to 0}\frac{x+e^x-1}{x}=\lim_{x\to 0}\left(1+\frac{e^x-1}{x}\right)=1+\lim_{x\to 0}\frac{e^x-1}{x}=2 .$$

（6）当 $t\to 0$ 时 $\ln(1+t)\sim t$，$\displaystyle\lim_{x\to 0}\frac{\ln(1+\sqrt[3]{x})}{\ln(1+2\sqrt[3]{x})}=\lim_{x\to 0}\frac{\sqrt[3]{x}}{2\sqrt[3]{x}}=\frac{1}{2}$.

（7）当 $x\to 0$ 时 $e^{-x^2}-1\sim -x^2$，$\arcsin x\sim x$，$\displaystyle\lim_{x\to 0}\frac{x\arcsin x}{e^{-x^2}-1}=\lim_{x\to 0}\frac{x^2}{-x^2}=-1$.

（8）设 $y=(x+e^x)^{\frac{1}{x}}$，两边取自然对数，$\ln y=\dfrac{1}{x}\ln(x+e^x)$，

$$\lim_{x\to 0}\ln y=\lim_{x\to 0}\frac{\ln(x+e^x)}{x}=\lim_{x\to 0}\frac{x+e^x-1}{x}=\lim_{x\to 0}\left(1+\frac{e^x-1}{x}\right)=1+\lim_{x\to 0}\frac{e^x-1}{x}=2 ,$$

所以 $\lim\limits_{x\to 0}(x+e^x)^{\frac{1}{x}}=e^2$.

6. 证明方程 $x^5-3x-1=0$ 在 $(1,2)$ 内至少有一实根.

证明： 设 $f(x) = x^5 - 3x - 1$，则 $f(1) = 1 - 3 - 1 = -3$，$f(2) = 32 - 6 - 1 = 25$，所以，由根的存在性定理，在 $(1,2)$ 内定有一点 ξ 使 $f(\xi) = 0$，即 $\xi^5 - 3\xi - 1 = 0$，故 $x^5 - 3x - 1 = 0$ 在 $(1,2)$ 内至少有一实根.

7. 设 $f(x)$ 在 $x = 0$ 与 $x = 1$ 两点连续，且 $f(0) = 1$，$f(1) = 0$，问极限 $\lim\limits_{x \to 0} f\left(\dfrac{x}{\arcsin x}\right)$ 是否存在？若存在，求出其值.

解 $\lim\limits_{x \to 0} f\left(\dfrac{x}{\arcsin x}\right) = f\left(\lim\limits_{x \to 0} \dfrac{x}{\arcsin x}\right) = f(1) = 0$.

8. 某公司生产某种产品，固定成本为 2 万元. 已知年产量 $Q \le 1000$ 时，每生产一个单位的产品，成本增加 a 元；年产量 $Q > 1000$ 时，每生产一个单位的产品，成本增加 $\dfrac{1}{2}a$ 元；另外，总收入 R 是年产量 Q 的函数：

$$R(Q) = \begin{cases} 600Q - \dfrac{1}{2}Q^2, & 0 \le Q \le 1000, \\ 85000 + aQ, & Q > 1000. \end{cases}$$

要使利润函数 $L = L(Q)$ 是 $[0,2000]$ 上的连续函数，求 a 的值.

解 成本函数 $C(Q) = \begin{cases} 20000 + aQ, & 0 \le Q \le 1000, \\ 20000 + 1000a + (Q - 1000)\dfrac{a}{2}, & Q > 1000, \end{cases}$

利润函数 $L = L(Q) = C(Q) - R(Q)$，要使利润函数 $L = L(Q)$ 是 $[0,2000]$ 上的连续函数，只需满足 $\lim\limits_{x \to 1000^+} L(Q) = \lim\limits_{x \to 1000^-} L(Q)$，代入数据可得 $a = 15$.

复习题 1

1. 已知 $f(x) = ax + b$，且 $f(0) = 0$，$f(3) = 5$，求 a 和 b.

解 由 $f(0) = 0$ 得 $b = 0$，由 $f(3) = 5$ 得 $3a = 5$，即 $a = \dfrac{5}{3}$.

2. 已知 $f(x)$ 的定义域为 $[-1,2)$，求 $y = f(x - 2)$ 的定义域.

解 由 $-1 \le x - 2 < 2$ 解得 $1 \le x < 4$，所以，$y = f(x - 2)$ 的定义域为 $[1,4)$.

3. 判断下列函数的奇偶性：

（1）$f(x) = \dfrac{3^x + 3^{-x}}{2}$；（2）$f(x) = \lg\left(x + \sqrt{1 + x^2}\right)$；（3）$f(x) = \dfrac{x \cdot \sin x}{\cos x}$.

解 （1）$f(-x) = \dfrac{3^{-x} + 3^x}{2} = f(x)$，所以 $f(x)$ 为偶函数.

（2）$f(-x) = \lg\left(-x + \sqrt{1 + (-x)^2}\right) = \lg\left(\dfrac{\left(\sqrt{1 + (-x)^2} - x\right)\left(\sqrt{1 + (-x)^2} + x\right)}{\sqrt{1 + (-x)^2} + x}\right)$

$\qquad = \lg\left(\dfrac{1}{\sqrt{1 + (-x)^2} + x}\right) = -\lg\left(x + \sqrt{1 + (-x)^2}\right) = -f(x)$，

所以 $f(x)$ 是奇函数.

（3） $f(-x)=\dfrac{(-x)\cdot\sin(-x)}{\cos(-x)}=\dfrac{x\cdot\sin x}{\cos x}=f(x)$，所以 $f(x)$ 为偶函数.

4．求下列函数的反函数：

（1） $y=\dfrac{x+1}{x-1}$；

（2） $y=1-\lg(x+2)$.

解 （1）从 $y=\dfrac{x+1}{x-1}$ 解出 x，得 $x=\dfrac{y+1}{y-1}$，所以反函数为 $y=\dfrac{x+1}{x-1}$.

（2）从 $y=1-\lg(x+2)$ 中解出 x，得 $x=10^{1-y}-2$. 所以反函数为 $y=10^{1-x}-2$.

5．复合函数 $y=\sin^2(2x+5)$ 是由哪些简单函数复合而成的？

解 函数是由 $y=u^2$，$u=\sin v$，$v=2x+5$ 复合而成的.

6．求下列极限：

（1） $\displaystyle\lim_{x\to 0}\dfrac{\sqrt{1+\tan x}-\sqrt{1-\tan x}}{\sin x}$；

（2） $\displaystyle\lim_{x\to\pi}\dfrac{\sin^2 x}{1+\cos^3 x}$；

（3） $\displaystyle\lim_{x\to 0}\dfrac{\tan x}{1-\sqrt{1+\tan x}}$；

（4） $\displaystyle\lim_{x\to 4}\dfrac{\sqrt{1+2x}-3}{\sqrt{x}-2}$；

（5） $\displaystyle\lim_{n\to\infty}\left(\dfrac{1}{n^2}+\dfrac{2}{n^2}+\cdots+\dfrac{n-1}{n^2}\right)$.

解 （1） $\displaystyle\lim_{x\to 0}\dfrac{\sqrt{1+\tan x}-\sqrt{1-\tan x}}{\sin x}=\lim_{x\to 0}\dfrac{2\tan x}{\sin x\left(\sqrt{1+\tan x}+\sqrt{1-\tan x}\right)}$

$$=2\lim_{x\to 0}\dfrac{\tan x}{\sin x}\cdot\dfrac{1}{\left(\sqrt{1+\tan x}+\sqrt{1-\tan x}\right)}=1.$$

（2） $\displaystyle\lim_{x\to\pi}\dfrac{\sin^2 x}{1+\cos^3 x}=\lim_{x\to\pi}\dfrac{1-\cos^2 x}{(1+\cos x)(1-\cos x+\cos^2 x)}$

$$=\lim_{x\to\pi}\dfrac{1-\cos x}{1-\cos x+\cos^2 x}=\dfrac{2}{3}.$$

（3） $\displaystyle\lim_{x\to 0}\dfrac{\tan x}{1-\sqrt{1+\tan x}}=\lim_{x\to 0}\dfrac{\tan x(1+\sqrt{1+\tan x})}{(1-\sqrt{1+\tan x})(1+\sqrt{1+\tan x})}$

$$=\lim_{x\to 0}\dfrac{\tan x(1+\sqrt{1+\tan x})}{-\tan x}=-2.$$

（4） $\displaystyle\lim_{x\to 4}\dfrac{\sqrt{1+2x}-3}{\sqrt{x}-2}=\lim_{x\to 4}\dfrac{(\sqrt{1+2x}-3)(\sqrt{1+2x}+3)(\sqrt{x}+2)}{(\sqrt{x}-2)(\sqrt{x}+2)(\sqrt{1+2x}+3)}$

$$=\lim_{x\to 4}\dfrac{(2x-8)(\sqrt{x}+2)}{(x-4)(\sqrt{1+2x}+3)}=\lim_{x\to 4}\dfrac{2(\sqrt{x}+2)}{(\sqrt{1+2x}+3)}=\dfrac{4}{3}.$$

（5） $\displaystyle\lim_{n\to\infty}\left(\dfrac{1}{n^2}+\dfrac{2}{n^2}+\cdots+\dfrac{n-1}{n^2}\right)=\lim_{n\to\infty}\dfrac{1+2+\cdots+n-1}{n^2}=\lim_{n\to\infty}\dfrac{\dfrac{(n-1)(1+n-1)}{2}}{n^2}$

$$= \lim_{n \to \infty} \frac{(n-1)n}{2n^2} = \frac{1}{2}.$$

7. 求下列极限：

（1）$\lim\limits_{x \to \infty} \left(\sqrt{x^2+x} - \sqrt{x^2-2x+2} \right)$；

（2）$\lim\limits_{x \to +\infty} \dfrac{\left| e^x - 2^x \right|}{e^x + 2^x}$，$\lim\limits_{x \to -\infty} \dfrac{\left| e^x - 2^x \right|}{e^x + 2^x}$，$\lim\limits_{x \to \infty} \dfrac{\left| e^x - 2^x \right|}{e^x + 2^x}$；

（3）$\lim\limits_{x \to \infty} \left[\ln(3x^2 - x) - \ln(x^2 + x) \right]$；   （4）$\lim\limits_{x \to -1} \left(\dfrac{2x^3}{1-x^2} + \dfrac{x^2}{1+x} \right)$；

（5）$\lim\limits_{x \to 2} \dfrac{\sqrt{x+2} - 2}{\sqrt[3]{3x-5} - 1}$；   （6）$\lim\limits_{x \to 1^-} \dfrac{\sqrt{x-x^2} - \sqrt{1-x}}{\sqrt{1-x^2} - \sqrt{2-2x}}$；

（7）$\lim\limits_{x \to a} \dfrac{x^n - a^n}{x^2 - a^2}$（$a \neq 0$，$n$ 为正整数）；   （8）$\lim\limits_{x \to \infty} \left(\dfrac{x^2 + x - 1}{x+1} - \dfrac{x^2}{x-1} \right)$.

解　（1）$\lim\limits_{x \to \infty} \left(\sqrt{x^2+x} - \sqrt{x^2-2x+2} \right)$

$$= \lim_{x \to \infty} \frac{\left(\sqrt{x^2+x} - \sqrt{x^2-2x+2} \right)\left(\sqrt{x^2+x} + \sqrt{x^2-2x+2} \right)}{\sqrt{x^2+x} + \sqrt{x^2-2x+2}}$$

$$= \lim_{x \to \infty} \frac{3x-2}{\sqrt{x^2+x} + \sqrt{x^2-2x+2}} = \frac{3}{2}.$$

（2）$\lim\limits_{x \to +\infty} \dfrac{\left| e^x - 2^x \right|}{e^x + 2^x} = \lim\limits_{x \to +\infty} \dfrac{e^x - 2^x}{e^x + 2^x} = \lim\limits_{x \to +\infty} \dfrac{1 - \dfrac{2^x}{e^x}}{1 + \dfrac{2^x}{e^x}} = 1$；

$\lim\limits_{x \to -\infty} \dfrac{\left| e^x - 2^x \right|}{e^x + 2^x} = \lim\limits_{x \to -\infty} \dfrac{2^x - e^x}{2^x + e^x} = \lim\limits_{x \to -\infty} \dfrac{1 - \dfrac{e^x}{2^x}}{1 + \dfrac{e^x}{2^x}} = 1$；

$\lim\limits_{x \to \infty} \dfrac{\left| e^x - 2^x \right|}{e^x + 2^x} = \lim\limits_{x \to +\infty} \dfrac{\left| e^x - 2^x \right|}{e^x + 2^x} = \lim\limits_{x \to -\infty} \dfrac{\left| e^x - 2^x \right|}{e^x + 2^x} = 1$.

（3）$\lim\limits_{x \to \infty} \left[\ln(3x^2 - x) - \ln(x^2 + x) \right] = \lim\limits_{x \to \infty} \ln \dfrac{3x^2 - x}{x^2 + x} = \lim\limits_{x \to \infty} \ln \dfrac{3x-1}{x+1} = \ln \lim\limits_{x \to \infty} \dfrac{3x-1}{x+1} = \ln 3$.

（4）$\lim\limits_{x \to -1} \left(\dfrac{2x^3}{1-x^2} + \dfrac{x^2}{1+x} \right) = \lim\limits_{x \to -1} \dfrac{2x^3 + x^2(1-x)}{1-x^2} = \lim\limits_{x \to -1} \dfrac{x^3 + x^2}{1-x^2} = \lim\limits_{x \to -1} \dfrac{x^2}{1-x} = \dfrac{1}{2}$.

（5）$\lim\limits_{x \to 2} \dfrac{\sqrt{x+2} - 2}{\sqrt[3]{3x-5} - 1} = \lim\limits_{x \to 2} \dfrac{\left(\sqrt{x+2} - 2 \right)\left(\sqrt{x+2} + 2 \right)\left(\sqrt[3]{(3x-5)^2} + \sqrt[3]{3x-5} + 1 \right)}{\left(\sqrt[3]{3x-5} - 1 \right)\left(\sqrt[3]{(3x-5)^2} + \sqrt[3]{3x-5} + 1 \right)\left(\sqrt{x+2} + 2 \right)}$

$$= \lim_{x \to 2} \frac{(x-2)\left(\sqrt[3]{(3x-5)^2} + \sqrt[3]{3x-5} + 1\right)}{3(x-2)\left(\sqrt{x+2}+2\right)} = \lim_{x \to 2} \frac{\sqrt[3]{(3x-5)^2} + \sqrt[3]{3x-5} + 1}{3\left(\sqrt{x+2}+2\right)} = \frac{1}{4}.$$

（6） $\lim\limits_{x \to 1^-} \dfrac{\sqrt{x-x^2} - \sqrt{1-x}}{\sqrt{1-x^2} - \sqrt{2-2x}}$

$$= \lim_{x \to 1^-} \frac{\left(\sqrt{x-x^2} - \sqrt{1-x}\right)\left(\sqrt{x-x^2} + \sqrt{1-x}\right)\left(\sqrt{1-x^2} + \sqrt{2-2x}\right)}{\left(\sqrt{1-x^2} - \sqrt{2-2x}\right)\left(\sqrt{1-x^2} + \sqrt{2-2x}\right)\left(\sqrt{x-x^2} + \sqrt{1-x}\right)}$$

$$= \lim_{x \to 1^-} \frac{\left(-x^2+2x-1\right)\left(\sqrt{1-x^2} + \sqrt{2-2x}\right)}{\left(-x^2+2x-1\right)\left(\sqrt{x-x^2} + \sqrt{1-x}\right)} = \lim_{x \to 1^-} \frac{\sqrt{1-x^2} + \sqrt{2-2x}}{\sqrt{x-x^2} + \sqrt{1-x}} = \sqrt{2}.$$

（7） $\lim\limits_{x \to a} \dfrac{x^n - a^n}{x^2 - a^2} = \lim\limits_{x \to a} \dfrac{(x-a)(x^{n-1} + ax^{n-2} + a^2 x^{n-3} + \cdots + a^{n-1})}{(x+a)(x-a)}$

$$= \lim_{x \to a} \frac{x^{n-1} + ax^{n-2} + a^2 x^{n-3} + \cdots + a^{n-1}}{x+a} = \frac{n}{2} a^{n-2}.$$

（8） $\lim\limits_{x \to \infty} \left(\dfrac{x^2+x-1}{x+1} - \dfrac{x^2}{x-1}\right) = \lim\limits_{x \to \infty} \dfrac{(x^2+x-1)(x-1) - x^2(x+1)}{(x+1)(x-1)} = \lim\limits_{x \to \infty} \dfrac{-x^2-2x+1}{x^2-1} = -1.$

8. 求下列极限：

（1） $\lim\limits_{x \to 1} x^{\frac{2}{1-x}}$；

（2） $\lim\limits_{x \to 0} \left(\dfrac{1-3x}{1+x}\right)^{\frac{1}{x}}$；

（3） $\lim\limits_{x \to 0} \left(\dfrac{1-3x}{1+x}\right)^{x}$；

（4） $\lim\limits_{x \to \infty} \left(\dfrac{1-3x}{4-3x}\right)^{x}$；

（5） $\lim\limits_{x \to \infty} \left(\dfrac{1-3x}{4-3x}\right)^{\frac{1}{x}}$；

（6） $\lim\limits_{x \to 0} \left(\dfrac{2}{\pi} \operatorname{arccot} x\right)^{\frac{1}{x}}$.

解 （1） $\lim\limits_{x \to 1} x^{\frac{2}{1-x}} = \lim\limits_{x \to 1} \left[1+(x-1)\right]^{\frac{-2}{x-1}} = e^{-2}$.

（2） $\lim\limits_{x \to 0} \left(\dfrac{1-3x}{1+x}\right)^{\frac{1}{x}} = \lim\limits_{x \to 0} \dfrac{(1-3x)^{\frac{1}{x}}}{(1+x)^{\frac{1}{x}}} = e^{-4}$.

（3） $\lim\limits_{x \to 0} \left(\dfrac{1-3x}{1+x}\right)^{x} = 1^0 = 1$.

（4） $\lim\limits_{x \to \infty} \left(\dfrac{1-3x}{4-3x}\right)^{x} = \lim\limits_{x \to \infty} \left(\dfrac{\dfrac{1}{-3x}+1}{\dfrac{4}{-3x}+1}\right)^{x} = \lim\limits_{x \to \infty} \dfrac{\left(1+\dfrac{1}{-3x}\right)^{x}}{\left(1+\dfrac{4}{-3x}\right)^{x}} = \dfrac{e^{-\frac{1}{3}}}{e^{-\frac{4}{3}}} = e^1 = e$.

（5） $\lim\limits_{x \to \infty} \left(\dfrac{1-3x}{4-3x}\right)^{\frac{1}{x}} = 1^0 = 1$.

（6）设 $y=\left(\dfrac{2}{\pi}\operatorname{arccot}x\right)^{\frac{1}{x}}$，两边取自然对数 $\ln y=\dfrac{1}{x}\ln\left(\dfrac{2}{\pi}\operatorname{arccot}x\right)$，

$$\lim_{x\to0}\ln y=\lim_{x\to0}\frac{1}{x}\ln\left(\frac{2}{\pi}\operatorname{arccot}x\right)=\lim_{x\to0}\frac{\ln\dfrac{2}{\pi}+\ln\operatorname{arccot}x}{x}=\lim_{x\to0}\frac{1}{\operatorname{arccot}x}\left(-\frac{1}{1+x^2}\right)=-\frac{2}{\pi}，\text{所以}$$

$$\lim_{x\to0}\left(\frac{2}{\pi}\operatorname{arccot}x\right)^{\frac{1}{x}}=e^{-\frac{2}{\pi}}.$$

9. 设 $\lim\limits_{x\to\infty}\left(\dfrac{2x-c}{2x+c}\right)^x=3$，求 c 的值.

解 $\lim\limits_{x\to\infty}\left(\dfrac{2x-c}{2x+c}\right)^x=\lim\limits_{x\to\infty}\left(\dfrac{1-\dfrac{c}{2x}}{1+\dfrac{c}{2x}}\right)^x=\lim\limits_{x\to\infty}\dfrac{\left(1-\dfrac{c}{2x}\right)^x}{\left(1+\dfrac{c}{2x}\right)^x}=e^{-c}$，所以 $\lim\limits_{x\to\infty}\left(\dfrac{2x-c}{2x+c}\right)^x=3=e^{-c}$，

得 $c=-\ln3$.

10. 证明当 $x\to0$ 时，$e^x-1\sim x$，并利用此结果求 $\lim\limits_{x\to0}\dfrac{\sqrt{1+\sin x}-1}{e^x-1}$.

证明：设 $e^x-1=t$，则当 $x\to0$ 时，$t\to0$，$\lim\limits_{x\to0}\dfrac{e^x-1}{x}=\lim\limits_{t\to0}\dfrac{t}{\ln(t+1)}$，由于

$\lim\limits_{t\to0}\dfrac{\ln(t+1)}{t}=\lim\limits_{t\to0}\ln(t+1)^{\frac{1}{t}}=1$，所以 $\lim\limits_{t\to0}\dfrac{t}{\ln(t+1)}=1$，即 $\lim\limits_{x\to0}\dfrac{e^x-1}{x}=1$. 故当 $x\to0$ 时，e^x-1

与 x 是等价无穷小. 分子分母同乘 $\sqrt{1+\sin x}+1$，即

$$\lim_{x\to0}\frac{\sqrt{1+\sin x}-1}{e^x-1}=\lim_{x\to0}\frac{\sin x}{x(\sqrt{1+\sin x}+1)}=\lim_{x\to0}\frac{\sin x}{x}\cdot\frac{1}{\sqrt{1+\sin x}+1}=\frac{1}{2}.$$

11. 设函数 $f(x)=\begin{cases}\dfrac{1}{x}\sin\pi x, & x\neq0,\\ a, & x=0\end{cases}$ 在 $x=0$ 处连续，求 a 值.

解 $\lim\limits_{x\to0}f(x)=\lim\limits_{x\to0}\dfrac{1}{x}\sin\pi x=\pi\lim\limits_{x\to0}\dfrac{\sin\pi x}{\pi x}=\pi$，所以，当 $a=\pi$ 时，$f(x)$ 在 $x=0$ 连续.

自测题 1

1. 填空题.

（1）已知 $f\left(x+\dfrac{1}{x}\right)=x^2+\dfrac{1}{x^2}$，则 $f(x)=$ _____；

（2）设函数 $f(x)$ 的定义域是 $[0,4]$，则 $f(x^2)$ 的定义域是 _____；

（3）函数 $y=e^{\sin x^2}$ 是 _____ 复合而成的；

（4）已知 a,b 为常数，$\lim\limits_{x\to\infty}\dfrac{ax^2+bx-1}{2x+1}=2$，则 $a=$ _____，$b=$ _____；

（5）$x=0$ 是 $f(x)=\dfrac{\sin x}{x}$ 的 _____ 间断点；

（6）若 $\lim\limits_{x\to 0}\dfrac{\sqrt{x+1}-1}{\sin kx}=2$，则 $k=$ _____.

解 （1）$f(x)=x^2-2$；（2）$[-2,2]$；（3）$y=e^u$，$u=\sin v$，$v=x^2$；

（4）$a=0$，$b=4$；（5）第一类间断点（可去间断点）；（6）$k=\dfrac{1}{4}$.

2．选择题.

（1）函数 $y=1+\sin x$ 是（　　）.

    A．无界函数；   B．单调减少函数；

    C．单调增加函数；   D．有界函数.

（2）在下列各对函数中，（　　）是相同的函数.

    A．$y=\ln x^2$，$y=2\ln x$；   B．$y=\ln\sqrt{x}$，$y=\dfrac{1}{2}\ln x$；

    C．$y=\cos x$，$y=\sqrt{1-\sin^2 x}$；   D．$y=\dfrac{1}{x+1}$，$y=\dfrac{x-1}{x^2-1}$.

（3）下列函数中为奇函数的是（　　）.

    A．$y=2^x$；   B．$y=\ln\left(\sqrt{x^2+1}-x\right)$；

    C．$y=\ln(1-x)$；   D．$y=\cos 2x$.

（4）下列极限存在的是（　　）.

    A．$\lim\limits_{x\to\infty}3^{-x}$；   B．$\lim\limits_{x\to\infty}\dfrac{2x^4+x+1}{3x^4-x+2}$；

    C．$\lim\limits_{x\to\infty}\ln|x|$；   D．$\lim\limits_{x\to\infty}\cos x$.

（5）设 $f(x)=e^{\frac{1}{x}}$，则 $f(x)$ 在 $x=0$ 处（　　）.

    A．有定义；   B．极限存在；

    C．左极限存在；   D．右极限存在.

（6）当 $x\to 0$ 时，（　　）与 x 不是等价无穷小.

    A．$\ln(1+x)$；   B．$\sqrt{1+x}+\sqrt{1-x}$；

    C．$\tan x$；   D．$\sin x$.

（7）设 $f(x)=\cos x$，$f[\varphi(x)]=1-x^2$，则 $\varphi(x)$ 的定义域是（　　）.

    A．$(-\infty,+\infty)$；   B．$[-\sqrt{2},+\sqrt{2}]$；

    C．$[-1,1]$；   D．$[0,\pi]$.

（8）下列函数中，（　　）是无界函数.

    A．$\dfrac{1}{x}\sin x$；   B．$x\sin\dfrac{1}{x}$；

    C．$\dfrac{\ln x}{1+\ln^2 x}$；   D．$\dfrac{1}{e^x+e^{-x}}$.

（9）设 $f(x),g(x)$ 都在 $(-\infty,+\infty)$ 内单调增加，则函数（　　）也在 $(-\infty,+\infty)$ 内单调增加（假设涉及到的复合函数有意义）.

    A．$f(x)\cdot g(x)$；   B．$f[g(x)]$；

    C．$f[-g(x)]$；   D．$f[g(-x)]$．

（10）设 $f(x)=\begin{cases}\sin x-x^2,&-\pi\leqslant x<0\\\sin x+x^2,&0\leqslant x\leqslant\pi\end{cases}$，在 $[-\pi,\pi]$ 上，$f(x)$ 为（　　）.

    A．奇函数；   B．无界函数；

    C．单调函数；   D．周期函数．

解　（1）$y'=\cos x$，在 $(-\infty,+\infty)$ 内有正有负，所以函数不单调．但是 $|1+\sin x|\leqslant 2$，函数有界，故选 D．

（2）A 和 D 定义域不相同，C 函数解析式不同，所以都不是相同的函数，故选 B．

（3）选项 B：

$$f(-x)=\ln\left(\sqrt{(-x)^2+1}-(-x)\right)=\ln\frac{1}{\sqrt{x^2+1}-x}=-\ln\left(\sqrt{x^2+1}-x\right)=-f(x).$$

（4）选项 B：$\lim\limits_{x\to\infty}\dfrac{2x^4+x+1}{3x^4-x+2}=\dfrac{2}{3}$，故选 B．

（5）函数在 $x=0$ 处没有定义，$\lim\limits_{x\to 0^-}\mathrm{e}^{\frac{1}{x}}=0$，$\lim\limits_{x\to 0^+}\mathrm{e}^{\frac{1}{x}}=\infty$，故选 C．

（6）选 B：

$$\lim\limits_{x\to 0}\sqrt{1+x}+\sqrt{1-x}=2，当 x\to 0 时，\sqrt{1+x}+\sqrt{1-x} 不是无穷小.$$

（7）因为 $f(x)=\cos x$，$f[\varphi(x)]=\cos[\varphi(x)]=1-x^2$，

所以 $\varphi(x)=\arccos(1-x^2)$，从而 $-1\leqslant 1-x^2\leqslant 1$，解得 $-\sqrt{2}\leqslant x\leqslant\sqrt{2}$，所以 $\varphi(x)$ 的定义域是 $[-\sqrt{2},+\sqrt{2}]$，故选 B．

（8）令 $x_n=2k\pi+\dfrac{\pi}{2}$，$\lim\limits_{k\to\infty}x\sin\dfrac{1}{x}=\lim\limits_{k\to\infty}\left(2k\pi+\dfrac{\pi}{2}\right)=\infty$，所以 $x\sin\dfrac{1}{x}$ 无界．故选 B．

（9）假设 $f(x)=x$，$g(x)=x$，选项 A 中 $f(x)\cdot g(x)=x^2$ 在 $(-\infty,+\infty)$ 不是单调增加的，选项 B 中 $f[g(x)]=x$ 在 $(-\infty,+\infty)$ 是单调增加的，选项 C 中 $f[-g(x)]=-x$ 在 $(-\infty,+\infty)$ 是单调减少的，选项 D 中 $f[g(-x)]=-x$ 在 $(-\infty,+\infty)$ 是单调减少的，故选 B．

（10）$\lim\limits_{x\to 0}f(x)=f(0)=0$，所以 $f(x)$ 在 $x=0$ 点处连续，

假设 $x\in[0,\pi]$，$f(x)=\sin x+x^2$，$-x\in[-\pi,0]$，$f(-x)=\sin(-x)-(-x)^2=-\sin x-x^2=-(\sin x+x^2)=-f(x)$，所以 $f(x)$ 为奇函数，故选 A．

3．计算下列各题：

（1）求函数 $f(x)=\ln\dfrac{3+x}{3-x}+\arcsin\dfrac{x+1}{2}$ 的定义域；

（2）设函数 $f(x)=x^3+2$，$g(x)=\sqrt{x+1}-2$，求 $f[g(x)]$，$g[f(x)]$；

（3）求函数 $y=1-\ln(2x+1)$ 的反函数．

解 （1）$\begin{cases} \dfrac{3+x}{3-x} > 0, \\ -1 \leqslant \dfrac{x+1}{2} \leqslant 1, \end{cases}$ 解得 $-3 < x \leqslant 1$，所以此函数的定义域为 $(-3,1]$．

（2）$f[g(x)] = \left(\sqrt{x+1} - 2\right)^3 + 2$，$g[f(x)] = \sqrt{x^3 + 3} - 2$．

（3）由 $y = 1 - \ln(2x+1)$ 解出 $x = \dfrac{1}{2}(e^{1-y} - 1)$，所以反函数为 $y = \dfrac{1}{2}(e^{1-x} - 1)$．

4．求下列极限：

（1）$\lim\limits_{x \to \infty} \left(\dfrac{2x-3}{2x+1}\right)^{x+1}$；

（2）$\lim\limits_{x \to +\infty} e^{-x} \cdot \sin x$；

（3）$\lim\limits_{x \to 2} \left(\dfrac{1}{x-2} - \dfrac{4}{x^2-4}\right)$；

（4）$\lim\limits_{x \to 0} \dfrac{1-\cos x}{\sin^2 x}$．

解 （1）$\lim\limits_{x \to \infty} \left(\dfrac{2x-3}{2x+1}\right)^{x+1} = \lim\limits_{x \to \infty} \dfrac{\left(1-\dfrac{3}{2x}\right)^x}{\left(1+\dfrac{1}{2x}\right)^x} \left(\dfrac{2x-3}{2x+1}\right) = \dfrac{\lim\limits_{x \to \infty}\left(1-\dfrac{3}{2x}\right)^x}{\lim\limits_{x \to \infty}\left(1+\dfrac{1}{2x}\right)^x} \cdot \lim\limits_{x \to \infty}\left(\dfrac{2x-3}{2x+1}\right) = \dfrac{1}{e^2}$．

（2）$\lim\limits_{x \to +\infty} e^{-x} = 0$，而 $\sin x$ 是有界变量，所以 $\lim\limits_{x \to +\infty} e^{-x} \cdot \sin x = 0$．

（3）$\lim\limits_{x \to 2}\left(\dfrac{1}{x-2} - \dfrac{4}{x^2-4}\right) = \lim\limits_{x \to 2} \dfrac{x-2}{x^2-4} = \lim\limits_{x \to 2}\dfrac{1}{x+2} = \dfrac{1}{4}$．

（4）$\lim\limits_{x \to 0} \dfrac{1-\cos x}{\sin^2 x} = \lim\limits_{x \to 0} \dfrac{\dfrac{1}{2}x^2}{x^2} = \dfrac{1}{2}$．

5．在半径为 R 的半圆中内接一个梯形，梯形的一边与半圆的直径重合，另一底边的端点在半圆周上，试建立梯形面积和梯形高之间的函数模型．

解 $A(x) = x(R + \sqrt{R^2 - x^2})$，$x$ 为梯形的高，$A(x)$ 为梯形的面积．

6．讨论 $f(x) = \dfrac{2^{\frac{1}{x}} - 1}{2^{\frac{1}{x}} + 1}$ 的间断点．

解 当 $x = 0$ 时函数没有意义，所以 $x = 0$ 为函数的间断点．$\lim\limits_{x \to 0^-} \dfrac{2^{\frac{1}{x}} - 1}{2^{\frac{1}{x}} + 1} = -1$；

$\lim\limits_{x \to 0^+} \dfrac{2^{\frac{1}{x}} - 1}{2^{\frac{1}{x}} + 1} = 1$，左右极限都存在，但是不相等，所以 $x = 0$ 为第一类的可去间断点．

7．证明方程 $x^2 + 2x = 5$ 在区间 $(1,2)$ 内至少有一个根．

证明 设 $f(x) = x^2 + 2x - 5$，则 $f(1) = 1 + 2 - 5 = -2$，$f(2) = 4 + 4 - 5 = 3$，所以，由根的存在性定理可知，在 $(1,2)$ 内定有一点 ξ 使 $f(\xi) = 0$，即 $\xi^2 + 2\xi - 5 = 0$，故 $x^2 + 2x = 5$ 在 $(1,2)$ 内至少有一实根．

1.4 同步练习及答案

同步练习

1. 填空题.

（1）函数 $y = \dfrac{\sqrt{x^2-9}}{x-3}$ 的定义域为_____;

（2）$\lim\limits_{x \to \infty} \dfrac{3x^2-2x+1}{6x^2-2} =$ _____;

（3）$x=1$ 是 $f(x) = \dfrac{\sqrt[3]{x}-1}{x-1}$ 的_____间断点;

（4）若 $\lim\limits_{x \to \infty}\left(1+\dfrac{k}{x}\right)^x = \sqrt{\mathrm{e}}$，则_____;

（5）设 $f(x+1) = x^2+x+1$，则 $f(x) =$ _____.

2. 单选题.

（1）函数 $y = 2 + \cos x$ 是（   ）.

    A．无界函数;   B．单调减少函数;

    C．单调增加函数;   D．有界函数.

（2）下列极限存在的是（   ）.

    A．$\lim\limits_{x \to \infty} \dfrac{x+\sin x}{x+\cos x}$;   B．$\lim\limits_{x \to \infty} \dfrac{2x^4+x-1}{3x^2-x+2}$;

    C．$\lim\limits_{x \to 0} \mathrm{e}^{\frac{1}{x}}$;   D．$\lim\limits_{x \to \infty} \sin x$.

（3）已知 $\lim\limits_{x \to \infty} \dfrac{ax-1}{2x+1} = 4$，则常数 $a =$（   ）.

    A．2;   B．4;

    C．6;   D．8.

（4）$\lim\limits_{x \to 0} \dfrac{|\sin x|}{x}$ 的值是（   ）.

    A．0;   B．1;

    C．∞;   D．不存在.

（5）当 $x \to 0$ 时，（   ）与 x 不是等价无穷小量.

    A．$\ln(1+2x)$;   B．e^x-1;

    C．$\arctan x$;   D．$\sin x$.

3．解答题．

（1）求下列各极限：① $\lim\limits_{x \to \infty}\left(\dfrac{x+1}{x-1}\right)^{x+1}$；② $\lim\limits_{x \to \infty}\dfrac{\tan x - \sin x}{x^3}$．

（2）设函数 $f(x) = \dfrac{4x^2+3}{x-1} + ax + b$，且 $\lim\limits_{x \to \infty} f(x) = 0$，试确定 a 与 b．

（3）设 $f(x) = \begin{cases} \dfrac{1}{x} \cdot \sin x, & x < 0, \\ k, & x = 0, \\ x \cdot \sin\dfrac{1}{x} + 1, & x > 0 \end{cases}$ 在 $x = 0$ 点处连续，求 k 的值．

（4）讨论函数 $f(x) = \dfrac{x^2-1}{x^2-3x+2}$ 的间断点并说明它是哪类间断点．

（5）某企业生产一种产品，固定成本为 12 000 元，每单位产品的可变成本为 10 元，每单位产品的单价为 30 元，求：① 总成本函数；② 总收益函数；③ 总利润函数．

参考答案

1．（1）$(-\infty, -3] \cup (3, +\infty)$；（2）$\dfrac{1}{2}$；（3）可去；（4）$\dfrac{1}{2}$；（5）$x^2 - x + 1$．

2．（1）D；（2）A；（3）D；（4）D；（5）A．

3．（1）① e^2；② $\dfrac{1}{2}$．

（2）$a = -4$，$b = -4$．

（3）$\lim\limits_{x \to 0^-} f(x) = \lim\limits_{x \to 0^-} \dfrac{1}{x} \cdot \sin x = 1$；$\lim\limits_{x \to 0^+} f(x) = \lim\limits_{x \to 0^+}\left(x \cdot \sin\dfrac{1}{x} + 1\right) = 1$，所以 $\lim\limits_{x \to 0} f(x) = 1$，

$f(x)$ 在 $x = 0$ 连续，故 $k = 1$．

（4）$x = 1$ 是可去间断点，$x = 2$ 是第二类间断点．

（5）① $C(Q) = C_1 + C_2(Q) = 12\,000 + 10Q$；

② $R(Q) = 30Q$；

③ $L(Q) = R(Q) - C(Q) = 30Q - 12\,000 - 10Q = 20Q - 12\,000$．

第 2 章 导数与微分

2.1 内容提要

2.1.1 导数的概念

1. 导数的概念

（1）导数的概念

定义 2.1.1 设函数 $y = f(x)$ 在点 x_0 的某邻域内有定义，当自变量 x 在点 x_0 处取得增量 Δx （点 $x_0 + \Delta x$ 也在该邻域内）时，相应地函数 y 取得增量 $\Delta y = f(x_0 + \Delta x) - f(x_0)$，若极限 $\lim\limits_{\Delta x \to 0} \dfrac{\Delta y}{\Delta x} = \lim\limits_{\Delta x \to 0} \dfrac{f(x_0 + \Delta x) - f(x_0)}{\Delta x}$ 存在，则称函数 $y = f(x)$ 在点 x_0 处可导，并称此极限值为函数 $y = f(x)$ 在点 x_0 处的导数，记作 $f'(x_0)$，$y'\big|_{x=x_0}$，$\dfrac{\mathrm{d} y}{\mathrm{d} x}\Big|_{x=x_0}$ 或 $\dfrac{\mathrm{d} f}{\mathrm{d} x}\Big|_{x=x_0}$，即 $f'(x_0) = \lim\limits_{\Delta x \to 0} \dfrac{f(x_0 + \Delta x) - f(x_0)}{\Delta x}$. 若极限不存在，则称函数 $y = f(x)$ 在点 x_0 处不可导.

注意：若记 $x = x_0 + \Delta x$，由于当 $\Delta x \to 0$ 时，有 $x \to x_0$，所以导数 $f'(x_0)$ 的定义也可表示为 $f'(x_0) = \lim\limits_{x \to x_0} \dfrac{f(x) - f(x_0)}{x - x_0}$.

（2）左、右导数

既然导数是增量比 $\dfrac{\Delta y}{\Delta x}$ 当 $\Delta x \to 0$ 时的极限，那么下面两个极限

$$\lim_{\Delta x \to 0^-} \frac{\Delta y}{\Delta x} = \lim_{\Delta x \to 0^-} \frac{f(x_0 + \Delta x) - f(x_0)}{\Delta x} ; \quad \lim_{\Delta x \to 0^+} \frac{\Delta y}{\Delta x} = \lim_{\Delta x \to 0^+} \frac{f(x_0 + \Delta x) - f(x_0)}{\Delta x}$$

分别叫做函数 $y = f(x)$ 在点 x_0 处的左导数和右导数，分别记为 $f'_-(x_0)$ 和 $f'_+(x_0)$.

定理 2.1.1 函数 $y = f(x)$ 在点 x_0 可导的充分必要条件是 $f(x)$ 在点 x_0 的左、右导数都存在且相等.

若 $y = f(x)$ 在开区间 (a,b) 内每一点都可导，则称 $f(x)$ 在区间 (a,b) 内可导. 此时，对于每一个 $x \in (a,b)$，都对应着 $f(x)$ 的一个确定的导数值 $f'(x)$，从而构成了一个新的函数，称为 $f(x)$ 的导函数，记作 y'，$f'(x)$，$\dfrac{\mathrm{d} y}{\mathrm{d} x}$ 或 $\dfrac{\mathrm{d} f}{\mathrm{d} x}$，即

$$f'(x) = \lim_{\Delta x \to 0} \frac{f(x + \Delta x) - f(x)}{\Delta x}.$$

函数 $y = f(x)$ 在点 x_0 处的导数 $f'(x_0)$ 就是导函数 $f'(x)$ 在点 x_0 处的函数值，即 $f'(x_0) = f'(x)\big|_{x=x_0}$. 通常导函数也简称为导数.

注意：求导数一般分为以下三步：

① 求增量 $\Delta y = f(x + \Delta x) - f(x)$；

② 计算比值 $\dfrac{\Delta y}{\Delta x} = \dfrac{f(x + \Delta x) - f(x)}{\Delta x}$；

③ 求极限 $\lim\limits_{\Delta x \to 0} \dfrac{\Delta y}{\Delta x}$.

2. 导数的几何意义

函数 $f(x)$ 在点 x_0 处的导数 $f'(x_0)$ 在几何上表示曲线 $y = f(x)$ 在点 $(x_0, f(x_0))$ 处的切线的斜率，即 $f'(x_0) = \lim\limits_{\Delta x \to 0} \dfrac{\Delta y}{\Delta x} = \lim\limits_{\varphi \to \theta} \tan \varphi = \tan \theta = k$ ，过曲线上一点且垂直于该点处切线的直线，称为曲线在该点处的法线.

根据导数的几何意义，如果 $y = f(x)$ 在点 x_0 处可导，则曲线 $y = f(x)$ 在 $(x_0, f(x_0))$ 处 的 切 线 方 程： $y - y_0 = f'(x_0)(x - x_0)$ ； 法 线 方 程：$y - y_0 = -\dfrac{1}{f'(x_0)}(x - x_0)$ （ $f'(x_0) \neq 0$ ）.

注意：若 $f'(x_0) = \infty$ ，则切线垂直于 x 轴，切线的方程就是 x 轴的垂线 $x = x_0$.

3. 可导与连续的关系

定理 2.1.2 如果函数 $y = f(x)$ 在点 x_0 处可导，则 $f(x)$ 在点 x_0 处连续.

注意：上述定理的逆命题不一定成立，即在某点连续的函数，在该点未必可导.

2.1.2 导数的运算

1. 函数的和、差、积、商的求导法则

定理 2.2.1 设函数 $u = u(x)$ 与 $v = v(x)$ 在点 x 处均可导，则它们的和、差、积、商（当分母不为零时）在点 x 处也可导，且有以下法则

（1） $(u \pm v)' = u' \pm v'$；

（2） $(uv)' = u'v + uv'$；**注意**： $(Cu)' = Cu'$；

（3） $\left(\dfrac{u}{v}\right)' = \dfrac{u'v - uv'}{v^2}$；**注意**： $\left(\dfrac{1}{v}\right)' = \dfrac{-v'}{v^2}$ （ $v \neq 0$ ）.

法则（1），（2）均可推广到有限多个可导函数的情形：

设 $u = u(x)$, $v = v(x)$, $w = w(x)$ 在点 x 处均可导，则

$(u \pm v \pm w)' = u' \pm v' \pm w'$.

$(uvw)' = [(uv)w]' = (uv)'w + (uv)w' = (u'v + uv')w + uvw'$

$\qquad\qquad = u'vw + uv'w + uvw'$.

2. 复合函数的导数

定理 2.2.2 如果函数 $u = \varphi(x)$ 在 x 处可导，而函数 $y = f(u)$ 在对应的 u 处可导，那么复合函数 $y = f[\varphi(x)]$ 在 x 处可导，且有 $\dfrac{\mathrm{d}y}{\mathrm{d}x} = \dfrac{\mathrm{d}y}{\mathrm{d}u} \cdot \dfrac{\mathrm{d}u}{\mathrm{d}x}$ 或 $y'_x = y'_u \cdot u'_x$.

3. 反函数的求导法则

定理 2.2.3 如果单调连续函数 $x = \varphi(y)$ 在某区间内可导，且 $\varphi'(y) \neq 0$，则它的反函数 $y = f(x)$ 在对应的区间内可导，且有 $f'(x) = \dfrac{1}{\varphi'(y)}$ 或 $\dfrac{\mathrm{d}y}{\mathrm{d}x} = \dfrac{1}{\dfrac{\mathrm{d}x}{\mathrm{d}y}}$.

4. 隐函数和由参数方程确定的函数的导数

（1）隐函数的导数

设方程 $F(x, y) = 0$ 确定 y 是 x 的隐函数 $y = y(x)$. 求隐函数的导数，可根据复合函数的链导法，直接由方程求得它所确定的隐函数的导数.

注意：对数求导法的适用条件：

① 幂指函数 $y = [f(x)]^{\varphi(x)}$（$f(x) > 0$）；

② 类似 $y = \sqrt{\dfrac{(x^2 + 1)(3x - 4)}{(x + 1)(x^2 + 3)}}$，连乘除形式的函数求导.

（2）由参数方程确定的函数的导数

变量 x 与 y 之间的函数关系在一定条件下可由参数方程 $\begin{cases} x = \varphi(t), \\ y = \psi(t) \end{cases}$ 确定，其中 t 是参数，根据复合函数和反函数求导法则，有

$$\frac{\mathrm{d}y}{\mathrm{d}x} = \frac{\mathrm{d}y}{\mathrm{d}t} \cdot \frac{\mathrm{d}t}{\mathrm{d}x} = \frac{\mathrm{d}y}{\mathrm{d}t} \cdot \frac{1}{\dfrac{\mathrm{d}x}{\mathrm{d}t}} = \psi'(t) \cdot \frac{1}{\varphi'(t)} = \frac{\psi'(t)}{\varphi'(t)}.$$

5. 高阶导数

二阶及二阶以上的导数统称为高阶导数. 二阶导数有明显的物理意义，考虑物体的直线运动，设位移函数为 $s = s(t)$，则速度 $v(t) = \dfrac{\mathrm{d}s}{\mathrm{d}t}$，而加速度 a 是速度对时间的导数，是位移函数对时间的二阶导数，即 $a(t) = \dfrac{\mathrm{d}v}{\mathrm{d}t} = \dfrac{\mathrm{d}^2 s}{\mathrm{d}t^2}$.

2.1.3 微分

1. 微分的概念

定义 2.3.1 设函数 $y = f(x)$ 在点 x_0 的某邻域内有定义，如果函数 $f(x)$ 在点 x_0 处的增量 $\Delta y = f(x_0 + \Delta x) - f(x_0)$ 可以表示为 $\Delta y = A\Delta x + o(\Delta x)$，其中 A 是与 Δx 无关的常数，$o(\Delta x)$ 是当 $\Delta x \to 0$ 时比 Δx 高阶的无穷小，则称函数 $f(x)$ 在点 x_0 处可

微，$A\Delta x$ 称为 $f(x)$ 在点 x_0 处的微分，记作 $\mathrm{d}y\big|_{x=x_0}$，即 $\mathrm{d}y\big|_{x=x_0}=A\Delta x$.

2. 微分的几何意义

设函数 $y=f(x)$ 的图形如图 2.1 所示. 过曲线 $y=f(x)$ 上一点 $M(x,y)$ 处作切线 MT，设 MT 的倾角为 α，则 $\tan\alpha=f'(x)$. 当自变量 x 有增量 Δx 时，切线 MT 的纵坐标相应地有增量 $QP=\tan\alpha\cdot\Delta x=f'(x)\Delta x=\mathrm{d}y$. 因此，微分 $\mathrm{d}y=f'(x)\Delta x$ 几何上表示当 x 有增量 Δx 时，曲线 $y=f(x)$ 在对应点 $M(x,y)$ 处的切线的纵坐标的增量. 用 $\mathrm{d}y$ 近似代替 Δy 就是用点 M 处的切线纵坐标的增量 QP 近似代替曲线 $y=f(x)$ 的纵坐标的增量 QN，并且 $|\Delta y-\mathrm{d}y|=PN$.

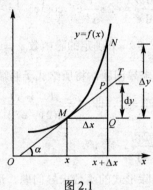

图 2.1

3. 微分法则

（1）函数的和、差、积、商的微分运算法则

设函数 $u(x)=u$，$v(x)=v$ 均可微，则：

$\mathrm{d}(u\pm v)=\mathrm{d}u\pm\mathrm{d}v$；$\mathrm{d}(uv)=v\mathrm{d}u+u\mathrm{d}v$；

$\mathrm{d}(Cu)=C\mathrm{d}u$（$C$ 为常数）；$\mathrm{d}\left(\dfrac{u}{v}\right)=\dfrac{v\mathrm{d}u-u\mathrm{d}v}{v^2}$（$v\neq 0$）.

（2）复合函数的微分法则

设函数 $y=f(u)$，$u=\varphi(x)$ 都是可导函数，则复合函数 $y=f[\varphi(x)]$ 的微分为

$\mathrm{d}y=\left\{f[\varphi(x)]\right\}'_x\mathrm{d}x=f'(x)\varphi'(x)\mathrm{d}x$，而 $\mathrm{d}u=\varphi'(x)\mathrm{d}x$，于是 $\mathrm{d}y=f'(u)\mathrm{d}u$，可见不论 u 是自变量还是中间变量，函数 $y=f(u)$ 的微分总保持同一形式，这个性质称为一阶微分形式不变性.

4. 微分在近似计算中的应用

由微分的定义可知，当 $|\Delta x|$ 很小时，$\Delta y=f(x_0+\Delta x)-f(x_0)\approx\mathrm{d}y=f'(x_0)\Delta x$，或写成 $f(x_0+\Delta x)\approx f(x_0)+f'(x_0)\Delta x$，记 $x_0+\Delta x=x$，则上式又可写为

$$f(x)\approx f(x_0)+f'(x_0)(x-x_0).$$

特别地，当 $x_0=0$ 时，有 $f(x)\approx f(0)+f'(0)\cdot x$.

2.2 典型例题解析

例 1 设 $y = \sin\left(e^{\frac{1}{x^2}}\right)$，求 $\dfrac{dy}{dx}$．

解 所给问题为复合函数求导，$y = \sin u$，$u = e^v$，$v = \dfrac{1}{\omega}$，$\omega = x^2$，由链式法则有

$$\frac{dy}{dx} = \frac{dy}{du} \cdot \frac{du}{dv} \cdot \frac{dv}{d\omega} \cdot \frac{d\omega}{dx} = -2x \frac{1}{x^4} e^{\frac{1}{x^2}} \cos\left(e^{\frac{1}{x^2}}\right) = -\frac{2}{x^3} e^{\frac{1}{x^2}} \cos\left(e^{\frac{1}{x^2}}\right).$$

例 2 求由方程 $xy^2 - e^{xy} + 2 = 0$ 确定的隐函数 $y = y(x)$ 的导数 $\dfrac{dy}{dx}$．

解 所给问题为隐函数求导问题，将所给式子两端关于 x 求导，可得

$$y^2 + 2xyy' - e^{xy}(y + xy') = 0, \quad \text{即 } y' = \frac{y(e^{xy} - y)}{x(2y - e^{xy})} \quad (x(2y - e^{xy}) \neq 0).$$

例 3 设 $y = \dfrac{(x+1)^2(x+2)^3}{\sqrt{x+3}(x+4)}$，求 y'．

解 所给问题属于连乘除形式的函数求导问题，适用于对数求导法．由对数性质，有

$$\ln y = 2\ln(x+1) + 3\ln(x+2) - \frac{1}{2}\ln(x+3) - \ln(x+4).$$

将上式两端分别关于 x 求导，可得 $\dfrac{y'}{y} = \dfrac{2}{x+1} + \dfrac{3}{x+2} - \dfrac{1}{2(x+3)} - \dfrac{1}{x+4}$，即

$$y' = \frac{(x+1)^2(x+2)^3}{\sqrt{x+3}(x+4)}\left[\frac{2}{x+1} + \frac{3}{x+2} - \frac{1}{2(x+3)} - \frac{1}{x+4}\right].$$

例 4 讨论 $f(x) = \begin{cases} \ln(1+x), & -1 < x \leqslant 0, \\ \sqrt{1+x} - \sqrt{1-x}, & 0 < x < 1 \end{cases}$ 在点 $x = 0$ 处的连续性与可导性．

解 由题设可知 $x = 0$ 为 $f(x)$ 的分界点，且在分界点的两侧 $f(x)$ 的表达式不一致．应该利用左连续、右连续考察 $f(x)$ 在点 $x = 0$ 处的连续性，利用左导数、右导数考察 $f(x)$ 在点 $x = 0$ 处的可导性．

由于

$$\lim_{x \to 0^-} f(x) = \lim_{x \to 0^-} \ln(1+x) = \ln 1 = 0,$$

$$\lim_{x \to 0^+} f(x) = \lim_{x \to 0^+} (\sqrt{1+x} - \sqrt{1-x}) = \sqrt{1+0} - \sqrt{1-0} = 0,$$

因此 $\lim\limits_{x \to 0} f(x) = 0 = f(0)$，可知 $f(x)$ 在点 $x = 0$ 处连续．

又由于 $\lim\limits_{x \to 0^-} \dfrac{f(x) - f(0)}{x} = \lim\limits_{x \to 0^-} \dfrac{\ln(1+x)}{x} = \lim\limits_{x \to 0^-} \dfrac{x}{x} = 1$（利用 $\ln(1+x) \sim x$），

$$\lim_{x \to 0^+} \frac{f(x) - f(0)}{x} = \lim_{x \to 0^+} \frac{\sqrt{1+x} - \sqrt{1-x}}{x} = \lim_{x \to 0^+} \frac{\left(\sqrt{1+x} - \sqrt{1-x}\right)\left(\sqrt{1+x} + \sqrt{1-x}\right)}{x\left(\sqrt{1+x} + \sqrt{1-x}\right)}$$

$$= \lim_{x \to 0^+} \frac{(1+x) - (1-x)}{x\left(\sqrt{1+x} + \sqrt{1-x}\right)} = 1,$$

可知 $f'_+(0) = f'_-(0)$，因此 $f'(0) = 1$．

综上所述，$f(x)$ 在点 $x = 0$ 处连续而且可导．

2.3 习题选解

习题 2.1

1．一质点以初速度 v_0 向上作抛物运动，其运动方程为

$$s = s(t) = v_0 t - \frac{1}{2} g t^2 \quad (v_0 > 2，且为常数).$$

（1）求质点在 t 时刻的瞬时速度；

（2）何时质点的速度为 0；

（3）求质点回到出发点时的速度．

解 （1）质点在 t 时刻的瞬时速度 $v(t) = s'(t) = v_0 - gt$；

（2）当 $v(t) = 0$ 时，$t = \dfrac{v_0}{g}$；

（3）质点回到出发点时的速度为 $-v_0$．

2．求解下列问题．

（1）求圆的面积 S 相对于半径变量 r 的变化率；

（2）求圆的面积为 1 时，周长变量 l 相对于半径变量 r 的变化率；

（3）求圆的面积为 1 时，面积变量 S 相对于周长变量 l 的变化率．

解 （1）圆的面积 S 与半径变量 r 的关系为 $S = \pi r^2$，圆的面积 S 相对于半径变量 r 的变化率为 $S' = 2\pi r$；

（2）周长变量 l 与半径变量 r 的关系为 $l = 2\pi r$，周长变量 l 相对于半径变量 r 的变化率为 $l' = 2\pi$；

（3）面积变量 S 与周长变量 l 的关系为 $S = \dfrac{l^2}{4\pi}$．当圆的面积为 1 时，周长 $l = 2\sqrt{\pi}$，所以，当圆的面积为 1 时，面积变量 S 相对于周长变量 l 的变化率 $S'(2\sqrt{\pi}) = \dfrac{1}{\sqrt{\pi}}$．

3．求下列函数在指定点的导数：

（1）$y = \cos x$，$x = \dfrac{\pi}{2}$；　　　　　　　　　　（2）$y = \ln x$，$x = 5$．

解 （1） $\Delta y = \cos\left(\dfrac{\pi}{2} + \Delta x\right) - \cos\dfrac{\pi}{2} = -2\sin\left(\dfrac{\pi}{2} + \dfrac{\Delta x}{2}\right)\sin\left(\dfrac{\Delta x}{2}\right)$,

$$\lim_{\Delta x \to 0}\frac{\Delta y}{\Delta x} = \lim_{\Delta x \to 0}\frac{-2\sin\left(\dfrac{\pi}{2} + \dfrac{\Delta x}{2}\right)\sin\left(\dfrac{\Delta x}{2}\right)}{\Delta x}$$

$$= -\lim_{\Delta x \to 0}\sin\left(\frac{\pi}{2} + \frac{\Delta x}{2}\right)\frac{\sin\left(\dfrac{\Delta x}{2}\right)}{\dfrac{\Delta x}{2}} = -\sin\frac{\pi}{2} = -1.$$

（2） $\Delta y = \ln(5 + \Delta x) - \ln 5 = \ln\left(1 + \dfrac{\Delta x}{5}\right)$,

$$\lim_{\Delta x \to 0}\frac{\Delta y}{\Delta x} = \lim_{\Delta x \to 0}\frac{\ln\left(1 + \dfrac{\Delta x}{5}\right)}{\Delta x} = \lim_{\Delta x \to 0}\frac{1}{\Delta x}\ln\left(1 + \frac{\Delta x}{5}\right)$$

$$= \lim_{\Delta x \to 0}\ln\left(1 + \frac{\Delta x}{5}\right)^{\frac{1}{\Delta x}} = \lim_{\Delta x \to 0}\frac{1}{5}\ln\left(1 + \frac{\Delta x}{5}\right)^{\frac{5}{\Delta x}} = \frac{1}{5}.$$

4. 求下列函数的导数：

（1） $y = \log_3 x$ ；

（2） $y = \dfrac{x^2 \cdot \sqrt[3]{x^2}}{\sqrt{x^5}}$ ；

（3） $y = \sqrt[3]{x^2}$ ；

（4） $y = \cos x$.

解 （1） $y' = \dfrac{1}{x\ln 3}$ ；

（2） $y = x^{-\frac{1}{2}}x^{\frac{2}{3}} = x^{\frac{1}{6}}$ ，所以 $y' = \dfrac{1}{6}x^{-\frac{5}{6}}$ ；

（3） $y = \sqrt[3]{x^2} = x^{\frac{2}{3}}$ ， $y' = \dfrac{2}{3}x^{-\frac{1}{3}} = \dfrac{2}{3\sqrt[3]{x}}$ ；

（4） $y' = -\sin x$.

5. 判断下列命题是否正确？为什么？

（1）若 $f(x)$ 在 x_0 处可导，则 $f(x)$ 在 x_0 处必连续；

（2）若 $f(x)$ 在 x_0 处连续，则 $f(x)$ 在 x_0 处必可导；

（3）若 $f(x)$ 在 x_0 处不连续，则 $f(x)$ 在 x_0 处必不可导；

（4）若 $f(x)$ 在 x_0 处不可导，则 $f(x)$ 在 x_0 处必不连续.

解 （1）正确，因为由 $\lim\limits_{\Delta x \to 0}\dfrac{\Delta y}{\Delta x}$ 存在，必有 $\lim\limits_{\Delta x \to 0}\Delta y = 0$.

（2）不正确，例如 $y = |x|$ 在 $x = 0$ 连续，但不可导.

（3）正确，因为 $\lim\limits_{\Delta x \to 0}\Delta y \neq 0$ ，所以 $\lim\limits_{\Delta x \to 0}\dfrac{\Delta y}{\Delta x}$ 一定不存在.

（4）不正确，由（2）的结论即可说明.

6. 下列各题中均假定 $f'(x_0)$ 存在，按导数定义观察下列极限：

（1）$\lim\limits_{\Delta x\to 0}\dfrac{f(x_0-\Delta x)-f(x_0)}{\Delta x}$；　　　　　（2）$\lim\limits_{h\to 0}\dfrac{f(x_0+h)-f(x_0-h)}{\Delta x}$.

解　（1）$\lim\limits_{\Delta x\to 0}\dfrac{f(x_0-\Delta x)-f(x_0)}{\Delta x}=-\lim\limits_{\Delta x\to 0}\dfrac{f(x_0-\Delta x)-f(x_0)}{-\Delta x}=-f'(x_0)$；

（2）$\lim\limits_{h\to 0}\dfrac{f(x_0+h)-f(x_0-h)}{h}=\lim\limits_{h\to 0}\dfrac{f(x_0+h)-f(x_0)+f(x_0)-f(x_0-h)}{h}$

$$=\lim\limits_{h\to 0}\left[\dfrac{f(x_0+h)-f(x_0)}{h}+\dfrac{f(x_0-h)-f(x_0)}{-h}\right]$$

$$=2f'(x_0).$$

7．求曲线 $y=\dfrac{1}{x}$ 在点 $(1,1)$ 处的切线方程与法线方程．

解　$y'|_{x=1}=-\dfrac{1}{x^2}\Big|_{x=1}=-1$；所以切线方程为 $y-1=-(x-1)$，即 $x+y-2=0$；

法线的斜率与切线斜率是互为负倒数关系，所以法线方程为 $y-1=x-1$，即 $y-x=0$．

8．求曲线 $y=e^x$ 在点 $(0,1)$ 处的切线方程与法线方程．

解　$y'|_{x=0}=e^x\big|_{x=0}=1$，所以切线方程为 $y-1=x-0$，即 $x-y+1=0$，法线的斜率与切线斜率是互为负倒数关系，所以，法线方程为 $y-1=-(x-0)$，即 $x+y-1=0$．

9．问 a、b 取何值时，才能使函数 $f(x)=\begin{cases}x^2, & x\leqslant x_0,\\ ax+b, & x>x_0\end{cases}$ 在 $x=x_0$ 处连续且可导？

解　$\lim\limits_{x\to x_0^-}f(x)=\lim\limits_{x\to x_0^-}x^2=x_0^2=f(x_0)$，所以，要 $f(x)$ 在点 x_0 连续，只要 $\lim\limits_{x\to x_0^+}f(x)=x_0^2$，

即 $\lim\limits_{x\to x_0^+}(ax+b)=x_0^2$，于是得 $ax_0+b=x_0^2$；$f(x)$ 在点 x_0 可导，即左右导数相等，$f'_-(x_0)=2x_0$，

$f'_+(x_0)=a$，所以 $a=2x_0$，再由 $ax_0+b=x_0^2$ 式得 $b=-x_0^2$．故当 $a=2x_0$，$b=-x_0^2$ 时，函数在 $x=x_0$ 处连续且可导．

10．讨论下列函数在 $x=0$ 点是否连续、是否可导？

（1）$y=x|x|$；　　　　　　　　　　　（2）$y=|\sin x|$；

（3）$y=\begin{cases}x^2\sin\dfrac{1}{x}, & x\neq 0,\\ 0, & x=0;\end{cases}$　　　（4）$y=\begin{cases}x\sin\dfrac{1}{x}, & x\neq 0,\\ 0, & x=0.\end{cases}$

解　（1）$y=f(x)=x|x|=\begin{cases}-x^2, & x\leqslant 0,\\ x^2, & x>0,\end{cases}$

$\lim\limits_{x\to 0^-}f(x)=\lim\limits_{x\to 0^-}\left(-x^2\right)=0=f(0)$，$\lim\limits_{x\to 0^+}f(x)=\lim\limits_{x\to 0^+}x^2=0$，

$\lim\limits_{x\to 0^-}f(x)=\lim\limits_{x\to 0^+}f(x)=f(0)$，所以 $f(x)$ 在 $x=0$ 点处连续．

$f'_-(0)=0$，$f'_+(0)=0$，即左右导数相等，所以 $f(x)$ 在 $x=0$ 点可导．

（2）$y=f(x)=|\sin x|=\begin{cases}-\sin x, & x\leqslant 0,\\ \sin x, & x>0,\end{cases}$

$\lim\limits_{x \to 0^-} f(x) = \lim\limits_{x \to 0^-} (-\sin x) = 0 = f(0)$，$\lim\limits_{x \to 0^+} f(x) = \lim\limits_{x \to 0^+} \sin x = 0$，

$\lim\limits_{x \to 0^-} f(x) = \lim\limits_{x \to 0^+} f(x) = f(0)$，所以 $f(x)$ 在 $x = 0$ 点处连续．

$f'_-(0) = (-\cos x)\big|_{x=0} = -1$，$f'_+(0) = \cos x\big|_{x=0} = 1$，即左右导数不相等，即 $f(x)$ 在 $x = 0$ 点不可导．

（3）$y = f(x) = \begin{cases} x^2 \sin \dfrac{1}{x}, & x \neq 0, \\ 0, & x = 0, \end{cases}$

$\lim\limits_{x \to 0} f(x) = \lim\limits_{x \to 0} x^2 \sin \dfrac{1}{x} = 0 = f(0)$，所以 $f(x)$ 在 $x = 0$ 点处连续．

$\lim\limits_{x \to 0} \dfrac{f(x) - f(0)}{x - 0} = \lim\limits_{x \to 0} \dfrac{x^2 \sin \dfrac{1}{x}}{x} = \lim\limits_{x \to 0} x \sin \dfrac{1}{x} = 0$，所以 $f(x)$ 在 $x = 0$ 点可导．

（4）$y = f(x) = \begin{cases} x \sin \dfrac{1}{x}, & x \neq 0, \\ 0, & x = 0, \end{cases}$

$\lim\limits_{x \to 0} f(x) = \lim\limits_{x \to 0} x \sin \dfrac{1}{x} = 0 = f(0)$，所以 $f(x)$ 在 $x = 0$ 点处连续．

$\lim\limits_{x \to 0} \dfrac{f(x) - f(0)}{x - 0} = \lim\limits_{x \to 0} \dfrac{x \sin \dfrac{1}{x}}{x} = \lim\limits_{x \to 0} \sin \dfrac{1}{x}$，上式极限不存在，所以此函数在 $x = 0$ 点不可导．

11．设 $f(x) = \begin{cases} e^x - 1, & x < 0, \\ x + a, & 0 \leqslant x \leqslant 1, \text{求 } a, b，使得 f(x) \text{ 在 } x = 0 \text{ 和 } x = 1 \text{ 处可导．} \\ b\sin(x-1) + 1, & x \geqslant 1, \end{cases}$

解 $\lim\limits_{x \to 0^-} f(x) = \lim\limits_{x \to 0^-} (e^x - 1) = 0$，$\lim\limits_{x \to 0^+} f(x) = \lim\limits_{x \to 0^+} (x + a) = a$，$f(0) = a$，

因为 $f(x)$ 在 $x = 0$ 处可导，从而 $f(x)$ 在 $x = 0$ 处连续，所以 $\lim\limits_{x \to 0^-} f(x) = \lim\limits_{x \to 0^+} f(x) = f(0)$，即 $a = 0$．$f'_-(1) = 1\big|_{x=1}$，$f'_+(1) = b\cos(x-1)\big|_{x=1} = b$，$f(x)$ 在 $x = 1$ 处可导，从而 $f'_-(0) = f'_+(0)$，即 $b = 1$．

12．设 $f(x)$ 在 $x = 0$ 处连续，且 $\lim\limits_{x \to 0} \dfrac{f(x) - 1}{x} = -1$．（1）求 $f(0)$；（2）问 $f(x)$ 在 $x = 0$ 点是否可导？

解 （1）因为 $\lim\limits_{x \to 0} \dfrac{f(x) - 1}{x} = -1$，所以 $\lim\limits_{x \to 0} f(x) = 1$，又因为 $f(x)$ 在 $x = 0$ 处连续，所以 $\lim\limits_{x \to 0} f(x) = f(0)$，从而 $f(0) = 1$．

（2）$\lim\limits_{x \to 0} \dfrac{f(x) - 1}{x} = \lim\limits_{x \to 0} \dfrac{f(x) - f(0)}{x - 0} = f'(0) = -1$，所以 $f(x)$ 在 $x = 0$ 点可导，且 $f'(0) = -1$．

13. 设 $g(x)$ 在 $x=0$ 点连续，求 $f(x)=g(x)\sin 2x$ 在 $x=0$ 点的导数.

解 因为 $g(x)$ 在 $x=0$ 点连续，所以 $\lim\limits_{x\to 0}g(x)=g(0)$ ，

$$\lim_{x\to 0}\frac{f(x)-f(0)}{x-0}=\lim_{x\to 0}\frac{g(x)\sin 2x-0}{x-0}=\lim_{x\to 0}\frac{g(x)\sin 2x}{x}=2\lim_{x\to 0}g(x)=2g(0) ,$$

即 $f'(0)=2g(0)$.

14. 设 $f(0)=1$, $g(1)=2$, $f'(0)=-1$, $g'(1)=-2$ ，求：

（1）$\lim\limits_{x\to 0}\dfrac{\cos x-f(x)}{x}$ ；（2）$\lim\limits_{x\to 0}\dfrac{2^x f(x)-1}{x}$ ；（3）$\lim\limits_{x\to 1}\dfrac{\sqrt{x}g(x)-2}{x-1}$.

解 （1）$\lim\limits_{x\to 0}\dfrac{\cos x-f(x)}{x}=\lim\limits_{x\to 0}\dfrac{\cos x-f(0)+f(0)-f(x)}{x}$

$$=\lim_{x\to 0}\left[\frac{\cos x-1}{x}-\frac{f(x)-f(0)}{x}\right]$$

$$=\lim_{x\to 0}\frac{-\dfrac{1}{2}x^2}{x}-\lim_{x\to 0}\frac{f(x)-f(0)}{x-0}=-f'(0)=1 ;$$

（2）$\lim\limits_{x\to 0}\dfrac{2^x f(x)-1}{x}=\lim\limits_{x\to 0}\dfrac{2^x\left[f(x)-f(0)\right]+2^x f(0)-f(0)}{x}$

$$=\lim_{x\to 0}\frac{2^x\left[f(x)-f(0)\right]}{x}+\lim_{x\to 0}\frac{f(0)\left(2^x-1\right)}{x}=-1+\ln 2 ;$$

（3）$\lim\limits_{x\to 1}\dfrac{\sqrt{x}g(x)-2}{x-1}=\lim\limits_{x\to 1}\dfrac{\sqrt{x}g(x)-g(1)}{x-1}=\lim\limits_{x\to 1}\dfrac{\sqrt{x}g(x)-\sqrt{x}g(1)+\sqrt{x}g(1)-g(1)}{x-1}$

$$=\lim_{x\to 1}\frac{\sqrt{x}g(x)-\sqrt{x}g(1)+\sqrt{x}g(1)-g(1)}{x-1}$$

$$=\lim_{x\to 1}\frac{\sqrt{x}\left[g(x)-g(1)\right]}{x-1}+\lim_{x\to 1}\frac{\left(\sqrt{x}-1\right)g(1)}{x-1}$$

$$=\lim_{x\to 1}\frac{\sqrt{x}\left[g(x)-g(1)\right]}{x-1}+\lim_{x\to 1}\frac{\left(\sqrt{x}-1\right)g(1)}{x-1}$$

$$=\lim_{x\to 1}\sqrt{x}\cdot\lim_{x\to 1}\frac{\left[g(x)-g(1)\right]}{x-1}+g(1)\lim_{x\to 1}\frac{\left(\sqrt{x}-1\right)}{x-1}$$

$$=1\cdot g'(1)+2\cdot\frac{1}{2}=-1 .$$

15. 设 $f(0)=1$, $f'(0)=-1$ ，求极限 $\lim\limits_{x\to 1}\dfrac{f(\ln x)-1}{1-x}$.

解 令 $\ln x=t$ ，则 $x=\mathrm{e}^t$.

$$\lim_{x\to 1}\frac{f(\ln x)-1}{1-x}=\lim_{t\to 0}\frac{f(t)-1}{1-\mathrm{e}^t}=\lim_{t\to 0}\frac{f(t)-f(0)}{t}\cdot\frac{t}{1-\mathrm{e}^t}$$

$$=\lim_{t\to 0}\frac{f(t)-f(0)}{t}\cdot\lim_{t\to 0}\frac{t}{1-\mathrm{e}^t}$$

$$=f'(0)\cdot(-1)=1 .$$

习题 2.2

1. 求下列函数的导数：

（1）$y = xa^x + 7e^x$；

（2）$y = 3x\tan x + \sec x - 4$；

（3）$y = x^3 + 3x\sin x$；

（4）$y = \dfrac{1-\ln x}{1+\ln x} + \dfrac{1}{x}$；

（5）$y = x^2\ln x$；

（6）$y = 3e^x\cos x$；

（7）$y = \dfrac{\ln x}{x}$；

（8）$y = \dfrac{e^x}{x^2} + \ln 3$；

（9）$y = x^2\ln x\cos x$；

（10）$y = \dfrac{1+\sin x}{1+\cos x}$；

（11）$y = \dfrac{x^2 - x}{x + \sqrt{x}}$；

（12）$y = \dfrac{2x^2 - x + 1}{x + 2}$；

（13）$y = x^2\log_3 x$；

（14）$y = x\arctan x$；

（15）$y = 2^x\arcsin x - 3\sqrt[3]{x^2}$；

（16）$y = \arcsin x + \arccos x$．

解 （1）$y' = a^x + xa^x\ln a + 7e^x = a^x(1 + x\ln a) + 7e^x$．

（2）$y' = 3\tan x + 3x\sec^2 x + \sec x\tan x$．

（3）$y' = 3x^2 + 3\sin x + 3x\cos x = 3(x^2 + \sin x + x\cos x)$．

（4）$y' = \dfrac{-\dfrac{1}{x}(1+\ln x) - (1-\ln x)\dfrac{1}{x}}{(1+\ln x)^2} - \dfrac{1}{x^2} = \dfrac{-2}{x(1+\ln x)^2} - \dfrac{1}{x^2}$．

（5）$y' = 2x\ln x + x^2\dfrac{1}{x} = x(2\ln x + 1)$．

（6）$y' = 3e^x\cos x - 3e^x\sin x = 3e^x(\cos x - \sin x)$．

（7）$y' = \dfrac{\dfrac{1}{x}x - \ln x}{x^2} = \dfrac{1-\ln x}{x^2}$．

（8）$y' = \dfrac{e^x x^2 - 2xe^x}{x^4} = \dfrac{e^x(x-2)}{x^3}$．

（9）$y' = 2x\ln x\cos x + x^2\dfrac{1}{x}\cos x - x^2\ln x\sin x = 2x\ln x\cos x + x\cos x - x^2\ln x\sin x$．

（10）$y' = \dfrac{\cos x(1+\cos x) + \sin x(1+\sin x)}{(1+\cos x)^2} = \dfrac{1+\sin x + \cos x}{(1+\cos x)^2}$．

（11）$y' = \dfrac{(2x-1)\left(x+\sqrt{x}\right) - \left(x^2-x\right)\left(1+\dfrac{1}{2\sqrt{x}}\right)}{\left(x+\sqrt{x}\right)^2} = 1 - \dfrac{1}{2\sqrt{x}}$．

（12）$y' = \dfrac{(4x-1)(x+2) - \left(2x^2-x+1\right)}{(x+2)^2} = 2 - \dfrac{11}{(x+2)^2}$．

（13）$y' = 2x\log_3 x + x^2\dfrac{1}{x\ln 3} = 2x\log_3 x + \dfrac{x}{\ln 3}$.

（14）$y' = \arctan x + \dfrac{x}{1+x^2}$.

（15）$y' = 2^x\ln 2\arcsin x + \dfrac{2^x}{\sqrt{1-x^2}} - \dfrac{2}{\sqrt[3]{x}}$.

（16）$y' = \dfrac{1}{\sqrt{1-x^2}} - \dfrac{1}{\sqrt{1-x^2}} = 0$.

2. 设 $f(x)$ 可导，求下列函数的导数：

（1）$y = [f(x)]^2$；

（2）$y = \mathrm{e}^{f(x)}$；

（3）$y = \dfrac{1}{1+[f(x)]^2}$；

（4）$y = \arctan[f(x)]$；

（5）$y = \ln[1+f^2(x)]$；

（6）$y = f\left(\sqrt{x}+1\right)$.

解　（1）$y' = 2f(x)f'(x)$.

（2）$y' = \mathrm{e}^{f(x)}f'(x)$.

（3）$y' = \dfrac{-2f(x)f'(x)}{[1+f^2(x)]^2}$.

（4）$y' = \dfrac{f'(x)}{1+[f(x)]^2}$.

（5）$y' = \dfrac{2f(x)f'(x)}{1+[f(x)]^2}$.

（6）$y' = \dfrac{1}{2\sqrt{x}}f'\left(\sqrt{x}+1\right)$.

3. 求下列函数的导数：

（1）$y = (x^2-x)^5$；

（2）$y = 2\sin(3x+6)$；

（3）$y = \cos^3 x$；

（4）$y = \ln(\tan x)$；

（5）$y = \sqrt{1+\ln x}$；

（6）$y = \dfrac{\cos 2x}{\sin x + \cos x}$；

（7）$y = \left(x - 2\sqrt{x}\right)^4$；

（8）$y = x\mathrm{e}^{-2x}$；

（9）$y = \arctan\dfrac{x+1}{x-1}$；

（10）$y = \ln(2^{-x}+3^{-x}+4^{-x})$；

（11）$y = \left(\sin(\sqrt{1-2x})\right)^2$；

（12）$y = 2^{\sqrt{x+1}} - \ln(\sin x)$；

（13）$y = x\sqrt{x^2-a^2} - a^2\ln\left(x+\sqrt{x^2-a^2}\right)$（$a>0$）；

（14）$y = \ln\left(x+\sqrt{x^2+a^2}\right)$（$a>0$）；

（15）$y = \left(\arcsin\dfrac{x}{2}\right)^2$；

（16）$y = \ln\tan\dfrac{x}{2}$；

（17）$y = \ln\ln\ln x$；

（18）$y = \mathrm{e}^{\arctan\sqrt{x}}$.

高
等
数
学
学
习
指
导
与
习
题
解
答
（
经
管
、
文
科
类
）

解 （1） $y' = 5(x^2 - x)^4 (2x - 1)$.

（2） $y' = 2\cos(3x+6) \cdot 3 = 6\cos(3x+6)$.

（3） $y' = 3\cos^2 x(-\sin x) = -3\cos^2 x \sin x$.

（4） $y' = \cot x \cdot \sec^2 x = \dfrac{\cos x}{\sin x}\dfrac{1}{\cos^2 x} = \dfrac{1}{\sin x \cos x} = \dfrac{2}{\sin 2x}$.

（5） $y' = \dfrac{1}{2\sqrt{1+\ln x}} \cdot \dfrac{1}{x} = \dfrac{1}{2x\sqrt{1+\ln x}}$.

（6） $y' = \dfrac{-2\sin 2x(\sin x + \cos x) - \cos 2x(\cos x - \sin x)}{(\sin x + \cos x)^2}$

$= \dfrac{-4\sin x\cos x(\sin x + \cos x) - (\cos^2 x - \sin^2 x)(\cos x - \sin x)}{(\sin x + \cos x)^2}$

$= \dfrac{-4\sin x\cos x - (\cos x - \sin x)^2}{(\sin x + \cos x)}$

$= -\sin x - \cos x$.

（7） $y' = 4\left(x - 2\sqrt{x}\right)^3\left(1 - \dfrac{1}{\sqrt{x}}\right)$.

（8） $y' = e^{-2x} - 2xe^{-2x} = (1-2x)e^{-2x}$.

（9） $y' = \dfrac{1}{1+\left(\dfrac{x+1}{x-1}\right)^2} \cdot \dfrac{(x-1)-(x+1)}{(x-1)^2} = -\dfrac{1}{x^2+1}$.

（10） $y' = -\dfrac{2^{-x}\ln 2 + 3^{-x}\ln 3 + 4^{-x}\ln 4}{2^{-x} + 3^{-x} + 4^{-x}}$.

（11） $y' = 2\sin\sqrt{1-2x}\cos\sqrt{1-2x}\dfrac{-2}{2\sqrt{1-2x}} = -\dfrac{1}{\sqrt{1-2x}}\sin\left(2\sqrt{1-2x}\right)$.

（12） $y' = 2^{\sqrt{x+1}}\ln 2\dfrac{1}{2\sqrt{x+1}} - \dfrac{\cos x}{\sin x} = \dfrac{1}{2\sqrt{x+1}}2^{\sqrt{x+1}}\ln 2 - \cot x$.

（13） $y' = \sqrt{x^2-a^2} + \dfrac{2x^2}{2\sqrt{x^2-a^2}} - a^2\dfrac{1+\dfrac{2x}{2\sqrt{x^2-a^2}}}{x+\sqrt{x^2-a^2}}$

$= \sqrt{x^2-a^2} + \dfrac{x^2-a^2}{\sqrt{x^2-a^2}} = 2\sqrt{x^2-a^2}$.

（14） $y' = \dfrac{1+\dfrac{2x}{2\sqrt{x^2+a^2}}}{x+\sqrt{x^2+a^2}} = \dfrac{1}{\sqrt{x^2+a^2}}$.

（15） $y' = 2\arcsin\dfrac{x}{2}\dfrac{\dfrac{1}{2}}{\sqrt{1-\left(\dfrac{x}{2}\right)^2}} = \dfrac{2\arcsin\dfrac{x}{2}}{\sqrt{4-x^2}}$.

（16）$y' = \dfrac{1}{2} \dfrac{\sec^2 \dfrac{x}{2}}{\tan \dfrac{x}{2}} = \dfrac{1}{2} \dfrac{1}{\cos^2 \dfrac{x}{2}} \dfrac{\cos \dfrac{x}{2}}{\sin \dfrac{x}{2}} = \dfrac{1}{\sin x} = \csc x$.

（17）$y' = \dfrac{1}{x \ln x \cdot \ln(\ln x)}$.

（18）$y' = \dfrac{e^{\arctan \sqrt{x}}}{2\sqrt{x}(1+x)}$.

4. 用对数求导法求下列函数的导数：

（1）$y = \left(\dfrac{x}{1+x}\right)^x$；

（2）$y = \sqrt[5]{\dfrac{x-5}{\sqrt[5]{x^2+2}}}$；

（3）$y = \dfrac{\sqrt{x+2}(3-x)^4}{(x+1)^5}$；

（4）$y = \sqrt{x \sin x \sqrt{1-e^x}}$

（5）$y = \dfrac{\sqrt{x^2+2x}}{\sqrt[3]{x^3-2}}$；

（6）$y = \left(1 - \dfrac{1}{2x}\right)^x$.

解 （1）将函数 $y = \left(\dfrac{x}{1+x}\right)^x$ 两边取自然对数，即 $\ln y = x \ln \dfrac{x}{1+x}$，整理得

$\ln y = x \ln x - x \ln(1+x)$，两边对 x 求导，$\dfrac{1}{y} y' = \ln x + \dfrac{x}{x} - \ln(1+x) - \dfrac{x}{1+x}$，因此

$y' = \left(\dfrac{x}{1+x}\right)^x \left(\ln \dfrac{x}{1+x} + \dfrac{1}{1+x}\right)$.

（2）将函数两边取自然对数，得 $\ln y = \dfrac{1}{5}[\ln(x-5) - \dfrac{1}{5}\ln(x^2+2)]$，两边对 x 求导，得

$\dfrac{1}{y} y' = \dfrac{1}{5}\left(\dfrac{1}{x-5} - \dfrac{1}{5}\dfrac{2x}{x^2+2}\right)$，所以 $y' = \dfrac{1}{5}\sqrt[5]{\dfrac{x-5}{\sqrt[5]{x^2+2}}}\left(\dfrac{1}{x-5} - \dfrac{2x}{5(x^2+2)}\right)$.

（3）$y = \dfrac{\sqrt{x+2}(3-x)^4}{(x+1)^5}$，将函数两边取自然对数，得

$$\ln y = \dfrac{1}{2}\ln(x+2) + 4\ln(3-x) - 5\ln(x+1),$$

两边对 x 求导，得 $\dfrac{1}{y} y' = \dfrac{1}{2}\dfrac{1}{x+2} + 4\dfrac{-1}{3-x} - 5\dfrac{1}{x+1}$，所以

$$y' = \dfrac{\sqrt{x+2}(3-x)^4}{(x+1)^5}\left(\dfrac{1}{2(x+2)} - \dfrac{4}{3-x} - \dfrac{5}{x+1}\right).$$

（4）$y = \sqrt{x \sin x \sqrt{1-e^x}}$，将函数两边取自然对数，得

$$\ln y = \dfrac{1}{2}\left(\ln x + \ln \sin x + \dfrac{1}{2}\ln(1-e^x)\right),$$

两边对 x 求导，得 $\dfrac{1}{y} y' = \dfrac{1}{2}\left(\dfrac{1}{x} + \dfrac{\cos x}{\sin x} + \dfrac{1}{2}\dfrac{-e^x}{(1-e^x)}\right)$.

所以 $y' = \dfrac{1}{2}\sqrt{x\sin x\sqrt{1-\mathrm{e}^x}}\left(\dfrac{1}{x}+\cot x - \dfrac{\mathrm{e}^x}{2(1-\mathrm{e}^x)}\right)$.

（5） $y = \dfrac{\sqrt{x^2+2x}}{\sqrt[3]{x^3-2}}$,

将函数两边取自然对数，得 $\ln y = \dfrac{1}{2}\ln\left(x^2+2x\right) - \dfrac{1}{3}\ln\left(x^3-2\right)$,

两边对 x 求导，得 $\dfrac{1}{y}y' = \dfrac{1}{2}\dfrac{2x+2}{x^2+2x} - \dfrac{1}{3}\dfrac{3x^2}{x^3-2}$，所以 $y' = \dfrac{\sqrt{x^2+2x}}{\sqrt[3]{x^3-2}}\left[\dfrac{x+1}{x(x+2)} - \dfrac{x^2}{x^3-2}\right]$.

（6） $y = \left(1-\dfrac{1}{2x}\right)^x$,

将函数两边取自然对数，得 $\ln y = x\ln\left(1-\dfrac{1}{2x}\right)$，整理得 $\ln y = x\ln(2x-1) - x\ln 2x$,

两边对 x 求导，得 $\dfrac{1}{y}y' = \ln(2x-1) + x\dfrac{2}{2x-1} - \ln 2x - x\dfrac{2}{2x}$,

所以 $y' = \left(1-\dfrac{1}{2x}\right)^x\left[\ln\left(1-\dfrac{1}{2x}\right) + \dfrac{1}{2x-1}\right]$.

5. 已知 $y = x^2 + a$ 与 $y = b\ln(1+2x)$ 在 $x=1$ 点相切（两曲线在 (x_0,y_0) 处相切是指它们在 (x_0,y_0) 处有共同切线），求 a,b 的值.

解 根据题意得 $y|_{x=1} = \left(x^2+a\right)\big|_{x=1} = y|_{x=1} = b\ln(1+2x)\big|_{x=1}$,

$$\begin{cases} y'|_{x=1} = (2x)|_{x=1} = 2, \\ y'|_{x=1} = \dfrac{2b}{1+2x}\bigg|_{x=1} = \dfrac{2b}{3}, \end{cases} \text{解方程组得} \begin{cases} a = 3\ln 3 - 1, \\ b = 3. \end{cases}$$

6. 略.

7. 求下列方程所确定的隐函数的导数 $\dfrac{\mathrm{d}y}{\mathrm{d}x}$.

（1） $x^2 - y^2 = xy$；　　　　　　　　　（2） $x\cos y = \sin(x+y)$；

（3） $xy = \mathrm{e}^{x+y}$；　　　　　　　　　　（4） $y = 1 - x\mathrm{e}^y$.

解 （1）两边对 x 求导得 $2x - 2yy' = y + xy'$，解出 y' 得 $y' = \dfrac{2x-y}{x+2y}$.

（2）两边对 x 求导，$\cos y - x\sin y\cdot y' = \cos(x+y)(1+y')$，解出 y' 得

$$y' = \dfrac{\cos y - \cos(x+y)}{x\sin y + \cos(x+y)}.$$

（3）两边对 x 求导，$y + xy' = \mathrm{e}^{x+y}\left(1+y'\right)$，解出 y'，得 $y' = \dfrac{\mathrm{e}^{x+y}-y}{x-\mathrm{e}^{x+y}}$.

（4）两边对 x 求导，$y' = -\mathrm{e}^y - x\mathrm{e}^y y'$，解出 y'，得 $y' = -\dfrac{\mathrm{e}^y}{1+x\mathrm{e}^y}$.

8. 参数方程 $\begin{cases} x = e^t(1-\cos t), \\ y = e^t(1+\sin t), \end{cases}$ $t \in (-\infty, +\infty)$，求 $\dfrac{dy}{dx}$ 及 $\dfrac{dx}{dy}$.

解 $\dfrac{dy}{dx} = \dfrac{\dfrac{dy}{dt}}{\dfrac{dx}{dt}} = \dfrac{e^t(1+\sin t) + e^t\cos t}{e^t(1-\cos t) + e^t\sin t} = \dfrac{1+\sin t + \cos t}{1+\sin t - \cos t}$,

$\dfrac{dx}{dy} = \dfrac{\dfrac{dx}{dt}}{\dfrac{dy}{dt}} = \dfrac{e^t(1-\cos t) + e^t\sin t}{e^t(1+\sin t) + e^t\cos t} = \dfrac{1+\sin t - \cos t}{1+\sin t + \cos t}$.

9. 求下列函数的二阶导数 $\dfrac{d^2 y}{dx^2}$.

（1）$y = x\cos x$ ；

（2）$y = e^{2x-1}$.

（3）$y = (1+x^2)\arctan x$ ；

（4）$y = \dfrac{e^x}{x}$ ；

（5）$y = xe^{x^2}$ ；

（6）$y = \ln(x + \sqrt{1+x^2})$.

解 （1）$\dfrac{dy}{dx} = \cos x - x\sin x$,

$\dfrac{d^2 y}{dx^2} = \dfrac{d}{dx}(\cos x - x\sin x)$

$= -\sin x - \sin x - x\cos x = -2\sin x - x\cos x$.

（2）$\dfrac{dy}{dx} = 2e^{2x-1}$, $\dfrac{d^2 y}{dx^2} = 4e^{2x-1}$.

（3）$\dfrac{dy}{dx} = 2x\arctan x + (1+x^2)\dfrac{1}{1+x^2} = 2x\arctan x + 1$,

$\dfrac{d^2 y}{dx^2} = \dfrac{d}{dx}(2x\arctan x + 1) = 2\arctan x + \dfrac{2x}{1+x^2}$.

（4）$\dfrac{dy}{dx} = \dfrac{xe^x - e^x}{x^2}$,

$\dfrac{d^2 y}{dx^2} = \dfrac{d}{dx}\left(\dfrac{xe^x - e^x}{x^2}\right) = \dfrac{(e^x + xe^x - e^x)x^2 - 2x(xe^x - e^x)}{x^4} = \dfrac{e^x(x^2 - 2x + 2)}{x^3}$.

（5）$\dfrac{dy}{dx} = e^{x^2} + 2x^2 e^{x^2}$,

$\dfrac{d^2 y}{dx^2} = \dfrac{d}{dx}(e^{x^2} + 2x^2 e^{x^2}) = 2xe^{x^2} + 4xe^{x^2} + 4x^3 e^{x^2} = 2xe^{x^2}(3 + 2x^2)$.

（6）$\dfrac{dy}{dx} = \dfrac{1 + \dfrac{2x}{2\sqrt{1+x^2}}}{x + \sqrt{1+x^2}} = \dfrac{1}{\sqrt{1+x^2}}$,

$$\frac{d^2 y}{dx^2} = \frac{d}{dx}\left(\frac{1}{\sqrt{1+x^2}}\right) = -\frac{1}{2}\left(1+x^2\right)^{-\frac{3}{2}} 2x = -\frac{x}{\left(1+x^2\right)^{3/2}}.$$

10．略．

11．求 $y = 3^{-x}$ 的 n 阶导数．

解 $y' = -3^{-x}\ln 3$，$y'' = 3^{-x}\left(-\ln 3\right)^2$，$y''' = 3^{-x}\left(-\ln 3\right)^3$，$y^{(n)} = 3^{-x}\left(-\ln 3\right)^n$．

习题 2.3

1．已知 $y = x^3 - x$，计算在 $x = 2$ 时，当 Δx 分别等于 $1, 0.1, 0.01$ 时的 $\Delta y, dy$．

解 $\Delta y = f(2+\Delta x) - f(2)$，$dy = f'(2)\Delta x$，

当 $\Delta x = 1$ 时，$\Delta y = 18$，$dy = 11$；当 $\Delta x = 0.1$ 时，$\Delta y = 1.161$，$dy = 1.1$；

当 $\Delta x = 0.01$ 时，$\Delta y = 0.110601$，$dy = 0.11$．

2．求下列函数的微分：

（1）$y = \dfrac{1}{x} + 2\sqrt{x}$；　　　　　　　　　　（2）$y = x\sin 2x$；

（3）$y = \dfrac{x}{\sqrt{x^2+1}}$；　　　　　　　　　　（4）$y = \ln^2(1-x)$；

（5）$y = x^2 e^{2x}$；　　　　　　　　　　　　　（6）$y = e^{-x}\cos(3-x)$；

（7）$y = \dfrac{1}{\sqrt{x}}\ln x$；　　　　　　　　　　（8）$y = \sqrt{\arcsin\sqrt{x}}$；

（9）$y = \tan^2(1+2x^2)$；　　　　　　　　　（10）$y = \sqrt{\cos 3x} + \ln\tan\dfrac{x}{2}$．

解　（1）$dy = y'dx = \left(-\dfrac{1}{x^2} + 2\dfrac{1}{2\sqrt{x}}\right)dx = \left(-\dfrac{1}{x^2} + \dfrac{\sqrt{x}}{x}\right)dx$；

（2）$dy = (\sin 2x + 2x\cos 2x)dx$；

（3）$dy = \dfrac{\sqrt{x^2+1} - x\dfrac{2x}{2\sqrt{x^2+1}}}{x^2+1}dx = (x^2+1)^{-\frac{3}{2}}dx$；

（4）$dy = -2\ln(1-x)\dfrac{1}{x-1}dx = \dfrac{2\ln(1-x)}{x-1}dx$；

（5）$dy = \left(2xe^{2x} + 2x^2 e^{2x}\right)dx = 2x(1+x)e^{2x}dx$；

（6）$dy = e^{-x}\left(\sin(3-x) - \cos(3-x)\right)dx$；

（7）$dy = -\dfrac{1}{2}\dfrac{1}{x^{\frac{3}{2}}}\ln x + \dfrac{1}{\sqrt{x}}\dfrac{1}{x} = \dfrac{1}{\sqrt{x^3}}\left(1 - \dfrac{\ln x}{2}\right)dx$；

（8）$dy = \dfrac{1}{2\sqrt{\arcsin\sqrt{x}}}\dfrac{1}{\sqrt{1-x}}\dfrac{1}{2\sqrt{x}}dx = \dfrac{dx}{4\sqrt{x}\sqrt{1-x}\sqrt{\arcsin\sqrt{x}}}$；

（9）$dy = 2\tan(1+2x^2)\sec^2(1+2x^2)\cdot 4xdx = 8x\tan(1+2x^2)\sec^2(1+2x^2)dx$；

（10）$\mathrm{d}y = \left(\dfrac{3\sin 3x}{-2\sqrt{\cos 3x}} + \cot\dfrac{x}{2}\sec^2\dfrac{x}{2}\dfrac{1}{2} \right)\mathrm{d}x = \left(\dfrac{1}{\sin x} - \dfrac{3\sin 3x}{2\sqrt{\cos 3x}} \right)\mathrm{d}x$.

3．在括号内填入适当的函数，使等式成立．

（1）$\dfrac{1}{a^2+x^2}\mathrm{d}x = \mathrm{d}$（   ）；　　（2）$x\mathrm{d}x = \mathrm{d}$（   ）；

（3）$\dfrac{1}{\sqrt{x}}\mathrm{d}x = \mathrm{d}$（   ）；　　（4）$\dfrac{1}{\sqrt{1-x^2}}\mathrm{d}x = \mathrm{d}$（   ）．

解　（1）$\dfrac{1}{a}\arctan\dfrac{x}{a}+C$；（2）$\dfrac{1}{2}x^2+C$；（3）$2\sqrt{x}+C$；（4）$\arcsin x+C$．

4．求下列微分关系式中的未知函数 $f(x)$：

（1）$x\mathrm{d}x = \mathrm{d}f(x)$；　　　　（2）$\dfrac{\mathrm{d}x}{x} = \mathrm{d}f(x)$；

（3）$\mathrm{e}^{-2x}\mathrm{d}x = \mathrm{d}f(x)$；　　　（4）$x\mathrm{e}^{x^2}\mathrm{d}x = \mathrm{d}f(x)$；

（5）$\ln x\mathrm{d}x = \mathrm{d}(x\ln x) - \mathrm{d}f(x)$；　（6）$\dfrac{\mathrm{d}x}{1+x^2} = \mathrm{d}f(x)$；

（7）$\dfrac{x\mathrm{d}x}{1+x^2} = \mathrm{d}f(x)$；　　　（8）$\sqrt{x+1}\mathrm{d}x = \mathrm{d}f(x)$；

（9）$\dfrac{\mathrm{d}x}{\sqrt{1-x^2}} = \mathrm{d}f(x)$；　　　（10）$\tan x\mathrm{d}x = \mathrm{d}f(x)$．

解　（1）$f(x) = \dfrac{x^2}{2}+C$；（2）$f(x) = \ln|x|+C$；（3）$f(x) = -\dfrac{1}{2}\mathrm{e}^{-2x}+C$；

（4）$f(x) = \dfrac{1}{2}\mathrm{e}^{x^2}+C$；（5）$f(x) = x+C$；（6）$f(x) = \arctan x+C$；

（7）$f(x) = \dfrac{1}{2}\ln(1+x^2)+C$；（8）$f(x) = \dfrac{2}{3}(x+1)^{\frac{3}{2}}+C$；

（9）$f(x) = \arcsin x+C = -\arccos x+C_1$；（10）$f(x) = \ln|\sec x|+C$．

5．设 $y = y(x)$ 是由方程 $\ln(x^2+y^2) = x+y-1$ 所确定的隐函数，求 $\mathrm{d}y$ 及 $\mathrm{d}y\big|_{(0,1)}$．

解　方程两边对 x 求导，$\dfrac{2x+2yy'}{x^2+y^2} = 1+y'$，解方程得 $y' = \dfrac{2x-x^2-y^2}{x^2+y^2-2y}$，所以

$\mathrm{d}y = \dfrac{2x-x^2-y^2}{x^2+y^2-2y}\mathrm{d}x$，$\mathrm{d}y\big|_{(0,1)} = \mathrm{d}x$．

6．利用微分求近似值：

（1）$\sqrt[6]{65}$；　　　　　　　　　　（2）$\lg 11$．

解　（1）由近似公式，当 $|x|$ 很小时，$\sqrt[n]{1+x} \approx 1+\dfrac{1}{n}x$，

则　　　$$\sqrt[6]{1+64} = \sqrt[6]{64\left(1+\dfrac{1}{64}\right)} = 2\sqrt[6]{1+\dfrac{1}{64}} \approx 2\left(1+\dfrac{1}{6}\cdot\dfrac{1}{64}\right)$$

$$= 2\times 1.0026 = 2.0052 ．$$

（2）由 $\lg(1+x) = \dfrac{\ln(1+x)}{\ln 10}$ ，且当 $|x|$ 很小时， $\ln(1+x) \approx x$ ，所以

$$\lg 11 = \lg\left[10\left(1+\frac{1}{10}\right)\right] = \lg 10 + \lg\left(1+\frac{1}{10}\right)$$

$$= 1 + \frac{\ln\left(1+\dfrac{1}{10}\right)}{\ln 10} \approx 1 + \frac{1}{10 \times 2.3034} = 1.0434 .$$

复习题 2

1. 判断下列命题是否正确？为什么？

（1）若 $f(x)$ 在 x_0 处不可导，则曲线 $y = f(x)$ 在 $(x_0, f(x_0))$ 点处必无切线；

（2）若曲线 $y = f(x)$ 处处有切线，则函数 $y = f(x)$ 必处处可导；

（3）若 $f(x)$ 在 x_0 处可导，则 $|f(x)|$ 在 x_0 处必可导；

（4）若 $|f(x)|$ 在 x_0 处可导，则 $f(x)$ 在 x_0 处必可导.

解 （1）不正确，因为曲线可能存在垂直于 x 轴的切线，如 $y = x^{\frac{2}{3}}$.

（2）由（1）知不正确.

（3）不正确. 如 $y = \sin x$ 在 $x = 0$ 可导，但 $y = |\sin x|$ 在 $x = 0$ 不可导.

实际上，$y = |\sin x| = \begin{cases} \sin x, & x > 0, \\ -\sin x, & x < 0, \end{cases}$ 在 $x = 0$ 点的右导数为 1，左导数为 -1 .

（4）不正确，例如，$f(x) = \begin{cases} 1, & x \geqslant 0, \\ -1, & x < 0, \end{cases}$ $|f(x)|$ 在 $x = 0$ 可导，但 $f(x)$ 在 $x = 0$ 不可导.

2. 求下列函数 $f(x)$ 的 $f'_-(0)$ 及 $f'_+(0)$ 及 $f'(0)$ 是否存在：

（1）$f(x) = \begin{cases} \sin x, & x < 0, \\ \ln(1+x), & x \geqslant 0; \end{cases}$ （2）$f(x) = \begin{cases} \dfrac{x}{1 + e^{\frac{1}{x}}}, & x \neq 0, \\ 0, & x = 0. \end{cases}$

解 （1）$f'_-(0) = \cos x \big|_{x=0} = 1$；$f'_+(0) = \dfrac{1}{1+x}\Big|_{x=0} = 1$；所以 $f'_-(0) = f'_+(0) = f'(0) = 1$.

（2）$f'_-(0) = \lim\limits_{x \to 0^-} \dfrac{f(x) - f(0)}{x} = \lim\limits_{x \to 0^-} \dfrac{\dfrac{x}{1 + e^{\frac{1}{x}}} - 0}{x} = \lim\limits_{x \to 0^-} \dfrac{1}{1 + e^{\frac{1}{x}}} = 1$,

$f'_+(0) = \lim\limits_{x \to 0^+} \dfrac{f(x) - f(0)}{x} = \lim\limits_{x \to 0^+} \dfrac{\dfrac{x}{1 + e^{\frac{1}{x}}} - 0}{x} = \lim\limits_{x \to 0^+} \dfrac{1}{1 + e^{\frac{1}{x}}} = 0$,

$f'_-(0) = 1 \neq f'_+(0) = 0$ ，所以 $f'(0)$ 不存在.

3. 求下列函数的导数：

（1）$y = \dfrac{2\sec x}{1+x^2}$ ；

（2）$y = \dfrac{\arctan x}{x} + \arccos x$ ；

（3）$y = \dfrac{1+x+x^2}{1+x}$ ；

（4）$y = x(\sin x + 1)\csc x$ ；

（5）$y = \cot x \cdot (1 + \cos x)$ ；

（6）$y = \dfrac{1}{1+\sqrt{x}} - \dfrac{1}{1-\sqrt{x}}$ ；

（7）$y = \mathrm{e}^{\tan \frac{1}{x}}$ ；

（8）$y = \arccos\sqrt{1-3x}$ ；

（9）$y = \tan^3(1-2x)$.

解　（1）$y' = 2 \cdot \left(\dfrac{\sec x \cdot \tan x \cdot (1+x^2) - 2x \cdot \sec x}{(1+x^2)^2} \right) = \dfrac{2\sec x\left[(1+x^2)\tan x - 2x\right]}{(1+x^2)^2}$ ；

（2）$y' = \dfrac{\dfrac{1}{1+x^2} \cdot x - \arctan x}{x^2} - \dfrac{1}{\sqrt{1-x^2}} = \dfrac{x - (1+x^2)\arctan x}{x^2(1+x^2)} - \dfrac{1}{\sqrt{1-x^2}}$ ；

（3）$y = \dfrac{1+x+x^2}{1+x} = 1 + \dfrac{x^2}{1+x}$ ，　$y' = \dfrac{2x(1+x) - x^2}{(1+x)^2} = \dfrac{2x+2x^2-x^2}{(1+x)^2} = \dfrac{2x+x^2}{(1+x)^2}$ ；

（4）$y' = (\sin x + 1)\csc x + x\cos x \csc x - x(\sin x + 1)\csc x \cot x$

$\qquad = x(\sin x + 1)\csc x \left(\dfrac{1}{x} + \dfrac{\cos x}{\sin x + 1} - \cot x \right)$ ；

（5）$y' = -\csc^2 x(1 + \cos x) + \cot x(-\sin x) = -\dfrac{1+\cos x}{\sin^2 x} - \cos x$ ；

（6）$y = \dfrac{1}{1+\sqrt{x}} - \dfrac{1}{1-\sqrt{x}} = \dfrac{-2\sqrt{x}}{1-x}$ ，　$y' = (-2) \cdot \dfrac{\dfrac{1}{2\sqrt{x}}(1-x) + \sqrt{x}}{(1-x)^2} = -\dfrac{x+1}{\sqrt{x}(1-x)^2}$ ；

（7）$y' = \mathrm{e}^{\tan \frac{1}{x}} \cdot \sec^2 \dfrac{1}{x} \cdot \left(-\dfrac{1}{x^2} \right) = -\dfrac{1}{x^2} \cdot \sec^2 \dfrac{1}{x} \mathrm{e}^{\tan \frac{1}{x}}$ ；

（8）$y' = -\dfrac{1}{\sqrt{1-(1-3x)}} \dfrac{-3}{2\sqrt{1-3x}} = \dfrac{3}{2\sqrt{3x}\sqrt{1-3x}} = \dfrac{3}{2\sqrt{3x(1-3x)}}$ ；

（9）$y' = -6\tan^2(1-2x)\sec^2(1-2x)$.

4. 求由下列方程所确定的隐函数的导数 $\dfrac{\mathrm{d}y}{\mathrm{d}x}$ ：

（1）$y\mathrm{e}^x + \ln y = 1$ ；

（2）$\arctan\dfrac{y}{x} = \ln\sqrt{x^2+y^2}$.

解　（1）两边对 x 求导得：$y'\mathrm{e}^x + y\mathrm{e}^x + \dfrac{y'}{y} = 0$ ，从中解出 y' ，

即得 $y' = -\dfrac{y\mathrm{e}^x}{\mathrm{e}^x + \dfrac{1}{y}} = -\dfrac{y^2\mathrm{e}^x}{1+y\mathrm{e}^x}$.

（2）两边对 x 求导得 $\dfrac{x^2}{x^2+y^2} \dfrac{y'x-y}{x^2} = \dfrac{1}{\sqrt{x^2+y^2}} \cdot \dfrac{2x+2yy'}{2\sqrt{x^2+y^2}}$ ，解出 y' 得 $y' = \dfrac{x+y}{x-y}$.

5. 求函数 $y = x^2 \ln x$ 的二阶导数 $\dfrac{d^2 y}{dx^2}$.

解 $\dfrac{dy}{dx} = 2x\ln x + x$，$\dfrac{d^2 y}{dx^2} = 2\ln x + 2 + 1 = 2\ln x + 3$.

6. 求由方程 $y = 1 + xe^y$ 所确定的隐函数的二阶导数 $\dfrac{d^2 y}{dx^2}$.

解 两边求导 $\dfrac{dy}{dx} = e^y + xe^y \dfrac{dy}{dx}$ ……（*），所以 $\dfrac{dy}{dx} = \dfrac{e^y}{1 - xe^y}$，再由（*）式两端同时

对 x 求导得 $\dfrac{d^2 y}{dx^2} = e^y \dfrac{dy}{dx} + e^y \dfrac{dy}{dx} + xe^y \dfrac{d^2 y}{dx^2} + xe^y \left(\dfrac{dy}{dx}\right)^2$，于是

$$\dfrac{d^2 y}{dx^2} = \dfrac{e^y \dfrac{dy}{dx} + e^y \dfrac{dy}{dx} + xe^y \left(\dfrac{dy}{dx}\right)^2}{1 - xe^y} = \dfrac{2e^y \dfrac{dy}{dx} + xe^y \left(\dfrac{dy}{dx}\right)^2}{1 - xe^y}$$

$$= \dfrac{e^y \left(2\dfrac{dy}{dx} + x\left(\dfrac{dy}{dx}\right)^2\right)}{1 - xe^y} \xlongequal{\frac{dy}{dx} = \frac{e^y}{1-xe^y}} \dfrac{dy}{dx} \cdot \left(2\dfrac{dy}{dx} + x\left(\dfrac{dy}{dx}\right)^2\right)$$

$$= 2\left(\dfrac{dy}{dx}\right)^2 + x\left(\dfrac{dy}{dx}\right)^3 \xlongequal{\frac{dy}{dx} = \frac{e^y}{1-xe^y}} 2\left(\dfrac{e^y}{1 - xe^y}\right)^2 + x\left(\dfrac{e^y}{1 - xe^y}\right)^3$$

$$\xlongequal{1 - xe^y = 2 - y} 2 \cdot \dfrac{e^{2y}}{(2 - y)^2} + x \cdot \dfrac{e^{3y}}{(2 - y)^3}$$

$$= e^{2y} \cdot \dfrac{3 - y}{(2 - y)^3}.$$

7. 求下列函数的 n 阶导数：

（1）$y = \sqrt[m]{1 + x}$；   （2）$y = \dfrac{1 - x}{1 + x}$.

解 （1）$y = (1 + x)^{\frac{1}{m}}$，$y' = \dfrac{1}{m}(1 + x)^{\frac{1}{m} - 1}$，$y'' = \dfrac{1}{m}\left(\dfrac{1}{m} - 1\right)(1 + x)^{\frac{1}{m} - 2}$，

$y''' = \dfrac{1}{m}\left(\dfrac{1}{m} - 1\right)\left(\dfrac{1}{m} - 2\right)(1 + x)^{\frac{1}{m} - 3}$，以此类推 $y^{(n)} = \dfrac{1}{m}\left(\dfrac{1}{m} - 1\right)\cdots\left(\dfrac{1}{m} - n + 1\right)(1 + x)^{\frac{1}{m} - n}$.

（2）$y^{(n)} = \left(\dfrac{2}{1 + x} - 1\right)^{(n)} = (-1)^n \dfrac{2 \cdot n!}{(1 + x)^{n+1}}$.

8. 利用函数的微分代替函数的增量求 $\sqrt[3]{1.02}$ 的近似值.

解 设 $f(x) = \sqrt[3]{x}$，取 $x_0 = 1$，$\Delta x = 0.02$，于是由近似公式得

$$\sqrt[3]{1.02} \approx \sqrt[3]{1} + \dfrac{1}{3\sqrt[3]{1^2}} 0.02 = 1 + \dfrac{1}{3} \times (0.02) = 1.007.$$

9. 设函数 $f(x)$ 和 $g(x)$ 均在点 x_0 的某一邻域内有定义，$f(x)$ 在 x_0 处可导且 $f(x_0) = 0$，$g(x)$ 在 x_0 处连续，试讨论 $f(x)g(x)$ 在 x_0 处的可导性.

解 令 $F(x) = f(x)g(x)$，在 x_0 处给增量 Δx，

$$\lim_{\Delta x \to 0} \frac{\Delta F}{\Delta x} = \lim_{x \to 0} \frac{F(x_0 + \Delta x) - F(x_0)}{\Delta x}$$

$$= \lim_{\Delta x \to 0} \frac{f(x_0 + \Delta x)g(x_0 + \Delta x) - f(x_0)g(x_0)}{\Delta x}$$

$$= \lim_{\Delta x \to 0} \frac{f(x_0 + \Delta x)g(x_0 + \Delta x) - f(x_0)g(x_0 + \Delta x) + f(x_0)g(x_0 + \Delta x) - f(x_0)g(x_0)}{\Delta x}$$

$$= \lim_{\Delta x \to 0} \frac{\left[f(x_0 + \Delta x) - f(x_0)\right]g(x_0 + \Delta x)}{\Delta x} + \lim_{\Delta x \to 0} \frac{f(x_0)\left[g(x_0 + \Delta x) - g(x_0)\right]}{\Delta x}$$

$$= f'(x_0)g(x_0) + f(x_0) \lim_{\Delta x \to 0} \frac{\left[g(x_0 + \Delta x) - g(x_0)\right]}{\Delta x},$$

因为 $g(x)$ 在 x_0 处连续，故 $\lim\limits_{\Delta x \to 0} \dfrac{\left[g(x_0 + \Delta x) - g(x_0)\right]}{\Delta x} = 0$，又因为 $f(x_0) = 0$，所以

$\lim\limits_{\Delta x \to 0} \dfrac{\Delta F}{\Delta x} = f'(x_0)g(x_0)$，即 $f(x)g(x)$ 在 x_0 处的导数为 $f'(x_0)g(x_0)$．

10. 设函数 $f(x)$ 满足下列条件：

（1）$f(x + y) = f(x) \cdot f(y)$，对一切 $x, y \in R$；

（2）$f(x) = 1 + xg(x)$，而 $\lim\limits_{x \to 0} g(x) = 1$，

证明 $f(x)$ 在 R 上处处可导，且 $f'(x) = f(x)$．

解 对任意 $x \in R$，

$$\lim_{\Delta x \to 0} \frac{f(x + \Delta x) - f(x)}{\Delta x} \xlongequal{f(x+\Delta x)=f(x)f(\Delta x)} \lim_{\Delta x \to 0} \frac{f(x)f(\Delta x) - f(x)}{\Delta x}$$

$$= \lim_{\Delta x \to 0} \frac{f(x)[f(\Delta x) - 1]}{\Delta x} \xlongequal{f(\Delta x)=1+\Delta x g(\Delta x)} \lim_{\Delta x \to 0} \frac{f(x)[1 + \Delta x g(\Delta x) - 1]}{\Delta x}$$

$$\xlongequal{\lim\limits_{\Delta x \to 0} g(\Delta x)=1} \lim_{\Delta x \to 0} f(x)g(\Delta x) = f(x).$$

所以 $f(x)$ 在 R 上处处可导，且 $f'(x) = f(x)$．

自测题 2

1．填空题．

（1）$f(x)$ 在点 x_0 可导是 $f(x)$ 在点 x_0 连续的＿＿＿＿＿＿条件．$f(x)$ 在点 x_0 连续是 $f(x)$ 在点 x_0 可导的＿＿＿＿＿＿条件；

（2）$f(x)$ 在点 x_0 的左导数 $f'_-(x_0)$ 及右导数 $f'_+(x_0)$ 都存在并且相等，是 $f(x)$ 在点 x_0 可导的＿＿＿＿＿＿条件；

（3）$f(x)$ 在点 x_0 可导是 $f(x)$ 在点 x_0 可微的＿＿＿＿＿＿条件；

（4）函数 $y = (1 + x)\ln x$ 上点 $(1, 0)$ 处的切线方程为＿＿＿＿＿＿；

（5）已知 $f'(2) = 3$，则 $\lim\limits_{h \to 0} \dfrac{f(2 + h) - f(2 - 3h)}{2h} = $ ＿＿＿＿＿＿；

（6）若 $f(u)$ 可导，则 $y = f(\sin\sqrt{x})$ 的导数为＿＿＿＿＿＿；

（7）曲线 $y = e^x - 3\sin x + 1$ 在点 $(0,2)$ 处的切线方程为_____；

（8）若 $f'(x_0) = 1$，$f(x_0) = 0$，则 $\lim\limits_{h \to \infty} hf\left(x_0 - \dfrac{1}{h}\right) = $_____；

（9）$f\left(\dfrac{1}{x}\right) = x^2$，则 $f'(x) = $_____；

（10）$y = \cos(e - x)$，则 $y'(0) = $_____；

（11）设 $f(x) = x(x+1)(x+2)\cdots(x+n)$（$n \geq 2$），则 $f'(0) = $_____.

解 （1）充分，必要；（2）充分必要；（3）充分必要；

（4）$k_{切} = y'|_{x=1} = \left[\dfrac{1}{x} + \ln x + 1\right]_{x=1} = 2$，且过点 $(1,0)$，切线方程为 $y - 0 = 2(x-1)$，

即 $y = 2x - 2$；

（5）$\lim\limits_{h \to 0} \dfrac{f(2+h) - f(2-3h)}{2h} = \lim\limits_{h \to 0}\left[\dfrac{1}{2} \cdot \dfrac{f(2+h) - f(2)}{h} - \dfrac{1}{2} \cdot (-3)\dfrac{f(2-3h) - f(2)}{-3h}\right]$

$$= \dfrac{1}{2} \cdot 3 - \dfrac{1}{2} \cdot (-3) \cdot 3 = 6 ;$$

（6）$\dfrac{1}{2\sqrt{x}}\cos\sqrt{x} \cdot f'(\sin\sqrt{x})$；

（7）$k_{切} = y'|_{x=0} = \left[e^x - 3\cos x\right]_{x=0} = -2$，且过点 $(0,2)$，切线方程为 $y - 2 = -2(x - 0)$，

即 $y + 2x - 2 = 0$；

（8）$\lim\limits_{h \to \infty} hf\left(x_0 - \dfrac{1}{h}\right) = -\lim\limits_{h \to \infty} \dfrac{f\left(x_0 - \dfrac{1}{h}\right) - f(x_0)}{-\dfrac{1}{h}} = f'(x_0) = -1$；

（9）$f\left(\dfrac{1}{x}\right) = x^2$，令 $\dfrac{1}{x} = t$，则 $f(t) = \dfrac{1}{t^2}$，所以有 $f(x) = \dfrac{1}{x^2}$，$f'(x) = -\dfrac{2}{x^3}$；

（10）$y' = \sin(e - x)$，则 $y'(0) = \sin e$；

（11）$f'(0) = \lim\limits_{x \to 0} = \dfrac{f(x) - f(0)}{x - 0} = \lim\limits_{x \to 0}(x+1)(x+2)\cdots(x+n) = n!$.

2．单选题.

（1）选择下述题中给出的四个结论中一个正确的结论：

设 $f(x)$ 在 $x = a$ 的某个邻域内有定义，则 $f(x)$ 在 $x = a$ 处可导的一个充分条件是（ D ）.

A．$\lim\limits_{h \to +\infty} h\left[f\left(a + \dfrac{1}{h}\right) - f(a)\right]$ 存在；　　B．$\lim\limits_{h \to 0} \dfrac{f(a + 2h) - f(a + h)}{h}$ 存在；

C．$\lim\limits_{h \to 0} \dfrac{f(a + h) - f(a - h)}{h}$ 存在；　　D．$\lim\limits_{h \to 0} \dfrac{f(a) - f(a - h)}{h}$ 存在.

提示：$\lim\limits_{h \to 0} \dfrac{f(a) - f(a - h)}{h} = \lim\limits_{h \to 0} \dfrac{f(a - h) - f(a)}{-h} = \lim\limits_{\Delta x \to 0} \dfrac{f(a + \Delta x) - f(a)}{\Delta x}$（$\Delta x = -h$）存

在，按导数定义知 $f'(a)$ 存在.

（2）设 $f(x) = \begin{cases} \dfrac{2}{3}x^3, & x \leq 1, \\ x^2, & x > 1, \end{cases}$ 则 $f(x)$ 在 $x=1$ 处的 （ B ）.

    A. 左、右导数都存在；   B. 左导数存在，右导数不存在；

    C. 左导数不存在，右导数存在；   D. 左、右导数都不存在.

（3）设 $f(x)$ 可导，$F(x) = f(x)\left(1+|\sin x|\right)$，则 $f(0)=0$ 是 $F(x)$ 在 $x=0$ 处可导的（ A ）.

    A. 充分必要条件；   B. 充分条件但非必要条件；

    C. 必要条件但非充分条件；   D. 即非充分条件又非必要条件.

（4）$y = |x+2|$ 在 $x=-2$ 处（ A ）.

    A. 连续；   B. 不连续；

    C. 可导；   D. 可微.

（5）下列函数中（ D ）的导数等于 $\sin 2x$.

    A. $\cos 2x$；   B. $\cos^2 x$；

    C. $-\cos 2x$；   D. $\sin^2 x$.

（6）已知 $y = \cos x$，则 $y^{(10)} = $ （ D ）.

    A. $\sin x$；   B. $\cos x$；

    C. $-\sin x$；   D. $-\cos x$.

提示：$y^{(10)} = \cos(x+5\pi) = \cos(x+\pi) = -\cos x$.

（7）下列函数中，在 $x=0$ 处可导的是（ B ）.

    A. $y = \ln x$；   B. $y = |\cos x|$；

    C. $y = |\sin x|$；   D. $y = \begin{cases} x^2, & x \leq 0, \\ x, & x > 0. \end{cases}$

（8）若函数 $f(x) = \begin{cases} e^x, & x < 0, \\ a - bx, & x \geq 0 \end{cases}$ 在 $x=0$ 处可导，则 a,b 之值必为（ C ）.

    A. $a=-1$，$b=-1$；   B. $a=-1$，$b=1$；

    C. $a=1$，$b=-1$；   D. $a=1$，$b=1$.

（9）设 $f(x) = x\sin x$，则 $f'\left(\dfrac{\pi}{2}\right) = $ （ B ）.

    A. -1；   B. 1；

    C. $\dfrac{\pi}{2}$；   D. $-\dfrac{\pi}{2}$.

（10）设直线 l 与 x 轴平行，且与曲线 $y = x - e^x$ 相切，则切点坐标是（ C ）.

    A. $(1,1)$；   B. $(-1,1)$；

    C. $(0,-1)$；   D. $(0,1)$.

（11）函数 $f(x) = |x| + 1$，在 $x=0$ 处（ D ）.

    A. 无定义；   B. 不连续；

    C. 可导；   D. 连续但不可导.

3. 计算题.

（1）设 $y = \ln \sin^2 \dfrac{1}{x}$，求 y'.

（2）设 $y = (1 + x^2) \arctan x$，求 y''.

（3）求函数 $y = \ln(x^3 \cdot \sin x)$ 的微分 $\mathrm{d}y$.

（4）设 $y = \ln^3 \arcsin \sqrt{x}$，求 y'.

（5）设 $y = y(x)$，由 $\mathrm{e}^y - \mathrm{e}^{-x} + xy = 0$ 确定，求 $\dfrac{\mathrm{d}y}{\mathrm{d}x}$.

（6）设 $y = x^2 2^x + \dfrac{\cos x}{1 - x^2}$，求 $\mathrm{d}y$.

解　（1）$y' = \dfrac{2\sin\dfrac{1}{x}\cos\dfrac{1}{x}}{\sin^2\dfrac{1}{x}} \cdot \left(-\dfrac{1}{x^2}\right) = -\dfrac{2}{x^2}\cot\dfrac{1}{x}$；

（2）$y' = 2x\arctan x + 1$，$y'' = 2\arctan x + \dfrac{2x}{1+x^2}$；

（3）$\mathrm{d}y = \dfrac{3x^2\sin x + x^3\cos x}{x^3\sin x}\mathrm{d}x = \left(\dfrac{3}{x} + \cot x\right)\mathrm{d}x$；

（4）$y' = 3\ln^2\left(\arcsin\sqrt{x}\right) \cdot \dfrac{1}{\arcsin\sqrt{x}} \cdot \dfrac{1}{\sqrt{1-x}} \cdot \dfrac{1}{2\sqrt{x}} = \dfrac{3\ln^2\left(\arcsin\sqrt{x}\right)}{2\sqrt{x}\cdot\sqrt{1-x}\cdot\arcsin\sqrt{x}}$；

（5）方程两边对 x 求导，$\mathrm{e}^y y' + \mathrm{e}^{-x} + y + xy' = 0$，解方程得 $y' = -\dfrac{y + \mathrm{e}^{-x}}{x + \mathrm{e}^y}$；

（6）$y' = 2x2^x + x^2 2^x \ln 2 + \dfrac{-\sin x \cdot (1 - x^2) + 2x\cos x}{(1 - x^2)^2}$

$\qquad = 2^{x+1}x + x^2 2^x \ln 2 - \dfrac{\sin x}{1 - x^2} + \dfrac{2x\cos x}{(1 - x^2)^2}$，

$\qquad \mathrm{d}y = \left[2^{x+1}x + x^2 2^x \ln 2 - \dfrac{\sin x}{1 - x^2} + \dfrac{2x\cos x}{(1 - x^2)^2}\right]\mathrm{d}x$.

2.4　同步练习及答案

同步练习

1. 填空题.

（1）设 $f(x) = \cos^2 x$，则 $f'\left(\dfrac{\pi}{4}\right) = $ _____；

（2）设 $y = f(x)$ 在 $x = 2$ 处可导，且 $f'(2) = 1$，则 $\lim\limits_{h \to 0}\dfrac{f(2+h) - f(2-h)}{2h} = $ _____；

（3）曲线 $\begin{cases} x = t^2 - 1, \\ y = t - t^3 \end{cases}$ 在 $t = 1$ 处的切线方程 _____；

（4）设 $y = a^x$，则 $y^{(8)} =$ _____ ;

（5）设 $y = \sqrt{2 + 3x^2}$，则 $\mathrm{d}y =$ _____ .

2. 解答题.

（1）设 $y = \sqrt{(x^2+1)(3x-4)(x-1)}$，求 y'；

（2）求由方程 $x^2 + 2xy - 2y^2 = 1$ 所确定的隐函数 $y = f(x)$ 的导数 $\dfrac{\mathrm{d}y}{\mathrm{d}x}$ 与微分 $\mathrm{d}y$.

参考答案

1.（1）-1；（2）1；（3）$y = -x$；（4）$a^x (\ln a)^8$；（5）$x = -2$.

2.（1）$y' = \sqrt{(x^2+1)(3x-4)(x-1)} \cdot \left(\dfrac{x}{x^2+1} + \dfrac{3}{2(3x-4)} + \dfrac{1}{2(x-1)} \right)$；

（2）$\mathrm{d}y = \dfrac{x+y}{2y-x} \mathrm{d}x$.

第 3 章　微分中值定理与导数的应用

3.1　内容提要

3.1.1　微分中值定理

1. 罗尔定理

定理 3.1.1　设函数 $y = f(x)$ 满足下列条件:

（1）在闭区间 $[a,b]$ 上连续;

（2）在开区间 (a,b) 内可导;

（3）$f(a) = f(b)$.

则在 (a,b) 内至少存在一点 ξ, 使 $f'(\xi) = 0$.

注意: 罗尔定理表明, 若函数 $f(x)$ 在闭区间 $[a,b]$ 上满足罗尔定理的条件, 则方程 $f'(x) = 0$ 在开区间 (a,b) 内至少有一个根. 因此罗尔定理常用来判别函数 $f'(x)$ 的零点（注意 $f'(x)$ 未必连续, 这与连续函数零点存在定理是有区别的）.

2. 拉格朗日中值

定理 3.1.2　设函数 $y = f(x)$ 满足下列条件:

（1）在闭区间 $[a,b]$ 上连续;

（2）在开区间 (a,b) 内可导.

则在 (a,b) 内至少存在一点 ξ, 使得 $f'(\xi) = \dfrac{f(b) - f(a)}{b - a}$.

注意: 罗尔定在拉格朗日中值定理的条件下, 若加上条件 $f(a) = f(b)$, 则可知在开区间 (a,b) 内至少有一点 ξ, 使 $f'(\xi) = 0$, 这就是罗尔定理, 罗尔定理是拉格朗日中值定理的特殊情形.

推论 1　若函数 $f(x)$ 在开区间 (a,b) 内每一点处的导数均为零, 则在 (a,b) 内 $f(x) \equiv C$（C 为常数）.

推论 2　如果对任意 $x \in (a,b)$, 函数 $f(x)$ 与 $g(x)$ 都有 $f'(x) = g'(x)$, 则在 (a,b) 内有　$f(x) = g(x) + C$　（C 为常数）.

3. 柯西中值定理

定理 3.1.3　设函数 $f(x), g(x)$ 满足下列条件:

（1）在闭区间 $[a,b]$ 上连续;

（2）在开区间 (a,b) 内可导, 且 $g'(x) \neq 0$.

则在 (a,b) 内至少存在一点 ξ，使得 $\dfrac{f(b)-f(a)}{g(b)-g(a)}=\dfrac{f'(\xi)}{g'(\xi)}$.

注意：柯西中值定理是拉格朗日中值定理的推广，而当 $g(x)=x$ 时，柯西中值定理就变成拉格朗日中值定理.

3.1.2 洛必达法则

1. $\dfrac{0}{0}$ 型未定式的极限

定理 3.2.1 设函数 $f(x)$ 与 $g(x)$ 在 $x=a$ 的某空心邻域内有定义，且满足如下条件：

（1） $\lim\limits_{x\to a}f(x)=\lim\limits_{x\to a}g(x)=0$；

（2） $f'(x)$ 和 $g'(x)$ 在该邻域内都存在，且 $g'(x)\neq0$；

（3） $\lim\limits_{x\to a}\dfrac{f'(x)}{g'(x)}$ 存在（或为 ∞），

则 $\lim\limits_{x\to a}\dfrac{f(x)}{g(x)}=\lim\limits_{x\to a}\dfrac{f'(x)}{g'(x)}$，此定理可用柯西定理证明.

注意：（1）定理 3.2.1 的结论对于 $x\to\infty$ 时的 $\dfrac{0}{0}$ 型未定式的极限问题同样适用.

（2）如果 $\lim\limits_{x\to a}\dfrac{f'(x)}{g'(x)}$ 还是 $\dfrac{0}{0}$ 型未定式，且 $f'(x)$ 与 $g'(x)$ 能满足定理中 $f(x)$ 与 $g(x)$ 应满足的条件，则可继续使用洛必达法则，即有

$$\lim_{x\to a}\frac{f(x)}{g(x)}=\lim_{x\to a}\frac{f'(x)}{g'(x)}=\lim_{x\to a}\frac{f''(x)}{g''(x)}.$$

且可依此类推，直到求出所要求的极限.

2. $\dfrac{\infty}{\infty}$ 型未定式的极限

定理 3.3.2 设函数 $f(x)$ 与 $g(x)$ 在点 $x=a$ 的某空心邻域内有定义，且满足如下条件：

（1） $\lim\limits_{x\to a}f(x)=\lim\limits_{x\to a}g(x)=\infty$；

（2） $f'(x)$ 与 $g'(x)$ 在该邻域内都存在，且 $g'(x)\neq0$；

（3） $\lim\limits_{x\to a}\dfrac{f'(x)}{g'(x)}$ 存在（或为 ∞），

则 $\lim\limits_{x\to a}\dfrac{f(x)}{g(x)}=\lim\limits_{x\to a}\dfrac{f'(x)}{g'(x)}$.

注意：定理 3.2.2 的结论对于 $x\to\infty$ 时的 $\dfrac{\infty}{\infty}$ 型未定式的极限问题同样适用.

3．其他未定式的极限

未定式除 $\dfrac{0}{0}$ 或 $\dfrac{\infty}{\infty}$ 型外，还有 $0 \cdot \infty$、$\infty - \infty$、1^{∞}、0^{0}、∞^{0} 型等五种类型．

（1）$0 \cdot \infty$ 型未定式

设在自变量的某一变化过程中 $f(x) \to 0$，$g(x) \to \infty$，则 $f(x)g(x)$ 可变形为

$$\frac{f(x)}{\dfrac{1}{g(x)}} \quad (\frac{0}{0} \text{型}) \quad \text{或} \quad \frac{g(x)}{\dfrac{1}{f(x)}} \quad (\frac{\infty}{\infty} \text{型}).$$

（2）$\infty - \infty$ 型未定式

（3）1^{∞}、0^{0}、∞^{0} 型未定式

由于它们是来源于幂指函数 $f(x)^{g(x)}$ 的极限，因此通常可用取对数的方法或利用 $f(x)^{g(x)} = e^{g(x)\ln f(x)}$ 公式化为 $0 \cdot \infty$ 型未定式，再化为 $\dfrac{0}{0}$ 型或 $\dfrac{\infty}{\infty}$ 型求解．

注意：（1）每次使用法则之前，必须检验是否属于 $\dfrac{0}{0}$ 型或 $\dfrac{\infty}{\infty}$ 型未定式，若不是未定式，就不能使用法则．

（2）如果有可约因子，或有非零极限值的乘积因子，则可先行约去或提出，以简化计算．

（3）法则中的条件是充分而非必要的，遇到 $\lim \dfrac{f'(x)}{g'(x)}$ 不存在时，不能断言 $\lim \dfrac{f(x)}{g(x)}$ 不存在，此时洛必达法则失效，需另寻其他方法处理．

3.1.3 函数的单调性、极值和最值

1．函数的单调性

定理 3.3.1 设函数 $y = f(x)$ 在闭区间 $[a,b]$ 上连续，在开区间 (a,b) 内可导．

（1）如果在 (a,b) 内 $f'(x) > 0$，则函数 $f(x)$ 在 $[a,b]$ 上单调增加；

（2）如果在 (a,b) 内 $f'(x) < 0$，则函数 $f(x)$ 在 $[a,b]$ 上单调减少．

注意：单调区间的分界点可能是不可导点或是导数为零的点．

总结：求函数的单调区间的步骤如下：

（1）确定函数 $f(x)$ 的定义域；

（2）求 $f'(x)$；

（3）求出 $f'(x) = 0$ 的点和 $f'(x)$ 不存在的点，用这些点将函数的定义域划分为若干个子区间；

（4）考察 $f'(x)$ 在每个区间内的符号，从而判别函数 $f(x)$ 在各子区间内的单调性．

2．函数的极值

定义 3.3.1 设函数 $y = f(x)$ 在点 x_0 的某邻域内有定义，若对此邻域内任一点 x（$x \neq x_0$），均有 $f(x) < f(x_0)$，则称 $f(x_0)$ 是函数 $f(x)$ 的一个极大值；若对此邻域内任一点 x（$x \neq x_0$），均有 $f(x) > f(x_0)$，则称 $f(x_0)$ 是函数 $f(x)$ 的一个极小值．

函数的极大值与极小值统称为函数的极值，使函数取得极值的点称为极值点．

定理 3.3.2 如果函数 $f(x)$ 在 x_0 处的导数存在，且在 x_0 处取得极值，则 $f'(x_0) = 0$．

注意：（1）可导函数的极值点必是驻点，但反过来，函数的驻点却不一定是极值点．

（2）不可导的点也可能是函数的极值点．

定理 3.3.3 设函数 $f(x)$ 在点 x_0 的某空心邻域内可导，x_0 为 $f(x)$ 的驻点（即 $f'(x_0) = 0$）或不可导点：

（1）若当 $x < x_0$ 时，$f'(x) > 0$；当 $x > x_0$ 时，$f'(x) < 0$，则 $f(x_0)$ 是 $f(x)$ 的极大值；

（2）若当 $x < x_0$ 时，$f'(x) < 0$；当 $x > x_0$ 时，$f'(x) > 0$，则 $f(x_0)$ 是 $f(x)$ 的极小值；

（3）若在 x_0 两侧 $f'(x)$ 的符号相同，则 $f(x_0)$ 不是 $f(x)$ 的极值．

总结： 求函数 $f(x)$ 的极值点步骤如下：

（1）求函数 $f(x)$ 的定义域（或给定区间）；

（2）求出导数 $f'(x)$；

（3）求出全部 $f'(x) = 0$ 的点和 $f'(x)$ 不存在的点；

（4）列表讨论，考察在（3）中的点处是否取得极值，是极大值还是极小值；

（5）求出各极值点处的函数值，就得到函数 $f(x)$ 的全部极值．

定理 3.3.4 设函数 $f(x)$ 在点 x_0 处具有二阶导数，且 $f'(x_0) = 0$，$f''(x_0) \neq 0$，则

（1）当 $f''(x_0) < 0$ 时，函数 $f(x)$ 在点 x_0 处取得极大值；

（2）当 $f''(x_0) > 0$ 时，函数 $f(x)$ 在点 x_0 处取得极小值．

注意： 如果 $f(x)$ 在驻点 x_0 处的二阶导数 $f''(x_0) \neq 0$，那么该驻点 x_0 一定是极值点，并且可由 $f''(x_0)$ 的符号确定 $f(x_0)$ 是极大值还是极小值．但是当 $f''(x_0) = 0$ 时，此定理失效．

3．函数的最大值和最小值

函数在区间 $[a, b]$ 上的最大值与最小值是全局性的概念，是函数在所考察的区间上全部函数值中的最大者和最小者，这与极值的概念是有区别的．

连续函数在区间 $[a, b]$ 上的最大值与最小值可通过比较如下几类点的函数值得到：

（1）端点处的函数值 $f(a)$ 和 $f(b)$；

（2）开区间 (a, b) 内，使 $f'(x) = 0$ 的点的函数值；

（3）开区间 (a,b) 内，使 $f'(x)$ 不存在的点的函数值.

这些值中最大的就是函数在 $[a,b]$ 上的最大值，最小的就是函数在 $[a,b]$ 上的最小值.

总结：在下列特殊情况下，求最大值和最小值的方法为：

（1）若 $f(x)$ 在区间 $[a,b]$ 上单调增加且连续，则 $f(a)$ 是最小值，$f(b)$ 是最大值；若 $f(x)$ 在区间 $[a,b]$ 上单调减少且连续，则 $f(a)$ 是最大值，$f(b)$ 是最小值.

（2）若 $f(x)$ 在 $[a,b]$ 上连续，开区间 (a,b) 内可导，且在 (a,b) 内部只有一个驻点 x_0，则当 x_0 是极大值点时，$f(x_0)$ 是最大值，当 x_0 是极小值点时，$f(x_0)$ 是最小值.

（3）实际问题中往往根据问题的性质便可断定可导函数 $f(x)$ 在其区间内部确有最大值（或最小值），而当 $f(x)$ 在此区间内部又只有一个驻点 x_0 时，立即可断定 $f(x_0)$ 就是所求的最大值（或最小值）.

3.1.4 曲线的凹凸性与拐点

定义 3.4.1 在某一区间内，如果曲线弧位于其上每一点处切线的上方，则称曲线弧在该区间是凹的；如果曲线弧位于其上每一点处切线的下方，则称曲线弧在该区间是凸的.

等价定义 设函数 $f(x)$ 在某一区间连续，如果对于该区间内任意两点 x_1,x_2，恒有 $f\left(\dfrac{x_1+x_2}{2}\right) < \dfrac{f(x_1)+f(x_2)}{2}$，那么，称函数 $f(x)$ 在该区间的图形即曲线弧是凹的；如果恒有 $f\left(\dfrac{x_1+x_2}{2}\right) > \dfrac{f(x_1)+f(x_2)}{2}$，那么，称函数 $f(x)$ 在该区间的图形即曲线弧是凸的.

定理 3.4.1 （曲线凹凸性的判别法）

设函数 $f(x)$ 在 $[a,b]$ 上连续，在 (a,b) 内具有二阶导数，那么

（1）若在 (a,b) 内 $f''(x) > 0$，则曲线弧 $y = f(x)$ 在 $[a,b]$ 上是凹的；

（2）若在 (a,b) 内 $f''(x) < 0$，则曲线弧 $y = f(x)$ 在 $[a,b]$ 上是凸的.

一般地，设 $y = f(x)$ 在区间 I 上连续，x_0 是 I 的内点（即除端点外的点），如果曲线 $y = f(x)$ 在经过点 $(x_0,f(x_0))$ 时凹凸性改变了，那么称点 $(x_0,f(x_0))$ 为这个曲线的拐点. 即连续曲线凹弧与凸弧的分界点为曲线的拐点.

总结：求曲线的凹凸区间与拐点的步骤如下：

（1）确定 $f(x)$ 的定义域；

（2）求出 $f'(x)$ 和 $f''(x)$；

（3）求出 $f''(x) = 0$ 和 $f''(x)$ 不存在的点，用这些点将函数的定义域划分为若干个子区间；

（4）考察在每个区间内 $f''(x)$ 的符号，从而判别曲线在各子区间内的凹凸性，最后得到拐点；

（5）写出曲线的凹凸区间与拐点．

3.1.5　函数图形的描绘

定义 3.5.1　若 $\lim\limits_{x \to +\infty} f(x) = a$（或 $\lim\limits_{x \to -\infty} f(x) = a$ 或 $\lim\limits_{x \to \infty} f(x) = a$）（$a$ 为常数），

则称直线 $y = a$ 为曲线 $y = f(x)$ 的一条水平渐近线（平行于 x 轴）；若 $\lim\limits_{x \to b} f(x) = \infty$

（或 $\lim\limits_{x \to b^+} f(x) = \infty$ 或 $\lim\limits_{x \to b^-} f(x) = \infty$），则称直线 $x = b$ 为曲线 $y = f(x)$ 的一条垂直渐近线（垂直于 x 轴）．

渐近线反映了连续曲线在无限延伸时的变化情况．

总结：描绘函数图形的一般步骤如下：

（1）确定函数的定义域；

（2）考察函数的周期性及奇偶性；

（3）确定函数的单调区间与极值；

（4）确定曲线的凹凸区间与拐点；

（5）考察曲线的渐近线；

（6）求曲线与坐标轴的交点；

（7）描绘函数的图形．

3.1.6　导数在经济中的应用

1. 函数的变化率——边际函数

定义 3.6.1　设函数 $y = f(x)$ 在点 x 处可导，则称导函数 $f'(x)$ 为 $f(x)$ 的边际函数．

$f(x)$ 在点 x_0 处的导数 $f'(x_0)$ 称为 $f(x)$ 在点 x_0 处的边际函数值．其含义为，当 $x = x_0$ 时，x 改变一个单位，相应地 y 改变了约 $f'(x_0)$ 个单位．实际上，

$\Delta y \approx \mathrm{d} y = f'(x_0) \cdot \Delta x$，当 $\Delta x = 1$ 时，$\Delta y \approx f'(x_0)$．$\dfrac{\Delta y}{\Delta x} = \dfrac{f(x_0 + \Delta x)}{\Delta x}$（$\Delta x > 0$）称为 $f(x)$ 在 $(x_0, x_0 + \Delta x)$ 内的平均变化率，它表示在 $(x_0, x_0 + \Delta x)$ 内 $f(x)$ 的平均变化速度．

（1）边际成本

边际成本是总成本的变化率．设 C 为总成本，C_1 为固定成本，C_2 为可变成本，$\overline{C}$ 为平均成本，C' 为边际成本，Q 为产量，则有：

总成本函数　$C = C(Q) = C_1 + C_2(Q)$；

平均成本函数　　$\overline{C} = \overline{C}(Q) = \dfrac{C_1}{Q} + \dfrac{C_2(Q)}{Q}$；

边际成本函数　　$C' = C'(Q)$；

如已知总成本 $C(Q)$，通过除法可求出平均成本 $\overline{C}(Q) = \dfrac{C(Q)}{Q}$；

如已知平均成本 $\overline{C}(Q)$，通过乘法可求出总成本 $C(Q) = Q\overline{C}(Q)$；

如已知成本 $C(Q)$，通过微分法可求出边际成本 $C' = C'(Q)$.

（2）边际收益

平均收益是生产者平均每售出一个单位产品所得到的收入，即单位商品的售价．边际收益为总收益的变化率．总收益、平均收益、边际收益均为产量的函数．

设 P 为商品价格，Q 为商品量，R 为总收益，$\overline{R}$ 为平均收益，R' 为边际收益，则有：

需求函数　　　　　$P = P(Q)$；　　　　总收益函数　　　　$R = R(Q)$；

平均收益函数　　　$\overline{R} = \overline{R}(Q)$；　　边际收益函数　　　$R' = R'(Q)$.

需求与收益有如下关系：

总收益　　　　　　$R = R(Q) = Q \cdot P(Q)$；

平均收益　　　　　$\overline{R} = \overline{R}(Q) = \dfrac{R(Q)}{Q} = \dfrac{QP(Q)}{Q} = P(Q)$；

边际收益　　　　　$R' = R'(Q)$.

总收益与平均收益及边际收益的关系为：　　$\overline{R}(Q) = \dfrac{R(Q)}{Q}$，$R(Q) = Q\overline{R}(Q)$.

（3）最大利润原则

在经济学中，总收益、总成本都可以表示为产量 Q 的函数，分别记为 $R(Q)$ 和 $C(Q)$，则总利润 $L(Q)$ 可表示为 $L = L(Q) = R(Q) - C(Q)$，$L'(Q) = R'(Q) - C'(Q)$. 下面讨论最大利润原则.

$L(Q)$ 取得最大值的必要条件为：$L'(Q) = 0$，即 $R'(Q) = C'(Q)$，即取得最大利润的必要条件是边际收益等于边际成本.

$L(Q)$ 取得最大值的充分条件为：$L'(Q) = 0$ 且 $L''(Q) < 0$，即 $R'(Q) = C'(Q)$ 且 $R''(Q) < C''(Q)$，即取得最大利润的充分条件是边际收益等于边际成本，且边际收益的变化率小于边际成本的变化率.

（4）成本最低的生产量问题

在生产实践中经常遇到这样的问题，即在既定的生产规模条件下，如何合理安排生产以使成本最低，利润最大？

设某企业某种产品的生产量为 Q 个单位，$C(Q)$ 代表总成本，$C'(Q)$ 代表边际成本，生产每个单位产品的平均成本为 $\overline{C}(Q) = \dfrac{C(Q)}{Q}$，由 $C(Q) = Q \cdot \overline{C}(Q)$ 可得

$C'(Q) = \bar{C}(Q) + Q \cdot \bar{C}'(Q)$，由极值存在的必要条件知，使平均成本为最小的生产量 Q 应满足 $\bar{C}'(Q_0) = 0$，代入上式可知 $C'(Q_0) = \bar{C}(Q_0)$．

上式导出了经济学中一个重要结论：使平均成本为最小的生产水平（生产量 Q），正是使边际成本等于平均成本的生产水平（生产量）.

（5）库存管理问题

① 订货费用．因按假设每次订货费用为 C_1，全年订购次数为 $\dfrac{R}{Q}$，因此订货费用为 $\dfrac{C_1 R}{Q}$．

② 保管费用．因进货周期（两次订货间隔）T 内都是初始库存量最大，到每个周期末库存量为零，所以全年每天平均库存量为 $\dfrac{1}{2}Q$，因此，保管费用为 $\dfrac{1}{2}QPC_2$．于是总费用 $C = \dfrac{C_1 R}{Q} + \dfrac{1}{2}QPC_2$．由于 $C = C(Q)$，故可用求最值法求得最优订购批量 Q^*、最优订购次数 $\dfrac{R}{Q}$ 以及最优进货周期 T．

在经济学中，把最优订购批量称为经济订购批量，在经济订购批量处，订购费用和保管费用之和即总费用最小．

2．函数的相对变化率 —— 函数的弹性

（1）函数的弹性

定义 3.6.2 设函数 $y = f(x)$ 在点 $x = x_0$ 处可导，函数的相对改变量 $\dfrac{\Delta y}{y_0} = \dfrac{f(x_0 + \Delta x) - f(x_0)}{f(x_0)}$ 与自变量的相对改变量 $\dfrac{\Delta x}{x_0}$ 之比 $\dfrac{\Delta y / y_0}{\Delta x / x_0}$ 称为函数从 $x = x_0$ 到 $x = x_0 + \Delta x$ 两点间的相对变化率，或称两点间的弹性．当 $\Delta x \to 0$ 时，$\dfrac{\Delta y / y_0}{\Delta x / x_0}$ 的极限称为 $f(x)$ 在 $x = x_0$ 处的相对导数，也就是相对变化率，或称弹性．记作 $\left.\dfrac{Ey}{Ex}\right|_{x=x_0}$ 或 $\dfrac{Ef(x_0)}{Ex_0}$，即 $\left.\dfrac{Ey}{Ex}\right|_{x=x_0} = \lim\limits_{\Delta x \to 0} \dfrac{\Delta y / y_0}{\Delta x / x_0} = \lim\limits_{\Delta x \to 0} \dfrac{\Delta y}{\Delta x} \cdot \dfrac{x_0}{y_0} = f'(x_0) \dfrac{x_0}{f(x_0)}$，当 x_0 为定值时，$\left.\dfrac{Ey}{Ex}\right|_{x=x_0}$ 为定值．

对一般的 x，若 $f(x)$ 可导，则有 $\dfrac{Ey}{Ex} = \lim\limits_{\Delta x \to 0} \dfrac{\Delta y / y}{\Delta x / x} = \lim\limits_{\Delta x \to 0} \dfrac{\Delta y}{\Delta x} \cdot \dfrac{x}{y} = y' \dfrac{x}{y}$ 是 x 的函数，称为 $f(x)$ 的弹性函数．

函数 $f(x)$ 在 x 点的弹性 $\dfrac{E}{Ex}f(x)$ 反应了随着 x 的变化 $f(x)$ 变化的幅度的大小，也就是 $f(x)$ 对 x 变化反应的强烈程度或灵敏度.

注意：两点间的弹性是有方向的，因为这里的"相对性"是针对初始值而言的.

（2）需求弹性与供给弹性

① 需求弹性.

"需求"是指在一定的价格条件下，消费者愿意购买并且有能力购买的商品量. 通常需求是价格的函数，P 表示商品的价格，Q 表示需求量，$Q=f(P)$ 称为需求函数.

一般而言，商品价格低，需求大，商品价格高，需求小. 因而一般需求函数 $Q=f(P)$ 是单调减少函数.

定义 3.6.3 设某商品的需求函数 $Q=f(P)$ 在 P 处可导，称 $-\dfrac{EQ}{EP}=-f'(P)\dfrac{P}{Q}$ 为商品在价格为 P 时的需求价格弹性，或简称需求弹性. 记为 η，即

$$\eta=-\frac{EQ}{EP}=-f'(P)\frac{P}{Q}.$$

需求弹性可以衡量需求的相对变动对价格相对变动的反应程度.

② 供给弹性.

"供给"是指在一定价格条件下，生产者愿意出售并且可供出售的商品量. 通常供给是价格的函数，P 表示商品的价格，Q 表示供给量，$Q=\varphi(P)$ 称为供给函数.

一般而言，商品价格低，生产者不愿生产，供给少；商品价格高，供给多. 因而一般供给函数为商品价格的单调增加函数.

定义 3.6.4 设某商品的供给函数 $Q=\varphi(P)$ 在 P 处可导，称 $\dfrac{EQ}{EP}=\varphi'(P)\dfrac{P}{Q}$ 为商品在价格为 P 的供给弹性，记作 $\varepsilon(P)$，即 $\varepsilon(P)=\dfrac{EQ}{EP}=\varphi'(P)\dfrac{P}{Q}$.

③ 均衡价格.

均衡价格是市场上的需求量与供给量相等时的价格.

（3）边际收益与需求弹性的关系

由于 $R=PQ=Pf(P)$，而边际收益

$$R'=f(P)+Pf'(P)=f(P)\left[1+\frac{Pf'(P)}{f(P)}\right]=f(P)[1-\eta(P)].$$

由此可知，当 $\eta(P)<1$ 时，$R'>0$，R 递增，即价格上涨会使总收益增加；价格下跌会使总收益减少.

当 $\eta(P)=1$ 时，$R'=0$，R 取得最大值.

当 $\eta(P)>1$ 时，$R'<0$，R 递减，即价格上涨会使总收益减少，而价格下跌会

使总收益增加.

在经济学中，将 $\eta(P)<1$ 的商品称为缺乏弹性商品，将 $\eta(P)=1$ 的商品称为单位弹性商品，而将 $\eta(P)>1$ 的商品称为富有弹性商品.

3.2　典型例题解析

例 1　证明方程 $x^3-3x+5=0$ 在区间 $[0,1]$ 内不可能有两个不同的实根.

证明　记 $f(x)=x^3-3x+5$，用反证法. 假设 $f(x)=0$ 在 $[0,1]$ 内有两个不同的实根 x_1,x_2，那么 $f(x_1)=f(x_2)=0$，又因为 $f(x)$ 在 $[0,1]$ 上连续，在 $(0,1)$ 内可导，所以由罗尔中值定理知，存在一点 $\xi\in(x_1,x_2)\subset(0,1)$，使得 $f'(\xi)=0$．但 $f'(x)=3(x^2-1)$ 只有两个实根 $x=\pm 1$，因此，不可能存在 $\xi\in(x_1,x_2)\subset(0,1)$，使得 $f'(\xi)=0$，于是推出矛盾.

例 2　求 $\lim\limits_{x\to 0^+}x\ln x$.

解　$\lim\limits_{x\to 0^+}x\ln x=\lim\limits_{x\to 0^+}\dfrac{\ln x}{\dfrac{1}{x}}=\lim\limits_{x\to 0^+}\dfrac{\dfrac{1}{x}}{-\dfrac{1}{x^2}}=\lim\limits_{x\to 0^+}(-x)=0$.　　　（$0\cdot\infty$ 型）

小结　求 $0\cdot\infty$ 型未定式的极限，应根据无穷大与无穷小的关系变形化成 $\dfrac{0}{0}$ 型或 $\dfrac{\infty}{\infty}$ 型未定式，再用洛必达法则求解. 可表示为 $0\cdot\infty=0\cdot\dfrac{1}{0}=\dfrac{0}{0}$ 或 $0\cdot\infty=\dfrac{1}{\infty}\cdot\infty=\dfrac{\infty}{\infty}$.

例 3　求 $\lim\limits_{x\to 0^+}x^{\sin x}$.

解　设 $y=x^{\sin x}$，则 $\ln y=\sin x\ln x$，

$$\lim\limits_{x\to 0^+}\ln y=\lim\limits_{x\to 0^+}\sin x\ln x=\lim\limits_{x\to 0^+}\dfrac{\ln x}{\dfrac{1}{\sin x}}$$

$$=\lim\limits_{x\to 0^+}\dfrac{\dfrac{1}{x}}{-\dfrac{\cos x}{\sin^2 x}}=-\lim\limits_{x\to 0^+}\dfrac{\sin x}{x}\cdot\tan x=0,$$

$$\lim\limits_{x\to 0^+}x^{\sin x}=\lim\limits_{x\to 0^+}y=\lim\limits_{x\to 0^+}e^{\ln y}=e^{\lim\limits_{x\to 0^+}\ln y}=e^0=1.（0^0 型）$$

小结　对 0^0、1^∞、∞^0 型极限，统一表示为 $(f(x))^{g(x)}$，利用对数函数的性质

$$(f(x))^{g(x)}=e^{g(x)\ln f(x)},$$

而 $g(x)\ln f(x)$ 一定是零乘无穷大型，再利用例 2 的结论.

例 4　讨论函数 $f(x) = x^3 - 3x + 8$ 的单调性并求极值.

解　函数的定义域为 $(-\infty, +\infty)$，

$$f'(x) = 3x^2 - 3,$$

令 $f'(x) = 0$ 得 $x_1 = -1$，$x_2 = 1$，列表讨论如下：

x	$(-\infty, -1)$	-1	$(-1, 1)$	1	$(1, +\infty)$
$f'(x)$	+	0	−	0	+
$f(x)$	↗	有极大值	↘	有极小值	↗

所以，$f(x)$ 在 $(-\infty, -1]$ 和 $[1, +\infty)$ 上单调增加，在 $[-1, 1]$ 上单调减少，在 $x = -1$ 处取得极大值 $f(-1) = 10$，在 $x = 1$ 处取得极小值 $f(1) = 6$.

例 5　设某产品的价格和销售量的关系为 $P = \dfrac{1}{5}(100 - Q)$，求边际收益函数和 $Q = 20, 50, 70$ 时的边际收益.

解　总收益函数为　$R(Q) = Q \cdot P(Q) = \dfrac{1}{5}(100Q - Q^2)$，

边际收益函数为　$R'(Q) = \dfrac{1}{5}(100 - 2Q)$，所以 $Q = 20, 50, 70$ 时的边际收益分别为

$$R'(20) = 12，R'(50) = 0，R'(70) = 8.$$

3.3　习题选解

习题 3.1

1. 检验下列函数在给定区间上是否满足罗尔定理条件？若满足，求出 $f'(\xi) = 0$ 的点 ξ.

（1）$f(x) = x^3 + 4x^2 - 7x - 10$，$x \in [-1, 2]$；

（2）$f(x) = |x|$，$x \in [-2, 2]$；

（3）$f(x) = \sqrt[3]{x^2}$，$x \in [-1, 1]$；

（4）$f(x) = \dfrac{2 - x^2}{x^4}$，$x \in [-1, 1]$.

解　（1）$f(-1) = -1 + 4 + 7 - 10 = 0$，$f(2) = 8 + 16 - 14 - 10 = 0$，且 $f(x)$ 在 $[-1, 2]$ 连续，在 $(-1, 2)$ 内可导，故满足罗尔定理的条件.

$\because f'(x) = 3x^2 + 8x - 7 \therefore f'(\xi) = 3\xi^2 + 8\xi - 7$，令 $3\xi^2 + 8\xi - 7 = 0$，得

$$\xi_1 = \frac{-4 + \sqrt{37}}{3}　\xi_2 = \frac{-4 - \sqrt{37}}{3}　（舍去），显然 \xi_1 \in (-1, 2)；$$

（2）因为 $f(x)$ 在 $x = 0$ 处不可导，所以不满足罗尔定理的条件.

（3）因为 $f(x)$ 在 $x=0$ 处不可导，所以不满足罗尔定理的条件．

（4）因为 $f(x)$ 在 $x=0$ 处不连续，所以不满足罗尔定理的条件．

2．不求函数 $f(x)=x(x-1)(x-2)(x-3)$ 的导数，说明 $f'(x)=0$ 有几个实根，并指出各根所在的区间．

解 因为 $f(x)$ 在 $[0,1],[1,2],[2,3]$ 上均满足罗尔定理的条件，所以至少存在三个点 $\xi_1\in(0,1)$，$\xi_2\in(1,2)$，$\xi_3\in(2,3)$，使 $f'(\xi_1)=f'(\xi_2)=f'(\xi_3)=0$，又因为 $f'(x)=0$ 是三次方程，所以至多有三个实根，故 $f'(x)=0$ 有且仅有三个实根，分别在 $(0,1),(1,2),(2,3)$ 内．

3．验证下列函数在指定区间上满足拉格朗日中值定理，并求出 ξ．

（1）$f(x)=x^3$，$x\in[1,4]$；

（2）$f(x)=\sin 2x$，$x\in\left[0,\dfrac{\pi}{2}\right]$．

解 （1）$\because f'(x)=3x^2$，令 $f'(\xi)=\dfrac{f(4)-f(1)}{4-1}$，即 $3\xi^2=\dfrac{4^3-1}{3}$．

$\therefore \xi^2=\dfrac{63}{9}=7 \therefore \xi=\pm\sqrt{7}$（负值舍去）；

（2）$f'(x)=2\cos 2x$，令 $f'(\xi)=\dfrac{f\left(\dfrac{\pi}{2}\right)-f(0)}{\dfrac{\pi}{2}-0}$，即 $2\cos 2\xi=0 \therefore \xi=\dfrac{\pi}{4}$．

4．设函数 $f(x)$ 在 $[a,b]$ 上连续，在 (a,b) 内可导，且 $f(a)=f(b)=0$，试证在 (a,b) 内至少存在一点 ξ，使得 $f'(\xi)+f(\xi)=0$．（提示：设 $F(x)=f(x)\mathrm{e}^x$）

证明 设 $F(x)=f(x)\mathrm{e}^x$，$F'(x)=f'(x)\mathrm{e}^x+f(x)\mathrm{e}^x$，因为函数 $f(x)$ 在 $[a,b]$ 上连续，在 (a,b) 内可导，所以 $F(x)$ 在 $[a,b]$ 满足上拉格朗日中值定理的条件，则至少存在一点 $\xi\in(a,b)$，使得 $F'(\xi)=\dfrac{F(b)-F(a)}{b-a}$，即 $f'(\xi)\mathrm{e}^\xi+f(x)\mathrm{e}^\xi=\dfrac{f(b)\mathrm{e}^x-f(a)\mathrm{e}^x}{b-a}$，因为 $f(a)=f(b)=0$，整理得 $f'(\xi)+f(\xi)=0$．

5．利用拉格朗日中值定理证明下列不等式．

（1）$\dfrac{b-a}{b}\leqslant\ln\dfrac{b}{a}\leqslant\dfrac{b-a}{a}$（$0<a<b$）；

（2）$\dfrac{b-a}{1+b^2}\leqslant\arctan b-\arctan a\leqslant\dfrac{b-a}{1+a^2}$（$0<a<b$）；

（3）$\mathrm{e}^x\geqslant\mathrm{e}x$（$x\geqslant 1$）

（4）$x\leqslant\tan x$（$0\leqslant x<\dfrac{\pi}{2}$）．

解 （1）设函数 $f(x)=\ln x$，$f(x)$ 在 $[a,b]$ 上连续，在 (a,b) 上可导，从而函数 $f(x)$ 在 $[a,b]$ 上满足拉格朗日中值定理的条件，所以至少存在一点 $\xi\in(a,b)$，使得 $\dfrac{\ln b-\ln a}{b-a}=\dfrac{1}{\xi}$，由于 $0<a<\xi<b$，那么 $\dfrac{1}{b}<\dfrac{1}{\xi}<\dfrac{1}{a}$，从而有 $\dfrac{1}{b}<\dfrac{\ln b-\ln a}{b-a}<\dfrac{1}{a}$，

整理得 $\dfrac{b-a}{b}<\ln\dfrac{b}{a}<\dfrac{b-a}{a}$ （ $0<a<b$ ）.

（2）设 $f(x)=\arctan x$ ，则 $f'(x)=\dfrac{1}{1+x^2}$ ，因为 $f(x)$ 在 $[a,b]$ 上满足拉格朗日中值定理

的条件，所以至少存在一点 $\xi\in(a,b)$ ，使得 $\dfrac{\arctan b-\arctan a}{b-a}=\dfrac{1}{1+\xi^2}$ ，由于 $0<a<\xi<b$ ，

那么 $\dfrac{1}{1+b^2}<\dfrac{1}{1+\xi^2}<\dfrac{1}{1+a^2}$ ，从而有 $\dfrac{b-a}{1+b^2}<\arctan b-\arctan a<\dfrac{b-a}{1+a^2}$.

（3）提示：设 $f(x)=\mathrm{e}^x$ ， $f(x)$ 在 $[1,x]$ 上应用拉格朗日中值定理.

（4）提示：设 $f(x)=\tan x$ ， $f(x)$ 在 $[0,x]$ 上应用拉格朗日中值定理.

6. 设函数 $f(x)$ 满足在 $[a,b]$ 上可导，证明：存在 $\xi\in(a,b)$ ，使得

$$2\xi[f(b)-f(a)]=(b^2-a^2)f'(\xi).$$

证明 设 $F(x)=x^2$ ， $F'(x)=2x$ ，因为 $f(x)$ 和 $F(x)=x^2$ 在 $[a,b]$ 上满足柯西中值定理

的条件，则在 (a,b) 内至少存在一点 ξ ，使得 $\dfrac{f(b)-f(a)}{F(b)-F(a)}=\dfrac{f'(\xi)}{F'(\xi)}$ ，即 $\dfrac{f(b)-f(a)}{b^2-a^2}=\dfrac{f'(\xi)}{2\xi}$ ，

整理得 $2\xi[f(b)-f(a)]=(b^2-a^2)f'(\xi)$.

习题 3.2

1. 利用洛必达法则求下列极限：

（1）$\displaystyle\lim_{x\to\frac{\pi}{2}}\dfrac{\sin x-1}{x-\dfrac{\pi}{2}}$ ；

（2）$\displaystyle\lim_{x\to0}\dfrac{\mathrm{e}^x-\mathrm{e}^{-x}}{\sin x}$ ；

（3）$\displaystyle\lim_{x\to1}\dfrac{x^{20}-3x+2}{x-1}$ ；

（4）$\displaystyle\lim_{x\to0}\dfrac{\mathrm{e}^x-\mathrm{e}^{-x}-2x}{x-\sin x}$ ；

（5）$\displaystyle\lim_{x\to+\infty}\dfrac{\ln\left(1+\dfrac{1}{x}\right)}{\operatorname{arccot} x}$ ；

（6）$\displaystyle\lim_{x\to0}\dfrac{\mathrm{e}^{x^3}-1}{x(1-\cos x)}$ ；

（7）$\displaystyle\lim_{x\to0^+}\dfrac{\ln\sin 3x}{\ln\tan x}$ ；

（8）$\displaystyle\lim_{x\to+\infty}\dfrac{x^2+\ln x}{x\ln x}$ ；

（9）$\displaystyle\lim_{x\to0}x\cot x$ ；

（10）$\displaystyle\lim_{x\to1}(1-x)\tan\dfrac{\pi x}{2}$ ；

（11）$\displaystyle\lim_{x\to0}\left(\dfrac{1}{x}-\dfrac{1}{\sin x}\right)$ ；

（12）$\displaystyle\lim_{x\to0}\left(\dfrac{1}{x}-\dfrac{1}{\mathrm{e}^x-1}\right)$ ；

（13）$\displaystyle\lim_{x\to1}x^{\frac{1}{1-x}}$ ；

（14）$\displaystyle\lim_{x\to0^+}(\tan x)^{\sin x}$ ；

（15）$\displaystyle\lim_{x\to+\infty}\left(\dfrac{2}{\pi}\arctan x\right)^x$ ；

（16）$\displaystyle\lim_{x\to0}(x+\mathrm{e}^x)^{\frac{1}{x}}$.

解 （1） $\lim\limits_{x\to\frac{\pi}{2}}\dfrac{\sin x-1}{x-\dfrac{\pi}{2}}=\lim\limits_{x\to\frac{\pi}{2}}\dfrac{\cos x}{1}=0$ ；

（2） $\lim\limits_{x\to0}\dfrac{e^x-e^{-x}}{\sin x}=\lim\limits_{x\to0}\dfrac{e^x+e^{-x}}{\cos x}=2$ ；

（3） $\lim\limits_{x\to1}\dfrac{x^{20}-3x+2}{x-1}=\lim\limits_{x\to1}\dfrac{20x^{19}-3}{1}=17$ ；

（4） $\lim\limits_{x\to0}\dfrac{e^x-e^{-x}-2x}{x-\sin x}=\lim\limits_{x\to0}\dfrac{e^x+e^{-x}-2}{1-\cos x}=\lim\limits_{x\to0}\dfrac{e^x-e^{-x}}{\sin x}=\lim\limits_{x\to0}\dfrac{e^x+e^{-x}}{\cos x}=2$ ；

（5） $\lim\limits_{x\to+\infty}\dfrac{\ln\left(1+\dfrac{1}{x}\right)}{\operatorname{arccot}x}=\lim\limits_{x\to+\infty}\dfrac{\dfrac{1}{1+\dfrac{1}{x}}\left(-\dfrac{1}{x^2}\right)}{-\dfrac{1}{1+x^2}}=\lim\limits_{x\to+\infty}\left(\dfrac{1+x^2}{x(x+1)}\right)=1$ ；

（6） $\lim\limits_{x\to0}\dfrac{e^{x^3}-1}{x(1-\cos x)}=\lim\limits_{x\to0}\dfrac{3x^2e^{x^3}}{1-\cos x+x\sin x}=\lim\limits_{x\to0}\dfrac{6xe^{x^3}+9x^4e^{x^3}}{\sin x+\sin x+x\cos x}$

$$=\lim\limits_{x\to0}\dfrac{6e^{x^3}+18x^3e^{x^3}+36x^3e^{x^3}+27x^6e^{x^3}}{2\cos x+\cos x-x\sin x}=2$$ ；

（7） $\lim\limits_{x\to0^+}\dfrac{\ln\sin 3x}{\ln\tan x}=\lim\limits_{x\to0^+}\dfrac{\dfrac{3\cos 3x}{\sin 3x}}{\dfrac{\sec^2 x}{\tan x}}=\lim\limits_{x\to0^+}\dfrac{3\cos 3x}{\sin 3x}\sin x\cos x=1$ ；

（8） $\lim\limits_{x\to+\infty}\dfrac{x^2+\ln x}{x\ln x}=\lim\limits_{x\to+\infty}\dfrac{2x+\dfrac{1}{x}}{\ln x+1}=\lim\limits_{x\to+\infty}\dfrac{2-\dfrac{1}{x^2}}{\dfrac{1}{x}}=\infty$ ；

（9） $\lim\limits_{x\to0}x\cot x=\lim\limits_{x\to0}\dfrac{x}{\tan x}=\lim\limits_{x\to0}\dfrac{1}{\sec^2 x}=1$ ；

（10） $\lim\limits_{x\to1}(1-x)\tan\dfrac{\pi x}{2}=\lim\limits_{x\to1}\dfrac{\tan\dfrac{\pi x}{2}}{\dfrac{1}{1-x}}=\lim\limits_{x\to1}\dfrac{\dfrac{\pi}{2}\sec^2\dfrac{\pi x}{2}}{\dfrac{1}{(1-x)^2}}=\dfrac{\pi}{2}\lim\limits_{x\to1}\dfrac{(1-x)^2}{\cos^2\dfrac{\pi x}{2}}$

$$=\dfrac{\pi}{2}\lim\limits_{x\to1}\dfrac{(1-x)^2}{\cos^2\dfrac{\pi x}{2}}=\dfrac{\pi}{2}\lim\limits_{x\to1}\dfrac{-2(1-x)}{-2\cos\dfrac{\pi x}{2}\sin\dfrac{\pi x}{2}\dfrac{\pi}{2}}$$

$$=\lim\limits_{x\to1}\dfrac{1-x}{\cos\dfrac{\pi x}{2}\sin\dfrac{\pi x}{2}}=\lim\limits_{x\to1}\dfrac{-1}{-\dfrac{\pi}{2}\sin\dfrac{\pi x}{2}}=\dfrac{2}{\pi}$$ ；

（12） $\lim\limits_{x\to0}\left(\dfrac{1}{x}-\dfrac{1}{e^x-1}\right)=\lim\limits_{x\to0}\dfrac{e^x-1-x}{x(e^x-1)}=\lim\limits_{x\to0}\dfrac{e^x-1}{e^x-1+xe^x}=\lim\limits_{x\to0}\dfrac{e^x}{2e^x+xe^x}=\dfrac{1}{2}$ ；

（15） 设 $y=\left(\dfrac{2}{\pi}\arctan x\right)^x$ ，则 $\ln y=x\ln\left(\dfrac{2}{\pi}\arctan x\right)$ ，

$$\lim_{x\to+\infty}\ln y = \lim_{x\to+\infty}x\ln\left(\frac{2}{\pi}\arctan x\right) = \lim_{x\to+\infty}\frac{\ln\left(\dfrac{2}{\pi}\arctan x\right)}{\dfrac{1}{x}}$$

$$= \lim_{x\to+\infty}\frac{\dfrac{1}{\arctan x}\cdot\dfrac{1}{1+x^2}}{-\dfrac{1}{x^2}} = -\frac{2}{\pi},$$

所以，原式 $= \lim\limits_{x\to+\infty}y = \lim\limits_{x\to+\infty}e^{\ln y} = e^{\lim\limits_{x\to+\infty}\ln y} = e^{-\frac{2}{\pi}}$.

2. 讨论函数

$$f(x)=\begin{cases} \left[\dfrac{(1+x)^{\frac{1}{x}}}{e}\right]^{\frac{1}{x}}, & x>0, \\[4mm] e^{-\frac{1}{2}}, & x\leqslant 0 \end{cases}$$

在 $x=0$ 处的连续性.

解 令 $y=\left[\dfrac{(1+x)^{\frac{1}{x}}}{e}\right]^{\frac{1}{x}}$，两边取自然对数，$\ln y = \dfrac{1}{x}\left[\ln(1+x)^{\frac{1}{x}}-1\right]$,

两边取极限：$\lim\limits_{x\to0^+}\ln y = \lim\limits_{x\to0^+}\dfrac{\left[\ln(1+x)^{\frac{1}{x}}-1\right]}{x} = \lim\limits_{x\to0^+}\left[\dfrac{\ln(1+x)}{x}\right]'$

$$= \lim\limits_{x\to0^+}\frac{-\ln(1+x)}{3x^2+2x} = -\frac{1}{2},$$

即 $\lim\limits_{x\to0^+}y = e^{-\frac{1}{2}} = f(0)$，所以 $f(x)$ 在 $x=0$ 处连续.

3. 验证极限 $\lim\limits_{x\to0}\dfrac{x^2\sin\dfrac{1}{x}}{\sin x}$，$\lim\limits_{x\to0}\dfrac{x+\sin x}{x}$ 都存在，但不能使用洛必达法则求出.

解 $\lim\limits_{x\to0}\dfrac{x^2\sin\dfrac{1}{x}}{\sin x} = \lim\limits_{x\to0}\dfrac{x^2\sin\dfrac{1}{x}}{x} = \lim\limits_{x\to0}x\sin\dfrac{1}{x} = 0$；$\lim\limits_{x\to0}\dfrac{x+\sin x}{x} = \lim\limits_{x\to0}\left(1+\dfrac{\sin x}{x}\right) = 2$.

即 $\lim\limits_{x\to0}\dfrac{x^2\sin\dfrac{1}{x}}{\sin x}$，$\lim\limits_{x\to0}\dfrac{x+\sin x}{x}$ 都存在.

习题 3.3

1. 判断下列函数的单调性：

（1）$f(x)=x-\sin x$；

（2）$f(x)=e^x+1$；

（3）$f(x) = \arctan x - x$；　　　　　　（4）$f(x) = \dfrac{\ln x}{x}$．

解　（1）定义域为 $(-\infty, +\infty)$，$y' = 1 + \cos x \geqslant 0$，且等号只在个别点处成立，所以函数在区间 $(-\infty, +\infty)$ 内单调增加．

（2）定义域为 $(-\infty, +\infty)$，$f'(x) = e^x > 0$，所以函数在区间 $(-\infty, +\infty)$ 内单调增加．

（3）定义域为 $(-\infty, +\infty)$，$f'(x) = \dfrac{1}{1+x^2} - 1 = -\dfrac{x^2}{1+x^2} \leqslant 0$，所以 $f(x)$ 在 $(-\infty, +\infty)$ 内单调减少．

（4）定义域为 $(0, +\infty)$，$f'(x) = \dfrac{1 - \ln x}{x^2}$，令 $f'(x) = 0$，得驻点 $x = e$，列表讨论：

x	$(0, e)$	e	$(e, +\infty)$
y'	$+$	0	$-$
y	↗		↘

所以函数在区间 $(0, e]$ 上单调增加，在区间 $[e, +\infty)$ 上单调减少．

2．确定下列函数的单调区间：

（1）$f(x) = x^3 - 3x + 1$；　　　　　　（2）$f(x) = 2x^2 - \ln x$；

（3）$f(x) = x - e^x$；　　　　　　（4）$f(x) = \ln\left(x + \sqrt{x^2 + 1}\right)$．

解　（1）略．

（2）定义域为 $(0, +\infty)$，$f'(x) = 4x - \dfrac{1}{x} = \dfrac{4x^2 - 1}{x}$，令 $f'(x) = 0$，得驻点 $x_1 = -\dfrac{1}{2}$，$x_2 = \dfrac{1}{2}$，列表讨论：

x	$\left(0, \dfrac{1}{2}\right)$	$\dfrac{1}{2}$	$\left(\dfrac{1}{2}, +\infty\right)$
y'	$-$	0	$+$
y	↘		↗

所以函数在 $\left(0, \dfrac{1}{2}\right]$ 上单调减少，在 $\left[\dfrac{1}{2}, +\infty\right)$ 上单调增加．

（3）定义域为 $(-\infty, +\infty)$，$f'(x) = 1 - e^x$，令 $f'(x) = 0$，得驻点 $x = 0$，列表讨论：

x	$(-\infty, 0)$	0	$(0, +\infty)$
y'	$+$	0	$-$
y	↗		↘

所以函数在 $(-\infty, 0]$ 上单调增加，在 $[0, +\infty)$ 上单调减少．

（4）定义域为 $(-\infty,+\infty)$，$y'=\dfrac{1}{x+\sqrt{1+x^2}}(1+\dfrac{2x}{2\sqrt{1+x^2}})=\dfrac{1}{\sqrt{1+x^2}}>0$，所以函数在 $(-\infty,+\infty)$ 内单调增加.

3．证明下列不等式

（1）当 $x>0$ 时，$1+\dfrac{1}{2}x>\sqrt{1+x}$；

（2）当 $x>0$ 时，$1+x\ln\left(x+\sqrt{1+x^2}\right)>\sqrt{1+x^2}$．

证明 （1）设 $f(x)=1+\dfrac{1}{2}x-\sqrt{1+x}$，则 $f(x)$ 在内是连续的. 因为

$$f'(x)=\dfrac{1}{2}-\dfrac{1}{2\sqrt{1+x}}=\dfrac{\sqrt{1+x}-1}{2\sqrt{1+x}}>0,$$ 所以 $f(x)$ 在 $(0,+\infty)$ 内是单调增加的，从而当 $x>0$ 时，

$f(x)>f(0)=0$，即 $1+\dfrac{1}{2}x-\sqrt{1+x}>0$，也就是 $1+\dfrac{1}{2}x>\sqrt{1+x}$．

（2）设 $f(x)=1+x\ln\left(x+\sqrt{1+x^2}\right)-\sqrt{1+x^2}$，则 $f(x)$ 在 $(0,+\infty)$ 内是连续的．　因为

$$f'(x)=\ln\left(x+\sqrt{1+x^2}\right)+x\cdot\dfrac{1}{x+\sqrt{1+x^2}}\cdot\left(1+\dfrac{x}{\sqrt{1+x^2}}\right)-\dfrac{x}{\sqrt{1+x^2}}=\ln\left(x+\sqrt{1+x^2}\right)>0,$$

所以 $f(x)$ 在 $(0,+\infty)$ 内是单调增加的，从而当 $x>0$ 时，$f(x)>f(0)=0$，即 $1+x\ln(x+\sqrt{1+x^2})-\sqrt{1+x^2}>0$，也就是 $1+x\ln(x+\sqrt{1+x^2})>\sqrt{1+x^2}$．

4．求下列函数的极值：

（1）$f(x)=2+x-x^2$；　　　　　　（2）$f(x)=2x^3-6x^2-18x+7$；

（3）$f(x)=x-\ln x$；　　　　　　（4）$f(x)=\arctan x-\dfrac{1}{2}\ln(1+x^2)$；

（5）$f(x)=x+\sqrt{1-x}$；　　　　　　（6）$f(x)=3-2(x+1)^{\frac{1}{3}}$．

解 （1）略.

（2）函数的定义为 $(-\infty,+\infty)$，$y'=6x^2-12x-18=6(x^2-2x-3)=6(x-3)(x+1)$，驻点为 $x_1=-1$，$x_2=3$．

列表如下：

x	$(-\infty,-1)$	-1	$(-1,3)$	3	$(3,+\infty)$
y'	+	0	−	0	+
y	↗	极大值	↘	极小值	↗

可见函数在 $x=-1$ 处取得极大值 17，在 $x=3$ 处取得极小值 -47．

（3）函数的定义为 $(-1,+\infty)$，$y'=1-\dfrac{1}{1+x}=\dfrac{x}{1+x}$，驻点为 $x=0$．因为当 $-1<x<0$ 时，$y'<0$；当 $x>0$ 时，$y'>0$，所以函数在 $x=0$ 处取得极小值，极小值为 $y(0)=0$．

（4）定义域为 $(-\infty,+\infty)$，$y'=\dfrac{1-x}{1+x^2}$，令 $y'=0$，得 $x=1$．

x	$(-\infty,1)$	1	$(1,+\infty)$
y'	+	0	−
y	↗	极大	↘

极大值 $y(1)=\dfrac{\pi}{4}-\dfrac{1}{2}\ln 2$．

（5）函数的定义域为 $(-\infty,1]$，$y'=1-\dfrac{1}{2\sqrt{1-x}}=\dfrac{2\sqrt{1-x}-1}{2\sqrt{1-x}}=\dfrac{3-4x}{2\sqrt{1-x}(2\sqrt{1-x}+1)}$，令 $y'=0$，得驻点 $x=\dfrac{3}{4}$．因为当 $x<\dfrac{3}{4}$ 时，$y'>0$；当 $\dfrac{3}{4}<x<1$ 时，$y'<0$，所以 $y(1)=\dfrac{5}{4}$ 为函数的极大值．

（6）函数的定义域为 $(-\infty,+\infty)$，$y'=-\dfrac{2}{3}\dfrac{1}{(x+1)^{2/3}}$，因为 $y'<0$，所以函数在 $(-\infty,+\infty)$ 是单调减少的，无极值．

5．求下列函数在所给区间上的最大值与最小值：

（1）$y=2x^3-3x^2$，$[-1,4]$；　　　　（2）$y=x+\sqrt{1-x}$，$[-5,1]$；

（3）$y=x^4-2x^2+5$，$[-2,2]$；　　　　（4）$y=\arctan\dfrac{1-x}{1+x}$，$[0,1]$．

解　（1）$y'=6x^2-6x=6x(x-1)$，令 $y'=0$，得 $x_1=0$，$x_2=1$．计算函数值得 $y(-1)=-5$，$y(0)=0$，$y(1)=-1$，$y(4)=80$，经比较得出函数的最小值为 $y(-1)=-5$，最大值为 $y(4)=80$．

（2）$y'=1-\dfrac{1}{2\sqrt{1-x}}$，令 $y'=0$，得 $x=\dfrac{3}{4}$，y' 不存在的点 $x=1$．计算函数值得 $y(-5)=-5+\sqrt{6}$，$y\left(\dfrac{3}{4}\right)=\dfrac{5}{4}$，$y(1)=1$，经比较得出函数的最小值为 $y(-5)=-5+\sqrt{6}$，最大值为 $y\left(\dfrac{3}{4}\right)=\dfrac{5}{4}$．

（3）$y'=4x^3-4x=4x\left(x^2-1\right)$，令 $y'=0$，得驻点 $x_1=0$，$x_2=-1$，计算 $x=0$ 的函数值得 $y(0)=5$，$y(-1)=4$，$y(1)=4$，经比较得出函数的最小值为 $y(\pm1)=4$，最大值为 $y(0)=5$．

（4）略．

6．问函数 $y=x^2-\dfrac{54}{x}$ （$x<0$）在何处取得最小值？

解 $y' = 2x + \dfrac{54}{x^2}$，在 $(-\infty,0)$ 的驻点为 $x = -3$．因为 $y'' = 2 - \dfrac{108}{x^3}$，$y''(-3) = 2 + \dfrac{108}{27} > 0$，所以函数在 $x = -3$ 处取得极小值．又因为驻点只有一个，所以这个极小值也就是最小值，即函数在 $x = -3$ 处取得最小值，最小值为 $y(-3) = 27$．

7. 某车间靠墙壁要盖一间长方形小屋，现有存砖只够砌 20m 长的墙壁．问应围成怎样的长方形才能使这间小屋的面积最大？

解 设宽为 x，长为 y，则 $2x + y = 20$，$y = 20 - 2x$，于是面积为 $S = xy = x(20 - 2x) = 20x - 2x^2$．

$S' = 20 - 4x = 4(10 - x)$，$S'' = -4$．令 $S' = 0$，得唯一驻点 $x = 10$．因为 $S''(10) - 4 < 0$，所以 $x = 10$ 为极大值点，从而也是最大值点．当宽为 5 米，长为 10 米时这间小屋面积最大．

8. 一房地产公司有 50 套公寓要出租．当月租金为 1000 元时，公寓会全部租出去．当月租金每增加 50 元，就会多一套租不出去，而租出去的公寓每月需花费 100 元的维修费．试问房租定为多少可获得最大收入？

解 设房租定为 x 元，纯收入为 R 元．

当 $x \leqslant 1000$ 时，$R = 50x - 50 \times 100 = 50x - 5000$，且当 $x = 1000$ 时，得最大纯收入 45000 元．

当 $x > 1000$ 时，$R = \left[50 - \dfrac{1}{5}(x - 1000)\right] \cdot x - \left[50 - \dfrac{1}{5}(x - 1000)\right] \cdot 100 = -\dfrac{1}{50}x^2 + 72x - 7000$，

$R' = -\dfrac{1}{25}x + 72$，令 $R' = 0$ 得 $(1000, +\infty)$ 内唯一驻点 $x = 1800$．因为 $R'' = -\dfrac{1}{25} < 0$，所以 1800 为极大值点，同时也是最大值点．最大值为 $R = 57800$．因此，房租定为 1800 元可获最大收入．

9. 已知制作一个背包的成本为 40 元，如果每一个背包的售出价为 x 元，售出的背包数由 $n = \dfrac{a}{x - 40} + b(80 - x)$ 给出，其中 a, b 为正常数．问什么样的售出价格能带来最大利润？

解 设售出价格为 x，则利润函数 $L(x) = (x - 40)n = a + b(x - 40)(80 - x)$，令 $L'(x) = 0$，可得 $x = 60$，所以售出价格 $x = 60$ 能带来最大利润．

10. 试证明：如果函数 $y = ax^3 + bx^2 + cx + d$ 满足条件 $b^2 - 3ac < 0$，那么这函数没有极值．

证明 $y' = 3ax^2 + 2bx + c$．由 $b^2 - 3ac < 0$，知 $a \neq 0$．于是配方得到

$y' = 3ax^2 + 2bx + c = 3a\left(x^2 + \dfrac{2b}{3a}x + \dfrac{c}{3a}\right) = 3a\left(x^2 + \dfrac{b}{3a}\right)^2 + \dfrac{3ac - b^2}{3a}$，因 $3ac - b^2 > 0$，所以当 $a > 0$ 时，$y' > 0$；当 $a < 0$ 时，$y' < 0$．因此 $y = ax^3 + bx^2 + cx + d$ 是单调函数，没有极值．

习题 3.4

1. 求下列曲线的凹凸区间及拐点：

（1）$y = x^3 - 5x^2 + 3x + 5$；

（2）$y = \ln(x^2 + 1)$；

（3）$y = x \arctan x$；

（4）$y = xe^{-x}$；

（5）$y = x^2 + \ln x$；

（6）$y = \dfrac{1}{2}x^2 - \dfrac{9}{10}\sqrt[3]{x^5}$．

解 （1）$y' = 3x^2 - 10x + 3$，$y'' = 6x - 10$．令 $y'' = 0$，得 $x = \dfrac{5}{3}$．因为当 $x < \dfrac{5}{3}$ 时，$y'' < 0$；当 $x > \dfrac{5}{3}$ 时，$y'' > 0$，所以曲线在 $(-\infty, \dfrac{5}{3})$ 内是凸的，在 $[\dfrac{5}{3}, +\infty)$ 内是凹的，拐点为 $(\dfrac{5}{3}, \dfrac{20}{27})$．

（2）定义域为 $(-\infty, +\infty)$，$y' = \dfrac{2x}{1+x^2}$，$y'' = \dfrac{2(1-x^2)}{(1+x^2)^2}$，令 $y'' = 0$，得 $x = \pm 1$．

x	$(-\infty, -1)$	-1	$(-1,1)$	1	$(1, +\infty)$
y''	$-$	0	$+$	0	$-$
y	$\cap$	拐点	$\cup$	拐点	$\cap$

曲线在 $(-1,1)$ 内是凹的，在 $(-\infty, -1)$ 和 $(1, +\infty)$ 内是凸的，拐点为 $(-1, \ln 2)$ 和 $(1, \ln 2)$．

（3）$y' = \arctan x + \dfrac{x}{1+x^2}$，$y'' = \dfrac{2}{(1+x^2)^2}$．

因为在 $(-\infty, +\infty)$ 内，$y'' > 0$，所以曲线 $y = x \arctan x$ 在 $(-\infty, +\infty)$ 内是凹的．

（4）$y' = e^{-x} - xe^{-x}$，$y'' = -e^{-x} - e^{-x} + xe^{-x} = e^{-x}(x-2)$．令 $y'' = 0$，得 $x = 2$．因为当 $x < 2$ 时，$y'' < 0$；当 $x > 2$ 时，$y'' > 0$，所以曲线在 $(-\infty, 2]$ 内是凸的，在 $[2, +\infty)$ 内是凹的，拐点为 $(2, 2e^{-2})$．

（5）、（6）略．

2．试确定 a, b，的值，使曲线 $y = ax^3 + bx^2$ 有一拐点 $(1,3)$．

解 $y' = 3ax^2 + 2bx$，$y'' = 6ax + 2b$．要使 $(1,3)$ 成为曲线 $y = ax^3 + bx^2$ 的拐点，必须 $y(1) = 3$ 且 $y''(1) = 0$，即 $a + b = 3$ 且 $6a + 2b = 0$，解此方程组得 $a = -\dfrac{3}{2}$，$b = \dfrac{9}{2}$．

3．试决定曲线 $y = ax^3 + bx^2 + cx + d$ 中的 a, b, c, d，使得 $x = -2$ 处曲线有水平切线，$(1, -10)$ 为拐点，且点 $(-2, 24)$ 在曲线上．

解 $y' = 3ax^2 + 2bx + c$，$y'' = 6ax + 2b$．依条件有 $\begin{cases} y(-2) = 44, \\ y(1) = -10, \\ y'(-2) = 0, \\ y''(1) = 0, \end{cases}$ 即 $\begin{cases} -8a + 4b - 2c + d = 44, \\ a + b + c + d = -10, \\ 12a - 4b + c = 0, \\ 6a + 2b = 0, \end{cases}$

解得 $a = 1$，$b = -3$，$c = -24$，$d = 16$．

4．试决定 $y = k(x^2 - 3)^2$ 中 k 的值，使曲线的拐点处的法线通过原点．

解 $y' = 4kx^3 - 12kx$，$y'' = 12k(x-1)(x+1)$．令 $y'' = 0$，得 $x_1 = -1$，$x_2 = 1$．

因为在 $x_1 = -1$ 的两侧 y'' 是异号的，又当 $x = -1$ 时 $y = 4k$，所以点 $(-1, 4k)$ 是拐点．

因为 $y'(-1) = 8k$，所以过拐点 $(-1, 4k)$ 的法线方程为 $y - 4k = -\dfrac{1}{8k}(x+1)$．要使法线过原点，则 $(0,0)$ 应满足法线方程，即 $-4k = -\dfrac{1}{8k}$，$k = \pm\dfrac{\sqrt{2}}{8}$．同理，因为在 $x_1 = 1$ 的两侧 y'' 是异号的，又当 $x = 1$ 时 $y = 4k$，所以点 $(1, 4k)$ 也是拐点．因为 $y'(1) = -8k$，所以过拐点 $(-1, 4k)$

的法线方程为 $y-4k=\dfrac{1}{8k}(x-1)$. 要使法线过原点，则$(0,0)$应满足法线方程，即 $-4k=-\dfrac{1}{8k}$，

$k=\pm\dfrac{\sqrt{2}}{8}$. 因此当 $k=\pm\dfrac{\sqrt{2}}{8}$ 时，该曲线的拐点处的法线通过原点.

习题 3.5

1. 描绘下列各函数的图形：

（1）$y=x^3-x^2+1$；

（2）$y=x^2+\dfrac{1}{x}$；

（3）$y=\dfrac{x}{1+x^2}$；

（4）$y=\mathrm{e}^{-(x-1)^2}$.

解 （1）略.

（2）① 定义域为 $(-\infty,0)\bigcup(0,+\infty)$；

② $y'=2x-\dfrac{1}{x^2}=\dfrac{2x^3-1}{x^2}$，$y''=2+\dfrac{2}{x^3}=\dfrac{2(x^3+1)}{x^3}$，令 $y'=0$，得 $x=\dfrac{1}{\sqrt[3]{2}}$；令 $y''=0$，

得 $x=-1$.

③ 列表：

x	$(-\infty,-1)$	-1	$(-1,0)$	0	$(0,\dfrac{1}{\sqrt[3]{2}})$	$\dfrac{1}{\sqrt[3]{2}}$	$(\dfrac{1}{\sqrt[3]{2}},+\infty)$
y'	$-$	$-$	$-$	无	$-$	0	$+$
y''	$+$	0	$-$	无	$+$	$+$	$+$
$y=f(x)$	↘∪	拐点	↘∩	无	↘∪	极小值	↗∪

④ 有铅直渐近线 $x=0$；

⑤ 作图：

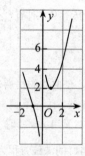

（3）① 定义域为 $(-\infty,+\infty)$；

② 奇函数，图形关于原点对称，故可选讨论 $x\geqslant0$ 时函数的图形.

③ $y'=\dfrac{-(x-1)(x+1)}{(1+x^2)^2}$，$y''=\dfrac{2x(x-\sqrt{3})(x+\sqrt{3})}{(1+x^2)^3}$，当 $x\geqslant0$ 时，令 $y'=0$，得 $x=1$；令

$y''=0$，得 $x=0$，$x=\sqrt{3}$．

④ 列表：

x	0	$(0,1)$	1	$(1,\sqrt{3})$	$\sqrt{3}$	$(\sqrt{3},+\infty)$
y'	$+$	$+$	0	$-$	$-$	$-$
y''	0	$-$	$-$	$-$	0	$+$
$y=f(x)$	拐点	↗∩	极大值	↘∩	拐点	↘∪

⑤ 有水平渐近线 $y=0$；

⑥ 作图：

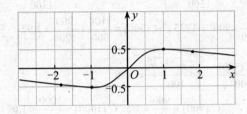

（4）① 定义域为 $(-\infty,+\infty)$；

② $y'=-2(x-1)\mathrm{e}^{-(x-1)^2}$，$y''=4\mathrm{e}^{-(x-1)^2}\left[x-\left(1+\dfrac{\sqrt{2}}{2}\right)\right]\left[x-\left(1-\dfrac{\sqrt{2}}{2}\right)\right]$，

令 $y'=0$，得 $x=1$；令 $y''=0$，得 $x=1+\dfrac{\sqrt{2}}{2}$，$x=1-\dfrac{\sqrt{2}}{2}$．

③ 列表：

x	$\left(-\infty,1-\dfrac{\sqrt{2}}{2}\right)$	$1-\dfrac{\sqrt{2}}{2}$	$\left(1-\dfrac{\sqrt{2}}{2},1\right)$	1	$\left(1,1+\dfrac{\sqrt{2}}{2}\right)$	$1+\dfrac{\sqrt{2}}{2}$	$\left(1+\dfrac{\sqrt{2}}{2},+\infty\right)$
y'	$+$	$+$	$+$	0	$-$	$-$	$-$
y''	$+$	0	$-$	$-$	$-$	0	$+$
$y=f(x)$	↗∪	拐点	↗∩	极大值	↘∩	拐点	↘∪

④ 有水平渐近线 $y=0$；

⑤ 作图：

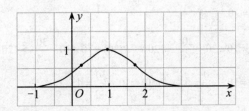

习题 3.6

1. 略.

2. 某产品生产 x 单位的总成本 C 为 x 的函数

$$C = C(x) = 1100 + \frac{1}{1200}x^2 .$$

（1）求生产 900 单位时的总成本和平均单位成本；

（2）求生产 900 到 1000 单位时总成本的平均变化率；

（3）求生产 900 单位和 1000 单位时的边际成本.

解 （1）$C(x) = 1100 + \frac{1}{1200}x^2$，$\overline{C}(x) = \frac{C(x)}{x} = \frac{1100}{x} + \frac{x}{1200}$，

故 $C(900) = 1100 + \frac{1}{1200} \times 900^2 = 1775$，$\overline{C}(900) = \frac{1100}{900} + \frac{900}{1200} \approx 1.97$.

（2）$\dfrac{C(1000) - C(900)}{1000 - 900} = \dfrac{\frac{5800}{3} - 1775}{100} \approx 1.58$.

（3）$C'(x) = \dfrac{x}{600}$，$\therefore C'(900) = \dfrac{900}{600} = 1.5$，$C'(1000) = \dfrac{1000}{600} \approx 1.67$.

3. 略.

4. 生产某种商品 x 单位的利润是 $L(x) = 5000 + x - 0.00001x^2$（元），问生产多少单位时，获得的利润最大？

解 $L(x) = 5000 + x - 0.00001x^2$，$L''(x) = -0.00002$，令 $L'(x) = 0$，得 $x = 50000$，而 $L''(50000) < 0$，所以生产 50000 单位时，获得的利润最大.

5. 某厂每批生产某种商品 x 单位的费用为 $C(x) = 5x + 200$（元），得到的收益是 $R(x) = 10x - 0.01x^2$（元），问每批应生产多少单位时才能使利润最大？

解 $L(x) = R(x) - C(x) = 10x - 0.01x^2 - (5x + 200)$，令 $L'(x) = 0$，得 $x = 250$，而 $L''(250) < 0$，所以每批生产 250 时才能使利润最大.

6. 某商品的价格 P 与需求量 Q 的关系为 $P = 10 - \dfrac{Q}{5}$.

（1）求需求量为 20 及 30 时的总收益 R，平均收益 $\overline{R}$ 及边际收益 R'；

（2）当 Q 为多少时，总收益最大？

解 （1）$R(Q) = Q \cdot P(Q) = 10Q - \dfrac{Q^2}{5}$，$\overline{R}(Q) = \dfrac{R(Q)}{Q} = 10 - \dfrac{Q}{5}$，

$R'(Q) = 10 - \dfrac{2}{5}Q$，

$R(20) = 10 \times 20 - \dfrac{20^2}{5} = 120$，$R(30) = 10 \times 30 - \dfrac{30^2}{5} = 120$，

$\overline{R}(20) = 10 - \dfrac{20}{5} = 6$，$\overline{R}(30) = 10 - \dfrac{30}{5} = 4$，

$$R'(20) = 10 - \frac{2}{5} \times 20 = 2 , \quad R'(30) = 10 - \frac{2}{5} \times 30 = -2 .$$

（2）$R''(Q) = -\frac{2}{5}$，令 $R'(Q) = 0$，得 $Q = 25$，而 $R''(25) < 0$，所以当 $Q = 25$ 时，总收益最大.

7. 略.

8. 某厂生产 B 产品，其年销售量为 100 万件，每批生产需增加生产准备费 1000 元，而每件库存费为 0.05 元，如果产销量是均匀的（此时商品的平均库存量为批量的一半），问应分几批生产，才能使生产准备费及库存费之和为最小？

解 设应分 n 批生产，生产准备费为 $1000n$，库存费为 $\frac{1}{2} \times \frac{1000000}{n} \times 0.05$，总费用

$C = 1000n + \frac{1}{2} \times \frac{1000000}{n} \times 0.05 = 1000n + \frac{25000}{n}$，$C' = 1000 - \frac{25000}{n^2}$，$C'' = \frac{50000}{n^3}$，令 $C' = 0$，

得 $n = 5$，而 $C''(5) > 0$，所以应分 5 批生产，才能使生产准备费及库存费之和为最小.

9. 略.

10. 某厂全年生产需用甲材料 5170 吨，每次订购费用为 570 元，每吨甲材料单价及库存保管费用率分别为 600 元、14.2%，试求

（1）最优订购批量；

（2）最优订购批次；

（3）最优进货周期；

（4）最小总费用.

解 设订购批量为 Q，订货费用为 $570 \times \frac{5170}{Q}$，保管费用为 $\frac{1}{2} Q \times 600 \times 14.2\%$，

从而总费用 $C(Q) = 570 \times \frac{5170}{Q} + \frac{1}{2} Q \times 600 \times 14.2\%$，

$$C'(Q) = -\frac{570 \times 5170}{Q^2} + \frac{1}{2} \times 600 \times 14.2\%, \quad C''(Q) = \frac{2 \times 570 \times 5170}{Q^3},$$

令 $C'(Q) = 0$，得 $Q \approx 263.01$，而 $C''(263.01) > 0$，

所以最优订购批量 $Q^* = 263.01$（吨），最优订购批次 $\frac{5170}{263.01} \approx 20$（批），

最优进货周期 $\frac{360}{20} = 18$（天）（年按 360 天），最小总费用 $C_{\min} = C(263.01) \approx 22408.74$（元）.

复习题 3

1. 不求函数 $f(x) = (x-1)(x-2)(x-3)(x-4)$ 的导数，说明方程 $f'(x) = 0$ 有几个根？并指出它们所在的区间.

解 因为 $f(x)$ 在 $[1,2], [2,3], [3,4]$ 上均满足罗尔定理的条件，所以至少存在三个点 $\xi_1 \in (1,2)$，$\xi_2 \in (2,3)$，$\xi_3 \in (3,4)$ 使 $f'(\xi_1) = f'(\xi_2) = f'(\xi_3) = 0$，又因为 $f'(x) = 0$ 是三次方程，所以至多有三个实根，故 $f'(x) = 0$ 有三个实根.

2. 选择以下题中给出的四个结论中一个正确的结论：

设在 $[0,1]$ 上 $f''(x) > 0$，则 $f'(0)$，$f'(1)$，$f(1) - f(0)$ 和 $f(0) - f(1)$ 几个数的大小顺序为（　）.

A. $f'(1) > f'(0) > f(1) - f(0)$；　　　B. $f'(1) > f(1) - f(0) > f'(0)$

C. $f(1) - f(0) > f'(1) > f'(0)$；　　　D. $f'(1) > f(0) - f(1) > f'(0)$

解　因为 $f''(x) > 0$，所以 $f'(x)$ 在 $[0,1]$ 上单调增加，从而 $f'(1) > f'(x) > f'(0)$. 又由拉格朗日中值定理，有 $f(1) - f(0) = f'(\xi)$，$\xi \in [0,1]$，所以 $f'(1) > f(1) - f(0) > f'(0)$，选择 B.

3. 证明多项式 $f(x) = x^3 - 3x + a$ 在 $[0,1]$ 上不可能有两个零点.

证明　$f'(x) = 3x^2 - 3 = 3(x^2 - 1)$，因为当 $x \in (0,1)$ 时，$f(x) < 0$，所以 $f(x)$ 在 $[0,1]$ 上单调减少. 因此，$f(x)$ 在 $[0,1]$ 上至多有一个零点.

4. 设 $f(x)$ 在 $[0,1]$ 上连续，在 $(0,1)$ 内可导，证明：至少存在一点 $\xi \in (0,1)$，使得 $f(\xi) + f'(\xi) = e^{-\xi}[f(1)e - f(0)]$.

解　令 $F(x) = f(x)e^x$，则根据题意 $F(x)$ 在 $[0,1]$ 上连续，在 $(0,1)$ 内可导，由拉格朗日中值定理可知存在 $\xi \in (0,1)$，使 $F(1) - F(0) = F'(\xi)(1-0)$，即可得 $f(\xi) + f'(\xi) = e^{-\xi}[f(1)e - f(0)]$.

5. 证明下列不等式：

（1）$|\arctan a - \arctan b| \leqslant |a - b|$；

（2）当 $x \neq 0$ 时，$e^x > 1 + x$；

（3）当 $x > 0$ 时，$x - \dfrac{x^3}{3} < \arctan x < x$.

证明　（1）设 $f(x) = \arctan x$，则 $f'(x) = \dfrac{1}{1 + x^2}$，因为 $f(x)$ 在 $[a,b]$ 满足拉格朗日中值定理的条件，所以存在 $\xi \in (a,b)$ 使 $|f'(\xi)| = \left|\dfrac{f(b) - f(a)}{b - a}\right|$，即

$$\left|\frac{\arctan b - \arctan a}{b - a}\right| = \frac{1}{1 + \xi^2} \leqslant 1，\text{故 } |\arctan b - \arctan a| \leqslant |b - a|.$$

（2）提示：$f(x) = e^x - x - 1$，$f'(x) = e^x - 1$，当 $x > 0$ 时，$f(x)$ 单调增加，当 $x < 0$ 时，$f(x)$ 单调减少，最小值 $f(0) = 0$，当 $x \neq 0$ 时，$f(x) > 0$，即 $e^x > 1 + x$.

（3）设 $f(x) = \arctan x$，在 $[0,x]$ 满足拉格朗日中值定理的条件，所以存在 $\xi \in (0,x)$ 使 $\arctan x - 0 = \dfrac{1}{1 + \xi^2}(x - 0)$，所以当 $x > 0$ 时，$\arctan x < x$；

设 $g(x) = \arctan x - x + \dfrac{x^3}{3}$，则 $g'(x) = \dfrac{x^4}{1 + x^2} > 0$，$g(x)$ 单调增加，而 $g(0) = 0$，故当 $x > 0$ 时，$g(x) > 0$，即 $x - \dfrac{x^3}{3} < \arctan x$.

6. 利用洛必达法则求下列极限：

（1）$\displaystyle\lim_{x \to 0} \frac{6x - \sin x - \sin 2x - \sin 3x}{x^3}$；　　　（2）$\displaystyle\lim_{x \to 0} \frac{e^x + \sin x - 1}{\ln(1 + x)}$；

(3) $\displaystyle\lim_{x\to0}\frac{\ln(2^x+3^x)-\ln 2}{x}$.

解 （1） $\displaystyle\lim_{x\to0}\frac{6x-\sin x-\sin 2x-\sin 3x}{x^3}=\lim_{x\to0}\frac{6-\cos x-2\cos 2x-3\cos 3x}{3x^2}$

$$=\lim_{x\to0}\frac{\sin x+4\sin 2x+9\sin 3x}{6x}=\lim_{x\to0}\frac{\cos x+8\cos 2x+27\cos 3x}{6}$$

$$=\frac{1+8+27}{6}=6 ;$$

（2） $\displaystyle\lim_{x\to0}\frac{e^x+\sin x-1}{\ln(1+x)}=\lim_{x\to0}(1+x)\big(e^x+\cos x\big)=2 ;$

（3） $\displaystyle\lim_{x\to0}\frac{\ln(2^x+3^x)-\ln 2}{x}=\lim_{x\to0}\frac{2^x\ln 2+3^x\ln 3}{2^x+3^x}=\frac{1}{2}\ln 6 .$

7. 略.

8. 从半径为 R 的圆形铁片中剪去一个扇形，将剩余部分围成一个圆锥形漏斗，问剪去的扇形的圆心角多大时，才能使圆锥形漏斗的容积最大？

解 设剪去扇形的圆心角为 x ，体积为 V ，圆锥体半径为 r ，高为 h ，则 $V=\frac{1}{3}\pi r^2 h$ ，

$2\pi R-Rx=2\pi r$ ， $h^2=R^2-r^2$.

$$\therefore V=\frac{1}{3}\pi\left[\frac{2\pi R-Rx}{2\pi}\right]^2\sqrt{R^2-r^2}=\frac{1}{3}\pi\left[\frac{2\pi R-Rx}{2\pi}\right]^2\sqrt{R^2-\left[\frac{2\pi R-Rx}{2\pi}\right]^2}$$

$$=\frac{R^3}{24\pi^2}(2\pi-x)^2\sqrt{4\pi^2-(2\pi-x)^2}=\frac{R^3}{24\pi^2}(2\pi-x)^2\sqrt{4\pi x-x^2} ,$$

$$\frac{\mathrm{d}V}{\mathrm{d}x}=\frac{R^3}{24\pi^2}\left[2(2\pi-x)(-1)\sqrt{4\pi x-x^2}+(2\pi-x)^2\frac{4\pi-2x}{2\sqrt{4\pi x-x^2}}\right]$$

$$=\frac{R^3}{24\pi^2}\frac{(2\pi-x)[3x^2-12\pi x+4\pi^2]}{\sqrt{4\pi x-x^2}} .$$

令 $\dfrac{\mathrm{d}V}{\mathrm{d}x}=0$ 得 $x_1=2\pi$ （舍去）， $x_2=2\pi(1+\frac{\sqrt{6}}{3})$ （舍去）， $x_3=2\pi(1-\frac{\sqrt{6}}{3})$ ，

$\therefore$ 当 $x=2\pi\left(1-\dfrac{\sqrt{6}}{3}\right)$ 时体积最大.

9. 商店销售某商品的价格为 $p(x)=e^{-x}$ （ x 为销售量），求收入最大时的价格.

解 收入函数 $R(x)=xe^{-x}$ ，令 $R'(x)=0$ ，则 $x=1$ ，收入最大时的价格为 e^{-1} .

10. 略.

11. 略.

自测题 3

1. 填空题.

（1） $f(x)=(x-1)^2$ 在 $[0,2]$ 上满足罗尔定理的条件，当 $\xi=$ _____时， $f'(\xi)=0$ ；

（2）函数 $f(x)$ 在区间 $[0,2]$ 上满足拉格朗日中值定理，则至少存在一点 $\xi \in (0,2)$ 使 $f'(\xi) =$ _____；

（3）函数的极值点可能是_____点和_____点；

（4）$\lim\limits_{x \to 0} \dfrac{\tan x - x}{x - \sin x} =$ _____；

（5）$y = x^2 - 2\ln x$ 的单调增区间为_____；

（6）函数 $y = x \cdot 2^x$ 取极小值的点是_____；

（7）曲线 $y = x^3 - 3x^2 + 3x$ 的拐点为_____；

（8）曲线 $y = \dfrac{e^{-x}}{x}$ 的水平渐近线为_____，垂直渐近线为_____.

解 （1）$f'(x) = 2(x-1)$，令 $f'(x) = 0$ 得 $x = 1$，$\therefore \xi = 1$；

（2）$f'(\xi) = \dfrac{f(2) - f(0)}{2}$；

（3）驻点和不可导点；

（4）$\lim\limits_{x \to 0} \dfrac{\tan x - x}{x - \sin x} = \lim\limits_{x \to 0} \dfrac{\sec^2 x - 1}{1 - \cos x} = \lim\limits_{x \to 0} \dfrac{\tan^2 x}{1 - \cos x} = \lim\limits_{x \to 0} \dfrac{2\tan x \sec^2 x}{\sin x} = 2\sec^3 x = 2$；

（5）由 $y' = 2x - \dfrac{2}{x} > 0$ 可得，$x > 1$ 或是 $-1 > x > 0$,根据题意知单调增区间为 $[1, +\infty)$；

（6）令 $y' = 2^x + x2^x \ln 2 = 0$，可得 $x = -\dfrac{1}{\ln 2}$，$y'' = 2^x \ln 2(2 + x\ln 2)$，$y''\left(-\dfrac{1}{\ln 2}\right) > 0$，所以取极小值的点 $x = -\dfrac{1}{\ln 2}$；

（7）因为 $y' = 3x^2 - 6x + 3$，$y'' = 6x - 6 = 6(x-1)$，令 $y'' = 0$ 得 $x = 1$，$\because x > 1$ 时 $f''(x) > 0$，$x < 1$ 时 $f''(x) < 0$ $\therefore (1,1)$ 是拐点；

（8）$\because \lim\limits_{x \to +\infty} \dfrac{e^{-x}}{x} = 0$，$\lim\limits_{x \to 0} \dfrac{e^{-x}}{x} = \infty$ $\therefore$ 水平渐近线为 $y = 0$，垂直渐近线为 $x = 0$.

2. 单选题.

（1）曲线 $y = x^2(x - 6)$ 在区间 $(4, +\infty)$ 内是（　　）.

　　A. 单调增加且凸；　　　　　　　　B. 单调增加且凹；

　　C. 单调减少且凸；　　　　　　　　D. 单调减少且凹.

（2）如果 $f'(x_0) = f''(x_0) = 0$，则下列结论中正确的是（　　）.

　　A. x_0 是极大值点；

　　B. $(x_0, f(x_0))$ 是拐点；

　　C. x_0 是极小值点；

　　D. 可能 x_0 是极值点，也可能 $(x_0, f(x_0))$ 是拐点.

（3）已知 $f(x)$ 在 (a,b) 内具有二阶导数，且（　　），则 $f(x)$ 在 (a,b) 内单调增加且凸.

　　A. $f'(x) > 0, f''(x) > 0$；　　　　　B. $f'(x) > 0, f''(x) < 0$；

　　C. $f'(x) < 0, f''(x) > 0$；　　　　　D. $f'(x) < 0, f''(x) < 0$.

（4）方程 $x^5 + x - 1 = 0$ 在 $(0,1)$ 内的实根个数为（   ）.

    A. 0 个；   B. 两个；

    C. 一个；   D. 无法确定.

（5）设 $f(x) = \dfrac{x}{3-x}$，则曲线 $y = f(x)$（   ）.

    A. 仅有水平渐近线；   B. 仅有垂直渐近线；

    C. 既有水平渐近线又有垂直渐近线；   D. 无渐近线.

（6）设 $f(x)$ 在 $[0,1]$ 上连续，在 $(0,1)$ 内可导，且 $f(0) = 1$，$f(1) = 0$，则在 $(0,1)$ 内至少存在一点 ξ，使（   ）.

$$\text{A.}\ f'(\xi) = -\frac{f(\xi)}{\xi} \qquad\qquad \text{B.}\ f'(\xi) = \frac{f(\xi)}{\xi}$$

$$\text{C.}\ f(\xi) = -\frac{f'(\xi)}{\xi} \qquad\qquad \text{D.}\ f(\xi) = \frac{f'(\xi)}{\xi}.$$

（7）若 $f(x)$ 在 x_0 点二阶可导，且 $\lim\limits_{x \to x_0} \dfrac{f(x) - f(x_0)}{(x - x_0)^2} = -2$，则函数 $f(x)$ 在 x_0 处（   ）.

    A. 取极大值；   B. 取极小值；

    C. 可能取极大值也可能取极小值；   D. 不可能取极值.

（8）设函数 $f(x)$ 在 $[a,b]$ 上有定义，在 (a,b) 内可导，则（   ）.

    A. 当 $f(a)f(b) < 0$ 时，存在 $\xi \in (a,b)$ 使 $f(\xi) = 0$；

    B. 对任意 $\xi \in (a,b)$，有 $\lim\limits_{x \to \xi}[f(x) - f(\xi)] = 0$；

    C. 当 $f(a) = f(b)$ 时，存在 $\xi \in (a,b)$ 使 $f'(\xi) = 0$；

    D. 存在 $\xi \in (a,b)$ 使 $f(b) - f(a) = f'(\xi)(b-a)$.

解 （1）$y' = 3x^2 - 12x = 3x(x-4)$. 当 $x > 4$ 时 $y' > 0$，$f(x)$ 单增，$y'' = 6x - 12$，当 $x > 4$ 时 $y'' > 0$，$f(x)$ 是凹的，故选 B；

（2）$f'(x_0) = 0$，则 $(x_0, f(x_0))$ 为驻点，驻点不一定为极值点，由题意拐点无从谈起，选 D；

（3）$f'(x) > 0$，单调递增，$f''(x) < 0$，凸函数，选 B；

（4）令 $f(x) = x^5 + x - 1$，$f'(x) > 0$，单调递增，且 $f(0) < 0$，$f(1) > 0$，所以选 C；

（5）$\lim\limits_{x \to +\infty} \dfrac{x}{3-x} = -1$，$\lim\limits_{x \to 3} \dfrac{x}{3-x} = \infty$，所以既有水平渐近线又有垂直渐近线，选 C；

（6）令 $F(x) = xf(x)$，则 $F(x)$ 在 $[0,1]$ 上连续，在 $(0,1)$ 内可导，由拉格朗日中值定理，则至少存在一点 $\xi \in (0,1)$，使得 $F(1) - F(0) = F'(\xi)(1-0)$，即 $f'(\xi) = -\dfrac{f(\xi)}{\xi}$，选 A；

（7）由已知式及导数定义可知 $f'(x_0) = 0$，$\lim\limits_{x \to x_0} \dfrac{f(x) - f(x_0)}{(x - x_0)^2} = \lim\limits_{x \to x_0} \dfrac{f'(x)}{2(x - x_0)} = -2$，由二阶导数定义 $f''(x_0) = \lim\limits_{x \to x_0} \dfrac{f'(x) - f'(x_0)}{x - x_0} = \lim\limits_{x \to x_0} \dfrac{f'(x)}{x - x_0} = -4 < 0$，所以取极大值，选 A.

（8）$f(x)$ 在 (a,b) 内可导，故在 (a,b) 内连续，对任意 $\xi \in (a,b)$，有 $\lim\limits_{x \to \xi}[f(x) - f(\xi)] = 0$，

选 B.

3. 求下列极限.

（1） $\lim\limits_{x\to 0}\dfrac{x-\sin x}{x^3}$；

（2） $\lim\limits_{x\to 1}\left(\dfrac{x}{x-1}-\dfrac{1}{\ln x}\right)$；

（3） $\lim\limits_{x\to 0^+}x^{\sin x}$；

（4） $\lim\limits_{x\to\infty}\left(\cos\dfrac{1}{x}\right)^{x^2}$；

（5） $\lim\limits_{x\to 0}\dfrac{e^{\sin^3 x}-1}{x(1-\cos x)}$；

（6） $\lim\limits_{x\to 0^+}(\arcsin x)^{\tan x}$.

解（1） $\lim\limits_{x\to 0}\dfrac{x-\sin x}{x^3}=\lim\limits_{x\to 0}\dfrac{1-\cos x}{3x^2}=\lim\limits_{x\to 0}\dfrac{\sin x}{6x}=\dfrac{1}{6}$；

（2） $\lim\limits_{x\to 1}\left(\dfrac{x}{x-1}-\dfrac{1}{\ln x}\right)=\lim\limits_{x\to 1}\left(\dfrac{x\ln x-x+1}{(x-1)\ln x}\right)=\lim\limits_{x\to 1}\left(\dfrac{x\ln x}{x\ln x+x-1}\right)$

$=\lim\limits_{x\to 1}\left(\dfrac{\ln x+1}{\ln x+2}\right)=\dfrac{1}{2}$；

（3）、（4）、（6）利用幂指函数求极限；

（5）本题考虑无穷小代换，当 $x\to 0$ 时， $e^x-1\sim x$， $\sin x\sim x$， $1-\cos x\sim\dfrac{x^2}{2}$，所以

$\lim\limits_{x\to 0}\dfrac{e^{\sin^3 x}-1}{x(1-\cos x)}=\lim\limits_{x\to 0}\dfrac{\sin^3 x}{x\left(\dfrac{x^2}{2}\right)}=\lim\limits_{x\to 0}\dfrac{x^3}{x\left(\dfrac{x^2}{2}\right)}=2$.

4. 求下列函数的单调区间和极值.

（1） $y=2x+\dfrac{2}{x}$；

（2） $y=(x+1)(x-1)^3$；

（3） $y=2x^2-\ln x$；

（4） $y=\dfrac{x^2}{1+x}$.

解（1） $y'=2-\dfrac{2}{x^2}$，当 $x\in(-\infty,-1]$ 或 $x\in[1,+\infty)$， $y'>0$，单调递增，当 $x\in[-1,0)$ 或 $x\in(0,1]$， $y'<0$，单调递减，极大值 $y(-1)=-4$，极小值 $y(1)=4$；

（2） $y'=(x-1)^3+(x+1)\cdot 3(x-1)^2=4(x-1)^2\left(x+\dfrac{1}{2}\right)$，当 $x<-\dfrac{1}{2}$ 时 $y'<0$， $x>-\dfrac{1}{2}$ 时 $y'>0$， $\therefore f(x)$ 在 $\left(-\infty,-\dfrac{1}{2}\right]$ 上单减， $\left[-\dfrac{1}{2},+\infty\right)$ 上单增；所以函数在 $x=-\dfrac{1}{2}$ 处取得极小值 $y\big|_{x=-\frac{1}{2}}=-\dfrac{27}{16}$.

（3）、（4）略.

5. 略.

6. （1）设 $f(x)=a\ln x+bx^2+x$ 在 $x=1$ 与 $x=2$ 处有极值，试求常数 a 和 b 的值；

（2）当 a,b 为何值时，点 $(1,-2)$ 是曲线 $y=ax^3+bx^2$ 的拐点；

（3）求曲线 $y=xe^{-x}$ 在拐点处的法线方程.

解 （1）$f'(x)=\dfrac{a}{x}+2bx+1$，$f(x)$ 在 $x=1$ 与 $x=2$ 处可导，所以极值点必是驻点.

$$由\begin{cases}a+2b+1=0,\\ \dfrac{a}{2}+4b+1=0,\end{cases} 得 \begin{cases}b=-\dfrac{1}{6},\\ a=-\dfrac{2}{3}.\end{cases}$$

（2）$y'=3ax^2+2bx$，$y''=6ax+2b$，$\because(1,-2)$ 为拐点 $\therefore\begin{cases}-2=a\cdot1^3+b\cdot1^2,\\ 0=6a\cdot1+2b,\end{cases} 得\begin{cases}a=1,\\ b=-3.\end{cases}$

（3）$y'=e^{-x}-xe^{-x}$，$y''=-2e^{-x}+xe^{-x}$，令 $y''=0$，可得 $x=2$，拐点为 $(2,2e^{-2})$，当 $x=2$ 时，切线斜率：$y'(2)=-e^{-2}$，法线斜率 $k=\dfrac{-1}{-e^{-2}}=e^2$，法线方程为 $y-2e^{-2}=e^2(x-2)$.

7. 要制作一个下部为矩形，上部为半圆形的窗户，半圆的直径等于矩形的宽，要求窗户的周长为定值，问矩形的宽和高各是多少时，窗户的面积最大.

解 设矩形宽为 $2R$，高为 h，周长为 l，面积为 S，则 $S=\dfrac{\pi R^2}{2}+2Rh$，$2R+2h+\pi R=l$，即 $h=\dfrac{l-\pi R-2R}{2}$，$S=\dfrac{\pi R^2}{2}+2R\dfrac{l-\pi R-2R}{2}$，$\dfrac{\mathrm{d}S}{\mathrm{d}R}=\pi R+(l-\pi R-2R)+R(-\pi-2)$，令 $\dfrac{\mathrm{d}S}{\mathrm{d}R}=0$ 得 $R=\dfrac{l}{4+\pi}$，$h=\dfrac{l}{4+\pi}$. 所以矩形宽和高分别为 $\dfrac{2l}{4+\pi}$ 和 $\dfrac{l}{4+\pi}$ 时，窗面积最大.

8. 证明题：

（1）当 $x>0$ 时，$\ln(1+x)>\dfrac{\arctan x}{1+x}$；

（2）当 $x>0$ 时，$\dfrac{x}{1+x}<\ln(1+x)<x$；

（3）当 $x>0$ 时，$x-\dfrac{x^2}{2}<\sin x<x$.

解 （1）要证 $(1+x)\ln(1+x)>\arctan x$，即证 $(1+x)\ln(1+x)-\arctan x>0$. 设 $f(x)=(1+x)\ln(1+x)-\arctan x$，则 $f(x)$ 在 $[0,+\infty)$ 上连续，$f'(x)=\ln(1+x)-\dfrac{1}{1+x^2}$. 因为当 $x>0$ 时，$\ln(1+x)>0$，$1-\dfrac{1}{1+x^2}>0$，所以 $f'(x)>0$，$f(x)$ 在 $[0,+\infty)$ 上单调增加. 因此，当 $x>0$ 时，$f(x)>f(0)$，而 $f(0)=0$，从而 $f(x)>0$，即 $(1+x)\ln(1+x)-\arctan x>0$.

（2）提示：$f(x)=\ln(1+x)$ 在区间 $[0,x]$ 上应用拉格朗日中值定理.

（3）令 $f(x)=\sin x-x$，$f'(x)=\cos x-1\leqslant0$，$f(x)$ 单调减，而 $f(0)=0$，故 $f(x)<0$，$\sin x<x$；令 $g(x)=\sin x+\dfrac{x^2}{2}-x$，$g'(x)=\cos x+x-1$，因为 $g''(x)=\sin x+1\geqslant0$，$g'(x)$ 是单调递增函数，而 $g'(0)=0$，故 $g'(x)>0$，所以 $g(x)$ 是单调递增函数，而 $g(0)=0$，故 $g(x)>0$，所以 $x-\dfrac{x^2}{2}<\sin x$.

9. 已知函数 $f(x)$ 在 $[0,1]$ 上连续，在 $(0,1)$ 内可导，且 $f(0)=0$，$f(1)=1$，.

证明：（1）存在一点 $\xi \in (0,1)$，使得 $f(\xi)=1-\xi$；

（2）存在两个不同的 $\eta, \zeta \in (0,1)$，使得 $f'(\eta)f'(\zeta)=1$.

解 （1）设 $F(x)=f(x)-1+x$，则 $F(x)$ 在 $[0,1]$ 上连续，在 $(0,1)$ 内可导，且 $F(0)<0$，$F(1)>0$，由零点定理可知，存在一点 $\xi \in (0,1)$ 使得 $F(\xi)=0$，即 $f(\xi)=1-\xi$.

（2）$f(x)$ 在 $[0,\xi]$ 上使用拉格朗日中值定理，$f(\xi)-f(0)=f'(\eta)\xi$，$f(x)$ 在 $[\xi,1]$ 上使用拉格朗日中值定理，$f(1)-f(\xi)=f'(\zeta)(1-\xi)$，则

$$f'(\eta)f'(\zeta)=\frac{f(\xi)-f(0)}{\xi}\cdot\frac{f(1)-f(\xi)}{1-\xi}.$$

由 $f(0)=0$，$f(1)=1$，$f(\xi)=1-\xi$，可知 $f'(\eta)f'(\zeta)=1$.

3.4 同步练习及答案

同步练习

1. 填空题.

（1）函数 $y=\sin^2 x$ 在区间 $\left[-\dfrac{\pi}{2},\dfrac{\pi}{2}\right]$ 上满足罗尔定理公式的 $\xi=$ _____；

（2）设 $f(x)$ 在点 x_0 处具有二阶导数，且 $f'(x_0)=0$，$f''(x_0)\neq 0$. 若 $f''(x_0)>0$，则点 x_0 是函数 $f(x)$ 的 _____；

（3）设 $y=2x^2+ax+3$ 在点 $x=1$ 取得极小值，则 $a=$ _____；

（4）设 $y=e^{\cos x}$，则 $y''=$ _____；

（5）$\lim\limits_{x\to 0}\dfrac{(1+x)^\alpha-1}{x}=$ _____.

2. 选择题.

（1）若 x_0 为函数 $y=f(x)$ 的极值点，则下列命题中（ ）正确.

    A. $f'(x_0)=0$；   B. $f''(x_0)=0$；

    C. $f'(x_0)=0$ 或 $f'(x_0)$ 不存在；   D. $f'(x_0)$ 不存在.

（2）设 $f(x)$ 在 $[0,1]$ 上连续，在 $(0,1)$ 上可导，$f'(x)>0$，且 $f(0)<0$，$f(1)>0$，则 $f(x)$ 在 $(0,1)$ 内（ ）.

    A. 至少有两个零点；   B. 有且仅有一个零点；

    C. 没有零点；   D. 零点个数不能确定.

（3）设 $a<x<b$，$f'(x)<0$，$f''(x)<0$，则在区间 (a,b) 内曲线弧 $y=f(x)$ 的图形（ ）.

    A. 沿 x 轴正向下降且凸；   B. 沿 x 轴正向下降且凹；

    C. 沿 x 轴正向上升且凸；   D. 沿 x 轴正向上升且凹.

（4）设函数 $y=f(x)$ 二阶可导，且 $f'(x)<0$，$f''(x)<0$，$\Delta y=f(x+\Delta x)-f(x)$，$\mathrm{d}y=f'(x)\Delta x$，则当 $\Delta x>0$ 时，有（ ）.

A. $\Delta y > \mathrm{d} y > 0$；   B. $\Delta y < \mathrm{d} y < 0$；

C. $\mathrm{d} y > \Delta y > 0$；   D. $\mathrm{d} y < \Delta y < 0$．

（5）曲线 $y = x \sin \dfrac{1}{x}$ （   ）．

    A. 仅有水平渐近线；   B. 既有水平渐近线，又有铅直渐近线；

    C. 仅有铅直渐近线；   D. 既无水平渐近线，又无铅直渐近线．

3．解答题．

（1）求 $\lim\limits_{x \to 0} \dfrac{x - \arctan x}{\ln(1 + x^3)}$；

（2）若 $\lim\limits_{x \to \pi} f(x)$ 存在，且 $f(x) = \dfrac{\sin x}{x - \pi} + 2\lim\limits_{x \to \pi} f(x)$，求 $\lim\limits_{x \to \pi} f(x)$；

（3）设 $y = ax^3 - 6ax^2 + b$ 在 $[-1, 2]$ 上的最大值为 3，最小值为 -29，$a > 0$，求 a, b．

参考答案

1．（1）0；（2）极小值点；（3）-4；（4）$\mathrm{e}^{\cos x}(\sin^2 x - \cos x)$；（5）$\alpha$．

2．（1）C；（2）B；（3）A；（4）B；（5）A．

3．（1）$\dfrac{1}{3}$；（2）1；（3）$a = 2,\ b = 3$．

第 4 章　不定积分

4.1　内容提要

4.1.1　原函数与不定积分

1. 原函数

设函数 $f(x)$ 在区间 I 上有定义，如果存在函数 $F(x)$，使得对于每一点 $x \in I$，都有

$$F'(x) = f(x) \text{ 或 } dF(x) = f(x)dx,$$

则称 $F(x)$ 与 $f(x)$ 在区间 I 上的一个原函数.

2. 不定积分

若 $F(x)$ 是 $f(x)$ 的一个原函数，则 $f(x)$ 的全体原函数 $F(x)+C$ 称为 $f(x)$ 的不定积分，记为 $\int f(x)dx$　即

$$\int f(x)dx = F(x) + C.$$

要点　不定积分与原函数是总体与个体的关系，原函数是一个函数 $F(x)$，而不定积分是一系列函数 $\{F(x)+C\}$.

4.1.2　不定积分的几何意义

不定积分在几何上表示 $f(x)$ 的积分曲线族，所有积分曲线在横坐标相同的点处的切线是平行的（如图 4.1）.

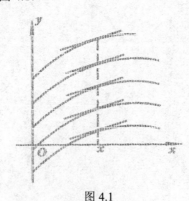

图 4.1

4.1.3 不定积分与微分的关系

（1）$\left[\int f(x)\mathrm{d}x\right]' = f(x)$ 或 $\mathrm{d}\left[\int f(x)\mathrm{d}x\right] = f(x)\mathrm{d}x$ ；

（2）$\int F'(x)\mathrm{d}x = F(x)+C$ 或 $\int \mathrm{d}F(x) = F(x)+C$ ．

  不定积分与导数（或微分）互为逆运算．对函数先积分后求导，两种运算互相抵消；先求导后积分，两种运算互相抵消，但相差一积分常数．

4.1.4 基本积分公式

（1）$\int k\,\mathrm{d}x = kx+C$ （k 为常数）；

（2）$\int x^{\mu}\,\mathrm{d}x = \dfrac{1}{\mu+1}x^{\mu+1}+C$ （$\mu \neq -1$）；

（3）$\int \dfrac{1}{x}\mathrm{d}x = \ln|x|+C$ ；

（4）$\int \mathrm{e}^x\,\mathrm{d}x = \mathrm{e}^x+C$ ；

（5）$\int a^x\,\mathrm{d}x = \dfrac{a^x}{\ln a}+C$ ；

（6）$\int \cos x\,\mathrm{d}x = \sin x+C$ ；

（7）$\int \sin x\,\mathrm{d}x = -\cos x+C$ ；

（8）$\int \sec^2 x\,\mathrm{d}x = \tan x+C$ ；

（9）$\int \csc^2 x\,\mathrm{d}x = -\cot x+C$ ；

（10）$\int \sec x \tan x\,\mathrm{d}x = \sec x+C$ ；

（11）$\int \csc x \cot x\,\mathrm{d}x = -\csc x+C$ ；

（12）$\int \dfrac{1}{1+x^2}\mathrm{d}x = \arctan x+C$ ；

（13）$\int \dfrac{1}{\sqrt{1-x^2}}\mathrm{d}x = \arcsin x+C$ ．

做题时还经常用到以下公式：

（14）$\int \tan x\,\mathrm{d}x = -\ln|\cos x|+C$ ；

（15）$\int \cot x\,\mathrm{d}x = \ln|\sin x|+C$ ；

（16）$\int \sec x\,\mathrm{d}x = \ln|\sec x+\tan x|+C$ ；

（17）$\int \csc x\,\mathrm{d}x = \ln\left|\csc x - \cot x\right| + C = \ln\left|\tan\dfrac{x}{2}\right| + C$；

（18）$\int \dfrac{\mathrm{d}x}{a^2 + x^2} = \dfrac{1}{a}\arctan\dfrac{x}{a} + C$（$a \neq 0$）；

（19）$\int \dfrac{\mathrm{d}x}{\sqrt{a^2 - x^2}} = \arcsin\dfrac{x}{a} + C$；

（20）$\int \dfrac{1}{x^2 - a^2}\,\mathrm{d}x = \dfrac{1}{2a}\ln\left|\dfrac{x-a}{x+a}\right| + C$（$a \neq 0$）.

4.1.5 不定积分的性质

性质 1 两个函数代数和的不定积分，等于各函数不定积分的代数和，即
$$\int [f(x) \pm g(x)]\,\mathrm{d}x = \int f(x)\,\mathrm{d}x \pm \int g(x)\,\mathrm{d}x.$$

性质 2 非零常数因子可提到积分号外，即
$$\int kf(x)\,\mathrm{d}x = k\int f(x)\,\mathrm{d}x \quad (k \neq 0).$$

4.1.6 基本积分方法

1. 直接积分法

对被积函数进行适当的恒等变形（包括代数和三角的恒等变形），再利用基本积分公式和性质求函数的积分.

2. 换元积分法

（1）第一类换元积分法（凑微分法）

$$\int g(x)\mathrm{d}x \xlongequal{\text{拆成}} \int f[\varphi(x)]\varphi'(x)\mathrm{d}x \xlongequal{\text{凑微分}} \int f[\varphi(x)]\mathrm{d}\varphi(x) \xlongequal[\text{或性质}]{\text{由基本公式}} F[\varphi(x)] + C.$$

（2）第二类换元积分法

$$\int f(x)\mathrm{d}x \xlongequal[x=\varphi(t)]{\text{换元}} \int f[\varphi(t)]\varphi'(t)\mathrm{d}t = \int g(t)\mathrm{d}t \xlongequal[\text{性质与凑微分等求}]{\text{能用基本公式}} \Phi(t) + C$$

$$\xlongequal[\varphi(t)=x]{\text{还原}} \Phi\left[\varphi^{-1}(x)\right] + C.$$

3. 分部积分法

$$\int uv'\,\mathrm{d}x = uv - \int vu'\,\mathrm{d}x \ \text{或} \ \int u\,\mathrm{d}v = uv - \int v\,\mathrm{d}u.$$

选 u 的口诀：指多弦多只选多；反多对多不选多；指弦同在可任选，一旦选中要固定.

4. 几种特殊函数的积分方法

有理函数的积分 先用待定系数法将被积函数化成有理真分式之和，再积分.

三角有理式的积分 用万能代换 $t = \tan\dfrac{x}{2}$ 化为有理函数的积分.

4.2 典型例题解析

例 1 求 $\displaystyle\int \dfrac{1+x^2+x^4}{x^2(1+x^2)}\,\mathrm{d}x$.

解 由被积函数的分子、分母的特点，将被积函数分解成几项之和.

$$\int \frac{1+x^2+x^4}{x^2(1+x^2)}\,\mathrm{d}x = \int\left(\frac{1}{x^2}+\frac{x^2}{1+x^2}\right)\mathrm{d}x$$

$$= \int\frac{1}{x^2}\,\mathrm{d}x+\int\mathrm{d}x-\int\frac{1}{1+x^2}\,\mathrm{d}x$$

$$= x-\frac{1}{x}-\arctan x+C.$$

例 2 求 $\displaystyle\int\left(x+\dfrac{1}{\sqrt{x}}\right)^2\mathrm{d}x$.

解 将被积函数的平方展开，可化为幂函数的和，从而利用公式积分.

$$\int\left(x+\frac{1}{\sqrt{x}}\right)^2\mathrm{d}x = \int\left(x^2+2x^{\frac{1}{2}}+\frac{1}{x}\right)\mathrm{d}x$$

$$= \int x^2\,\mathrm{d}x+2\int x^{\frac{1}{2}}\,\mathrm{d}x+\int\frac{1}{x}\,\mathrm{d}x = \frac{1}{3}x^3+\frac{4}{3}x^{\frac{3}{2}}+\ln|x|+C.$$

例 3 求 $\displaystyle\int\dfrac{\mathrm{e}^{\sqrt{x}}}{9\sqrt{x}}\,\mathrm{d}x$.

解 $\displaystyle\int\dfrac{\mathrm{e}^{\sqrt{x}}}{9\sqrt{x}}\,\mathrm{d}x = \dfrac{2}{9}\int\mathrm{e}^{\sqrt{x}}\,\mathrm{d}(\sqrt{x}) = \dfrac{2}{9}\mathrm{e}^{\sqrt{x}}+C$.

注 应用第一换元积分法，关键是"凑"，做题时需要将被积函数作适当的变形凑微分，凑成基本积分公式中有的形式.

例 4 求 $\displaystyle\int\sin^2 x\cos^5 x\,\mathrm{d}x$.

解 $\displaystyle\int\sin^2 x\cos^5 x\,\mathrm{d}x = \int\sin^2 x\cos^4 x\cos x\,\mathrm{d}x$

$$= \int\sin^2 x(1-\sin^2 x)^2\,\mathrm{d}(\sin x)$$

$$= \int(\sin^2 x-2\sin^4 x+\sin^6 x)\,\mathrm{d}(\sin x)$$

$$= \frac{1}{3}\sin^3 x-\frac{2}{5}\sin^5 x+\frac{1}{7}\sin^7 x+C.$$

注 一般地，对于 $\sin^{2k+1}x\cos^n x$ 或 $\sin^n x\cos^{2k+1}x$（其中 $k\in\mathbf{N}$）型函数的积

分，总可依次作变换 $u = \cos x$ 或 $u = \sin x$，求得结果．

例 5 求 $\int \dfrac{\mathrm{d}x}{\sqrt{x} + \sqrt[3]{x^2}}$．

解 令 $t = \sqrt[6]{x}$，则 $x = t^6$，$\mathrm{d}x = 6t^5\,\mathrm{d}t$．

$$\int \frac{\mathrm{d}x}{\sqrt{x} + \sqrt[3]{x^2}} = \int \frac{6t^5}{t^3 + t^4}\,\mathrm{d}t = 6\int \frac{t^2}{1+t}\,\mathrm{d}t = 6\int \frac{t^2 - 1 + 1}{1+t}\,\mathrm{d}t = 6\int\left(t - 1 + \frac{1}{1+t}\right)\mathrm{d}t$$

$$= 3t^2 - 6t + 6\ln|1+t| + C = 6\sqrt[3]{x} - 6\sqrt[6]{x} + 6\ln\left|1 + \sqrt[6]{x}\right| + C．$$

例 6 求 $\int \dfrac{\mathrm{d}x}{\sqrt{x^2 + 4x + 5}}$．

解 $\displaystyle\int \frac{\mathrm{d}x}{\sqrt{x^2 + 4x + 5}} = \int \frac{\mathrm{d}x}{\sqrt{(x+2)^2 + 1}}$，

令 $x + 2 = \tan t$，则 $x = \tan t - 2$，$\mathrm{d}x = \sec^2 t\,\mathrm{d}t$．

$$\int \frac{\mathrm{d}x}{\sqrt{x^2 + 4x + 5}} = \int \frac{1}{\sec t} \cdot \sec^2 t\,\mathrm{d}t = \int \sec t\,\mathrm{d}t$$

$$= \ln|\sec t + \tan t| + C = \ln\left|\sqrt{x^2 + 4x + 5} + x + 2\right| + C．$$

例 7 求 $\int \arccos x\,\mathrm{d}x$．

解 $\displaystyle\int \arccos x\,\mathrm{d}x = x\arccos x - \int x\,\mathrm{d}(\arccos x)$

$$= x\arccos x + \int \frac{x}{\sqrt{1-x^2}}\,\mathrm{d}x$$

$$= x\arccos x - \frac{1}{2}\int (1-x^2)^{-\frac{1}{2}}\,\mathrm{d}(1-x^2)$$

$$= x\arccos x - \sqrt{1-x^2} + C．$$

例 8 求 $\int \mathrm{e}^{-x}\cos x\,\mathrm{d}x$．

解 $\displaystyle\int \mathrm{e}^{-x}\cos x\,\mathrm{d}x = -\int \cos x\,\mathrm{d}(\mathrm{e}^{-x}) = -\mathrm{e}^{-x}\cos x + \int \mathrm{e}^{-x}(-\sin x)\,\mathrm{d}x$

$$= -\mathrm{e}^{-x}\cos x + \int \sin x\,\mathrm{d}(\mathrm{e}^{-x})$$

$$= -\mathrm{e}^{-x}\cos x + \mathrm{e}^{-x}\sin x - \int \mathrm{e}^{-x}\cos x\,\mathrm{d}x，$$

移项整理，得

$$\int \mathrm{e}^{-x}\cos x\,\mathrm{d}x = \frac{1}{2}\mathrm{e}^{-x}(\sin x - \cos x) + C．$$

注 分部积分法的关键是选 u．选 u 的口诀："指多弦多只选多，反多对多不选多，指弦同在可任选，一旦选中要固定．"其中指是指数函数，多是多项式，弦是正弦、余弦，反是反三角函数，对是对数函数．

例 9 求 $\int \dfrac{x-3}{(x-1)(x^2-1)}\,\mathrm{d}x$.

解 被积函数分母的两个因式 $x-1$ 与 x^2-1 有公因式，故需再分解成 $(x-1)^2(x+1)$. 设

$$\frac{x-3}{(x-1)^2(x+1)} = \frac{Ax+B}{(x-1)^2} + \frac{C}{x+1} ,$$

则

$$x-3 = (Ax+B)(x+1) + C(x-1)^2$$
$$= (A+C)x^2 + (A+B-2C)x + B + C ,$$

有

$$\begin{cases} A+C=0, \\ A+B-2C=1, \\ B+C=-3, \end{cases} \text{解得} \begin{cases} A=1, \\ B=-2, \\ C=-1, \end{cases} \text{于是}$$

$$\int \frac{x-3}{(x-1)(x^2-1)}\,\mathrm{d}x = \int \frac{x-3}{(x-1)^2(x+1)}\,\mathrm{d}x$$
$$= \int \left[\frac{x-2}{(x-1)^2} - \frac{1}{x+1} \right]\mathrm{d}x$$
$$= \int \frac{x-1-1}{(x-1)^2}\,\mathrm{d}x - \ln|x+1|$$
$$= \ln|x-1| + \frac{1}{x-1} - \ln|x+1| + C .$$

4.3 习题选解

习题 4.1

2. 在积分曲线族 $y=\int 5x^2\,\mathrm{d}x$ 中，求通过点 $(\sqrt{3}, 5\sqrt{3})$ 的曲线.

解 $y = \int 5x^2\,\mathrm{d}x = \dfrac{5}{3}x^3 + C$,

因为曲线过点 $(\sqrt{3}, 5\sqrt{3})$ ，故 $5\sqrt{3} = \dfrac{5}{3}(\sqrt{3})^3 + C$ ，解得 $C=0$. 所求曲线方程为

$$y = \frac{5}{3}x^3 .$$

7. 求下列不定积分：

（1）$\int 2x\sqrt{x^3}\,\mathrm{d}x$ ；

（2）$\int (\sqrt{x}-1)^2\,\mathrm{d}x$ ；

（3）$\int \left(\dfrac{1-x}{x}\right)^2\,\mathrm{d}x$ ；

（4）$\int \left(\dfrac{2}{x}+\dfrac{x}{3}\right)^2\,\mathrm{d}x$ ；

(5) $\int(5\sin x+\cos x)\mathrm{d}x$;

(6) $\int 3^x \mathrm{e}^x \mathrm{d}x$;

(7) $\int(2^x+\sec^2 x)\mathrm{d}x$;

(8) $\int\dfrac{x^3+x-1}{x^2+1}\mathrm{d}x$;

(9) $\int\sec x(\sec x-\tan x)\mathrm{d}x$;

(10) $\int\dfrac{2+\cos^2 x}{\cos^2 x}\mathrm{d}x$;

(11) $\int\dfrac{\cos 2x}{\cos^2 x\sin^2 x}\mathrm{d}x$;

(12) $\int\dfrac{1}{\cos^2 x\sin^2 x}\mathrm{d}x$.

解 （1） $\int 2x\sqrt{x^3}\,\mathrm{d}x=\int 2x^{\frac{5}{2}}\mathrm{d}x=\dfrac{4}{7}x^{\frac{7}{2}}+C$.

（2） $\int(\sqrt{x}-1)^2\mathrm{d}x=\int(x-2\sqrt{x}+1)\mathrm{d}x=\dfrac{1}{2}x^2-\dfrac{4}{3}x^{\frac{3}{2}}+x+C$.

（3） $\int\left(\dfrac{1-x}{x}\right)^2\mathrm{d}x=\int\left(\dfrac{1}{x}-1\right)^2\mathrm{d}x=\int\left(\dfrac{1}{x^2}-\dfrac{2}{x}+1\right)\mathrm{d}x=-\dfrac{1}{x}-2\ln|x|+x+C$.

（4） $\int\left(\dfrac{2}{x}+\dfrac{x}{3}\right)^2\mathrm{d}x=\int\left(\dfrac{4}{x^2}+\dfrac{4}{3}+\dfrac{x^2}{9}\right)\mathrm{d}x=-\dfrac{4}{x}+\dfrac{4}{3}x+\dfrac{1}{27}x^3+C$.

（5） $\int(5\sin x+\cos x)\mathrm{d}x=5\int\sin x\,\mathrm{d}x+\int\cos x\,\mathrm{d}x=-5\cos x+\sin x+C$.

（6） $\int 3^x\mathrm{e}^x\mathrm{d}x=\int(3\mathrm{e})^x\mathrm{d}x=\dfrac{(3\mathrm{e})^x}{\ln(3\mathrm{e})}+C=\dfrac{3^x\mathrm{e}^x}{\ln 3+\ln \mathrm{e}}+C=\dfrac{3^x\mathrm{e}^x}{\ln 3+1}+C$.

（7） $\int(2^x+\sec^2 x)\mathrm{d}x=\int 2^x\mathrm{d}x+\int\sec^2 x\,\mathrm{d}x=\dfrac{2^x}{\ln 2}+\tan x+C$.

（8） $\int\dfrac{x^3+x-1}{x^2+1}\mathrm{d}x=\int\left(x-\dfrac{1}{x^2+1}\right)\mathrm{d}x=\dfrac{1}{2}x^2-\arctan x+C$.

（9） $\int\sec x(\sec x-\tan x)\mathrm{d}x=\int(\sec^2 x-\sec x\tan x)\mathrm{d}x=\tan x-\sec x+C$.

（10） $\int\dfrac{2+\cos^2 x}{\cos^2 x}\mathrm{d}x=2\int\dfrac{1}{\cos^2 x}\mathrm{d}x+\int\mathrm{d}x=2\tan x+x+C$.

（11） $\int\dfrac{\cos 2x}{\cos^2 x\sin^2 x}\mathrm{d}x=\int\dfrac{\cos^2 x-\sin^2 x}{\cos^2 x\sin^2 x}\mathrm{d}x=\int\left(\dfrac{1}{\sin^2 x}-\dfrac{1}{\cos^2 x}\right)\mathrm{d}x$

$=-\cot x-\tan x+C$.

（12） $\int\dfrac{1}{\cos^2 x\sin^2 x}\mathrm{d}x=\int\dfrac{\sin^2 x+\cos^2 x}{\cos^2 x\sin^2 x}\mathrm{d}x=\int\left(\dfrac{1}{\sin^2 x}+\dfrac{1}{\cos^2 x}\right)\mathrm{d}x$

$=-\cot x+\tan x+C$.

习题 4.2

2．求下列不定积分：

(1) $\int(1-3x)^3\mathrm{d}x$;

(2) $\int\cos(3x-2)\mathrm{d}x$;

（3）$\displaystyle\int\frac{x}{\sqrt{3-x^2}}\mathrm{d}x$;

（4）$\displaystyle\int\frac{3x^2}{1+x^3}\mathrm{d}x$;

（5）$\displaystyle\int x\mathrm{e}^{-x^2}\mathrm{d}x$;

（6）$\displaystyle\int 5^{2x+3}\mathrm{d}x$;

（7）$\displaystyle\int\frac{x}{\sqrt{x-1}}\mathrm{d}x$;

（8）$\displaystyle\int\frac{\mathrm{e}^{\arcsin x}}{\sqrt{1-x^2}}\mathrm{d}x$;

（9）$\displaystyle\int\frac{\sec^2 x}{1+\tan x}\mathrm{d}x$;

（10）$\displaystyle\int\frac{1}{x\sqrt{1+\ln x}}\mathrm{d}x$;

（11）$\displaystyle\int\frac{x^2-x-2}{1+x^2}\mathrm{d}x$;

（12）$\displaystyle\int\frac{\sin 2x}{1+\cos x}\mathrm{d}x$;

（13）$\displaystyle\int\frac{\mathrm{e}^{\sqrt{x}}}{5\sqrt{x}}\mathrm{d}x$;

（14）$\displaystyle\int\frac{1}{x^2}\tan\frac{1}{x}\mathrm{d}x$;

（15）$\displaystyle\int\frac{\mathrm{e}^x}{\mathrm{e}^{2x}+1}\mathrm{d}x$;

（16）$\displaystyle\int\frac{1}{\mathrm{e}^x+\mathrm{e}^{-x}}\mathrm{d}x$;

（17）$\displaystyle\int\frac{1}{\mathrm{e}^x(\mathrm{e}^x+1)}\mathrm{d}x$;

（18）$\displaystyle\int\frac{1}{x^2-2x+5}\mathrm{d}x$;

（19）$\displaystyle\int\frac{x}{x^4-1}\mathrm{d}x$;

（20）$\displaystyle\int\frac{1}{x^2-2x-5}\mathrm{d}x$;

（21）$\displaystyle\int\frac{\sin x-\cos x}{1+\sin 2x}\mathrm{d}x$;

（22）$\displaystyle\int\frac{1+\ln x}{x\ln x}\mathrm{d}x$;

（23）$\displaystyle\int\frac{1+\cos x}{x+\sin x}\mathrm{d}x$;

（24）$\displaystyle\int\frac{\arctan\sqrt{x}}{(1+x)\sqrt{x}}\mathrm{d}x$.

解 （1）$\displaystyle\int(1-3x)^3\mathrm{d}x=-\frac{1}{3}\int(1-3x)^3\mathrm{d}(1-3x)=-\frac{1}{12}(1-3x)^4+C$.

（2）$\displaystyle\int\cos(3x-2)\mathrm{d}x=\frac{1}{3}\int\cos(3x-2)\mathrm{d}(3x-2)=\frac{1}{3}\sin(3x-2)+C$.

（3）$\displaystyle\int\frac{x}{\sqrt{3-x^2}}\mathrm{d}x=-\frac{1}{2}\int(3-x^2)^{-\frac{1}{2}}\mathrm{d}(3-x^2)=-\sqrt{3-x^2}+C$.

（4）$\displaystyle\int\frac{3x^2}{1+x^3}\mathrm{d}x=\int\frac{1}{1+x^3}\mathrm{d}(1+x^3)=\ln\left|1+x^3\right|+C$.

（5）$\displaystyle\int x\mathrm{e}^{-x^2}\mathrm{d}x=-\frac{1}{2}\int\mathrm{e}^{-x^2}\mathrm{d}(-x^2)=-\frac{1}{2}\mathrm{e}^{-x^2}+C$.

（6）$\displaystyle\int 5^{2x+3}\mathrm{d}x=\frac{1}{2}\int 5^{2x+3}\mathrm{d}(2x+3)=\frac{5^{2x+3}}{2\ln 5}+C$.

（7）$\displaystyle\int\frac{x}{\sqrt{x-1}}\mathrm{d}x=\int\frac{x-1+1}{\sqrt{x-1}}\mathrm{d}x=\int\sqrt{x-1}\,\mathrm{d}x+\int\frac{1}{\sqrt{x-1}}\mathrm{d}x$

$\displaystyle\qquad\qquad=\frac{2}{3}(x-1)^{\frac{3}{2}}+2(x-1)^{\frac{1}{2}}+C$.

（8）$\displaystyle\int\frac{\mathrm{e}^{\arcsin x}}{\sqrt{1-x^2}}\mathrm{d}x=\int\mathrm{e}^{\arcsin x}\mathrm{d}(\arcsin x)=\mathrm{e}^{\arcsin x}+C$.

（9） $\displaystyle\int\frac{\sec^2 x}{1+\tan x}\,\mathrm{d}x=\int\frac{1}{1+\tan x}\,\mathrm{d}(1+\tan x)=\ln|1+\tan x|+C$.

（10） $\displaystyle\int\frac{1}{x\sqrt{1+\ln x}}\,\mathrm{d}x=\int(1+\ln x)^{-\frac{1}{2}}\,\mathrm{d}(1+\ln x)=2\sqrt{1+\ln x}+C$.

（11） $\displaystyle\int\frac{x^2-x-2}{1+x^2}\,\mathrm{d}x=\int\left(1-\frac{x}{1+x^2}-\frac{3}{1+x^2}\right)\mathrm{d}x$

$\displaystyle\qquad\qquad=\int\mathrm{d}x-\frac{1}{2}\int\frac{1}{1+x^2}\,\mathrm{d}(1+x^2)-3\int\frac{1}{1+x^2}\,\mathrm{d}x$

$\displaystyle\qquad\qquad=x-\frac{1}{2}\ln(1+x^2)-3\arctan x+C$.

（12） $\displaystyle\int\frac{\sin 2x}{1+\cos x}\,\mathrm{d}x=\int\frac{2\sin x\cos x}{1+\cos x}\,\mathrm{d}x=-2\int\frac{\cos x}{1+\cos x}\,\mathrm{d}(\cos x)$

$\displaystyle\qquad\qquad=-2\int\left(1-\frac{1}{1+\cos x}\right)\mathrm{d}(\cos x)$

$\displaystyle\qquad\qquad=-2\cos x+2\ln(1+\cos x)+C$.

（13） $\displaystyle\int\frac{\mathrm{e}^{\sqrt{x}}}{5\sqrt{x}}\,\mathrm{d}x=\frac{2}{5}\int\mathrm{e}^{\sqrt{x}}\,\mathrm{d}\left(\sqrt{x}\right)=\frac{2}{5}\mathrm{e}^{\sqrt{x}}+C$.

（14） $\displaystyle\int\frac{1}{x^2}\tan\frac{1}{x}\,\mathrm{d}x=-\int\tan\frac{1}{x}\,\mathrm{d}\left(\frac{1}{x}\right)=\ln\left|\cos\frac{1}{x}\right|+C$.

（15） $\displaystyle\int\frac{\mathrm{e}^x}{\mathrm{e}^{2x}+1}\,\mathrm{d}x=\int\frac{1}{1+\mathrm{e}^{2x}}\,\mathrm{d}(\mathrm{e}^x)=\arctan\mathrm{e}^x+C$.

（16） $\displaystyle\int\frac{1}{\mathrm{e}^x+\mathrm{e}^{-x}}\,\mathrm{d}x=\int\frac{\mathrm{e}^x}{\mathrm{e}^{2x}+1}\,\mathrm{d}x=\int\frac{1}{1+\mathrm{e}^{2x}}\,\mathrm{d}(\mathrm{e}^x)=\arctan\mathrm{e}^x+C$.

（17） $\displaystyle\int\frac{1}{\mathrm{e}^x(\mathrm{e}^x+1)}\,\mathrm{d}x=\int\left(\frac{1}{\mathrm{e}^x}-\frac{1}{\mathrm{e}^x+1}\right)\mathrm{d}x=\int\left(\frac{1}{\mathrm{e}^x}-1+\frac{\mathrm{e}^x}{\mathrm{e}^x+1}\right)\mathrm{d}x$

$\displaystyle\qquad\qquad=\int\mathrm{e}^{-x}\,\mathrm{d}x-\int\mathrm{d}x+\int\frac{\mathrm{e}^x}{\mathrm{e}^x+1}\,\mathrm{d}x$

$\displaystyle\qquad\qquad=-\int\mathrm{e}^{-x}\,\mathrm{d}(-x)-\int\mathrm{d}x+\int\frac{1}{\mathrm{e}^x+1}\,\mathrm{d}(\mathrm{e}^x+1)$

$\displaystyle\qquad\qquad=-\mathrm{e}^x-x+\ln(\mathrm{e}^x+1)+C$.

（18） $\displaystyle\int\frac{1}{x^2-2x+5}\,\mathrm{d}x=\int\frac{1}{(x-1)^2+4}\,\mathrm{d}x=\frac{1}{2}\int\frac{1}{1+\left(\frac{x-1}{2}\right)^2}\,\mathrm{d}\left(\frac{x-1}{2}\right)$

$\displaystyle\qquad\qquad=\frac{1}{2}\arctan\frac{x-1}{2}+C$.

（19） $\displaystyle\int\frac{x}{x^4-1}\,\mathrm{d}x=\frac{1}{2}\int\frac{1}{(x^2+1)(x^2-1)}\,\mathrm{d}(x^2)=\frac{1}{4}\int\left(\frac{1}{(x^2-1)}-\frac{1}{(x^2+1)}\right)\mathrm{d}(x^2)$

$\displaystyle\qquad\qquad=\frac{1}{4}\left[\int\frac{1}{(x^2-1)}\,\mathrm{d}(x^2-1)-\int\frac{1}{(x^2+1)}\,\mathrm{d}(x^2+1)\right]$

$$= \frac{1}{4}\left[\ln\left|x^2-1\right|-\ln\left|x^2+1\right|\right]+C = \frac{1}{4}\ln\left|\frac{x^2-1}{x^2+1}\right|+C.$$

(20) $\displaystyle\int\frac{1}{x^2-2x-5}dx = \int\frac{1}{(x-1)^2-6}dx = \int\frac{1}{(x-1+\sqrt{6})(x-1-\sqrt{6})}dx$

$$= \frac{1}{2\sqrt{6}}\int\left(\frac{1}{(x-1-\sqrt{6})}-\frac{1}{(x-1+\sqrt{6})}\right)dx$$

$$= \frac{1}{2\sqrt{6}}\left[\ln\left|x-1-\sqrt{6}\right|-\ln\left|x-1+\sqrt{6}\right|\right]+C$$

$$= \frac{1}{2\sqrt{6}}\ln\left|\frac{x-1-\sqrt{6}}{x-1+\sqrt{6}}\right|+C.$$

(21) $\displaystyle\int\frac{\sin x-\cos x}{1+\sin 2x}dx = \int\frac{\sin x-\cos x}{(\sin x+\cos x)^2}dx = -\int\frac{1}{(\sin x+\cos x)^2}d(\sin x+\cos x)$

$$= \frac{1}{\sin x+\cos x}+C.$$

(22) $\displaystyle\int\frac{1+\ln x}{x\ln x}dx = \int\frac{1}{x\ln x}d(x\ln x) = \ln\left|x\ln x\right|+C.$

(23) $\displaystyle\int\frac{1+\cos x}{x+\sin x}dx = \int\frac{1}{x+\sin x}d(x+\sin x) = \ln\left|x+\sin x\right|+C.$

(24) $\displaystyle\int\frac{\arctan\sqrt{x}}{(1+x)\sqrt{x}}dx = 2\int\arctan\sqrt{x}\,d\left(\arctan\sqrt{x}\right) = \left(\arctan\sqrt{x}\right)^2+C.$

3. 求下列不定积分：

(1) $\displaystyle\int\frac{1}{1+\sqrt{3x}}dx$；

(2) $\displaystyle\int\frac{x^2}{\sqrt{2-x}}dx$；

(3) $\displaystyle\int\frac{1}{\left(x^2+1\right)^2}dx$；

(4) $\displaystyle\int\frac{dx}{\sqrt{1+e^x}}$；

(5) $\displaystyle\int\frac{\sqrt{x^2+1}}{x}dx$；

(6) $\displaystyle\int\frac{\sqrt{x^2-9}}{x}dx$；

(7) $\displaystyle\int\frac{x^2}{\sqrt{a^2-x^2}}dx$；

(8) $\displaystyle\int\frac{1}{x\sqrt{x^2-1}}dx$．

解 （1）设 $t=\sqrt{3x}$，则 $x=\frac{1}{3}t^2$，$dx=\frac{2}{3}t\,dt$．

$$\int\frac{1}{1+\sqrt{3x}}dx = \int\frac{1}{1+t}\cdot\frac{2}{3}t\,dt = \frac{2}{3}\int\frac{1+t-1}{1+t}dt = \frac{2}{3}\int dt - \frac{2}{3}\int\frac{1}{1+t}d(1+t)$$

$$= \frac{2}{3}t-\frac{2}{3}\ln\left|1+t\right|+C = \frac{2}{3}\sqrt{3x}-\frac{2}{3}\ln\left(1+\sqrt{3x}\right)+C.$$

（2）设 $t=\sqrt{2-x}$，则 $x=2-t^2$，$dx=-2t\,dt$．

$$\int\frac{x^2}{\sqrt{2-x}}dx = \int\frac{(2-t^2)^2}{t}\cdot(-2t)dt = -2\int(4-4t^2+t^4)dt$$

$$= -2\left(4t - \frac{4}{3}t^3 + \frac{1}{5}t^5\right) + C$$

$$= -8\sqrt{2-x} + \frac{8}{3}(2-x)^{\frac{3}{2}} - \frac{2}{5}(2-x)^{\frac{5}{2}} + C.$$

（3）设 $x = \tan t$（$-\frac{\pi}{2} < t < \frac{\pi}{2}$），则 $\mathrm{d}x = \sec^2 t\,\mathrm{d}t$.

$$\int \frac{1}{(x^2+1)^2}\mathrm{d}x = \int \frac{1}{\sec^4 t}\cdot\sec^2 t\,\mathrm{d}t = \int\cos^2 t\,\mathrm{d}t = \frac{1}{2}\int(1+\cos 2t)\mathrm{d}t$$

$$= \frac{1}{2}\left[\int\mathrm{d}t + \frac{1}{2}\int\cos 2t\,\mathrm{d}(2t)\right] = \frac{1}{2}\left(t + \frac{1}{2}\sin 2t\right) + C$$

$$= \frac{1}{2}\left(\arctan x + \frac{x}{x^2+1}\right) + C.$$

（4）设 $t = \sqrt{1+\mathrm{e}^x}$，则 $x = \ln(t^2-1)$，$\mathrm{d}x = \frac{2t}{t^2-1}\mathrm{d}t$.

$$\int\frac{\mathrm{d}x}{\sqrt{1+\mathrm{e}^x}} = \int\frac{1}{t}\cdot\frac{2t}{t^2-1}\mathrm{d}t = 2\int\frac{1}{t^2-1}\mathrm{d}t = \int\frac{1}{t-1}\mathrm{d}t - \int\frac{1}{t+1}\mathrm{d}t$$

$$= \ln\left|\frac{t-1}{t+1}\right| + C = \ln\left|\frac{\sqrt{1+\mathrm{e}^x}-1}{\sqrt{1+\mathrm{e}^x}+1}\right| + C.$$

（5）设 $x = \tan t$（$-\frac{\pi}{2} < t < \frac{\pi}{2}$），则 $\mathrm{d}x = \sec^2 t\,\mathrm{d}t$.

$$\int\frac{\sqrt{x^2+1}}{x}\mathrm{d}x = \int\frac{\sec t}{\tan t}\cdot\sec^2 t\,\mathrm{d}t = \int\csc t\,\mathrm{d}(\tan t) = \csc t\tan t + \int\tan t\csc t\cot t\,\mathrm{d}t$$

$$= \sec t + \int\csc t\,\mathrm{d}t = \sec t + \ln|\csc t - \cot t| + C$$

$$= \sqrt{x^2+1} + \ln\frac{\sqrt{x^2+1}-1}{|x|} + C.$$

（6）当 $x > 0$ 时，设 $x = 3\sec t$（$0 \le t < \frac{\pi}{2}$），

$$\int\frac{\sqrt{x^2-9}}{x}\mathrm{d}x = \int 3\tan^2 t\,\mathrm{d}t = 3\int(\sec^2 t - 1)\mathrm{d}t = 3\tan t - 3t + C$$

$$= \sqrt{x^2-9} - 3\arccos\frac{3}{x} + C;$$

当 $x < 0$ 时，设 $x = 3\sec t$（$\frac{\pi}{2} < t \le \pi$），

$$\int\frac{\sqrt{x^2-9}}{x}\mathrm{d}x = -\int 3\tan^2 t\,\mathrm{d}t = -3\int(\sec^2 t - 1)\mathrm{d}t = -3\tan t + 3t + C$$

$$= \sqrt{x^2-9} + 3\arccos\frac{3}{x} + C' = \sqrt{x^2-9} - 3\arccos\frac{3}{-x} + C' + 3\pi.$$

故可统一写作 $\int \dfrac{\sqrt{x^2-9}}{x}\,\mathrm{d}x = \sqrt{x^2-9} - 3\arccos\dfrac{3}{|x|} + C$.

（7）设 $x = a\sin t$ （$-\dfrac{\pi}{2} < t < \dfrac{\pi}{2}$），则 $\mathrm{d}x = a\cos t\,\mathrm{d}t$.

$$\int \frac{x^2}{\sqrt{a^2-x^2}}\,\mathrm{d}x = \int a^2\sin^2 t\,\mathrm{d}t = a^2\int\frac{1-\cos 2t}{2}\,\mathrm{d}t = \frac{a^2}{2}\left(t - \frac{\sin 2t}{2}\right) + C$$

$$= \frac{a^2}{2}\left(\arcsin\frac{x}{a} - \frac{x}{a^2}\sqrt{a^2-x^2}\right) + C.$$

（8）设 $x = \sec t$ （$t = \arccos\dfrac{1}{x}$），则 $\mathrm{d}x = \sec t \cdot \tan t\,\mathrm{d}t$.

$f(x) = \dfrac{1}{x\sqrt{x^2-1}}$ 的定义域为 $x>1$ 或 $x<-1$.

当 $x>1$ 时，$0<t<\dfrac{\pi}{2}$；当 $x<-1$ 时，$\dfrac{\pi}{2}<t<\pi$.

$$\int\frac{1}{x\sqrt{x^2-1}}\,\mathrm{d}x = \int\frac{\sec t\cdot\tan t}{\sec t\cdot|\tan t|}\,\mathrm{d}t = \begin{cases} \displaystyle\int\mathrm{d}t, & 0<t<\dfrac{\pi}{2} \quad (x>1) \\[2mm] -\displaystyle\int\mathrm{d}t, & \dfrac{\pi}{2}<t<\pi \quad (x<-1) \end{cases}$$

$$= \begin{cases} t + C_1, & 0<t<\dfrac{\pi}{2} \quad (x>1) \\[2mm] -t + C_1, & \dfrac{\pi}{2}<t<\pi \quad (x<-1) \end{cases}$$

$$= \begin{cases} \arccos\dfrac{1}{x} + C_1, & x>1 \\[2mm] -\arccos\dfrac{1}{x} + C_1, & x<-1 \end{cases}$$

$$= \begin{cases} \arccos\dfrac{1}{x} + C_1, & x>1 \\[2mm] -\left(\pi - \arccos\dfrac{1}{-x}\right) + C_1, & x<-1 \end{cases}$$

$$= \arccos\frac{1}{|x|} + C \quad (\text{其中 } C = C_1 \text{ 或 } C = C_1 - \pi).$$

习题 4.3

1. 求下列不定积分：

（1）$\displaystyle\int x\mathrm{e}^x\,\mathrm{d}x$；

（2）$\displaystyle\int x\sin 2x\,\mathrm{d}x$；

（3）$\displaystyle\int x^2\ln x\,\mathrm{d}x$；

（4）$\displaystyle\int \arctan x\,\mathrm{d}x$；

（5）$\displaystyle\int x^2\mathrm{e}^x\,\mathrm{d}x$；

（6）$\displaystyle\int \mathrm{e}^{\sqrt[3]{x}}\,\mathrm{d}x$；

高等数学学习指导与习题解答（经管、文科类）

（7）$\int x^2 \arctan x \, dx$ ；   （8）$\int x \sec^2 x \, dx$ ；

（9）$\int (\arcsin x)^2 \, dx$ ；   （10）$\int \dfrac{\ln \ln x}{x} \, dx$ ；

（11）$\int \dfrac{x^2 \arctan x}{1+x^2} \, dx$ ；   （12）$\int \dfrac{\arctan x}{x^2(1+x^2)} \, dx$ ；

（13）$\int x^5 e^{x^3} \, dx$ ；   （14）$\int \dfrac{\ln \tan x}{\cos^2 x} \, dx$ ；

（15）$\int e^x \sin x \, dx$ ；   （16）$\int \cos \ln x \, dx$.

解 （1）$\int x e^x \, dx = \int x \, d(e^x) = x e^x - \int e^x \, dx = x e^x - e^x + C$.

（2）$\int x \sin 2x \, dx = -\dfrac{1}{2} \int x \, d(\cos 2x) = -\dfrac{1}{2} x \cos 2x + \dfrac{1}{2} \int \cos 2x \, dx$

$\qquad = -\dfrac{1}{2} x \cos 2x + \dfrac{1}{4} \sin 2x + C$.

（3）$\int x^2 \ln x \, dx = \dfrac{1}{3} \int \ln x \, d(x^3) = \dfrac{1}{3} \left[x^3 \ln x - \int x^3 \, d(\ln x) \right] = \dfrac{1}{3} x^3 \ln x - \dfrac{1}{3} \int x^2 \, dx$

$\qquad = \dfrac{1}{3} x^3 \ln x - \dfrac{1}{9} x^3 + C$.

（4）$\int \arctan x \, dx = x \arctan x - \int x \, d(\arctan x) = x \arctan x - \int \dfrac{x}{1+x^2} \, dx$

$\qquad = x \arctan x - \dfrac{1}{2} \int \dfrac{x}{1+x^2} \, d(1+x^2) = x \arctan x - \dfrac{1}{2} \ln(1+x^2) + C$.

（5）$\int x^2 e^x \, dx = \int x^2 \, d(e^x) = x^2 e^x - \int e^x \, d(x^2) = x^2 e^x - 2 \int x e^x \, dx = x^2 e^x - 2 \int x \, d(e^x)$

$\qquad = x^2 e^x - 2 \left(x e^x - \int e^x \, dx \right) = x^2 e^x - 2x e^x + 2 e^x + C$.

（6）设 $t = \sqrt[3]{x}$ ，则 $x = t^3$ ，$dx = 3t^2 \, dt$.

$\int e^{\sqrt[3]{x}} \, dx = \int e^t \cdot 3t^2 \, dt = 3 \int t^2 \, d(e^t) = 3 \left(t^2 e^t - \int e^t \cdot 2t \, dt \right) = 3t^2 e^t - 6 \int t \, d(e^t)$

$\qquad = 3t^2 e^t - 6 \left(t e^t - \int e^t \, dt \right) = 3t^2 e^t - 6t e^t + 6 e^t + C = 3 e^t (t^2 - 2t + 2) + C$

$\qquad = 3 e^{\sqrt[3]{x}} (\sqrt[3]{x^2} - 2\sqrt[3]{x} + 2) + C$.

（7）$\int x^2 \arctan x \, dx = \dfrac{1}{3} \int \arctan x \, d(x^3) = \dfrac{1}{3} x^3 \arctan x - \dfrac{1}{3} \int \dfrac{x^3}{1+x^2} \, dx$

$\qquad = \dfrac{1}{3} x^3 \arctan x - \dfrac{1}{3} \int \left(x - \dfrac{x}{1+x^2} \right) dx$

$\qquad = \dfrac{1}{3} x^3 \arctan x - \dfrac{1}{6} x^2 + \dfrac{1}{6} \ln(1+x^2) + C$.

（8）$\int x \sec^2 x \, dx = \int x \, d(\tan x) = x \tan x - \int \tan x \, dx = x \tan x + \ln|\cos x| + C$.

（9）$\int (\arcsin x)^2 \, dx = x(\arcsin x)^2 - \int \dfrac{2x \arcsin x}{\sqrt{1-x^2}} \, dx$

$$= x(\arcsin x)^2 + \int 2\arcsin x \, d\left(\sqrt{1-x^2}\right)$$

$$= x(\arcsin x)^2 + 2\sqrt{1-x^2}\arcsin x - 2x + C \, .$$

（10）$\displaystyle\int \frac{\ln\ln x}{x}dx = \int \ln\ln x \, d(\ln x) = \ln x \ln\ln x - \int \ln x \cdot \frac{1}{x\ln x}dx$

$$= \ln x \ln\ln x - \ln x + C \, .$$

（11）$\displaystyle\int \frac{x^2 \arctan x}{1+x^2}dx = \int \arctan x \, dx - \int \frac{\arctan x}{1+x^2}dx$

$$= x\arctan x - \int \frac{x}{1+x^2}dx - \int \arctan x \, d(\arctan x)$$

$$= x\arctan x - \frac{1}{2}\int \frac{1}{1+x^2}d(1+x^2) - \int \arctan x \, d(\arctan x)$$

$$= x\arctan x - \frac{1}{2}\ln(1+x^2) - \frac{1}{2}(\arctan x)^2 + C \, .$$

（12）$\displaystyle\int \frac{\arctan x}{x^2(1+x^2)}dx = \int \arctan x \left(\frac{1}{x^2}-\frac{1}{1+x^2}\right)dx = \int \frac{1}{x^2}\arctan x \, dx - \int \frac{\arctan x}{1+x^2}dx$

$$= -\int \arctan x \, d\left(\frac{1}{x}\right) - \int \arctan x \, d(\arctan x)$$

$$= -\frac{1}{x}\arctan x + \int \frac{1}{x(1+x^2)}dx - \int \arctan x \, d(\arctan x)$$

$$= -\frac{1}{x}\arctan x + \int\left(\frac{1}{x}-\frac{x}{1+x^2}\right)dx - \int \arctan x \, d(\arctan x)$$

$$= -\frac{1}{x}\arctan x + \ln|x| - \frac{1}{2}\ln(1+x^2) - \frac{1}{2}(\arctan x)^2 + C \, .$$

（13）$\displaystyle\int x^5 e^{x^3} dx = \frac{1}{3}\int x^3 e^{x^3} d(x^3) = \frac{1}{3}\int x^3 d(e^{x^3}) = \frac{1}{3}\left[x^3 e^{x^3} - \int e^{x^3} d(x^3)\right]$

$$= \frac{1}{3}(x^3 e^{x^3} - e^{x^3}) + C \, .$$

（14）$\displaystyle\int \frac{\ln\tan x}{\cos^2 x}dx = \int \ln(\tan x)d(\tan x) = \tan x \ln(\tan x) - \int \tan x \, d(\ln(\tan x))$

$$= \tan x \ln(\tan x) - \int \sec^2 x \, dx = \tan x \ln(\tan x) - \tan x + C \, .$$

（15）$\displaystyle\int e^x \sin x \, dx = \int \sin x \, d(e^x) = e^x \sin x - \int e^x \cos x \, dx = e^x \sin x - \int \cos x \, d(e^x)$

$$= e^x \sin x - e^x \cos x - \int e^x \sin x \, dx \, ,$$

移项整理，得 $\displaystyle\int e^x \sin x \, dx = \frac{1}{2}e^x(\sin x - \cos x) + C \, .$

（16）$\displaystyle\int \cos\ln x \, dx \xlongequal{\ln x = u} \int e^u \cos u \, du = \int \cos u \, d(e^u) = e^u \cos u + \int e^u \sin u \, du$

$$= e^u \cos u + \int \sin u \, d(e^u) = e^u \cos u + e^u \sin u - \int e^u \cos u \, du$$

$$= x\cos\ln x + x\sin\ln x - \int\cos\ln x\mathrm{d}x ,$$

移项整理，得 $\int\cos\ln x\mathrm{d}x = \dfrac{1}{2}x(\cos\ln x + \sin\ln x) + C$.

2. 已知 $f(x)$ 的一个原函数为 e^{-x^2}，求 $\int xf'(x)\mathrm{d}x$.

解 $\int xf'(x)\mathrm{d}x = \int x\mathrm{d}f(x) = xf(x) - \int f(x)\mathrm{d}x = xf(x) - \mathrm{e}^{-x^2} + C$,

由题设知，$f(x) = \left(\mathrm{e}^{-x^2}\right) = -2x\mathrm{e}^{-x^2}$，代入上式，得 $\int xf'(x)\mathrm{d}x = -2x^2\mathrm{e}^{-x^2} - e^{-x^2} + C$.

习题 4.4

1. 求下列有理函数与三角函数有理式的积分：

(1) $\displaystyle\int\frac{x^2}{x+2}\mathrm{d}x$;

(2) $\displaystyle\int\frac{x+1}{x^2-3x+2}\mathrm{d}x$;

(3) $\displaystyle\int\frac{3\mathrm{d}x}{1+x^3}$;

(4) $\displaystyle\int\frac{x^2+1}{(x+1)^2(x-1)}\mathrm{d}x$;

(5) $\displaystyle\int\frac{\mathrm{d}x}{3+\cos x}$;

(6) $\displaystyle\int\frac{\mathrm{d}x}{x\left(x^2+1\right)}$;

(7) $\displaystyle\int\frac{\sin x}{1+\sin x}\mathrm{d}x$;

(8) $\displaystyle\int\frac{\mathrm{d}x}{3+\sin^2 x}$.

解 (1) $\displaystyle\int\frac{x^2}{x+2}\mathrm{d}x = \int\left[(x-2)+\frac{4}{x+2}\right]\mathrm{d}x = \frac{1}{2}x^2 - 2x + 4\ln|x+2| + C$.

(2) $\displaystyle\int\frac{x+1}{x^2-3x+2}\mathrm{d}x = \int\left(\frac{-2}{x-1}-\frac{3}{x-2}\right)\mathrm{d}x = -2\ln|x-1| + 3\ln|x-2| + C$.

(3) $\displaystyle\int\frac{3\mathrm{d}x}{1+x^3} = \int\frac{3}{(1+x)(x^2-x+1)}\mathrm{d}x = \int\left(\frac{1}{1+x}-\frac{2-x}{x^2-x+1}\right)\mathrm{d}x$

$$= \ln|1+x| - \frac{1}{2}\int\frac{1}{(x^2-x+1)}\mathrm{d}(x^2-x+1) + \frac{3}{2}\int\frac{1}{x^2-x+1}\mathrm{d}x$$

$$= \ln|1+x| - \frac{1}{2}\ln(x^2-x+1) + \sqrt{3}\int\frac{1}{\left(\frac{2x-1}{\sqrt{3}}\right)^2+1}\mathrm{d}\left(\frac{2x-1}{\sqrt{3}}\right)$$

$$= \ln|1+x| - \frac{1}{2}\ln(x^2-x+1) + \sqrt{3}\arctan\frac{2x-1}{\sqrt{3}} + C$$.

(4) $\displaystyle\int\frac{x^2+1}{(x+1)^2(x-1)}\mathrm{d}x = \int\left[\frac{1}{2(x-1)}+\frac{1}{2(x+1)}-\frac{1}{(x+1)^2}\right]\mathrm{d}x$

$$= \frac{1}{2}\ln|x-1| + \frac{1}{2}\ln|x+1| + \frac{1}{x+1} + C = \frac{1}{2}\ln|x^2-1| + \frac{1}{x+1} + C$$.

(5) $\displaystyle\int\frac{\mathrm{d}x}{3+\cos x} \xlongequal{t=\tan\frac{x}{2}} \int\frac{1}{3+\frac{1-t^2}{1+t^2}}\cdot\frac{2}{1+t^2}\mathrm{d}t = \int\frac{1}{2+t^2}\mathrm{d}t = \frac{1}{\sqrt{2}}\arctan\frac{t}{\sqrt{2}} + C$

$$= \frac{1}{\sqrt{2}} \arctan \frac{\tan \dfrac{x}{2}}{\sqrt{2}} + C .$$

（6） $\displaystyle\int \frac{\mathrm{d}x}{x(x^2+1)} = \int \left(\frac{1}{x} - \frac{x}{x^2+1} \right) \mathrm{d}x = \int \frac{1}{x} \mathrm{d}x - \frac{1}{2} \int \frac{1}{x^2+1} \mathrm{d}(x^2+1)$

$$= \ln|x| - \frac{1}{2} \ln(x^2+1) + C .$$

（7） $\displaystyle\int \frac{\sin x}{1+\sin x} \mathrm{d}x = \int \frac{\sin x(1-\sin x)}{\cos^2 x} \mathrm{d}x = -\int \frac{1}{\cos^2 x} \mathrm{d}(\cos x) - \int (\sec^2 x - 1) \mathrm{d}x$

$$= \sec x - \tan x + x + C .$$

（8） $\displaystyle\int \frac{\mathrm{d}x}{3+\sin^2 x} = -\int \frac{1}{3\csc^2 x + 1} \mathrm{d}(\cot x) \xlongequal{t=\cot x} -\int \frac{1}{3t^2+4} \mathrm{d}t = -\frac{1}{2\sqrt{3}} \arctan \frac{\sqrt{3}t}{2} + C$

$$= -\frac{1}{2\sqrt{3}} \arctan \frac{\sqrt{3}\cot x}{2} + C .$$

复习题 4

1. 用适当的方法求下列不定积分：

（1） $\displaystyle\int \frac{\ln x}{x^3} \mathrm{d}x$ ；

（2） $\displaystyle\int \frac{\mathrm{d}x}{x\sqrt{1+\ln^2 x}}$ ；

（3） $\displaystyle\int x^3 \sqrt[5]{1-3x^4} \mathrm{d}x$ ；

（4） $\displaystyle\int \frac{\mathrm{e}^{\arctan x}}{1+x^2} \mathrm{d}x$ ；

（5） $\displaystyle\int \ln(1+x^2) \mathrm{d}x$ ；

（6） $\displaystyle\int \frac{\cos^2 x}{\sin x} \mathrm{d}x$ ；

（7） $\displaystyle\int \frac{1}{1+2\tan x} \mathrm{d}x$ ；

（8） $\displaystyle\int \mathrm{e}^x \sin 2x \mathrm{d}x$ ；

（9） $\displaystyle\int \sin \sqrt[3]{x} \mathrm{d}x$ ；

（10） $\displaystyle\int \frac{\mathrm{d}x}{1+\cos x}$ ；

（11） $\displaystyle\int \frac{\mathrm{d}x}{x\sqrt{1+2\ln x}}$ ；

（12） $\displaystyle\int \mathrm{e}^{\sqrt{x}} \mathrm{d}x$ ；

（13） $\displaystyle\int \frac{\sqrt{1+2\ln x}}{x} \mathrm{d}x$ ；

（14） $\displaystyle\int x\mathrm{e}^{-x} \mathrm{d}x$ ；

（15） $\displaystyle\int \frac{1}{x^2} \sec^2 \frac{1}{x} \mathrm{d}x$ ；

（16） $\displaystyle\int \frac{\mathrm{d}x}{\sqrt{x}(1+x)}$ ；

（17） $\displaystyle\int \frac{\mathrm{d}x}{\sqrt{\mathrm{e}^x+1}}$ ；

（18） $\displaystyle\int \frac{1}{\sqrt{x}+\sqrt[4]{x}} \mathrm{d}x$ ；

（19） $\displaystyle\int \frac{\mathrm{d}x}{4x^2+4x+5}$ ；

（20） $\displaystyle\int \frac{\mathrm{d}x}{1+\sqrt[3]{x+2}}$ ；

（21） $\displaystyle\int x\ln x\mathrm{d}x$ ；

（22） $\displaystyle\int \arcsin x\mathrm{d}x$ ；

（23） $\displaystyle\int \sec^3 x\mathrm{d}x$ ；

（24） $\displaystyle\int \frac{\arcsin \sqrt{x}}{\sqrt{x}} \mathrm{d}x$ ；

（25）$\int x^3 \cos x^2 dx$ ；　　　　　　　　　（26）$\int \ln\left(1+x^2\right)dx$ ；

（27）$\int \dfrac{xe^x}{\left(e^x+1\right)^2}dx$ ；　　　　　　　（28）$\int \dfrac{x+\sin x}{1+\cos x}dx$ ．

解　（1）$\displaystyle\int \dfrac{\ln x}{x^3}dx = -\dfrac{1}{2}\int \ln x\,d(x^{-2}) = -\dfrac{1}{2}\Big[x^{-2}\ln x - \int x^{-2}d(\ln x)\Big]$

$$= -\dfrac{1}{2}\Big[x^{-2}\ln x - \int x^{-3}dx\Big] = -\dfrac{\ln x}{2x^2} - \dfrac{1}{4x^2} + C\ .$$

（2）$\displaystyle\int \dfrac{dx}{x\sqrt{1+\ln^2 x}} = \int \dfrac{1}{\sqrt{1+\ln^2 x}}d(\ln x) = \ln\left|\ln x + \sqrt{1+(\ln x)^2}\right| + C\ .$

（3）$\displaystyle\int x^3\sqrt[5]{1-3x^4}\,dx = -\dfrac{1}{12}\int (1-3x^4)^{\frac{1}{5}}d(1-3x^4) = -\dfrac{5}{72}(1-3x^4)^{\frac{6}{5}} + C\ .$

（4）$\displaystyle\int \dfrac{e^{\arctan x}}{1+x^2}dx = \int e^{\arctan x}d(\arctan x) = e^{\arctan x} + C\ .$

（5）$\displaystyle\int \ln(1+x^2)dx = x\ln(1+x^2) - \int x\,d(\ln(1+x^2)) = x\ln(1+x^2) - \int \dfrac{2x^2}{1+x^2}dx$

$$= x\ln(1+x^2) - 2\int\Big(1 - \dfrac{1}{1+x^2}\Big)dx$$

$$= x\ln(1+x^2) - 2x + 2\arctan x + C\ .$$

（6）$\displaystyle\int \dfrac{\cos^2 x}{\sin x}dx = \int \dfrac{1-\sin^2 x}{\sin x}dx = \int \csc x\,dx - \int \sin x\,dx$

$$= \ln|\csc x - \cot x| + \cos x + C\ .$$

（7）$\displaystyle\int \dfrac{1}{1+2\tan x}dx \xlongequal{t=\tan x} \int \dfrac{1}{1+2t}d(\arctan t) = \int \dfrac{1}{(1+2t)(1+t^2)}dt$

$$= \dfrac{4}{5}\int\left(\dfrac{1}{1+2t} + \dfrac{-\dfrac{1}{2}t+\dfrac{1}{4}}{1+t^2}\right)dt$$

$$= \dfrac{4}{5}\Big[\dfrac{1}{2}\ln|1+2t| - \dfrac{1}{4}\ln(1+t^2) + \dfrac{1}{4}\arctan t\Big] + C$$

$$= \dfrac{4}{5}\Big[\dfrac{1}{2}\ln|1+2\tan x| - \dfrac{1}{4}\ln\sec^2 x + \dfrac{1}{4}x\Big] + C$$

$$= \dfrac{1}{5}(x + 2\ln|\cos x + 2\sin x|) + C\ .$$

（8）$\displaystyle\int e^x \sin 2x\,dx = \int \sin 2x\,d(e^x) = e^x\sin 2x - 2\int e^x\cos 2x\,dx$

$$= e^x\sin 2x - 2\int \cos 2x\,d(e^x)$$

$$= e^x\sin 2x - 2e^x\cos 2x + 2\int e^x d(\cos 2x)$$

$$= e^x\sin 2x - 2e^x\cos 2x - 4\int e^x\sin 2x\,dx\ ,$$

移项整理，得 $\int e^x \sin 2x \, dx = \dfrac{1}{5} e^x (\sin 2x - 2\cos 2x) + C$.

（9） $\int \sin \sqrt[3]{x} \, dx \xlongequal{t=\sqrt[3]{x}} \int \sin t \cdot 3t^2 \, dt = -3 \int t^2 \, d(\cos t) = -3t^2 \cos t + 3 \int \cos t \, d(t^2)$

$\qquad\qquad = -3t^2 \cos t + 6 \int t \cos t \, dt = -3t^2 \cos t + 6 \int t \, d(\sin t)$

$\qquad\qquad = -3t^2 \cos t + 6t \sin t - 6 \int \sin t \, dt = -3t^2 \cos t + 6t \sin t + 6\cos t + C$

$\qquad\qquad = -3\sqrt[3]{x^2} \cos \sqrt[3]{x} + 6\sqrt[3]{x} \sin \sqrt[3]{x} + 6\cos \sqrt[3]{x} + C$.

（10） $\int \dfrac{dx}{1 + \cos x} = \int \dfrac{1}{\cos^2 \dfrac{x}{2}} \, d\left(\dfrac{x}{2}\right) = \tan \dfrac{x}{2} + C$.

（11） $\int \dfrac{dx}{x\sqrt{1 + 2\ln x}} = \dfrac{1}{2} \int (1 + 2\ln x)^{-\frac{1}{2}} \, d(1 + 2\ln x) = (1 + 2\ln x)^{\frac{1}{2}} + C$.

（12） $\int e^{\sqrt{x}} \, dx \xlongequal{t=\sqrt{x}} \int e^t \cdot 2t \, dt = 2 \int t e^t \, dt = 2 \int t \, d(e^t) = 2(t e^t - \int e^t \, dt)$

$\qquad\qquad = 2(t e^t - e^t) + C = 2(\sqrt{x} e^{\sqrt{x}} - e^{\sqrt{x}}) + C$.

（13） $\int \dfrac{\sqrt{1 + 2\ln x} \, dx}{x} = \dfrac{1}{2} \int (1 + 2\ln x)^{\frac{1}{2}} \, d(1 + 2\ln x) = \dfrac{1}{3}(1 + 2\ln x)^{\frac{3}{2}} + C$.

（14） $\int x e^{-x} \, dx = -\int x \, d(e^{-x}) = -(x e^{-x} - \int e^{-x} \, dx) = -(x e^{-x} + e^{-x}) + C$.

（15） $\int \dfrac{1}{x^2} \sec^2 \dfrac{1}{x} \, dx = -\int \sec^2 \dfrac{1}{x} \, d\left(\dfrac{1}{x}\right) = -\tan \dfrac{1}{x} + C$.

（16） $\int \dfrac{dx}{\sqrt{x}(1 + x)} = 2 \int \dfrac{1}{1 + x} \, d(\sqrt{x}) = 2\arctan \sqrt{x} + C$.

（17） $\int \dfrac{dx}{\sqrt{e^x + 1}} \xlongequal{t=\sqrt{e^x-1}} \int \dfrac{1}{t} \cdot \dfrac{2t}{t^2 + 1} \, dt = 2 \int \dfrac{1}{1 + t^2} \, dt = 2\arctan t + C = 2\arctan \sqrt{e^x - 1} + C$.

（18） $\int \dfrac{1}{\sqrt{x} + \sqrt[4]{x}} \, dx \xlongequal{t=\sqrt[4]{x}} \int \dfrac{1}{t^2 + t} \cdot 4t^3 \, dt = 4 \int \dfrac{t^2}{t + 1} \, dt = 4 \int \left(t - 1 + \dfrac{1}{t + 1}\right) dt$

$\qquad\qquad = 2t^2 - 4t + 4\ln|t + 1| + C = 2\sqrt{x} - 4\sqrt[4]{x} + 4\ln(\sqrt[4]{x} + 1) + C$.

（19） $\int \dfrac{dx}{4x^2 + 4x + 5} = \int \dfrac{1}{(2x + 1)^2 + 4} \, dx = \dfrac{1}{4} \int \dfrac{1}{1 + \left(\dfrac{2x + 1}{2}\right)^2} \, d\left(\dfrac{2x + 1}{2}\right)$

$\qquad\qquad = \dfrac{1}{4} \arctan \dfrac{2x + 1}{2} + C$.

（20） $\int \dfrac{dx}{1 + \sqrt[3]{x + 2}} \xlongequal{t=\sqrt[3]{x+2}} \int \dfrac{1}{1 + t} \cdot 3t^2 \, dt = 3 \int \left(t - 1 + \dfrac{1}{1 + t}\right) dt$

$\qquad\qquad = \dfrac{3}{2} t^2 - 3t + 3\ln|1 + t| + C$

$$= \frac{3}{2}\sqrt[3]{(x+2)^2} - 3\sqrt[3]{x+2} + 3\ln\left|1 + \sqrt[3]{x+2}\right| + C.$$

（21） $\displaystyle\int x\ln x dx = \int \ln x d\left(\frac{x^2}{2}\right) = \frac{x^2}{2}\ln x - \int \frac{x^2}{2}d(\ln x) = \frac{x^2}{2}\ln x - \int \frac{x}{2}dx$

$$= \frac{1}{2}(x^2\ln x - \frac{1}{2}x^2) + C.$$

（22） $\displaystyle\int \arcsin x dx = x\arcsin x - \int x d(\arcsin x) = x\arcsin x - \int \frac{x}{\sqrt{1-x^2}}dx$

$$= x\arcsin x - \frac{1}{2}\int (1-x^2)^{-\frac{1}{2}}d(1-x^2) = x\arcsin x + \sqrt{1-x^2} + C.$$

（23） $\displaystyle\int \sec^3 x dx = \int \sec x d(\tan x) = \sec x\tan x - \int \tan^2 x\sec x dx$

$$= \sec x\tan x + \int (1 - \sec^2 x)\sec x dx$$

$$= \sec x\tan x + \ln|\sec x + \tan x| - \int \sec^3 x dx,$$

移项整理，得 $\displaystyle\int \sec^3 x dx = \frac{1}{2}(\sec x\tan x + \ln|\sec x + \tan x|) + C.$

（24） $\displaystyle\int \frac{\arcsin\sqrt{x}}{\sqrt{x}}dx = 2\int \arcsin\sqrt{x}d(\sqrt{x}) = 2\sqrt{x}\arcsin\sqrt{x} - 2\int \frac{\sqrt{x}}{\sqrt{1-x}\cdot 2\sqrt{x}}dx$

$$= 2\sqrt{x}\arcsin\sqrt{x} - \int \frac{1}{\sqrt{1-x}}dx$$

$$= 2\sqrt{x}\arcsin\sqrt{x} - \int (1-x)^{-\frac{1}{2}}d(1-x)$$

$$= 2\sqrt{x}\arcsin\sqrt{x} + 2\sqrt{1-x} + C.$$

（25） $\displaystyle\int x^3\cos x^2 dx = \frac{1}{2}\int x^2 d(\sin x^2) = \frac{1}{2}\left[x^2\sin x^2 - \int \sin x^2 d(x^2)\right]$

$$= \frac{1}{2}(x^2\sin x^2 + \cos x^2) + C.$$

（26） $\displaystyle\int \ln(1+x^2)dx = x\ln(1+x^2) - \int x d(\ln(1+x^2)) = x\ln(1+x^2) - 2\int \frac{x^2}{1+x^2}dx$

$$= x\ln(1+x^2) - 2\left(\int dx - \int \frac{1}{1+x^2}dx\right)$$

$$= x\ln(1+x^2) - 2x + 2\arctan x + C.$$

（27） $\displaystyle\int \frac{xe^x}{(e^x+1)^2}dx = -\int x d\left(\frac{1}{e^x+1}\right) = -\frac{x}{e^x+1} + \int \frac{1}{e^x+1}dx = -\frac{x}{e^x+1} + \int \left(1 - \frac{e^x}{e^x+1}\right)dx$

$$= -\frac{x}{e^x+1} + x - \ln(e^x+1) + C = \frac{xe^x}{e^x+1} - \ln(e^x+1) + C.$$

（28） $\displaystyle\int \frac{x+\sin x}{1+\cos x}dx \xlongequal{t=\tan\frac{x}{2}} \int 2\arctan t dt + \int \frac{2t}{1+t^2}dt = 2t\arctan t - 2\int \frac{t}{1+t^2}dt + \int \frac{2t}{1+t^2}dt$

$$= 2t\arctan t + C = x\tan\frac{x}{2} + C.$$

2. 设 $f(x)$ 有连续的导数，求 $\int\left[f(x)+xf'(x)\right]\mathrm{d}x$．

解 $\int\left[f(x)+xf'(x)\right]\mathrm{d}x = \int f(x)\mathrm{d}x + \int xf'(x)\mathrm{d}x = \int f(x)\mathrm{d}x + \int x\mathrm{d}f(x)$

$$= \int f(x)\mathrm{d}x + xf(x) - \int f(x)\mathrm{d}x + C = xf(x) + C.$$

自测题 4

3. 计算下列不定积分：

（1）$\int x\sqrt{2-3x^2}\,\mathrm{d}x$；

（2）$\int\dfrac{2-\ln x}{x}\mathrm{d}x$；

（3）$\int x^2\mathrm{e}^{-2x}\mathrm{d}x$；

（4）$\int x\cos 2x\,\mathrm{d}x$；

（5）$\int x\sec^2 x\,\mathrm{d}x$；

（6）$\int\ln^2 x\,\mathrm{d}x$．

（7）$\int\dfrac{1}{\mathrm{e}^x-\mathrm{e}^{-x}}\mathrm{d}x$；

（8）$\int\dfrac{\sec^2 x}{1+\tan x}\mathrm{d}x$；

（9）$\int\dfrac{\mathrm{d}x}{\sin^2 x\cos^2 x}$；

（10）$\int\dfrac{\mathrm{d}x}{x^4-1}$；

（11）$\int\sqrt{\dfrac{1+x}{1-x}}\mathrm{d}x$；

（12）$\int\cos^2 x\sin^3 x\mathrm{d}x$；

（13）$\int\dfrac{\mathrm{d}x}{\sqrt{x+1}+\sqrt{x-1}}$；

（14）$\int\dfrac{1}{x}\sqrt{\dfrac{1+x}{x}}\mathrm{d}x$；

（15）$\int\dfrac{x}{(1-x)^3}\mathrm{d}x$；

（16）$\int\dfrac{\sin x\cos x}{1+\sin^4 x}\mathrm{d}x$

（17）$\int\dfrac{1}{\sqrt{1+\mathrm{e}^x}}\mathrm{d}x$；

（18）$\int\ln\left(x+\sqrt{a^2+x^2}\right)\mathrm{d}x$；

（19）$\int\dfrac{\ln\sin x}{\cos^2 x}\mathrm{d}x$；

（20）$\int\dfrac{\ln\left(1+\mathrm{e}^x\right)}{\mathrm{e}^x}\mathrm{d}x$．

解 （1）$\int x\sqrt{2-3x^2}\,\mathrm{d}x = -\dfrac{1}{6}\int(2-3x^2)^{\frac{1}{2}}\mathrm{d}(2-3x^2) = -\dfrac{1}{9}(2-3x^2)^{\frac{3}{2}} + C$.

（2）$\int\dfrac{2-\ln x}{x}\mathrm{d}x = -\int(2-\ln x)\mathrm{d}(2-\ln x) = -\dfrac{1}{2}(2-\ln x)^2 + C_1 = 2\ln x - \dfrac{1}{2}\ln^2 x + C$.

（3）$\int x^2\mathrm{e}^{-2x}\mathrm{d}x = -\dfrac{1}{2}\int x^2\mathrm{d}(\mathrm{e}^{-2x}) = -\dfrac{1}{2}x^2\mathrm{e}^{-2x} + \int x\mathrm{e}^{-2x}\mathrm{d}x = -\dfrac{1}{2}x^2\mathrm{e}^{-2x} - \dfrac{1}{2}\int x\mathrm{d}(\mathrm{e}^{-2x})$

$$= -\dfrac{1}{2}x^2\mathrm{e}^{-2x} - \dfrac{1}{2}x\mathrm{e}^{-2x} + \dfrac{1}{2}\int\mathrm{e}^{-2x}\mathrm{d}x = -\dfrac{1}{4}(2x^2+2x+1)\mathrm{e}^{-2x} + C.$$

（4）$\int x\cos 2x\,\mathrm{d}x = \dfrac{1}{2}\int x\mathrm{d}(\sin 2x) = \dfrac{1}{2}x\sin 2x - \dfrac{1}{2}\int\sin 2x\mathrm{d}x$

$$= \frac{1}{2}x\sin 2x + \frac{1}{4}\cos 2x + C .$$

(5) $\int x\sec^2 x\,\mathrm{d}x = \int x\mathrm{d}(\tan x) = x\tan x - \int \tan x\mathrm{d}x = x\tan x + \ln|\cos x| + C .$

(6) $\int \ln^2 x\,\mathrm{d}x = x\ln^2 x - 2\int \ln x\mathrm{d}x = x\ln^2 x - 2x\ln x + 2\int \mathrm{d}x$

$$= x(\ln^2 x - 2\ln x + 2) + C .$$

(7) $\displaystyle\int \frac{1}{e^x - e^{-x}}\mathrm{d}x = \int \frac{e^x}{e^{2x} - 1}\mathrm{d}x = \frac{1}{2}\int \left(\frac{1}{e^x - 1} - \frac{1}{e^x + 1}\right)\mathrm{d}(e^x)$

$$= \frac{1}{2}\ln\left|\frac{e^x - 1}{e^x + 1}\right| + C .$$

(8) $\displaystyle\int \frac{\sec^2 x}{1 + \tan x}\mathrm{d}x = \int \frac{1}{1 + \tan x}\mathrm{d}(1 + \tan x) = \ln|1 + \tan x| + C .$

(9) $\displaystyle\int \frac{\mathrm{d}x}{\sin^2 x\cos^2 x} = 4\int \frac{1}{\sin^2 2x}\mathrm{d}x = 2\int \frac{1}{\sin^2 2x}\mathrm{d}(2x) = -2\cot 2x + C .$

(10) $\displaystyle\int \frac{\mathrm{d}x}{x^4 - 1} = \int \frac{1}{(x^2 + 1)(x^2 - 1)}\mathrm{d}x = \frac{1}{2}\int \frac{1}{(x^2 - 1)}\mathrm{d}x - \frac{1}{2}\int \frac{1}{(x^2 + 1)}\mathrm{d}x$

$$= \frac{1}{4}\int \frac{1}{x - 1}\mathrm{d}x - \frac{1}{4}\int \frac{1}{x + 1}\mathrm{d}x - \frac{1}{2}\int \frac{1}{x^2 + 1}\mathrm{d}x = \frac{1}{4}\ln\left|\frac{x - 1}{x + 1}\right| - \frac{1}{2}\arctan x + C .$$

(11) $\displaystyle\int \sqrt{\frac{1 + x}{1 - x}}\mathrm{d}x = \int \frac{1 + x}{\sqrt{1 - x^2}}\mathrm{d}x = \int \frac{1}{\sqrt{1 - x^2}}\mathrm{d}x - \frac{1}{2}\int \frac{1}{\sqrt{1 - x^2}}\mathrm{d}(1 - x^2)$

$$= \arcsin x - \sqrt{1 - x^2} + C .$$

(12) $\displaystyle\int \cos^2 x\sin^3 x\mathrm{d}x = -\int \cos^2 x\sin^2 x\mathrm{d}(\cos x) = -\int \cos^2 x(1 - \cos^2 x)\mathrm{d}(\cos x)$

$$= -\int (\cos^2 x - \cos^4 x)\mathrm{d}(\cos x) = \frac{1}{5}\cos^5 x - \frac{1}{3}\cos^3 x + C .$$

(13) $\displaystyle\int \frac{\mathrm{d}x}{\sqrt{x + 1} + \sqrt{x - 1}} = \frac{1}{2}\int \left(\sqrt{x + 1} - \sqrt{x - 1}\right)\mathrm{d}x = \frac{1}{3}(x + 1)^{\frac{3}{2}} - \frac{1}{3}(x - 1)^{\frac{3}{2}} + C .$

(14) $\displaystyle\int \frac{1}{x}\sqrt{\frac{1 + x}{x}}\mathrm{d}x \xrightarrow{t = \sqrt{\frac{1+x}{x}}} \int (t^2 - 1)\cdot t\cdot\left[-\frac{2t}{(t^2 - 1)^2}\right]\mathrm{d}t = -2\int \frac{t^2}{t^2 - 1}\mathrm{d}t$

$$= -2\left(\int \mathrm{d}t + \int \frac{1}{t^2 - 1}\mathrm{d}t\right) = -2\left(\int \mathrm{d}t + \frac{1}{2}\int \frac{1}{t - 1}\mathrm{d}t - \frac{1}{2}\int \frac{1}{t + 1}\mathrm{d}t\right)$$

$$= -2t - \ln|t - 1| + \ln|t + 1| + C = -2t + \ln\left|\frac{t + 1}{t - 1}\right| + C$$

$$= -2\sqrt{\frac{1 + x}{x}} + \ln\left|\frac{\sqrt{\dfrac{1 + x}{x}} + 1}{\sqrt{\dfrac{1 + x}{x}} - 1}\right| + C$$

$$= -2\sqrt{\frac{1+x}{x}} + 2\ln\left(\sqrt{\frac{1+x}{x}} + 1\right) + \ln|x| + C .$$

（15）$\displaystyle\int \frac{x}{(1-x)^3}\mathrm{d}x = \int\left[\frac{1}{(1-x)^3} - \frac{1-x}{(1-x)^3}\right]\mathrm{d}x$

$$= -\int\left[\frac{1}{(1-x)^3} - \frac{1}{(1-x)^2}\right]\mathrm{d}(1-x) = \frac{1}{2(1-x)^2} - \frac{1}{1-x} + C .$$

（16）$\displaystyle\int \frac{\sin x \cos x}{1+\sin^4 x}\mathrm{d}x = \frac{1}{2}\int \frac{1}{1+\sin^4 x}\mathrm{d}(\sin^2 x) = \frac{1}{2}\arctan(\sin^2 x) + C .$

（17）$\displaystyle\int \frac{1}{\sqrt{1+e^x}}\mathrm{d}x \xlongequal{t=\sqrt{1+e^x}} \int \frac{1}{t}\cdot\frac{2t}{t^2-1}\mathrm{d}t = 2\int \frac{1}{t^2-1}\mathrm{d}t = \int \frac{1}{t-1}\mathrm{d}t - \int \frac{1}{t+1}\mathrm{d}t = \ln\left|\frac{t-1}{t+1}\right| + C$

$$= \ln\frac{\sqrt{1+e^x}-1}{\sqrt{1+e^x}+1} + C .$$

（18）$\displaystyle\int \ln\left(x+\sqrt{a^2+x^2}\right)\mathrm{d}x = x\ln\left(x+\sqrt{a^2+x^2}\right) - \int x\,\mathrm{d}\left(\ln\left(x+\sqrt{a^2+x^2}\right)\right)$

$$= x\ln\left(x+\sqrt{a^2+x^2}\right) - \int \frac{x}{\sqrt{a^2+x^2}}\mathrm{d}x$$

$$= x\ln\left(x+\sqrt{a^2+x^2}\right) - \frac{1}{2}\int (a^2+x^2)^{-\frac{1}{2}}\mathrm{d}(a^2+x^2)$$

$$= x\ln\left(x+\sqrt{a^2+x^2}\right) - \sqrt{a^2+x^2} + C .$$

（19）$\displaystyle\int \frac{\ln\sin x}{\cos^2 x}\mathrm{d}x = \int \ln\sin x\,\mathrm{d}(\tan x) = \tan x\ln\sin x - \int \tan x\,\mathrm{d}(\ln\sin x)$

$$= \tan x\ln\sin x - \int \mathrm{d}x = \tan x\ln\sin x - x + C .$$

（20）$\displaystyle\int \frac{\ln(1+e^x)}{e^x}\mathrm{d}x = -\int \ln(1+e^x)\mathrm{d}(e^{-x}) = -e^{-x}\ln(1+e^x) + \int e^{-x}\mathrm{d}(\ln(1+e^x))$

$$= -\frac{\ln(1+e^x)}{e^x} + \int \frac{1}{1+e^x}\mathrm{d}x = -\frac{\ln(1+e^x)}{e^x} + \int\left(1 - \frac{e^x}{1+e^x}\right)\mathrm{d}x$$

$$= x - \frac{\ln(1+e^x)}{e^x} - \ln(1+e^x) + C .$$

4.4 同步练习及答案

同步练习

1. 填空题.

（1）设 $f'(x)$ 是连续函数，则 $\displaystyle\int f'(x)\mathrm{d}x = $ _____；

（2）设 $f(x)$ 的一个原函数为 $\ln x$ ，则 $f'(x) = $ _____；

(3) $\int \dfrac{\ln(\ln x)}{x\ln x}\mathrm{d}x = $ _____ ;

(4) 设 $f(x)$ 的一个原函数为 $x^2+\cos x$ ，则 $\int f(x)\mathrm{d}x = $ _____ ;

(5) 设 $\int xf(x)\mathrm{d}x = \mathrm{e}^{-x}+C$ ，则 $\int \dfrac{1}{f(x)}\mathrm{d}x = $ _____ .

2．选择题.

（1）下列函数中不是 $\mathrm{e}^{2x}-\mathrm{e}^{-2x}$ 的原函数的是（　）.

　A. $\dfrac{1}{2}(\mathrm{e}^{2x}+\mathrm{e}^{-2x})$ ；　　　　　B. $\dfrac{1}{2}(\mathrm{e}^{x}+\mathrm{e}^{-x})^2$ ；

　C. $\dfrac{1}{2}(\mathrm{e}^{x}-\mathrm{e}^{-x})^2$ ；　　　　　D. $2(\mathrm{e}^{2x}+\mathrm{e}^{-2x})$.

（2）经过点 $(1,0)$ 且切线斜率为 $3x^2$ 的曲线方程为（　）.

　A. $y=x^3$ ；　　　　　　　　　B. $y=x^3+1$ ；

　C. $y=x^3-1$ ；　　　　　　　　D. $y=x^3+C$.

（3）若 e^{-x} 是 $f(x)$ 的原函数，则 $\int xf(x)\mathrm{d}x=$（　）.

　A. $\mathrm{e}^{-x}(1-x)+C$ ；　　　　　B. $\mathrm{e}^{-x}(1+x)+C$ ；

　C. $\mathrm{e}^{-x}(x-1)+C$ ；　　　　　D. $-\mathrm{e}^{-x}(1+x)+C$.

（4）设 $f(x)=\mathrm{e}^{-x}$ ，则 $\int \dfrac{f'(\ln x)}{x}\mathrm{d}x=$（　）.

　A. $-\dfrac{1}{x}+C$ ；　　　　　　　B. $-\ln x+C$ ；

　C. $\dfrac{1}{x}+C$ ；　　　　　　　　D. $\ln x+C$.

（5）下面等式不正确的是（　）.

　A. $\dfrac{\mathrm{d}}{\mathrm{d}x}\int f(x)\mathrm{d}x=f(x)$ ；　　B. $\mathrm{d}\left[\int f(x)\mathrm{d}x\right]=f(x)\mathrm{d}x$ ；

　C. $\int f'(x)\mathrm{d}x=f(x)$ ；　　　　D. $\int f'(x)\mathrm{d}x=f(x)+C$.

3．计算题.

（1）$\int \dfrac{x}{1+x^4}\mathrm{d}x$ ；　　　　　　（2）$\int \dfrac{1+\cos x}{x+\sin x}\mathrm{d}x$ ；

（3）$\int \dfrac{x^2}{\sqrt{2-x}}\mathrm{d}x$ ；　　　　　（4）$\int (\arcsin x)^2\mathrm{d}x$ ；

（5）$\int \dfrac{1}{2+\sin x}\mathrm{d}x$.

参考答案

1．（1）$f(x)+C$ ；（2）$-\dfrac{1}{x^2}$ ；（3）$\dfrac{1}{2}\ln^2(\ln x)+C$ ；（4）$x^2+\cos x+C$ ；

（5）$-xe^x + e^x + C$.

2. （1）D；（2）C；（3）B；（4）C；（5）C.

3. （1）$\dfrac{1}{2}\arctan x^2 + C$ ；

（2）$\ln|x + \sin x| + C$ ；

（3）$-8\sqrt{2-x} + \dfrac{8}{3}\sqrt{(2-x)^3} - \dfrac{2}{5}\sqrt{(2-x)^5} + C$ ；

（4）$x(\arcsin x)^2 + 2\sqrt{1-x^2}\arcsin x - 2x + C$ ；

（5）$\dfrac{2}{\sqrt{3}}\arctan\dfrac{2\tan\dfrac{x}{2}+1}{\sqrt{3}} + C$.

第 5 章　定积分

5.1　内容提要

5.1.1　定积分的定义

设函数 $f(x)$ 在闭区间 $[a,b]$ 上有界，用分点

$$a = x_0 < x_1 < \cdots < x_{i-1} < x_i < \cdots < x_{n-1} < x_n = b$$

将区间 $[a,b]$ 任意分成 n 个小区间 $[x_0,x_1],[x_1,x_2],\cdots,[x_{n-1},x_n]$，各小区间的长度记为 $\Delta x_i = x_i - x_{i-1}$（ $i = 1,2,\cdots,n$ ），在每个小区间 $[x_{i-1},x_i]$ 上任取一点 ξ_i（ $x_{i-1} \leqslant \xi_i \leqslant x_i$ ），作函数值 $f(\xi_i)$ 与小区间长度 Δx_i 的乘积 $f(\xi_i)\Delta x_i$（ $i = 1,2,\cdots,n$ ），并作和式 $S_n = \sum_{i=1}^{n} f(\xi_i)\Delta x_i$，记 $\lambda = \max_{1 \leqslant i \leqslant n}\{\Delta x_i\}$，如果不论对 $[a,b]$ 怎样划分，也不论在小区间 $[x_{i-1},x_i]$ 上点 ξ_i 怎样选取，只要当 $\lambda \to 0$ 时，上述和式 S_n 的极限总存在，则称函数 $f(x)$ 在区间 $[a,b]$ 上可积，并称此极限值为 $f(x)$ 在区间 $[a,b]$ 上的定积分（简称积分），记为 $\int_a^b f(x)\mathrm{d}x$，即

$$\int_a^b f(x)\mathrm{d}x = \lim_{\lambda \to 0} \sum_{i=1}^{n} f(\xi_i)\Delta x_i.$$

要点　定积分是一个数，只取决于被积函数和积分区间，而与积分变量用什么字母表示无关.

5.1.2　定积分的几何意义

定积分 $\int_a^b f(x)\mathrm{d}x$ 表示曲线 $y = f(x)$，直线 $x = a$，$x = b$ 和 x 轴所围成的曲边梯形面积的代数和，如图 5.1.

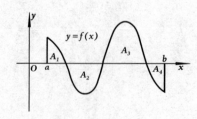

图 5.1

5.1.3　定积分的基本性质

（1）$\int_a^b [\alpha f(x) \pm \beta g(x)] \mathrm{d}x = \alpha \int_a^b f(x)\mathrm{d}x \pm \beta \int_a^b g(x)\mathrm{d}x$（$\alpha$、$\beta$ 是常数）.

（2）$\int_a^b f(x)\mathrm{d}x = \int_a^c f(x)\mathrm{d}x + \int_c^b f(x)\mathrm{d}x$.

（3）如果在区间 $[a,b]$ 上，$f(x) \equiv 1$，则 $\int_a^b 1\mathrm{d}x = \int_a^b \mathrm{d}x = b - a$.

（4）如果在区间 $[a,b]$ 上，$f(x) \leqslant g(x)$，则 $\int_a^b f(x)\mathrm{d}x \leqslant \int_a^b g(x)\mathrm{d}x$.

（5）设 M 与 m 分别是函数 $f(x)$ 在区间 $[a,b]$ 上的最大值和最小值，则

$$m(b-a) \leqslant \int_a^b f(x)\mathrm{d}x \leqslant M(b-a) .$$

（6）如果函数 $f(x)$ 在 $[a,b]$ 上连续，则在区间 $[a,b]$ 上至少存在一点 ξ，使得

$$\int_a^b f(x)\mathrm{d}x = f(\xi)(b-a) .$$

5.1.4　微积分学基本定理

1. 原函数存在定理　若函数 $f(x)$ 在区间 $[a,b]$ 上连续，则变上限函数 $\Phi(x)$ 是 $f(x)$ 在区间 $[a,b]$ 上的一个原函数，即 $\Phi'(x) = \dfrac{\mathrm{d}}{\mathrm{d}x}\int_a^x f(t)\mathrm{d}t = f(x)$.

推广形式　　$\dfrac{\mathrm{d}}{\mathrm{d}x}\int_x^b f(t)\mathrm{d}t = -f(x)$.

$\dfrac{\mathrm{d}}{\mathrm{d}x}\int_a^{\varphi(x)} f(t)\mathrm{d}t = f[\varphi(x)] \cdot \varphi'(x)$.

$\dfrac{\mathrm{d}}{\mathrm{d}x}\int_{\psi(x)}^{\varphi(x)} f(t)\mathrm{d}t = f[\varphi(x)] \cdot \varphi'(x) - f[\psi(x)] \cdot \psi'(x)$.

2. 牛顿—莱布尼兹公式　设函数 $f(x)$ 在区间 $[a,b]$ 上连续，而 $F(x)$ 是 $f(x)$ 的任一原函数，则 $\int_a^b f(x)\mathrm{d}x = F(b) - F(a)$.

5.1.5　定积分的积分方法

1. 换元积分法　$\int_a^b f(x)\mathrm{d}x \xlongequal{x=\varphi(t)} \int_\alpha^\beta f[\varphi(t)]\varphi'(t)\mathrm{d}t$.

要点　换元必换限，（原）上限对（新）上限，（原）下限对（新）下限，不必再还原.

2. 分部积分法　$\int_a^b u\,\mathrm{d}v = (uv)\Big|_a^b - \int_a^b v\,\mathrm{d}u$.

5.1.6 广义积分

1. 设 $f(x)$ 在 $[a,+\infty)$ 上连续，$\int_a^{+\infty} f(x)\mathrm{d}x$ 收敛 $\Leftrightarrow \lim\limits_{b\to +\infty} \int_a^b f(x)\mathrm{d}x$ 存在，且

$$\int_a^{+\infty} f(x)\mathrm{d}x = \lim\limits_{b\to +\infty} \int_a^b f(x)\mathrm{d}x .$$

2. 设 $f(x)$ 在 $(-\infty,b]$ 上连续，$\int_{-\infty}^b f(x)\mathrm{d}x$ 收敛 $\Leftrightarrow \lim\limits_{a\to -\infty} \int_a^b f(x)\mathrm{d}x$ 存在，且

$$\int_{-\infty}^b f(x)\mathrm{d}x = \lim\limits_{a\to -\infty} \int_a^b f(x)\mathrm{d}x .$$

3. 设 $f(x)$ 在 $(-\infty,+\infty)$ 上连续，$\int_{-\infty}^{+\infty} f(x)\mathrm{d}x$ 收敛 $\Leftrightarrow \int_{-\infty}^c f(x)\mathrm{d}x$ 与 $\int_c^{+\infty} f(x)\mathrm{d}x$ 收敛，且

$$\int_{-\infty}^{+\infty} f(x)\mathrm{d}x = \int_{-\infty}^c f(x)\mathrm{d}x + \int_c^{+\infty} f(x)\mathrm{d}x .$$

4. 设 $f(x)$ 在 $(a,b]$ 上可积，点 a 为 $f(x)$ 的瑕点，$\int_a^b f(x)\mathrm{d}x = \lim\limits_{\varepsilon\to 0^+} \int_{a+\varepsilon}^b f(x)\mathrm{d}x$.

5. 设 $f(x)$ 在 $[a,b)$ 上可积，点 b 为 $f(x)$ 的瑕点，$\int_a^b f(x)\mathrm{d}x = \lim\limits_{\varepsilon\to 0^+} \int_a^{b-\varepsilon} f(x)\mathrm{d}x$.

6. 若 $f(x)$ 在 $[a,b]$ 上除 c（$a<c<b$）点外可积，点 c 为 $f(x)$ 的瑕点，则

$$\int_a^b f(x)\mathrm{d}x = \int_a^c f(x)\mathrm{d}x + \int_c^b f(x)\mathrm{d}x .$$

5.2 典型例题解析

例 1 计算 $\int_{-1}^0 \dfrac{x}{\sqrt{1+x}}\mathrm{d}x$.

解 $\displaystyle \int_{-1}^0 \frac{x}{\sqrt{1+x}}\mathrm{d}x = \int_{-1}^0 \frac{x+1-1}{\sqrt{1+x}}\mathrm{d}x = \int_{-1}^0 (x+1)^{\frac{1}{2}}\mathrm{d}(x+1) - \int_{-1}^0 (x+1)^{-\frac{1}{2}}\mathrm{d}(x+1)$

$$= \frac{2}{3}(x+1)^{\frac{3}{2}}\Big|_{-1}^0 - 2(x+1)^{\frac{1}{2}}\Big|_{-1}^0 = -\frac{4}{3} .$$

例 2 计算 $\int_1^{16} \dfrac{\mathrm{d}x}{\sqrt{x}+\sqrt[4]{x}}$.

解 $\displaystyle \int_1^{16} \frac{\mathrm{d}x}{\sqrt{x}+\sqrt[4]{x}} \xlongequal{u=\sqrt[4]{x}} \int_1^2 \frac{4u^3}{u^2+u}\mathrm{d}u = 4\int_1^2 \frac{u^2-1+1}{u+1}\mathrm{d}u = 4\int_1^2 \left(u-1+\frac{1}{u+1}\right)\mathrm{d}u$

$$= 4\left(\frac{1}{2}u^2 - u + \ln|u+1|\right)\Big|_1^2 = 2 + 4\ln\frac{3}{2} .$$

例 3 计算 $\int_{\frac{\pi}{4}}^{\frac{\pi}{2}} \frac{x}{\sin^2 x} \mathrm{d}x$.

解
$$\int_{\frac{\pi}{4}}^{\frac{\pi}{2}} \frac{x}{\sin^2 x} \mathrm{d}x = \int_{\frac{\pi}{4}}^{\frac{\pi}{2}} x \mathrm{d}(-\cot x) = (-x\cot x)\Big|_{\frac{\pi}{4}}^{\frac{\pi}{2}} + \int_{\frac{\pi}{4}}^{\frac{\pi}{2}} \cot \mathrm{d}x$$

$$= \frac{\pi}{4} + \ln|\sin x|\Big|_{\frac{\pi}{4}}^{\frac{\pi}{2}} = \frac{\pi}{4} + \frac{1}{2}\ln 2 .$$

例 4 计算 $\int_1^{+\infty} \frac{1}{e^{1+x} + e^{3-x}} \mathrm{d}x$.

解
$$\int_1^{+\infty} \frac{1}{e^{1+x} + e^{3-x}} \mathrm{d}x = \int_1^{+\infty} \frac{e^{x-1}}{e^{2x} + e^2} \mathrm{d}x = \frac{1}{e^2} \int_1^{+\infty} \frac{e^{x-1}}{1 + e^{2(x-1)}} \mathrm{d}(x-1)$$

$$= \frac{1}{e^2} \arctan e^{x-1}\Big|_1^{+\infty} = \frac{\pi}{4e^2} .$$

例 5 已知 $f(0) = 1$ ，$f(2) = 3$ ，$f'(2) = 5$ ，计算 $\int_0^1 x f''(2x)\mathrm{d}x$.

解
$$\int_0^1 x f''(2x)\mathrm{d}x = \frac{1}{2}\int_0^1 x f''(2x)\mathrm{d}(2x) = \frac{1}{2}\int_0^1 x \mathrm{d}f'(2x)$$

$$= \frac{1}{2} x f'(2x)\Big|_0^1 - \frac{1}{2}\int_0^1 f'(2x)\mathrm{d}x = \frac{1}{2}f'(2) - \frac{1}{4}f(2x)\Big|_0^1 = 2 .$$

例 6 设 $\lim_{x \to \infty} \left(\frac{1+x}{x}\right)^{ax} = \int_{-\infty}^a t e^t \mathrm{d}t$ ，求 a 值.

解
$$\lim_{x \to \infty} \left(\frac{1+x}{x}\right)^{ax} = \lim_{x \to \infty} \left(1 + \frac{1}{x}\right)^{ax} = e^a ,$$

$$\int_{-\infty}^a t e^t \mathrm{d}t = \int_{-\infty}^a t \mathrm{d}(e^t) = t e^t \Big|_{-\infty}^a - \int_{-\infty}^a e^t \mathrm{d}t = a e^a - e^a ,$$

从而 $e^a = a e^a - e^a$ ，所以 $a = 2$.

5.3 习题选解

习题 5.1

3. 利用定积分性质，估计下列积分值：

（1）$\int_2^5 (x^2 + 4)\mathrm{d}x$ ；

（2）$\int_1^2 \frac{1}{x}\mathrm{d}x$ ；

（3）$\int_{\frac{\pi}{4}}^{\frac{5\pi}{4}} (1 + \sin^2 x)\mathrm{d}x$ ；

（4）$\int_{\frac{\sqrt{3}}{3}}^{\sqrt{3}} x \arctan x \, \mathrm{d}x$.

解 （1）在区间 $[2,5]$ 上，$8 \leqslant x^2 + 4 \leqslant 29$ ，因此 $24 \leqslant \int_2^5 (x^2 + 4)\mathrm{d}x \leqslant 87$.

（2）在区间 $[1,2]$ 上，$\dfrac{1}{2} \leqslant \dfrac{1}{x} \leqslant 1$，因此 $\dfrac{1}{2} \leqslant \displaystyle\int_1^2 \dfrac{1}{x}\mathrm{d}x \leqslant 1$．

（3）在区间 $\left[\dfrac{\pi}{4}, \dfrac{5\pi}{4}\right]$ 上，$1 = 1+0 \leqslant 1+\sin^2 x \leqslant 1+1 = 2$，因此

$$\pi \leqslant \int_{\frac{\pi}{4}}^{\frac{5\pi}{4}} (1+\sin^2 x)\mathrm{d}x \leqslant 2\pi .$$

（4）在区间 $\left[\dfrac{\sqrt{3}}{3}, \sqrt{3}\right]$ 上，函数 $f(x) = x\arctan x$ 单调增加，因此

$f\left(\dfrac{\sqrt{3}}{3}\right) \leqslant f(x) \leqslant f(\sqrt{3})$，即 $\dfrac{\pi}{6\sqrt{3}} \leqslant x\arctan x \leqslant \dfrac{\pi}{\sqrt{3}}$，故有 $\dfrac{\pi}{9} \leqslant \displaystyle\int_{\frac{\sqrt{3}}{3}}^{\sqrt{3}} x\arctan x\,\mathrm{d}x \leqslant \dfrac{2}{3}\pi$．

习题 5.2

1．求下列极限：

（1）$\displaystyle\lim_{x\to 0} \frac{1}{x} \int_0^x (1+\sin 2t)^{\frac{1}{t}}\,\mathrm{d}t$；

（2）$\displaystyle\lim_{x\to 0} \frac{1}{x^2} \int_0^x \arctan t\,\mathrm{d}t$；

（3）$\displaystyle\lim_{x\to 0} \frac{1}{x} \int_0^x \cos t^2\,\mathrm{d}t$；

（4）$\displaystyle\lim_{x\to 0} \frac{\displaystyle\int_x^0 t^2\,\mathrm{d}t}{\displaystyle\int_0^x t(t+\sin t)\,\mathrm{d}t}$．

解 （1）$\displaystyle\lim_{x\to 0} \frac{1}{x}\int_0^x (1+\sin 2t)^{\frac{1}{t}}\,\mathrm{d}t = \lim_{x\to 0} \frac{(1+\sin 2x)^{\frac{1}{x}}}{1} = \lim_{x\to 0}(1+\sin 2x)^{\frac{1}{x}}$，

设 $y = (1+\sin 2x)^{\frac{1}{x}}$，则 $\ln y = \dfrac{1}{x}\ln(1+2x)$，

$$\lim_{x\to 0}\ln y = \lim_{x\to 0}\frac{\ln(1+\sin 2x)}{x} = \lim_{x\to 0}\frac{2\cos 2x}{1+\sin 2x} = 2 ,$$

所以 $\displaystyle\lim_{x\to 0}\frac{1}{x}\int (1+\sin 2t)^{\frac{1}{t}}\mathrm{d}t = \mathrm{e}^2$．

（2）$\displaystyle\lim_{x\to 0}\frac{1}{x^2}\int_0^x \arctan t\,\mathrm{d}t = \lim_{x\to 0}\frac{\arctan x}{2x} = \lim_{x\to 0}\frac{\dfrac{1}{1+x^2}}{2} = \dfrac{1}{2}$．

（3）$\displaystyle\lim_{x\to 0}\frac{1}{x}\int_0^x \cos t^2\,\mathrm{d}t = \lim_{x\to 0}\frac{\cos x^2}{1} = 1$．

（4）$\displaystyle\lim_{x\to 0}\frac{\displaystyle\int_x^0 t^2\,\mathrm{d}t}{\displaystyle\int_0^x t(t+\sin t)\,\mathrm{d}t} = \lim_{x\to 0}\frac{-x^2}{x(x+\sin x)} = -\lim_{x\to 0}\frac{x}{x+\sin x} = -\lim_{x\to 0}\frac{1}{1+\cos x} = -\dfrac{1}{2}$．

2．求下列函数的导数：

（1）$\Phi(x) = \displaystyle\int_0^x t\sqrt{1+t^2}\,\mathrm{d}t$；

（2）$\Phi(x) = \displaystyle\int_{x^2}^0 \ln(1+t)\,\mathrm{d}t$；

（3）$\Phi(x) = \int_{\sqrt{x}}^{x^3} e^{-t^2}\, dt$；   （4）$\Phi(x) = \int_{x^3}^{\sin x} t e^t\, dt$．

解 （1）$\Phi'(x) = x\sqrt{1+x^2}$．

（2）$\Phi'(x) = -\ln(1+x^2) \cdot 2x = -2x\ln(1+x^2)$．

（3）$\Phi'(x) = \dfrac{d}{dx}\left[\int_0^{x^3} e^{-t^2}\,dt - \int_0^{\sqrt{x}} e^{-t^2}\,dt\right] = 3x^2 e^{-x^6} - \dfrac{1}{2\sqrt{x}} e^{-x}$．

（4）$\Phi'(x) = \dfrac{d}{dx}\left[\int_0^{\sin x} t e^t\,dt - \int_0^{x^3} t e^t\,dt\right] = \dfrac{1}{2}\sin 2x\, e^{\sin x} - 3x^5 e^{x^3}$．

3．设由方程 $\int_0^y e^{t^2}\,dt + \int_{x^2}^1 \cos\sqrt{t}\,dt$ 确定 y 为 x 的函数，求 $\dfrac{dy}{dx}$．

解 方程两边对 x 求导，得 $e^{y^2}\dfrac{dy}{dx} - 2x\cos x = 0$，故 $\dfrac{dy}{dx} = 2x e^{-y^2}\cos x$．

4．求函数 $F(x) = \int_0^x t e^{-t^2}\,dt$ 的极值．

解 易知 $F(x)$ 可导，而 $F'(x) = x e^{-x^2} = 0$ 只有唯一解 $x = 0$．当 $x < 0$ 时，$F'(x) < 0$，当 $x > 0$ 时，$F'(x) > 0$，故 $F(x)$ 在点 $x = 0$ 处取得极小值 $F(0) = 0$．

5．设 $f(x)$ 为连续函数，且存在常数 a，满足 $x^5 + 1 = \int_a^{x^3} f(t)\,dt$，求 $f(x)$ 及常数 a．

解 因 $x^5 + 1 = \int_a^{x^3} f(t)\,dt$ ①，两边对 x 求导，得 $5x^4 = 3x^2 f(x^3)$，故 $f(x^3) = \dfrac{5}{3}x^2$，从而 $f(x) = \dfrac{5}{3}x^{\frac{2}{3}}$，将 $f(x)$ 代入①式，得 $x^5 + 1 = \int_a^{x^3} \dfrac{5}{3}t^{\frac{2}{3}}\,dt = x^5 - a^{\frac{5}{3}}$，所以 $a = -1$．

6．设 $f(x) = \dfrac{1}{1+x^2} + e^x\int_0^1 f(x)\,dx$，求 $\int_0^1 f(x)\,dx$．

解 已知式两端在 $[0,1]$ 上求定积分，得

$$\int_0^1 f(x)\,dx = \int_0^1 \dfrac{1}{1+x^2}\,dx + \int_0^1 f(x)\,dx\int_0^1 e^x\,dx = \arctan x\Big|_0^1 + \int_0^1 f(x)\,dx \cdot e^x\Big|_0^1$$

$$= \dfrac{\pi}{4} + (e-1)\int_0^1 f(x)\,dx,$$

移项，整理，得 $\int_0^1 f(x)\,dx = \dfrac{\pi}{4(2-e)}$．

7．用牛顿－莱布尼兹公式计算下列定积分：

（1）$\displaystyle\int_{-\frac{1}{2}}^{\frac{1}{2}} \dfrac{1}{\sqrt{1-x^2}}\,dx$；   （2）$\displaystyle\int_{\frac{\pi}{6}}^{\frac{\pi}{3}} \tan x\,dx$；

（3）$\displaystyle\int_{\frac{\pi}{4}}^{\frac{\pi}{3}} \dfrac{1}{\sin x\cos x}\,dx$；   （4）$\displaystyle\int_{\frac{\pi}{6}}^{\frac{\pi}{3}} \tan^2 x\,dx$；

（5）$\displaystyle\int_2^3 \dfrac{1}{x^4 - x^2}\,dx$；   （6）$\displaystyle\int_1^2 \left(x + \dfrac{1}{x}\right)^2\,dx$；

（7）$\displaystyle\int_{1}^{\sqrt{3}}\frac{1+2x^2}{x^2(1+x^2)}\,\mathrm{d}x$ ；

（8）$\displaystyle\int_{0}^{\pi}\sqrt{1-\sin 2x}\,\mathrm{d}x$ ；

（9）$\displaystyle\int_{0}^{2}x\,|x-1|\,\mathrm{d}x$ ；

（10）$\displaystyle\int_{0}^{2\pi}|\sin x|\,\mathrm{d}x$ ．

解　（1）$\displaystyle\int_{-\frac{1}{2}}^{\frac{1}{2}}\frac{1}{\sqrt{1-x^2}}\,\mathrm{d}x=\arcsin x\Big|_{-\frac{1}{2}}^{\frac{1}{2}}=\frac{\pi}{6}-\left(-\frac{\pi}{6}\right)=\frac{\pi}{3}$ ．

（2）$\displaystyle\int_{\frac{\pi}{6}}^{\frac{\pi}{3}}\tan x\,\mathrm{d}x=-\ln|\cos x|\Big|_{\frac{\pi}{6}}^{\frac{\pi}{3}}=-\ln\frac{1}{2}+\ln\frac{\sqrt{3}}{2}=\frac{1}{2}\ln 3$ ．

（3）$\displaystyle\int_{\frac{\pi}{4}}^{\frac{\pi}{3}}\frac{1}{\sin x\cos x}\,\mathrm{d}x=\int_{\frac{\pi}{4}}^{\frac{\pi}{3}}\frac{1}{\sin 2x}\,\mathrm{d}(2x)=\ln|\csc 2x-\cot 2x|\Big|_{\frac{\pi}{4}}^{\frac{\pi}{3}}=\ln\sqrt{3}-\ln 1=\frac{1}{2}\ln 3$ ．

（4）$\displaystyle\int_{\frac{\pi}{6}}^{\frac{\pi}{3}}\tan^2 x\,\mathrm{d}x=\int_{\frac{\pi}{6}}^{\frac{\pi}{3}}(\sec^2 x-1)\,\mathrm{d}x=(\tan x-x)\Big|_{\frac{\pi}{6}}^{\frac{\pi}{3}}=\frac{2\sqrt{3}}{3}-\frac{\pi}{6}$ ．

（5）$\displaystyle\int_{2}^{3}\frac{1}{x^4-x^2}\,\mathrm{d}x=\int_{2}^{3}\frac{1}{x^2(x^2-1)}\,\mathrm{d}x=\int_{2}^{3}\left(\frac{1}{x^2-1}-\frac{1}{x^2}\right)\mathrm{d}x$

$\displaystyle\qquad=\frac{1}{2}\int_{2}^{3}\left(\frac{1}{x-1}-\frac{1}{x+1}\right)\mathrm{d}x-\int_{2}^{3}\frac{1}{x^2}\,\mathrm{d}x$

$\displaystyle\qquad=\frac{1}{2}\ln\left|\frac{x-1}{x+1}\right|\Big|_{2}^{3}+\frac{1}{x}\Big|_{2}^{3}=\frac{1}{2}\ln\frac{3}{2}-\frac{1}{6}$ ．

（6）$\displaystyle\int_{1}^{2}\left(x+\frac{1}{x}\right)^2\mathrm{d}x=\int_{1}^{2}\left(x^2+2+\frac{1}{x^2}\right)\mathrm{d}x=\left(\frac{1}{3}x^3+2x-\frac{1}{x}\right)\Big|_{1}^{2}=\frac{29}{6}$ ．

（7）$\displaystyle\int_{1}^{\sqrt{3}}\frac{1+2x^2}{x^2(1+x^2)}\,\mathrm{d}x=\int_{1}^{\sqrt{3}}\left(\frac{1}{x^2}+\frac{1}{1+x^2}\right)\mathrm{d}x=\left(-\frac{1}{x}+\arctan x\right)\Big|_{1}^{\sqrt{3}}=1-\frac{1}{\sqrt{3}}+\frac{\pi}{12}$ ．

（8）$\displaystyle\int_{0}^{\pi}\sqrt{1-\sin 2x}\,\mathrm{d}x=\int_{0}^{\pi}\sqrt{(\sin x-\cos x)^2}\,\mathrm{d}x=\int_{0}^{\pi}|\sin x-\cos x|\,\mathrm{d}x$

$\displaystyle\qquad=\int_{0}^{\frac{\pi}{4}}(\cos x-\sin x)\,\mathrm{d}x+\int_{\frac{\pi}{4}}^{\pi}(\sin x-\cos x)\,\mathrm{d}x$

$\displaystyle\qquad=(\sin x+\cos x)\Big|_{0}^{\frac{\pi}{4}}+(-\cos x-\sin x)\Big|_{\frac{\pi}{4}}^{\pi}=2\sqrt{2}$ ．

（9）$\displaystyle\int_{0}^{2}x\,|x-1|\,\mathrm{d}x=\int_{0}^{1}x(1-x)\,\mathrm{d}x+\int_{1}^{2}x(x-1)\,\mathrm{d}x=\int_{0}^{1}(x+x^2)\,\mathrm{d}x+\int_{1}^{2}(x^2-x)\,\mathrm{d}x$

$\displaystyle\qquad=\left(\frac{1}{2}x^2-\frac{1}{3}x^3\right)\Big|_{0}^{1}+\left(\frac{1}{3}x^3-\frac{1}{2}x^2\right)\Big|_{1}^{2}=1$ ．

（10）$\displaystyle\int_{0}^{2\pi}|\sin x|\,\mathrm{d}x=\int_{0}^{\pi}\sin x\,\mathrm{d}x+\int_{\pi}^{2\pi}(-\sin x)\,\mathrm{d}x=(-\cos x)\Big|_{0}^{\pi}+\cos x\Big|_{\pi}^{2\pi}=4$ ．

习题 5.3

1. 用换元法计算下列积分：

(1) $\int_0^{\frac{\pi}{2}} \cos\frac{x}{2}\cos\frac{3x}{2}\,\mathrm{d}x$；

(2) $\int_1^2 \frac{1}{(3x-1)^2}\,\mathrm{d}x$；

(3) $\int_0^{\frac{\sqrt{2}}{3}} \sqrt{2-9x^2}\,\mathrm{d}x$；

(4) $\int_{\frac{1}{\pi}}^{\frac{2}{\pi}} \frac{1}{x^2}\sin\frac{1}{x}\,\mathrm{d}x$；

(5) $\int_{e-1}^{e^2-1} \frac{1+\ln(1+x)}{1+x}\,\mathrm{d}x$；

(6) $\int_1^{\sqrt{3}} \frac{1}{x\sqrt{1+x^2}}\,\mathrm{d}x$；

(7) $\int_1^2 \sqrt{x-1}(x+1)^2\,\mathrm{d}x$；

(8) $\int_4^9 \frac{\sqrt{x}}{\sqrt{x}-1}\,\mathrm{d}x$；

(9) $\int_1^2 \frac{\sqrt{x^2-1}}{x}\,\mathrm{d}x$；

(10) $\int_0^a \frac{1}{(x^2+a^2)^{\frac{3}{2}}}\,\mathrm{d}x$ （$a>0$）；

(11) $\int_1^{e^2} \frac{1}{x\sqrt{1+\ln x}}\,\mathrm{d}x$；

(12) $\int_0^1 \frac{\sqrt{e^x}}{\sqrt{e^x+e^{-x}}}\,\mathrm{d}x$；

(13) $\int_0^{\pi} \sqrt{\sin x-\sin^3 x}\,\mathrm{d}x$；

(14) $\int_0^{\frac{\pi}{4}} \tan x \ln\cos x\,\mathrm{d}x$；

(15) $\int_e^{e^6} \frac{\sqrt{3\ln x-2}}{x}\,\mathrm{d}x$；

(16) $\int_0^{2\pi} \sin^7 x\,\mathrm{d}x$；

(17) $\int_1^e \frac{1}{x\sqrt{4-3\ln^2 x}}\,\mathrm{d}x$；

(18) $\int_{\sqrt{e}}^e \frac{1}{x\sqrt{(1+\ln x)\ln x}}\,\mathrm{d}x$；

(19) $\int_0^{\frac{\pi}{4}} \frac{\sin^2\theta\cos^2\theta}{(\cos^3\theta+\sin^3\theta)^2}\,\mathrm{d}\theta$；

(20) $\int_0^{\ln 5} \frac{e^x}{e^x+3}\sqrt{e^x-1}\,\mathrm{d}x$；

(21) $\int_{\sqrt{3}}^{\sqrt{8}} \frac{1}{\sqrt{1+x^2}}\left(x+\frac{1}{x}\right)\mathrm{d}x$；

(22) $\int_0^1 \frac{1+x^2}{(x^3+3x+1)^2}\,\mathrm{d}x$；

(23) $\int_0^2 \frac{x^3}{4+x^2}\,\mathrm{d}x$；

(24) $\int_{\pi}^{2\pi} \frac{x+\cos x}{x^2+2\sin x}\,\mathrm{d}x$；

(25) $\int_{-1}^1 \frac{x+3}{x^2+2x+5}\,\mathrm{d}x$；

(26) $\int_0^1 \frac{x}{1+x^4}\,\mathrm{d}x$；

(27) $\int_0^3 \sqrt{\frac{x}{1+x}}\,\mathrm{d}x$；

(28) $\int_{\frac{1}{2}}^1 \frac{1}{x^2}\sqrt{\frac{1-x}{1+x}}\,\mathrm{d}x$；

(29) $\int_{\frac{\pi}{4}}^{\frac{\pi}{2}} \frac{x\cos x+\sin x}{(x\sin x)^2}\,\mathrm{d}x$；

(30) $\int_0^{\frac{1}{2}} \sqrt{2x-x^2}\,\mathrm{d}x$.

解 （1） $\int_0^{\frac{\pi}{2}} \cos\frac{x}{2}\cos\frac{3x}{2}\,\mathrm{d}x = \frac{1}{2}\int_0^{\frac{\pi}{2}}(\cos 2x+\cos x)\,\mathrm{d}x = \frac{1}{2}\left(\frac{1}{2}\sin 2x+\sin x\right)\Bigg|_0^{\frac{\pi}{2}} = \frac{1}{2}$.

高等数学学习指导与习题解答（经管、文科类）

（2） $\displaystyle\int_1^2 \frac{1}{(3x-1)^2}\,\mathrm{d}x = \frac{1}{3}\int_1^2 \frac{1}{(3x-1)^2}\,\mathrm{d}(3x-1) = -\frac{1}{3(3x+1)}\Big|_1^2 = \frac{1}{10}$.

（3） $\displaystyle\int_0^{\frac{\sqrt{2}}{3}} \sqrt{2-9x^2} \xlongequal{3x=\sqrt{2}\sin t} \int_0^{\frac{\pi}{2}} \frac{2}{3}\cos^2 t\,\mathrm{d}t = \frac{1}{3}\int_0^{\frac{\pi}{2}}(1+\cos 2t)\,\mathrm{d}t = \frac{1}{3}\left(t+\frac{1}{2}\sin 2t\right)\Big|_0^{\frac{\pi}{2}} = \frac{\pi}{6}$.

（4） $\displaystyle\int_{\frac{1}{\pi}}^{\frac{2}{\pi}} \frac{1}{x^2}\sin\frac{1}{x}\,\mathrm{d}x = -\int_{\frac{1}{\pi}}^{\frac{2}{\pi}} \sin\frac{1}{x}\,\mathrm{d}\left(\frac{1}{x}\right) = \cos\frac{1}{x}\Big|_{\frac{1}{\pi}}^{\frac{2}{\pi}} = 1$.

（5） $\displaystyle\int_{e-1}^{e^2-1} \frac{1+\ln(1+x)}{1+x}\,\mathrm{d}x = \int_{e-1}^{e^2-1}\left[1+\ln(1+x)\right]\mathrm{d}\left[1+\ln(1+x)\right]$

$\displaystyle = \frac{1}{2}\left[1+\ln(1+x)\right]^2\Big|_{e-1}^{e^2-1} = \frac{5}{2}$.

（6） $\displaystyle\int_1^{\sqrt{3}} \frac{1}{x\sqrt{1+x^2}}\,\mathrm{d}x \xlongequal{t=\sqrt{1+x^2}} \int_{\sqrt{2}}^2 \frac{1}{\sqrt{t^2-1}\cdot t}\cdot\frac{t}{\sqrt{t^2-1}}\,\mathrm{d}t = \int_{\sqrt{2}}^2 \frac{1}{t^2-1}\,\mathrm{d}t$

$\displaystyle = \frac{1}{2}\int_{\sqrt{2}}^2\left(\frac{1}{t-1}-\frac{1}{t+1}\right)\mathrm{d}t = \frac{1}{2}\left(\ln|t-1|-\ln|t+1|\right)\Big|_{\sqrt{2}}^2 = \ln\frac{1+\sqrt{2}}{\sqrt{3}}$.

（7） $\displaystyle\int_1^2 \sqrt{x-1}(x+1)^2\,\mathrm{d}x \xlongequal{t=\sqrt{x-1}} \int_0^1 t\left(t^2+2\right)^2\cdot 2t\,\mathrm{d}t = \int_0^1\left(2t^6+8t^4+8t^2\right)\mathrm{d}t$

$\displaystyle = \left(\frac{2}{7}t^7+\frac{8}{5}t^5+\frac{8}{3}t^3\right)\Big|_0^1 = 4\frac{58}{105}$.

（8） $\displaystyle\int_4^9 \frac{\sqrt{x}}{\sqrt{x}-1}\,\mathrm{d}x \xlongequal{t=\sqrt{x}} \int_2^3 \frac{t}{t-1}\cdot 2t\,\mathrm{d}t = 2\int_2^3 \frac{t^2-1+1}{t-1}\,\mathrm{d}t = 2\int_2^3\left(t+1+\frac{1}{t-1}\right)\mathrm{d}t$

$\displaystyle = 2\left(\frac{1}{2}t^2+t+\ln|t-1|\right)\Big|_2^3 = 7+2\ln 2$.

（9） $\displaystyle\int_1^2 \frac{\sqrt{x^2-1}}{x}\,\mathrm{d}x \xlongequal{t=\sqrt{x^2-1}} \int_0^{\sqrt{3}} \frac{t}{\sqrt{t^2+1}}\cdot\frac{t}{\sqrt{t^2+1}}\,\mathrm{d}t = \int_0^{\sqrt{3}} \frac{t^2}{t^2+1}\,\mathrm{d}t$

$\displaystyle = \int_0^{\sqrt{3}}\left(1-\frac{1}{t^2+1}\right)\mathrm{d}t = (t-\arctan t)\Big|_0^{\sqrt{3}} = \sqrt{3}-\frac{\pi}{3}$.

（10） $\displaystyle\int_0^a \frac{1}{\left(x^2+a^2\right)^{\frac{3}{2}}}\,\mathrm{d}x \xlongequal{x=a\tan t} \int_0^{\frac{\pi}{4}} \frac{1}{a^3\sec^3 t}\cdot a\sec^2 t\,\mathrm{d}t = \frac{1}{a^2\displaystyle\int_0^{\frac{\pi}{4}}\cos t\,\mathrm{d}t} = \frac{1}{a^2}\sin t\Big|_0^{\frac{\pi}{4}} = \frac{\sqrt{2}}{2a^2}$.

（11） $\displaystyle\int_1^{e^2} \frac{1}{x\sqrt{1+\ln x}}\,\mathrm{d}x = \int_1^{e^2}(1+\ln x)^{-\frac{1}{2}}\,\mathrm{d}(1+\ln x) = 2\sqrt{1+\ln x}\Big|_1^{e^2} = 2\left(\sqrt{3}-1\right)$.

（12） 由于 $\displaystyle\int \frac{\sqrt{e^x}}{\sqrt{e^x+e^{-x}}}\,\mathrm{d}x = \int \frac{e^x}{\sqrt{e^{2x}+1}}\,\mathrm{d}x \xlongequal{e^x=\tan t} \int \frac{\tan t}{\sec t}\cdot\frac{\sec^2 t}{\tan t}\,\mathrm{d}t = \int \sec t\,\mathrm{d}t$

$\displaystyle = \ln|\sec t+\tan t|+C = \ln\left|\sqrt{e^{2x}+1}+e^x\right|+C$,

所以 $\int_0^1 \dfrac{\sqrt{e^x}}{\sqrt{e^x+e^{-x}}}dx = \ln\left|\sqrt{e^{2x}+1}+e^x\right|\Big\|_0^1 = \ln\dfrac{e+\sqrt{1+e^2}}{1+\sqrt{2}}$.

（13） $\displaystyle\int_0^\pi \sqrt{\sin x-\sin^3 x}\,dx = \int_0^\pi \sin^{\frac{1}{2}}x|\cos x|\,dx$

$$= \int_0^{\frac{\pi}{2}} \sin^{\frac{1}{2}}x\cos x\,dx + \int_{\frac{\pi}{2}}^\pi \sin^{\frac{1}{2}}x\cdot(-\cos x)\,dx$$

$$= \int_0^{\frac{\pi}{2}} \sin^{\frac{1}{2}}x\,d(\sin x) - \int_{\frac{\pi}{2}}^\pi \sin^{\frac{1}{2}}x\,d(\sin x)$$

$$= \frac{2}{3}\sin^{\frac{3}{2}}x\Big|_0^{\frac{\pi}{2}} - \frac{2}{3}\sin^{\frac{3}{2}}x\Big|_{\frac{\pi}{2}}^\pi = \frac{4}{3}$$.

（14） $\displaystyle\int_0^{\frac{\pi}{4}} \tan x\ln\cos x\,dx = -\int_0^{\frac{\pi}{4}} \ln\cos x\,d(\ln\cos x) = -\frac{1}{2}(\ln\cos x)^2\Big|_0^{\frac{\pi}{4}} = -\frac{1}{8}(\ln 2)^2$.

（15） $\displaystyle\int_e^{e^6} \dfrac{\sqrt{3\ln x-2}}{x}dx = \frac{1}{3}\int_e^{e^6}(3\ln x-2)^{\frac{1}{2}}d(3\ln x-2) = \frac{2}{9}(3\ln x-2)^{\frac{3}{2}}\Big|_e^{e^6} = 14$.

（16） $\displaystyle\int_0^{2\pi} \sin^7 x\,dx = -\int_0^{2\pi} \sin^6 x\,d(\cos x) = -\int_0^{2\pi}\left(1-\cos^2 x\right)^3 d(\cos x)$

$$= -\int_0^{2\pi}\left(1-3\cos^2 x+3\cos^4 x-\cos^6 x\right)d(\cos x)$$

$$= -\left(\cos x-\cos^3 x+\frac{3}{5}\cos^5 x-\frac{1}{7}\cos^7 x\right)\Big|_0^{2\pi} = 0$$.

（17） $\displaystyle\int_1^e \dfrac{1}{x\sqrt{4-3\ln^2 x}}dx = \int_1^e \dfrac{1}{\sqrt{4-3\ln^2 x}}d(\ln x)$

$$= \frac{1}{\sqrt{3}}\int_1^e \dfrac{1}{\sqrt{1-\left(\dfrac{\sqrt{3}}{2}\ln x\right)^2}}d\left(\dfrac{\sqrt{3}}{2}\ln x\right)$$

$$= \frac{1}{\sqrt{3}}\arcsin\left(\dfrac{\sqrt{3}}{2}\ln x\right)\Big|_1^e = \frac{\sqrt{3}}{9}\pi$$.

（18）因为 $\displaystyle\int \dfrac{1}{x\sqrt{(1+\ln x)\ln x}}dx = \int \dfrac{1}{\sqrt{\ln^2 x+\ln x}}d(\ln x)$

$$= \int \dfrac{1}{\sqrt{\left(\ln x+\dfrac{1}{2}\right)^2-\dfrac{1}{4}}}d\left(\ln x+\dfrac{1}{2}\right)$$

$$\xlongequal{\ln x+\frac{1}{2}=\frac{1}{2}\sec t} \int \sec t\,dt = \ln|\sec t+\tan t|+C$$

$$= \ln\left|2\ln x+1+2\sqrt{\ln^2 x+\ln x}\right|+C ,$$

所以 $\int_{\sqrt{e}}^{e} \dfrac{1}{x\sqrt{(1+\ln x)\ln x}}\,dx = \ln\left|2\ln x+1+2\sqrt{\ln^2 x+\ln x}\right|\Big|_{\sqrt{e}}^{e} = \ln\dfrac{3+2\sqrt{2}}{2+\sqrt{3}}$.

(19) $\displaystyle\int_0^{\frac{\pi}{4}} \dfrac{\sin^2\theta\cos^2\theta}{(\cos^3\theta+\sin^3\theta)^2}\,d\theta = \int_0^{\frac{\pi}{4}} \dfrac{\tan^2\theta\sec^2\theta}{(1+\tan^3\theta)^2}\,d\theta = \dfrac{1}{3}\int_0^{\frac{\pi}{4}} \dfrac{1}{(1+\tan^3\theta)^2}\,d(1+\tan^3\theta)$

$$= -\dfrac{1}{3}\cdot\dfrac{1}{1+\tan^3\theta}\Big|_0^{\frac{\pi}{4}} = \dfrac{1}{6}.$$

(20) $\displaystyle\int_0^{\ln 5} \dfrac{e^x}{e^x+3}\sqrt{e^x-1}\,dx \xrightarrow{t=\sqrt{e^x-1}} \int_0^2 \dfrac{t^2+1}{t^2+4}\cdot t\cdot\dfrac{2t}{t^2+4}\,dt = 2\int_0^2 \dfrac{t^2}{t^2+4}\,dt = 2\int_0^2\left(1-\dfrac{4}{t^2+4}\right)dt$

$$= 2\int_0^2 dt - 4\int_0^2 \dfrac{1}{1+\left(\frac{t}{2}\right)^2}\,d\left(\dfrac{t}{2}\right) = 2t\Big|_0^2 - 4\arctan\dfrac{t}{2}\Big|_0^2 = 4-\pi.$$

(21) $\displaystyle\int_{\sqrt{3}}^{\sqrt{8}} \dfrac{1}{\sqrt{1+x^2}}\left(x+\dfrac{1}{x}\right)dx = \int_{\sqrt{3}}^{\sqrt{8}} \dfrac{\sqrt{1+x^2}}{x}\,dx \xrightarrow{t=\sqrt{1+x^2}} \int_2^3 \dfrac{t^2}{t^2-1}\,dt = \int_2^3\left(1+\dfrac{1}{t^2-1}\right)dt$

$$= \int_2^3 dt + \dfrac{1}{2}\int_2^3\left(\dfrac{1}{t-1}-\dfrac{1}{t+1}\right)dt$$

$$= t\Big|_2^3 + \dfrac{1}{2}\ln\left|\dfrac{t-1}{t+1}\right|\Big|_2^3 = 1+\dfrac{1}{2}\ln\dfrac{3}{2}.$$

(22) $\displaystyle\int_0^1 \dfrac{1+x^2}{(x^3+3x+1)^2}\,dx = \dfrac{1}{3}\int_0^1 \dfrac{1}{(x^3+3x+1)^2}\,d(x^3+3x+1) = -\dfrac{1}{3}\cdot\dfrac{1}{x^3+3x+1}\Big|_0^1 = \dfrac{4}{15}.$

(23) $\displaystyle\int_0^2 \dfrac{x^3}{4+x^2}\,dx = \int_0^2\left(x-\dfrac{4x}{4+x^2}\right)dx = \int_0^2 x\,dx - 2\int_0^2 \dfrac{1}{4+x^2}\,d(4+x^2)$

$$= \dfrac{1}{2}x^2\Big|_0^2 - 2\ln(4+x^2)\Big|_0^2 = 2(1-\ln 2).$$

(24) $\displaystyle\int_\pi^{2\pi} \dfrac{x+\cos x}{x^2+2\sin x}\,dx = \dfrac{1}{2}\int_\pi^{2\pi} \dfrac{1}{x^2+2\sin x}\,d(x^2+2\sin x)$

$$= \dfrac{1}{2}\ln\left|x^2+2\sin x\right|\Big|_\pi^{2\pi} = \ln 2.$$

(25) $\displaystyle\int_{-1}^1 \dfrac{x+3}{x^2+2x+5}\,dx = \int_{-1}^1 \dfrac{x+1}{x^2+2x+5}\,dx + \int_{-1}^1 \dfrac{2}{x^2+2x+5}\,dx$

$$= \dfrac{1}{2}\int_{-1}^1 \dfrac{1}{x^2+2x+5}\,d(x^2+2x+5) + \int_{-1}^1 \dfrac{1}{1+\left(\frac{x+1}{2}\right)^2}\,d\left(\dfrac{x+1}{2}\right)$$

$$= \dfrac{1}{2}\ln\left|x^2+2x+5\right|\Big|_{-1}^1 + \arctan\dfrac{x+1}{2}\Big|_{-1}^1 = \dfrac{\pi}{4}+\dfrac{1}{2}\ln 2.$$

(26) $\displaystyle\int_0^1 \dfrac{x}{1+x^4}\,dx = \dfrac{1}{2}\int_0^1 \dfrac{1}{1+(x^2)^2}\,d(x^2) = \dfrac{1}{2}\arctan(x^2)\Big|_0^1 = \dfrac{\pi}{8}.$

（27）$\displaystyle\int_0^3\sqrt{\dfrac{x}{1+x}}\,\mathrm{d}x\xlongequal{t=\sqrt{\frac{x}{1+x}}}\int_0^{\frac{\sqrt{3}}{2}}\dfrac{2t^2}{\left(t^2-1\right)^2}\mathrm{d}t=\int_0^{\frac{\sqrt{3}}{2}}\left[\dfrac{-\dfrac{1}{2}}{t+1}+\dfrac{\dfrac{1}{2}}{\left(t+1\right)^2}+\dfrac{\dfrac{1}{2}}{t-1}+\dfrac{\dfrac{1}{2}}{\left(t-1\right)^2}\right]\mathrm{d}t$

$$=\left(-\dfrac{1}{2}\ln|t+1|-\dfrac{1}{2}\cdot\dfrac{1}{t+1}+\dfrac{1}{2}\ln|t-1|-\dfrac{1}{2}\dfrac{1}{t-1}\right)\Bigg|_0^{\frac{\sqrt{3}}{2}}=2\sqrt{3}-\ln\left(2+\sqrt{3}\right).$$

（28）$\displaystyle\int_{\frac{1}{2}}^1\dfrac{1}{x^2}\sqrt{\dfrac{1-x}{1+x}}\,\mathrm{d}x=\int_{\frac{1}{2}}^1\dfrac{1-x}{x^2\sqrt{1-x^2}}\mathrm{d}x\xlongequal{x=\sin t}\int_{\frac{\pi}{6}}^{\frac{\pi}{2}}\dfrac{1-\sin t}{\sin^2 t\cos t}\cdot\cos t\,\mathrm{d}t$

$$=\int_{\frac{\pi}{6}}^{\frac{\pi}{2}}\left(\csc^2 t-\csc t\right)\mathrm{d}t=\left(-\cot t-\ln|\csc t-\cot t|\right)\Bigg|_{\frac{\pi}{6}}^{\frac{\pi}{2}}$$

$$=\sqrt{3}-\ln\left(2+\sqrt{3}\right).$$

（29）$\displaystyle\int_{\frac{\pi}{4}}^{\frac{\pi}{2}}\dfrac{x\cos x+\sin x}{(x\sin x)^2}\mathrm{d}x=\int_{\frac{\pi}{4}}^{\frac{\pi}{2}}\dfrac{1}{(x\sin x)^2}\mathrm{d}(x\sin x)=-\dfrac{1}{x\sin x}\Bigg|_{\frac{\pi}{4}}^{\frac{\pi}{2}}=\dfrac{2}{\pi}\left(2\sqrt{2}-1\right).$

（30）$\displaystyle\int_0^1\sqrt{2x-x^2}\,\mathrm{d}x=\int_0^1\sqrt{1-(x-1)^2}\mathrm{d}x\xlongequal{x-1=\sin t}\int_{-\frac{\pi}{2}}^{-\frac{\pi}{6}}\cos^2 t\,\mathrm{d}t=\dfrac{1}{2}\int_{-\frac{\pi}{2}}^{-\frac{\pi}{6}}(1+\cos 2t)\mathrm{d}t$

$$=\left(\dfrac{1}{2}t+\dfrac{1}{4}\sin 2t\right)\Bigg|_{-\frac{\pi}{2}}^{-\frac{\pi}{6}}=\dfrac{\pi}{6}-\dfrac{\sqrt{3}}{8}.$$

2. 用分部积分法计算下列积分：

（1）$\displaystyle\int_0^1(x-1)3^x\,\mathrm{d}x$；

（2）$\displaystyle\int_0^1 t^2\mathrm{e}^t\,\mathrm{d}t$；

（3）$\displaystyle\int_{-\frac{\pi}{3}}^{\frac{\pi}{3}}\dfrac{x\sin x}{\cos^2 x}\mathrm{d}x$；

（4）$\displaystyle\int_0^{\frac{\pi}{4}}x\cos 2x\,\mathrm{d}x$；

（5）$\displaystyle\int_0^{\frac{\pi}{2}}\mathrm{e}^{-x}\sin 2x\,\mathrm{d}x$；

（6）$\displaystyle\int_0^1\ln(x+1)\,\mathrm{d}x$；

（7）$\displaystyle\int_0^1\ln(1+x^2)\,\mathrm{d}x$；

（8）$\displaystyle\int_1^e x(\ln x)^2\,\mathrm{d}x$；

（9）$\displaystyle\int_1^{e^2}\dfrac{1}{\sqrt{x}}(\ln x)^2\,\mathrm{d}x$；

（10）$\displaystyle\int_e^{e^2}\dfrac{\ln x}{(x-1)^2}\mathrm{d}x$；

（11）$\displaystyle\int_1^2\ln(\sqrt{x+1}+\sqrt{x-1})\,\mathrm{d}x$；

（12）$\displaystyle\int_1^{e^{\frac{\pi}{2}}}\dfrac{\sin\ln x}{x^2}\mathrm{d}x$；

（13）$\displaystyle\int_0^{e-1}(1+x)\ln^2(1+x)\,\mathrm{d}x$；

（14）$\displaystyle\int_0^{\sqrt{\ln 2}}x^3\mathrm{e}^{-x^2}\,\mathrm{d}x$；

（15）$\displaystyle\int_0^{2\pi}|x\sin x|\,\mathrm{d}x$；

（16）$\displaystyle\int_0^1 2x\sqrt{1-x^2}\arcsin x\,\mathrm{d}x$．

解　（1）$\displaystyle\int_0^1(x-1)3^x\,\mathrm{d}x=\int_0^1(x-1)\mathrm{d}\left(\dfrac{3^x}{\ln 3}\right)=\dfrac{3^x(x-1)}{\ln 3}\Bigg|_0^1-\int_0^1\dfrac{3^x}{\ln 3}\mathrm{d}(x-1)$

$$= \frac{3^x(x-1)}{\ln 3}\bigg|_0^1 - \frac{1}{\ln 3}\int_0^1 3^x \mathrm{d}x = \frac{3^x(x-1)}{\ln 3}\bigg|_0^1 - \frac{3^x}{\ln^2 3}\bigg|_0^1 = \frac{\ln 3 - 2}{\ln^2 3}.$$

(2) $\displaystyle\int_0^1 t^2 \mathrm{e}^t \mathrm{d}t = \int_0^1 t^2 \mathrm{d}(\mathrm{e}^t) = (t^2\mathrm{e}^t)\big|_0^1 - 2\int_0^1 t\mathrm{e}^t \mathrm{d}t = (t^2\mathrm{e}^t)\big|_0^1 - 2\int_0^1 t\mathrm{d}(\mathrm{e}^t)$

$$= (t^2\mathrm{e}^t)\big|_0^1 - 2(t\mathrm{e}^t)\big|_0^1 + 2\int_0^1 \mathrm{e}^t \mathrm{d}t = \mathrm{e} - 2.$$

(3) $\displaystyle\int_{-\frac{\pi}{3}}^{\frac{\pi}{3}} \frac{x\sin x}{\cos^2 x}\mathrm{d}x = \int_{-\frac{\pi}{3}}^{\frac{\pi}{3}} x\mathrm{d}\left(\frac{1}{\cos x}\right) = \int_{-\frac{\pi}{3}}^{\frac{\pi}{3}} x\mathrm{d}(\sec x) = (x\sec x)\bigg|_{-\frac{\pi}{3}}^{\frac{\pi}{3}} - \int_{-\frac{\pi}{3}}^{\frac{\pi}{3}}\sec x\,\mathrm{d}x$

$$= (x\sec x)\bigg|_{-\frac{\pi}{3}}^{\frac{\pi}{3}} - \ln|\sec x + \tan x|\bigg|_{-\frac{\pi}{3}}^{\frac{\pi}{3}} = 2\left[\frac{2\pi}{3} - \ln\left(2 + \sqrt{3}\right)\right].$$

(4) $\displaystyle\int_0^{\frac{\pi}{4}} x\cos 2x\,\mathrm{d}x = \frac{1}{2}\int_0^{\frac{\pi}{4}} x\mathrm{d}(\sin 2x) = \frac{1}{2}\left[(x\sin 2x)\bigg|_0^{\frac{\pi}{4}} - \int_0^{\frac{\pi}{4}}\sin 2x\,\mathrm{d}x\right]$

$$= \frac{1}{2}(x\sin 2x)\bigg|_0^{\frac{\pi}{4}} + \frac{1}{4}\cos 2x\bigg|_0^{\frac{\pi}{4}} = \frac{\pi}{8} - \frac{1}{4}.$$

(5) $\displaystyle\int_0^{\frac{\pi}{2}} \mathrm{e}^{-x}\sin 2x\,\mathrm{d}x = \int_0^{\frac{\pi}{2}}\sin 2x\,\mathrm{d}(-\mathrm{e}^x) = (-\mathrm{e}^x\sin 2x)\bigg|_0^{\frac{\pi}{2}} + \int_0^{\frac{\pi}{2}}\mathrm{e}^{-x}\mathrm{d}(\sin 2x)$

$$= 2\int_0^{\frac{\pi}{2}}\mathrm{e}^{-x}\cos 2x\,\mathrm{d}x = 2\int_0^{\frac{\pi}{2}}\cos 2x\,\mathrm{d}(-\mathrm{e}^{-x})$$

$$= (-2\mathrm{e}^{-x}\cos 2x)\bigg|_0^{\frac{\pi}{2}} + 2\int_0^{\frac{\pi}{2}}\mathrm{e}^{-x}\mathrm{d}(\cos 2x)$$

$$= 2\left(\mathrm{e}^{-\frac{\pi}{2}} + 1\right) - 4\int_0^{\frac{\pi}{2}}\mathrm{e}^{-x}\sin 2x\,\mathrm{d}x,$$

移项，整理，得 $\displaystyle\int_0^{\frac{\pi}{2}} \mathrm{e}^{-x}\sin 2x\,\mathrm{d}x = \frac{2}{5}\left(1 + \mathrm{e}^{-\frac{\pi}{2}}\right).$

(6) $\displaystyle\int_0^1 \ln(x+1)\mathrm{d}x = [x\ln(x+1)]\big|_0^1 - \int_0^1 \frac{x}{x+1}\mathrm{d}x = \ln 2 - \int_0^1\left(1 - \frac{1}{x+1}\right)\mathrm{d}x$

$$= \ln 2 - (x - \ln|x+1|)\big|_0^1 = 2\ln 2 - 1.$$

(7) $\displaystyle\int_0^1 \ln(1+x^2)\mathrm{d}x = [x\ln(1+x^2)]\big|_0^1 - 2\int_0^1 \frac{x^2}{1+x^2}\mathrm{d}x = \ln 2 - 2\int_0^1\left(1 - \frac{1}{1+x^2}\right)\mathrm{d}x$

$$= \ln 2 - 2(x - \arctan x)\big|_0^1 = \frac{\pi}{2} + \ln 2 - 2.$$

(8) $\displaystyle\int_1^{\mathrm{e}} x(\ln x)^2\mathrm{d}x = \int_1^{\mathrm{e}} (\ln x)^2 \mathrm{d}\left(\frac{x^2}{2}\right) = \left[\frac{x^2}{2}(\ln x)^2\right]\bigg|_1^{\mathrm{e}} - \int_1^{\mathrm{e}} x\ln x\,\mathrm{d}x$

$$= \frac{\mathrm{e}^2}{2} - \int_1^{\mathrm{e}} \ln x\,\mathrm{d}\left(\frac{x^2}{2}\right) = \frac{\mathrm{e}^2}{2} - \left(\frac{x^2}{2}\ln x\right)\bigg|_1^{\mathrm{e}} + \frac{1}{2}\int_1^{\mathrm{e}} x\,\mathrm{d}x$$

$$= \frac{1}{4}x^2\Big|_1^e = \frac{e^2-1}{4} \ .$$

（9）$\displaystyle\int_1^{e^2} \frac{1}{\sqrt{x}}(\ln x)^2\,\mathrm{d}x = 2\int_1^{e^2}(\ln x)^2\,\mathrm{d}\big(\sqrt{x}\big) = \Big[2\sqrt{x}(\ln x)^2\Big]\Big|_1^{e^2} - 4\int_1^{e^2}\frac{\ln x}{\sqrt{x}}\,\mathrm{d}x$

$$= 8e - 8\int_1^{e^2}\ln x\,\mathrm{d}\big(\sqrt{x}\big) = 8e - \big(8\sqrt{x}\ln x\big)\Big|_1^{e^2} + 8\int_1^{e^2}\frac{1}{\sqrt{x}}\,\mathrm{d}x$$

$$= 8e - 16e + 16\sqrt{x}\Big|_1^{e^2} = 8(e-2) \ .$$

（10）$\displaystyle\int_e^{e^2} \frac{\ln x}{(x-1)^2}\,\mathrm{d}x = -\int_e^{e^2}\ln x\,\mathrm{d}\Big(\frac{1}{x-1}\Big) = \Big(-\frac{\ln x}{x-1}\Big)\Big|_e^{e^2} + \int_e^{e^2}\frac{1}{x(x-1)}\,\mathrm{d}x$

$$= -\frac{2}{e^2-1} + \frac{1}{e-1} + \int_e^{e^2}\Big(\frac{1}{x-1} - \frac{1}{x}\Big)\mathrm{d}x$$

$$= -\frac{2}{e^2-1} + \frac{1}{e-1} + \big(\ln|x-1| - \ln|x|\big)\Big|_e^{e^2} = \ln(1+e) - \frac{e}{1+e} \ .$$

（11）$\displaystyle\int_1^2 \ln\big(\sqrt{x+1}+\sqrt{x-1}\big)\,\mathrm{d}x = \Big[x\ln\big(\sqrt{x+1}+\sqrt{x-1}\big)\Big]\Big|_1^2 - \frac{1}{2}\int_1^2\frac{x}{\sqrt{x^2-1}}\,\mathrm{d}x$

$$= 2\ln\big(\sqrt{3}+1\big) - \ln\sqrt{2} - \frac{1}{4}\int_1^2(x^2-1)^{-\frac{1}{2}}\,\mathrm{d}(x^2-1)$$

$$= 2\ln\big(\sqrt{3}+1\big) - \ln\sqrt{2} - \frac{1}{2}\sqrt{x^2-1}\Big|_1^2$$

$$= 2\ln\big(1+\sqrt{3}\big) - \frac{1}{2}\ln 2 - \frac{\sqrt{3}}{2} \ .$$

（12）$\displaystyle\int_1^{e^{\frac{\pi}{2}}} \frac{\sin\ln x}{x^2}\,\mathrm{d}x = -\int_1^{e^{\frac{\pi}{2}}}\sin\ln x\,\mathrm{d}\Big(\frac{1}{x}\Big) = -\Big(\frac{1}{x}\sin\ln x\Big)\Big|_1^{e^{\frac{\pi}{2}}} + \int_1^{e^{\frac{\pi}{2}}}\frac{1}{x^2}\cos\ln x\,\mathrm{d}x$

$$= -e^{-\frac{\pi}{2}} - \int_1^{e^{\frac{\pi}{2}}}\cos\ln x\,\mathrm{d}\Big(\frac{1}{x}\Big)$$

$$= -e^{-\frac{\pi}{2}} - \Big(\frac{1}{x}\cos\ln x\Big)\Big|_1^{e^{\frac{\pi}{2}}} - \int_1^{e^{\frac{\pi}{2}}}\frac{\sin\ln x}{x^2}\,\mathrm{d}x$$

$$= -e^{-\frac{\pi}{2}} + 1 - \int_1^{e^{\frac{\pi}{2}}}\frac{\sin\ln x}{x^2}\,\mathrm{d}x \ ,$$

移项，整理，得 $\displaystyle\int_1^{e^{\frac{\pi}{2}}}\frac{\sin\ln x}{x^2}\,\mathrm{d}x = \frac{1}{2}\Big(1 - e^{-\frac{\pi}{2}}\Big) \ .$

（13）$\displaystyle\int_0^{e-1}(1+x)\ln^2(1+x)\,\mathrm{d}x$

$$= \frac{1}{2}\int_0^{e-1}\ln^2(1+x)\mathrm{d}\left[(1+x)^2\right] = \frac{1}{2}\left[(1+x)^2\ln^2(1+x)\right]\Big|_0^{e-1} - \int_0^{e-1}(1+x)\ln(1+x)\mathrm{d}x$$

$$= \frac{1}{2}e^2 - \frac{1}{2}\int_0^{e-1}\ln(1+x)\mathrm{d}\left[(1+x)^2\right]$$

$$= \frac{1}{2}e^2 - \frac{1}{2}\left[(1+x)^2\ln(1+x)\right]\Big|_0^{e-1} + \frac{1}{2}\int_0^{e-1}(1+x)\mathrm{d}x = \frac{1}{4}(1+x)^2\Big|_0^{e-1} = \frac{1}{4}(e^2-1).$$

(14) $\displaystyle\int_0^{\sqrt{\ln 2}} x^3 e^{-x^2}\,\mathrm{d}x = -\frac{1}{2}\int_0^{\sqrt{\ln 2}} x^2 \mathrm{d}\left(e^{-x^2}\right) = -\frac{1}{2}\left(x^2 e^{-x^2}\right)\Big|_0^{\sqrt{\ln 2}} + \int_0^{\sqrt{\ln 2}} x e^{-x^2}\,\mathrm{d}x$

$$= -\frac{1}{4}\ln 2 - \frac{1}{2}\int_0^{\sqrt{\ln 2}} e^{-x^2}\mathrm{d}(-x^2)$$

$$= -\frac{1}{4}\ln 2 - \frac{1}{2}e^{-x^2}\Big|_0^{\sqrt{\ln 2}} = \frac{1}{4}(1-\ln 2).$$

(15) $\displaystyle\int_0^{2\pi}|x\sin x|\,\mathrm{d}x = \int_0^{\pi} x\sin x\,\mathrm{d}x - \int_{\pi}^{2\pi} x\sin x\,\mathrm{d}x = -\int_0^{\pi} x\mathrm{d}(\cos x) + \int_{\pi}^{2\pi} x\mathrm{d}(\cos x)$

$$= -(x\cos x)\Big|_0^{\pi} + \int_0^{\pi}\cos x\,\mathrm{d}x + (x\cos x)\Big|_{\pi}^{2\pi} - \int_{\pi}^{2\pi}\cos x\,\mathrm{d}x$$

$$= \pi + \sin x\Big|_0^{\pi} + 3\pi - \sin x\Big|_{\pi}^{2\pi} = 4\pi.$$

(16) $\displaystyle\int_0^1 2x\sqrt{1-x^2}\arcsin x\,\mathrm{d}x = -\frac{2}{3}\int_0^1 \arcsin x\,\mathrm{d}(1-x^2)^{\frac{3}{2}}$

$$= -\frac{2}{3}\left[(1-x^2)^{\frac{3}{2}}\arcsin x\right]\Big|_0^1 + \frac{2}{3}\int_0^1(1-x^2)\mathrm{d}x$$

$$= \frac{2}{3}\left(x - \frac{1}{3}x^3\right)\Big|_0^1 = \frac{4}{9}.$$

3．设 $f(x)$ 是连续函数，证明下列各题：

（1） $\displaystyle\int_a^b f(x)\mathrm{d}x = (b-a)\int_0^1 f[a+(b-a)x]\mathrm{d}x$；

（2） $\displaystyle\int_0^a x^3 f(x^2)\mathrm{d}x = \frac{1}{2}\int_0^{a^2} xf(x)\mathrm{d}x$ （ $a>0$ ）.

证明 （1）令 $x = a + (b-a)t$ ，则

$$\int_a^b f(x)\mathrm{d}x = \int_0^1 f[a+(b-a)t]\cdot(b-a)\mathrm{d}t = (b-a)\int_0^1 f[a+(b-a)x]\mathrm{d}x.$$

（2）令 $x^2 = t$ ，则 $\displaystyle\int_0^a x^3 f\left(x^2\right)\mathrm{d}x = \frac{1}{2}\int_0^a x^2 f\left(x^2\right)\mathrm{d}\left(x^2\right) = \frac{1}{2}\int_0^{a^2} tf(t)\mathrm{d}t = \frac{1}{2}\int_0^{a^2} xf(x)\mathrm{d}x.$

4．当 $x>0$ 时， $f(x)$ 可导，且满足方程 $\displaystyle f(x) = 1 + \int_1^x \frac{1}{x} f(t)\mathrm{d}t$ ，求 $f(x)$.

解 因 $\displaystyle f(x) = 1 + \int_1^x \frac{1}{x} f(t)\mathrm{d}t = 1 + \frac{1}{x}\int_1^x f(t)\mathrm{d}t$ ，故 $\displaystyle\int_1^x f(t)\mathrm{d}t = xf(x) - x$ ，两边对 x 求导，

得 $f(x) = f(x) + xf'(x) - 1$ ，故 $\displaystyle f'(x) = \frac{1}{x}$ ，从而 $f(x) = \ln|x| + C$ ① ，又从已知式知 $f(1) = 1$ ，

代入①式得 $C=1$，所以 $f(x)=\ln|x|+1$．

5．设 $f(x)=\dfrac{1}{1+x^2}+\sqrt{1-x^2}\displaystyle\int_0^1 f(x)\mathrm{d}x$，求 $\displaystyle\int_0^1 f(x)\mathrm{d}x$．

解 已知式两端在 $[0,1]$ 上求定积分，得

$$\int_0^1 f(x)\mathrm{d}x=\int_0^1 \frac{1}{1+x^2}\mathrm{d}x+\int_0^1 f(x)\mathrm{d}x\cdot\int_0^1\sqrt{1-x^2}\mathrm{d}x,$$

其中 $\displaystyle\int_0^1\sqrt{1-x^2}\mathrm{d}x\xlongequal{x=\sin t}\int_0^{\frac{\pi}{2}}\cos^2 t\,\mathrm{d}t=\frac{1}{2}\int_0^{\frac{\pi}{2}}(1+\cos 2t)\mathrm{d}t=\left(\frac{1}{2}t+\frac{1}{4}\sin 2t\right)\Big|_0^{\frac{\pi}{2}}=\frac{\pi}{4}$，故

$$\int_0^1 f(x)\mathrm{d}x=\arctan x\Big|_0^1+\frac{\pi}{4}\int_0^1 f(x)\mathrm{d}x=\frac{\pi}{4}+\frac{\pi}{4}\int_0^1 f(x)\mathrm{d}x,$$

移项，整理，得 $\displaystyle\int_0^1 f(x)\mathrm{d}x=\frac{\pi}{4-\pi}$．

6．设 $f(x)$ 在 $[-a,a]$ 上连续，证明：$\displaystyle\int_{-a}^a f(x)\mathrm{d}x=\int_0^a[f(x)+f(-x)]\mathrm{d}x$，并计算 $\displaystyle\int_{-\frac{\pi}{4}}^{\frac{\pi}{4}}\frac{\sin^2 x}{1+e^{-x}}\mathrm{d}x$．

证明 $\displaystyle\int_{-a}^a f(x)\mathrm{d}x=\int_{-a}^0 f(x)\mathrm{d}x+\int_0^a f(x)\mathrm{d}x$，

其中 $\displaystyle\int_{-a}^0 f(x)\mathrm{d}x\xlongequal{x=-t}-\int_a^0 f(-t)\mathrm{d}t=\int_0^a f(-t)\mathrm{d}t=\int_0^a f(-x)\mathrm{d}x$，于是

$$\int_{-a}^a f(x)\mathrm{d}x=\int_0^a f(-x)\mathrm{d}x+\int_0^a f(x)\mathrm{d}x=\int_0^a[f(x)+f(-x)]\mathrm{d}x．$$

$$\int_{-\frac{\pi}{4}}^{\frac{\pi}{4}}\frac{\sin^2 x}{1+e^{-x}}\mathrm{d}x=\int_0^{\frac{\pi}{4}}\left(\frac{\sin^2 x}{1+e^{-x}}+\frac{\sin^2 x}{1+e^x}\right)\mathrm{d}x=\int_0^{\frac{\pi}{4}}\left(e^x\frac{\sin^2 x}{1+e^x}+\frac{\sin^2 x}{1+e^x}\right)\mathrm{d}x$$

$$=\int_0^{\frac{\pi}{4}}\sin^2 x\,\mathrm{d}x=\frac{1}{2}\int_0^{\frac{\pi}{4}}(1-\cos 2x)\mathrm{d}x=\frac{1}{2}\left(x-\frac{1}{2}\sin 2x\right)\Big|_0^{\frac{\pi}{4}}=\frac{\pi}{8}-\frac{1}{4}．$$

7．利用函数奇偶性计算下列积分：

（1）$\displaystyle\int_{-\pi}^{\pi} x^4\sin x\,\mathrm{d}x$；

（2）$\displaystyle\int_{-\frac{\pi}{2}}^{\frac{\pi}{2}}4\cos^4 x\,\mathrm{d}x$；

（3）$\displaystyle\int_{-\frac{1}{2}}^{\frac{1}{2}}\frac{(\arcsin x)^2}{\sqrt{1-x^2}}\mathrm{d}x$；

（4）$\displaystyle\int_{-5}^{5}\frac{x^3\sin^2 x}{x^4+2x^2+1}\mathrm{d}x$．

解 （1）$\displaystyle\int_{-\pi}^{\pi} x^4\sin x\,\mathrm{d}x=0$．

（2）$\displaystyle\int_{-\frac{\pi}{2}}^{\frac{\pi}{2}}4\cos^4 x\,\mathrm{d}x=2\int_0^{\frac{\pi}{2}}4\cos^4 x\,\mathrm{d}x=8\cdot\frac{3}{4}\cdot\frac{1}{2}\cdot\frac{\pi}{2}=\frac{3}{2}\pi$．

（3）$\displaystyle\int_{-\frac{1}{2}}^{\frac{1}{2}}\frac{(\arcsin x)^2}{\sqrt{1-x^2}}\mathrm{d}x=2\int_0^{\frac{1}{2}}(\arcsin x)^2\mathrm{d}(\arcsin x)=\frac{2}{3}(\arcsin x)^3\Big|_0^{\frac{1}{2}}=\frac{\pi^3}{324}$．

(4) $\int_{-5}^{5} \dfrac{x^3 \sin^2 x}{x^4 + 2x^2 + 1} \mathrm{d}x = 0$.

习题 5.4

1. 按定义判断下列广义积分的敛散性；若收敛，求其值.

(1) $\int_{-\infty}^{0} \cos x \, \mathrm{d}x$;

(2) $\int_{0}^{+\infty} x \mathrm{e}^{-x} \, \mathrm{d}x$;

(3) $\int_{-\infty}^{+\infty} \dfrac{\mathrm{e}^x}{1+\mathrm{e}^{2x}} \, \mathrm{d}x$;

(4) $\int_{1}^{+\infty} \dfrac{\arctan x}{x^2} \, \mathrm{d}x$;

(5) $\int_{0}^{1} \ln x \, \mathrm{d}x$;

(6) $\int_{1}^{2} \dfrac{x}{\sqrt{x-1}} \, \mathrm{d}x$;

(7) $\int_{-1}^{1} \dfrac{x}{\sqrt{1-x^2}} \, \mathrm{d}x$;

(8) $\int_{0}^{2} \dfrac{1}{x^2 - 4x + 3} \, \mathrm{d}x$.

解 （1）由于 $\int_{-\infty}^{0} \cos x \, \mathrm{d}x = \sin x \Big|_{-\infty}^{0} = -\lim\limits_{x \to -\infty} \sin x$ 不存在，故此广义积分发散.

（2） $\int_{0}^{+\infty} x \mathrm{e}^{-x} \, \mathrm{d}x = -\mathrm{e}^{-x} \Big|_{0}^{+\infty} = \lim\limits_{x \to +\infty}(-\mathrm{e}^{-x}) + \mathrm{e}^0 = 1$.

（3） $\int_{-\infty}^{+\infty} \dfrac{\mathrm{e}^x}{1+\mathrm{e}^{2x}} \, \mathrm{d}x = \int_{-\infty}^{+\infty} \dfrac{1}{1+\mathrm{e}^{2x}} \mathrm{d}(\mathrm{e}^x) = \arctan \mathrm{e}^x \Big|_{-\infty}^{+\infty} = \dfrac{\pi}{2}$.

（4） $\int_{1}^{+\infty} \dfrac{\arctan x}{x^2} \mathrm{d}x \xlongequal{t=\arctan x} \int_{\frac{\pi}{4}}^{\frac{\pi}{2}} \dfrac{t}{\tan^2 t} \sec^2 t \mathrm{d}t = \int_{\frac{\pi}{4}}^{\frac{\pi}{2}} t \csc^2 t \mathrm{d}t = -\int_{\frac{\pi}{4}}^{\frac{\pi}{2}} t \mathrm{d}(\cot t)$

$$= -t \cot t \Big|_{\frac{\pi}{4}}^{\frac{\pi}{2}} + \int_{\frac{\pi}{4}}^{\frac{\pi}{2}} \cot t \mathrm{d}t = \dfrac{\pi}{4} + \dfrac{1}{2}\ln 2 .$$

（5） $\int_{0}^{1} \ln x \, \mathrm{d}x = (x \ln x) \Big|_{0}^{1} - \int_{0}^{1} \mathrm{d}x = -1$.

（6） $\int_{1}^{2} \dfrac{x}{\sqrt{x-1}} \mathrm{d}x \xlongequal{t=\sqrt{x-1}} 2\int_{0}^{1}(t^2+1)\mathrm{d}t = \dfrac{8}{3}$.

（7） $\int_{-1}^{1} \dfrac{x}{\sqrt{1-x^2}} \mathrm{d}x = -\dfrac{1}{2}\int_{-1}^{1}(1-x^2)^{-\frac{1}{2}} \mathrm{d}(1-x^2) = -\sqrt{1-x^2} \Big|_{-1}^{1} = 0$.

（8） $\int_{0}^{2} \dfrac{1}{x^2-4x+3} \mathrm{d}x = \int_{0}^{2} \dfrac{1}{(x-1)(x-3)} \mathrm{d}x = \int_{0}^{1} \dfrac{1}{(x-1)(x-3)} \mathrm{d}x + \int_{1}^{2} \dfrac{1}{(x-1)(x-3)} \mathrm{d}x$ ，由
于 $\int_{0}^{1} \dfrac{1}{(x-1)(x-3)} \mathrm{d}x = \dfrac{1}{2}\int_{0}^{1}\left(\dfrac{1}{x-3} - \dfrac{1}{x-1}\right)\mathrm{d}x = \dfrac{1}{2}\left(\ln|x-3| - \ln|x-1|\right)\Big|_{0}^{1} = +\infty$ ，发散，故所给积
分发散.

2. 讨论广义积分 $\int_{2}^{+\infty} \dfrac{1}{x(\ln x)^p} \mathrm{d}x$ ， p 取何值时收敛； p 取何值时发散.

解 $\int \dfrac{1}{x(\ln x)^p}dx = \int \dfrac{1}{(\ln x)^p}d(\ln x) = \begin{cases} \ln(\ln x) + C, & k=1, \\ -\dfrac{1}{(k-1)(\ln x)^{p-1}}, & k \neq 1, \end{cases}$

因此，当 $p \leqslant 1$ 时，反常积分发散；当 $p > 1$ 时，反常积分收敛，此时

$$\int_2^{+\infty} \frac{1}{x(\ln x)^p}dx = -\frac{1}{(p-1)(\ln x)^{p-1}}\Bigg|_2^{+\infty} = \frac{1}{(p-1)(\ln 2)^{p-1}}.$$

3. 已知 $\int_0^{+\infty} \dfrac{\sin x}{x}dx = \dfrac{\pi}{2}$，试证 $\int_0^{+\infty} \dfrac{\sin x \cos x}{x}dx = \dfrac{\pi}{4}$.

证明 $\int_0^{+\infty} \dfrac{\sin x \cos x}{x}dx = \dfrac{1}{2}\int_0^{+\infty} \dfrac{\sin 2x}{2x}d(2x) = \dfrac{1}{2}\cdot\dfrac{\pi}{2} = \dfrac{\pi}{4}$.

4. 已知 $\lim\limits_{x \to +\infty}\left(\dfrac{x+c}{x-c}\right)^x = \int_{-\infty}^c te^{2t}\,dt$（$c \neq 0$），求 c.

解 $\lim\limits_{x \to +\infty}\left(\dfrac{x+c}{x-c}\right)^x = \lim\limits_{x \to +\infty}\left[\left(1 + \dfrac{1}{\dfrac{x-c}{2c}}\right)^{\frac{x-c}{2c}}\right]^{\frac{2cx}{x-c}} = e^{2c}$,

$\int_{-\infty}^c te^{2t}dt = \dfrac{1}{2}\int_{-\infty}^c td(e^{2t}) = \dfrac{1}{2}(te^{2t})\Big|_{-\infty}^c - \dfrac{1}{2}\int_{-\infty}^c e^{2t}dt = \dfrac{1}{2}ce^{2c} - \dfrac{1}{4}e^{2c}$，于是

$e^{2c} = \dfrac{1}{2}ce^{2c} - \dfrac{1}{4}e^{2c}$，所以 $c = \dfrac{5}{2}$.

5. 讨论广义积分 $\int_a^b \dfrac{1}{(x-a)^p}dx$（$p > 0$，$a < b$），当 p 取何值时收敛；p 取何值时发散.

解 当 $p = 1$ 时，$\int_a^b \dfrac{1}{x-a}dx = \ln|x-a|\Big|_a^b = +\infty$，

当 $p \neq 1$ 时，$\int_a^b \dfrac{1}{(x-a)^p} = \dfrac{(b-a)^{1-p}}{1-p}\Big|_a^b = \begin{cases} \dfrac{(b-a)^{1-p}}{1-p}, & p < 1, \\ +\infty, & p > 1, \end{cases}$

所以，当 $p < 1$ 时收敛于 $\dfrac{(b-a)^{1-p}}{1-p}$，当 $p \geqslant 1$ 时发散.

复习题 5

2. 设函数 $F(x) = \int_0^x tf(x^2 - t^2)dt$，其中函数 $f(x)$ 连续，求 $F'(x)$.

解 $F(x) = \int_0^x tf(x^2 - t^2)dt \xlongequal{u=x^2-t^2} -\int_{x^2}^0 \dfrac{1}{2}f(u)du = \int_0^{x^2}\dfrac{1}{2}f(u)du$，

$F'(x) = \dfrac{1}{2}f(x^2)\cdot 2x = xf(x^2)$.

3. 求下列极限：

高等数学学习指导与习题解答（经管、文科类）

（1）$\lim\limits_{x\to 0}\dfrac{\displaystyle\int_{x^2}^{x}\frac{\sin xt}{t}\mathrm{d}t}{x^2}$；

（2）$\lim\limits_{x\to +\infty}\dfrac{\left(\displaystyle\int_0^x \mathrm{e}^{t^2}\mathrm{d}t\right)^2}{\displaystyle\int_0^{x^2}\mathrm{e}^t\mathrm{d}t}$．

解 （1）$\lim\limits_{x\to 0}\dfrac{\displaystyle\int_{x^2}^{x}\frac{\sin xt}{t}\mathrm{d}t}{x^2}\overset{u=xt}{=\!=\!=}\lim\limits_{x\to 0}\dfrac{\displaystyle\int_{x^3}^{x^2}\frac{\sin u}{u}\mathrm{d}u}{x^2}=\lim\limits_{x\to 0}\dfrac{\dfrac{\sin x^2}{x^2}\cdot 2x-\dfrac{\sin x^3}{x^3}\cdot 3x}{2x}$

$=\lim\limits_{x\to 0}\dfrac{2\sin x^2-3\sin x^3}{2x^2}=\lim\limits_{x\to 0}\dfrac{4x\cos x^2-9x^2\cos x^3}{4x}$

$=\lim\limits_{x\to 0}\dfrac{4\cos x^2-9x\cos x^3}{4}=1$．

（2）$\lim\limits_{x\to +\infty}\dfrac{\left(\displaystyle\int_0^x \mathrm{e}^{t^2}\mathrm{d}t\right)^2}{\displaystyle\int_0^{x^2}\mathrm{e}^t\mathrm{d}t}=\lim\limits_{x\to +\infty}\dfrac{2\mathrm{e}^{x^2}\displaystyle\int_0^x \mathrm{e}^{t^2}\mathrm{d}t}{2x\mathrm{e}^{x^2}}=\lim\limits_{x\to +\infty}\dfrac{\displaystyle\int_0^x \mathrm{e}^{t^2}\mathrm{d}t}{x}=\lim\limits_{x\to +\infty}\mathrm{e}^{x^2}=+\infty$．

4. 设 $f(x)$ 在闭区间 $[a,b]$ 上连续且 $f(x)>0$，求 $\lim\limits_{n\to\infty}\displaystyle\int_a^b x^2\sqrt[n]{f(x)}\,\mathrm{d}x$．

解 $f(x)$ 在 $[a,b]$ 上连续，故 $f(x)$ 在 $[a,b]$ 上有最小值和最大值，分别记为 m 和 M，则

$$m\leqslant f(x)\leqslant M，$$
$$x^2\sqrt[n]{m}\leqslant x^2\sqrt[n]{f(x)}\leqslant x^2\sqrt[n]{M}，$$

故 $$\int_a^b x^2\sqrt[n]{m}\,\mathrm{d}x\leqslant \int_a^b x^2\sqrt[n]{f(x)}\,\mathrm{d}x\leqslant \int_a^b x^2\sqrt[n]{M}\,\mathrm{d}x，$$

即 $$\frac{b^3-a^3}{3}\sqrt[n]{m}\leqslant \int_a^b x^2\sqrt[n]{f(x)}\,\mathrm{d}x\leqslant \frac{b^3-a^3}{3}\sqrt[n]{M}，$$

又 $$\lim\limits_{n\to\infty}\frac{b^3-a^3}{3}\sqrt[n]{m}=\frac{b^3-a^3}{3}，\quad \lim\limits_{n\to\infty}\frac{b^3-a^3}{3}\sqrt[n]{M}=\frac{b^3-a^3}{3}，$$

所以 $$\lim\limits_{n\to\infty}\int_a^b x^2\sqrt[n]{f(x)}\,\mathrm{d}x=\frac{b^3-a^3}{3}．$$

5. 计算 $I_1=\displaystyle\int_0^{\pi}(x\sin x)^2\,\mathrm{d}x$，$I_2=\displaystyle\int_0^{\pi}(x\cos x)^2\,\mathrm{d}x$．

解 $I_1+I_2=\displaystyle\int_0^{\pi}\Big[(x\sin x)^2+(x\cos x)^2\Big]\mathrm{d}x=\int_0^{\pi}x^2\,\mathrm{d}x=\frac{1}{3}x^3\Big|_0^{\pi}=\frac{1}{3}\pi^3$，

$I_2-I_1=\displaystyle\int_0^{\pi}\Big[(x\cos x)^2-(x\sin x)^2\Big]\mathrm{d}x=\int_0^{\pi}x^2\cos 2x\,\mathrm{d}x$

$=\dfrac{1}{2}\displaystyle\int_0^{\pi}x^2\mathrm{d}(\sin 2x)=\frac{1}{2}(x^2\sin 2x)\Big|_0^{\pi}-\int_0^{\pi}x\sin 2x\,\mathrm{d}x=\frac{1}{2}\int_0^{\pi}x\mathrm{d}(\cos 2x)$

$=\dfrac{1}{2}(x\cos 2x)\Big|_0^{\pi}-\frac{1}{2}\displaystyle\int_0^{\pi}\cos 2x\,\mathrm{d}x=\frac{\pi}{2}-\frac{1}{4}\sin 2x\Big|_0^{\pi}=\frac{\pi}{2}$，

由以上两式得 $I_1=\dfrac{\pi}{2}\left(\dfrac{\pi^2}{3}-\dfrac{1}{2}\right)$，$I_2=\dfrac{\pi}{2}\left(\dfrac{\pi^2}{3}+\dfrac{1}{2}\right)$．

6. 设函数 $f(x),g(x)$ 在区间 $[a,b]$ 上连续，试证：至少存在一点 $\xi\in(a,b)$，使得

$$f(\xi)\int_\xi^b g(x)\mathrm{d}x = g(\xi)\int_a^\xi f(x)\mathrm{d}x .$$

证明 设 $F(x)=\int_a^x f(t)\mathrm{d}t \cdot \int_x^b g(t)\mathrm{d}t$ ，则 $F(a)=0$ ， $F(b)=0$ ，

$F'(x)=f(x)\int_x^b g(t)\mathrm{d}t - g(x)\int_a^x f(t)\mathrm{d}t$ ，在 $[a,b]$ 上应用罗尔定理，至少存在一点 $\xi\in(a,b)$ ，使 $F'(\xi)=0$ ，即

$$f(\xi)\int_\xi^b g(t)\mathrm{d}t - g(\xi)\int_a^\xi f(t)\mathrm{d}t = 0 ,$$

即
$$f(\xi)\int_\xi^b g(x)\mathrm{d}x = g(\xi)\int_a^\xi f(x)\mathrm{d}x .$$

7. 设函数 $f(x)$ 在 $[0,1]$ 上连续，且 $f(x)<1$ ．求证：方程 $2x-\int_0^x f(t)\mathrm{d}t = 1$ 在 $(0,1)$ 内有且仅有一个根．

证明 设 $F(x)=2x-\int_0^x f(t)\mathrm{d}t - 1$ ，则 $F(0)=-1<0$ ， $F(1)=1-\int_0^1 f(t)\mathrm{d}t > 0$ （因 $f(x)<1$ ）．由零点定理知，至少存在一点 $\xi\in(0,1)$ ，使 $F(\xi)=0$ ，即方程 $2x-\int_0^x f(t)\mathrm{d}t = 1$ 在 $(0,1)$ 内至少有一个根．又 $F'(x)=2-f(x)-1>0$ （因 $f(x)<1$ ），故 $F(x)$ 在 $[0,1]$ 上单调增加，所以方程 $2x-\int_0^x f(t)\mathrm{d}t = 1$ 在 $(0,1)$ 内有且仅有一个根．

8. 设函数 $f(x)$ 在 $[0,b]$ 上有连续的导数，且 $f(0)=0$ ，记 $M=\max\limits_{0\leqslant x\leqslant b}|f'(x)|$ ，试证：

$$\left|\int_0^b f(x)\mathrm{d}x\right| \leqslant \frac{Mb^2}{2} .$$

证明 由拉格朗日中值定理，有 $f(x)=f(x)-f(0)=xf'(\xi)$ （ $0<\xi<x\leqslant b$ ），从而 $|f(x)|=|f'(\xi)|\leqslant xM$ ，故 $\left|\int_0^b f(x)\mathrm{d}x\right| \leqslant \int_0^b |f(x)|\mathrm{d}x \leqslant M\int_0^b x\mathrm{d}x = \frac{Mb^2}{2}$ ．

9. 已知 $\int_0^{+\infty} \mathrm{e}^{-x^2}\mathrm{d}x = \frac{\sqrt{\pi}}{2}$ ，对任何实数 x ，求 $\lim\limits_{n\to\infty}\int_0^x \sqrt{n}\,\mathrm{e}^{-nt^2}\mathrm{d}t$ ．

解 $\int_0^x \sqrt{n}\,\mathrm{e}^{-nt^2}\mathrm{d}t \xlongequal{u=\sqrt{n}t} \int_0^{\sqrt{n}x} \mathrm{e}^{-u^2}\mathrm{d}u$ ，

当 $x>0$ 时， $\lim\limits_{n\to\infty}\int_0^x \sqrt{n}\,\mathrm{e}^{-nt^2}\mathrm{d}t = \lim\limits_{n\to\infty}\int_0^{\sqrt{n}x} \mathrm{e}^{-u^2}\mathrm{d}u = \frac{\sqrt{\pi}}{2}$ ，

当 $x=0$ 时， $\lim\limits_{n\to\infty}\int_0^x \sqrt{n}\,\mathrm{e}^{-nt^2}\mathrm{d}t = 0$ ，

当 $x<0$ 时， $\lim\limits_{n\to\infty}\int_0^x \sqrt{n}\,\mathrm{e}^{-nt^2}\mathrm{d}t = \lim\limits_{n\to\infty}\int_0^{\sqrt{n}x} \mathrm{e}^{-u^2}\mathrm{d}u = -\frac{\sqrt{\pi}}{2}$ ．

10. 设 $f(x)=\int_1^{\sqrt{x}} \mathrm{e}^{-t^2}\mathrm{d}t$ ，求 $\int_0^1 \frac{f(x)}{\sqrt{x}}\mathrm{d}x$ ．

解 因 $f(x)=\int_1^{\sqrt{x}} \mathrm{e}^{-t^2}\mathrm{d}t$ ，故 $f'(x)=\frac{1}{2\sqrt{x}}\mathrm{e}^{-x}$ ，

$$\int_0^1 \frac{f(x)}{\sqrt{x}}\mathrm{d}x = 2\int_0^1 f(x)\mathrm{d}\left(\sqrt{x}\right) = 2\left[\sqrt{x}f(x)\right]\Big|_0^1 - 2\int_0^1 \sqrt{x}f'(x)\mathrm{d}x$$

$$= -2\int_0^1 \sqrt{x}\cdot\frac{1}{2\sqrt{x}}\mathrm{e}^{-x}\mathrm{d}x = -\int_0^1 \mathrm{e}^{-x}\mathrm{d}x = \mathrm{e}^{-1}-1 .$$

自测题 5

3．计算题．

(1) $\displaystyle\int_0^1 \frac{\mathrm{d}x}{\mathrm{e}^x+\mathrm{e}^{-x}}$;

(2) $\displaystyle\int_1^{\mathrm{e}} \frac{\mathrm{d}x}{x(2+\ln^2 x)}$;

(3) $\displaystyle\int_{-2}^0 \frac{x+2}{x^2+2x+2}\mathrm{d}x$;

(4) $\displaystyle\int_0^{\frac{\pi}{4}} \tan x\cdot\ln\cos x\,\mathrm{d}x$;

(5) $\displaystyle\int_1^{\mathrm{e}} \sin(\ln x)\mathrm{d}x$;

(6) $\displaystyle\int_{-\infty}^{+\infty} \frac{\mathrm{d}x}{x^2+4x+8}$;

(7) $I_n = \displaystyle\int_0^{+\infty} x^n\mathrm{e}^{-x}\mathrm{d}x$;

(8) 设函数 $f(x)$ 连续，且 $f(0)\neq 0$ ，求极限 $\displaystyle\lim_{x\to 0}\frac{\displaystyle\int_0^x(x-t)f(t)\mathrm{d}t}{x\displaystyle\int_0^x f(x-t)\mathrm{d}t}$;

(9) 设函数 $y=y(x)$ 由方程 $\displaystyle\int_0^{y^2}\mathrm{e}^{-t}\mathrm{d}t + \int_x^0 \cos(t^2)\mathrm{d}t = a$ 所确定，求 $\dfrac{\mathrm{d}y}{\mathrm{d}x}$;

(10) 在区间 $[0,1]$ 上给定函数 $y=x^2$ ，过曲线上一点 C 做平行于 x 轴的直线 AB ，设点 C 的横坐标为 t ，则由曲线 $y=x^2$，直线 AB，$x=1$ 及 y 轴所围成的图形，当 t 为何值时该图形的面积最小？何时最大？

解 (1) $\displaystyle\int_0^1 \frac{\mathrm{d}x}{\mathrm{e}^x+\mathrm{e}^{-x}} = \int_0^1 \frac{\mathrm{e}^x}{\mathrm{e}^{2x}+1}\mathrm{d}x = \int_0^1 \frac{1}{\mathrm{e}^{2x}+1}\mathrm{d}(\mathrm{e}^x) = \arctan(\mathrm{e}^x)\Big|_0^1 = \arctan\mathrm{e} - \frac{\pi}{4} .$

(2) $\displaystyle\int_1^{\mathrm{e}} \frac{\mathrm{d}x}{x(2+\ln^2 x)} = \frac{\sqrt{2}}{2}\int_1^{\mathrm{e}} \frac{1}{1+\left(\frac{\ln x}{\sqrt{2}}\right)^2}\mathrm{d}\left(\frac{\ln x}{\sqrt{2}}\right) = \frac{\sqrt{2}}{2}\arctan\frac{\ln x}{\sqrt{2}}\Big|_1^{\mathrm{e}} = \frac{1}{\sqrt{2}}\arctan\frac{1}{\sqrt{2}} .$

(3) $\displaystyle\int_{-2}^0 \frac{x+2}{x^2+2x+2}\mathrm{d}x = \int_{-2}^0 \frac{(x+1)+1}{(x+1)^2+1}\mathrm{d}x = \left[\frac{1}{2}\ln(x^2+2x+2) + \arctan(x+1)\right]\Big|_{-2}^0 = \frac{\pi}{2} .$

(4) $\displaystyle\int_0^{\frac{\pi}{4}} \tan x\cdot\ln\cos x\,\mathrm{d}x = -\int_0^{\frac{\pi}{4}} \ln\cos x\,\mathrm{d}(\ln\cos x) = -\frac{1}{2}(\ln\cos x)^2\Big|_0^{\frac{\pi}{4}} = -\frac{1}{8}(\ln 2)^2 .$

(5) $\displaystyle\int_1^{\mathrm{e}} \sin(\ln x)\mathrm{d}x = \left[x\sin(\ln x)\right]\Big|_1^{\mathrm{e}} - \int_1^{\mathrm{e}} \cos(\ln x)\mathrm{d}x$

$$= \mathrm{e}\sin 1 - \left[x\cos(\ln x)\right]\Big|_1^{\mathrm{e}} - \int_1^{\mathrm{e}} \sin(\ln x)\mathrm{d}x$$

$$= \mathrm{e}\sin 1 - \mathrm{e}\cos 1 + 1 - \int_1^{\mathrm{e}} \sin(\ln x)\mathrm{d}x ,$$

移项，整理，得 $\int_1^e \sin(\ln x)\mathrm{d}x = \dfrac{1}{2}(e\sin 1 - e\cos 1 + 1)$．

（6）$\displaystyle\int_{-\infty}^{+\infty} \dfrac{\mathrm{d}x}{x^2+4x+8} = \dfrac{1}{2}\int_{-\infty}^{0} \dfrac{1}{1+\left(\dfrac{x+2}{2}\right)^2} \mathrm{d}\left(\dfrac{x+2}{2}\right) + \dfrac{1}{2}\int_{0}^{+\infty} \dfrac{1}{1+\left(\dfrac{x+2}{2}\right)^2} \mathrm{d}\left(\dfrac{x+2}{2}\right)$

$$= \dfrac{1}{2}\arctan\dfrac{x+2}{2}\Big|_{-\infty}^{0} + \dfrac{1}{2}\arctan\dfrac{x+2}{2}\Big|_{0}^{+\infty} = \dfrac{\pi}{2}.$$

（7）$I_0 = \displaystyle\int_{0}^{+\infty} e^{-x}\mathrm{d}x = -e^{-x}\Big|_{0}^{+\infty} = 1$，

当 $n \geqslant 1$ 时，$I_n = -\displaystyle\int_{0}^{+\infty} x^n \mathrm{d}(e^{-x}) = -(x^n e^{-x})\Big|_{0}^{+\infty} + n\int_{0}^{+\infty} x^{n-1} e^{-x}\mathrm{d}x = nI_{n-1}$，故 $I_n = n!$．

（8）$\displaystyle\lim_{x\to 0} \dfrac{\int_0^x (x-t)f(t)\mathrm{d}t}{x\int_0^x f(x-t)\mathrm{d}t} \xlongequal{u=x-t} \lim_{x\to 0} \dfrac{x\int_0^x f(t)\mathrm{d}t - \int_0^x tf(t)\mathrm{d}t}{x\int_0^x f(u)\mathrm{d}u}$

$$= \lim_{x\to 0} \dfrac{x\int_0^x f(t)\mathrm{d}t - \int_0^x tf(t)\mathrm{d}t}{x\int_0^x f(t)\mathrm{d}t} = \lim_{x\to 0} \dfrac{\int_0^x f(t)\mathrm{d}t}{\int_0^x f(t)\mathrm{d}t + xf(x)},$$

由积分中值定理知 $\displaystyle\int_0^x f(t)\mathrm{d}t = xf(\xi)$，其中 ξ 在 0 与 x 之间，当 $x\to 0$ 时 $\xi \to 0$，则

$$\lim_{x\to 0} \dfrac{\int_0^x (x-t)f(t)\mathrm{d}t}{x\int_0^x f(x-t)\mathrm{d}t} = \lim_{x\to 0} \dfrac{xf(\xi)}{xf(\xi)+xf(x)} = \dfrac{f(0)}{f(0)+f(0)} = \dfrac{1}{2}.$$

（9）方程两边对 x 求导，得 $e^{-y^2} \cdot 2y\dfrac{\mathrm{d}y}{\mathrm{d}x} - \cos x^2 = 0$，故 $\dfrac{\mathrm{d}y}{\mathrm{d}x} = \dfrac{e^{y^2}\cos x^2}{2y}$（$y \neq 0$）．

（10）$S = \displaystyle\int_0^t (t^2-x^2)\mathrm{d}x + \int_t^1 (x^2-t^2)\mathrm{d}x = \left(t^2 x - \dfrac{1}{3}x^3\right)\Big|_0^t + \left(\dfrac{1}{3}x^3 - t^2 x\right)\Big|_t^1 = \dfrac{4}{3}t^3 - t^2 + \dfrac{1}{3}$，

令 $\dfrac{\mathrm{d}S}{\mathrm{d}t} = 4t^2 - 2t = 0$，得驻点 $t_1 = 0$，$t_2 = \dfrac{1}{2}$．比较函数 $S(t)$ 在驻点及区间端点处的函数值 $S(0) = \dfrac{1}{3}$，$S\left(\dfrac{1}{2}\right) = \dfrac{1}{4}$，$S(1) = \dfrac{2}{3}$ 得知，当 $t = \dfrac{1}{2}$ 时，S 最小，当 $t = 1$ 时，S 最大．

5.4 同步练习及答案

同步练习

1．填空题．

（1）若 $\displaystyle\int_0^x f(t)\mathrm{d}t = x\sin x$，则 $f(x) = \underline{\qquad\qquad}$；

（2） $\displaystyle\int_{-\frac{1}{2}}^{\frac{1}{2}}\ln\left(\frac{1-x}{1+x}\right)\arcsin\sqrt{1-x^2}\,\mathrm{d}x=$ ＿＿＿＿＿＿＿；

（3）设 $f(u)$ 为连续函数， b 为常数，则 $\displaystyle\frac{\mathrm{d}}{\mathrm{d}x}\int_0^b f(x+t)\,\mathrm{d}t=$ ＿＿＿＿＿＿＿；

（4）若 $\displaystyle\int_0^1(2x+k)\,\mathrm{d}x=3$ ，则 $k=$ ＿＿＿＿＿＿＿．

2．选择题．

（1）设 $y=f(x)$ 为 $[a,b]$ 上的连续函数，则曲线 $y=f(x)$ ， $x=a$ ， $x=b$ 及 x 轴所围成的曲边梯形的面积为（　　）．

A． $\displaystyle\int_a^b f(x)\,\mathrm{d}x$ ；　　　　　　　　B． $\left|\displaystyle\int_a^b f(x)\,\mathrm{d}x\right|$ ；

C． $\displaystyle\int_a^b |f(x)|\,\mathrm{d}x$ ；　　　　　　　D．不能用定积分表示．

（2）设 $F(x)=\dfrac{x}{x-2}\displaystyle\int_2^x f(t)\,\mathrm{d}t$ ，其中 $f(x)$ 为连续函数，则 $\displaystyle\lim_{x\to 2}F(x)=$ （　　）．

A．2；　　　　B． $2f(2)$ ；　　　　C．0；　　　　D．不存在．

（3）积分上限函数 $\displaystyle\int_a^x f(t)\,\mathrm{d}t$ 是（　　）．

A． $f'(x)$ 的一个原函数；　　　　B． $f'(x)$ 的全体原函数；

C． $f(x)$ 的一个原函数；　　　　D． $f(x)$ 的全体原函数．

（4）设 $f(x)$ 为连续函数， $F(x)=\displaystyle\int_{x^2}^{e^x} f(t)\,\mathrm{d}t$ ，则 $F'(0)=$ （　　）．

A． $f(1)$ ；　　　　　　　　　　B． $f(0)$ ；

C．1；　　　　　　　　　　　　D． $f(0)-f(1)$ ．

3．计算题．

（1） $\displaystyle\int_0^{\frac{\pi}{2}}\cos^5 x\sin 2x\,\mathrm{d}x$ ．

（2） $\displaystyle\int_0^1 x^2 e^{2x}\,\mathrm{d}x$ ．

（3）求函数 $F(x)=\displaystyle\int_0^x t(t-4)\,\mathrm{d}t$ 在 $[-1,5]$ 上的最大值与最小值．

参考答案

1．（1） $\sin x+x\cos x$ ；（2）0；（3） $f(x+b)-f(x)$ ；（4）2．

2．（1）C；（2）B；（3）C；（4）A．

3．（1） $\dfrac{2}{7}$ ；

（2） $\dfrac{1}{4}(e^2-1)$ ；

（3）最大值为 $F(0)=0$ ，最小值为 $F(4)=-\dfrac{32}{3}$ ．

第 6 章　定积分的应用

6.1　内容提要

6.1.1　定积分的微元法

对一般的定积分问题，所求量 A 的积分表达式，可按以下步骤确定：

（1）根据问题的实际情况，建立适当的坐标系，并选定一个变量（如 x）作为积分变量，确定它的变化区间 $[a,b]$；

（2）找出 A 在 $[a,b]$ 内任一小区间 $[x,x+\mathrm{d}x]$ 上部分量 ΔA 的近似值 $\mathrm{d}A=f(x)\mathrm{d}x$；

（3）将 $\mathrm{d}A$ 在 $[a,b]$ 上求定积分，即 A 的积分表达式为 $A=\int_a^b \mathrm{d}A=\int_a^b f(x)\mathrm{d}x$．

这种计算 A 的方法称为定积分的微元法．凡是具有可加性且连续分布的非均匀量的求和问题，一般可通过微元法得到解决．

6.1.2　定积分在几何上的应用

1. 平面图形的面积

在直角坐标系下，由曲线 $y=f(x)$，$y=g(x)$（$f(x)\geqslant g(x)$）及直线 $x=a$，$x=b$ 所围成的图形（图 6.1）的面积为

$$A=\int_a^b \big[f(x)-g(x)\big]\mathrm{d}x，$$

面积微元为
$$\mathrm{d}A=\big[f(x)-g(x)\big]\mathrm{d}x．$$

类似地，由曲线 $x=\psi(y)$，$x=\varphi(y)$（$\psi(y)\geqslant\varphi(y)$）及直线 $y=c$，$y=d$ 所围成的平面图形（图 6.2）的面积为

$$A=\int_c^d \big[\psi(y)-\varphi(y)\big]\mathrm{d}y，$$

面积微元为
$$\mathrm{d}A=\big[\psi(y)-\varphi(y)\big]\mathrm{d}y．$$

在极坐标系下，由曲线 $r=r(\theta)$ 及射线 $\theta=\alpha$，$\theta=\beta$ 围成的图形（图 6.3）的面积为

$$A=\frac{1}{2}\int_a^\beta \big[r(\theta)\big]^2 \mathrm{d}\theta\ （a<\beta），$$

面积微元为
$$\mathrm{d}A=\frac{1}{2}\big[r(\theta)\big]^2 \mathrm{d}\theta．$$

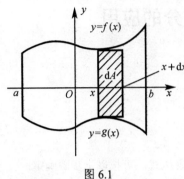

图 6.1

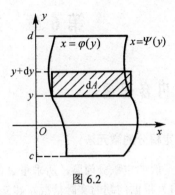

图 6.2

2. 平行截面面积已知的立体体积

一立体介于过点 $x=a$，$x=b$ 且垂直于 x 轴的两平面之间，如果立体过 $x \in [a,b]$ 且垂直于 x 轴的截面面积 $A(x)$ 为 x 的已知连续函数，则称此立体为平行截面面积已知的立体（图 6.4），其体积为

$$V = \int_a^b A(x)\,\mathrm{d}x，$$

面积微元为
$$\mathrm{d}V = A(x)\,\mathrm{d}x.$$

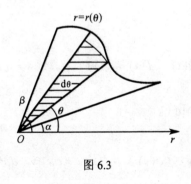

图 6.3

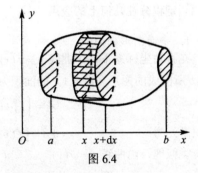

图 6.4

3. 旋转体的体积

由曲线 $y=f(x)$，直线 $x=a$，$x=b$ 及 x 轴所围成的曲边梯形绕 x 轴旋转一周而形成的立体（图 6.5）的体积为

$$V = \pi \int_a^b \left[f(x) \right]^2 \,\mathrm{d}x.$$

类似地，由曲线 $x=\varphi(y)$，直线 $y=c$，$y=d$ 及 y 轴所围成的曲边梯形绕 y 轴旋转一周而成（图 6.6）的旋转体的体积为

$$V = \pi \int_c^d \left[\varphi(y) \right]^2 \,\mathrm{d}y.$$

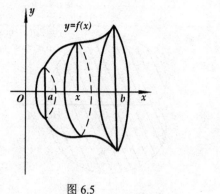

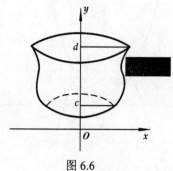

图 6.5 图 6.6

6.1.3 定积分在经济问题中的应用

在经济领域中，定积分主要用于已知边际函数求总函数，即分析生产效益问题．例如，已知边际成本求总成本；已知边际收益求总收益；已知边际利润求总利润等．

6.2 典型例题解析

例 1 计算由曲线 $y=x^2$ 与 $y=2-x^2$ 所围平面图形的面积．

解 如图 6.7 所示，选 x 为积分变量，利用图形的对称性，得所求面积为

$$A = 2\int_0^1 (2-x^2-x^2)\mathrm{d}x = 4\int_0^1 (1-x^2)\mathrm{d}x = \frac{8}{3}.$$

例 2 计算由心形线 $r=2a(1+\cos\theta)$ （$a>0$）（图 6.8）围成的图形的面积．

解

$$A = 2\cdot\frac{1}{2}\int_0^\pi [2a(1+\cos\theta)]^2 \mathrm{d}\theta$$

$$= 4a^2\int_0^\pi (1+2\cos\theta+\cos^2\theta)\mathrm{d}\theta$$

$$= 4a^2\int_0^\pi \left(\frac{3}{2}+2\cos\theta+\frac{1}{2}\cos 2\theta\right)\mathrm{d}\theta$$

$$= 4a^2\left(\frac{3}{2}\pi+2\sin\theta\Big|_0^\pi+\frac{1}{4}\sin 2\theta\Big|_0^\pi\right)$$

$$= 6\pi a^2.$$

例 3 过曲线 $y=x^2$ （$x\geqslant 0$）上某点 A 作切线，使之与曲线、x 轴围成图形的面积为 $\frac{1}{12}$，求：

（1）切点 A 的坐标；

（2）过点 A 的切线方程；

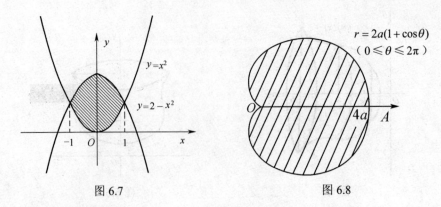

图 6.7   图 6.8

（3）所围图形绕 x 轴旋转一周所得旋转体的体积.

解　（1）设切点为 $A(x_0, x_0^2)$，如图 6.9 所示，于是切线斜率 $k = 2x_0$，切线方程为

$$y - x_0^2 = 2x_0(x - x_0)，$$

即 $y = 2x_0 x - x_0^2$ 或 $x = \dfrac{1}{2x_0}y + \dfrac{x_0}{2}$．

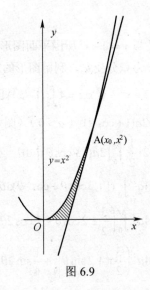

图 6.9

已知切线与曲线、x 轴围成图形的面积为 $\dfrac{1}{12}$，则

$$\frac{1}{12} = \int_0^{x_0^2}\left(\frac{1}{2x_0}y + \frac{x_0}{2} - \sqrt{y}\right)\mathrm{d}y = \frac{1}{12}x_0^3，$$

所以 $x_0 = 1$，点 A 的坐标为 $(1,1)$．

（2）过点 $A(1,1)$ 的切线方程为 $2x - y - 1 = 0$．

（3）先求出切线与 x 轴交点的横坐标，令 $y=0$ ，代入切线方程，得 $x=\dfrac{1}{2}$ ，所求体积为

$$V = \pi \int_0^1 x^4 \mathrm{d}x - \pi \int_{\frac{1}{2}}^1 (2x-1)^2 \mathrm{d}x = \frac{\pi}{30} .$$

例 4 某种产品的边际成本函数为 $C'(x)=x^2-4x+6$ ，固定成本为 10 ，求：

（1）总成本函数 $C(x)$ ；

（2）当产品从 2 个单位增至 4 个单位时，总成本的增量.

解 （1）$C(x) = \displaystyle\int_0^x C'(t)\mathrm{d}t + C_0$

$$= \int_0^x (t^2 - 4t + 6)\mathrm{d}t + 10$$

$$= \frac{1}{3}x^3 - 2x^2 + 6x + 10 .$$

（2）$C(4) - C(2) = \dfrac{70}{3} - \dfrac{50}{3} = \dfrac{20}{3} .$

6.3 习题选解

习题 6.1

1. 计算下列各曲线所围成图形的面积：

（1）$y = x^3$, $y = x$ ；

（2）$y = \ln x$, $y = \ln 2$, $y = \ln 7$, $x = 0$ ；

（3）$y = \mathrm{e}^x$, $x = 0$, $y = \mathrm{e}$ ；

（4）$y = \mathrm{e}^x$, $y = \mathrm{e}^{-x}$, $x = 1$ ；

（5）$y = x^3 - 4x$, $y = 0$ ；

（6）$y^2 = 2x + 1$, $y = x - 1$ ；

（7）$y = x^2$, $y = x$, $y = 2x$ ；

（8）$y = x(x-1)(x-2)$, $y = 0$ ；

（9）$y = \sin x$, $y = \cos x$, $x = 0$, $x = 2\pi$ ；

（10）$y = \sqrt{x}$, $y = x$, $y = 2x$ ；

（11）$y^2 = 12(x+3)$, $y^2 = -12(x-3)$.

解 （1）如图 6.10 所示，所求面积为 $A = 2\displaystyle\int_0^1 (x - x^3)\mathrm{d}x = 2\left(\dfrac{1}{2}x^2 - \dfrac{1}{4}x^4\right)\Big|_0^1 = \dfrac{1}{2} .$

（2）如图 6.11 所示，所求面积为 $A = \displaystyle\int_{\ln 2}^{\ln 7} \mathrm{e}^y \mathrm{d}y = \mathrm{e}^y \Big|_{\ln 2}^{\ln 7} = 5 .$

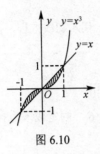

图 6.10

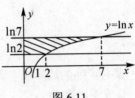

图 6.11

（3）如图 6.12 所示，所求面积为 $A = \int_0^1 (e - e^x) dx = (ex - e^x)\big|_0^1 = 1$.

（4）如图 6.13 所示，所求面积为 $A = \int_0^1 (e^x - e^{-x}) dx = (e^x + e^{-x})\big|_0^1 = e + e^{-1} - 2$.

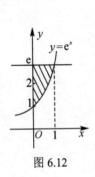

图 6.12

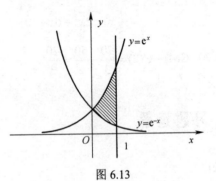

图 6.13

（5）如图 6.14 所示，所求面积为 $A = \int_{-2}^0 (x^3 - 4x) dx + \int_0^2 (4x - x^3) dx = 8$.

（6）如图 6.15 所示，所求面积为

$$A = \int_{-1}^3 \left(y + 1 - \frac{y^2 - 1}{2} \right) dy = \left(-\frac{1}{6} y^3 + \frac{1}{2} y^2 + \frac{3}{2} y \right)\Big|_{-1}^3 = \frac{16}{3} .$$

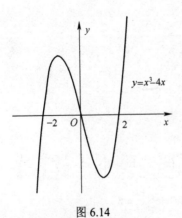

图 6.14

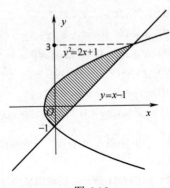

图 6.15

（7）如图 6.16 所示，所求面积为 $A = \int_0^1 (2x - x)\mathrm{d}x + \int_1^2 (2x - x^2)\mathrm{d}x = \frac{7}{6}$．

（8）如图 6.17 所示，所求面积为

$$A = \int_0^1 x(x-1)(x-2)\mathrm{d}x + \int_1^2 \left[-x(x-1)(x-2)\right]\mathrm{d}x$$

$$= \int_0^1 (x^3 - 3x^2 + 2x)\mathrm{d}x - \int_1^2 (x^3 - 3x^2 + 2x)\mathrm{d}x = \frac{1}{2}．$$

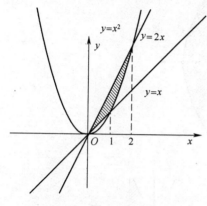

图 6.16

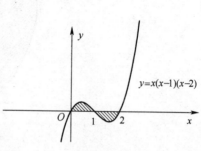

图 6.17

（9）如图 6.18 所示，所求面积为

$$A = \int_0^{\frac{\pi}{4}} (\cos x - \sin x)\mathrm{d}x + \int_{\frac{\pi}{4}}^{\frac{5\pi}{4}} (\sin x - \cos x)\mathrm{d}x + \int_{\frac{5\pi}{4}}^{2\pi} (\cos x - \sin x)\mathrm{d}x$$

$$= (\sin x + \cos x)\Big|_0^{\frac{\pi}{4}} + (-\cos x - \sin x)\Big|_{\frac{\pi}{4}}^{\frac{5\pi}{4}} + (\sin x + \cos x)\Big|_{\frac{5\pi}{4}}^{2\pi} = 4\sqrt{2}．$$

（10）如图 6.19 所示，所求面积为 $A = \int_0^{\frac{1}{4}} (2x - x)\mathrm{d}x + \int_{\frac{1}{4}}^1 (\sqrt{x} - x)\mathrm{d}x = \frac{7}{48}$．

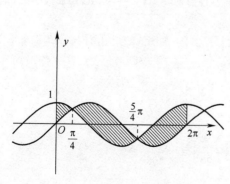

图 6.18

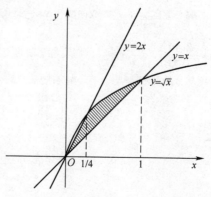

图 6.19

（11）如图 6.20 所示，所求面积为

$$A = \int_{-6}^{6} \left[-\frac{1}{12}y^2 + 3 - \left(\frac{1}{12}y^2 - 3 \right) \right] dy = \int_{-6}^{6} \left(-\frac{1}{6}y^2 + 6 \right) dy = 48 .$$

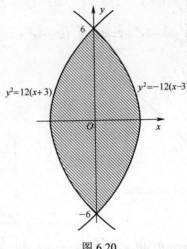

图 6.20

2. 求抛物线 $y = -x^2 + 4x - 3$ 及其在点 $(0,-3)$ 和 $(3,0)$ 处的切线所围成图形的面积.

解 $y'|_{x=0} = 4$ ，$y'|_{x=3} = -2$ ，故抛物线在点 $(0,-3)$ 、$(3,0)$ 处的切线分别为 $y = 4x - 3$ ，

$y = -2x + 6$ ，容易求得这两条切线的交点为 $\left(\frac{3}{2}, 3 \right)$ （如图 6.21），所求面积为

$$A = \int_{0}^{\frac{3}{2}} \left[4x - 3 - (-x^2 + 4x - 3) \right] dx + \int_{\frac{3}{2}}^{3} \left[-2x + 6 - (-x^2 + 4x - 3) \right] dx = \frac{9}{4} .$$

3. 曲线 $y = x^3 - x$ 与其在 $x = \frac{1}{3}$ 处的切线所围成的图形被 y 轴分成两部分，求两部分面积的比.

解 $y'|_{x=\frac{1}{3}} = -\frac{2}{3}$ ，故曲线在 $x = \frac{1}{3}$ 处的切线方程为 $y = -\frac{2}{3}x - \frac{2}{27}$. 切线与曲线的交点

为 $\left(-\frac{2}{3}, \frac{10}{27} \right)$ ，$\left(\frac{1}{3}, -\frac{8}{27} \right)$. 切线与 x 轴的交点为 $\left(-\frac{1}{9}, 0 \right)$. 如图 6.22，记所围成图形在 y 轴

左侧部分的面积为 A_1 ，在 y 轴右侧部分的面积为 A_2 ，则

$$A_1 = \int_{-\frac{2}{3}}^{0} \left[x^3 - x - \left(-\frac{2}{3}x - \frac{2}{27} \right) \right] dx = \frac{2}{27} ,$$

$$A_2 = \int_{0}^{\frac{1}{3}} \left[x^3 - x - \left(-\frac{2}{3}x - \frac{2}{27} \right) \right] dx = \frac{1}{108} ,$$

故 $A_1 : A_2 = 8 : 1$.

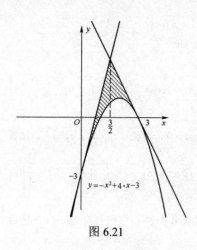

图 6.21

图 6.22

4. 求下列各曲线所围成图形的面积：

（1） $r = 2a\cos\theta$，$\theta = 0$，$\theta = \dfrac{\pi}{6}$ ；　　　　　（2） $r = ae^{\theta}$，$\theta = -\pi$，$\theta = \pi$ ；

（3） $r = 2a(1-\cos\theta)$，$\theta = 0$，$\theta = 2\pi$.

解　（1） $A = \dfrac{1}{2}\displaystyle\int_0^{\frac{\pi}{6}}(2a\cos\theta)^2\mathrm{d}\theta = a^2\displaystyle\int_0^{\frac{\pi}{6}}(1+\cos2\theta)\mathrm{d}\theta = a^2\theta\Big|_0^{\frac{\pi}{6}} + \dfrac{a^2}{2}\sin2\theta\Big|_0^{\frac{\pi}{6}}$

$\qquad = a^2\left(\dfrac{\pi}{6} + \dfrac{\sqrt{3}}{4}\right)$.

（2） $A = \dfrac{1}{2}\displaystyle\int_{-\pi}^{\pi}(ae^{\theta})^2\mathrm{d}\theta = \dfrac{a^2}{2}\displaystyle\int_{-\pi}^{\pi}e^{2\theta}\mathrm{d}\theta = \dfrac{a^2}{4}(e^{2\pi} - e^{-2\pi})$.

（3） $A = \dfrac{1}{2}\displaystyle\int_0^{2\pi}\big[2a(1-\cos\theta)\big]^2\mathrm{d}\theta = 2a^2\displaystyle\int_0^{2\pi}(1-2\cos\theta+\cos^2\theta)\mathrm{d}\theta$

$\qquad = 2a^2\displaystyle\int_0^{2\pi}\left(1-2\cos\theta+\dfrac{1+\cos2\theta}{2}\right)\mathrm{d}\theta = a^2\displaystyle\int_0^{2\pi}(3-4\cos\theta+\cos2\theta)\mathrm{d}\theta = 6\pi a^2$.

5. 考虑函数 $y = \sin x$，$0 \leqslant x \leqslant \dfrac{\pi}{2}$，问

（1） t 取何值时，图（图6.23）中阴影部分的面积 S_1 与 S_2 之和 $S = S_1 + S_2$ 最小？

（2） t 取何值时，面积 $S = S_1 + S_2$ 最大？

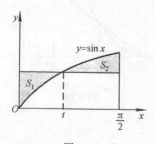

图 6.23

解 $S = S_1 + S_2 = \int_0^t (\sin t - \sin x)\mathrm{d}x + \int_t^{\frac{\pi}{2}} (\sin x - \sin t)\mathrm{d}x$

$$= (x\sin t + \cos x)\big|_0^t + (-\cos x - x\sin t)\bigg|_t^{\frac{\pi}{2}} = 2t\sin t + 2\cos t - \frac{\pi}{2}\sin t - 1 .$$

令 $\dfrac{\mathrm{d}S}{\mathrm{d}t} = 2\sin t + 2t\cos t - 2\sin t - \dfrac{\pi}{2}\cos t = \left(2t - \dfrac{\pi}{2}\right)\cos t = 0$，得驻点 $t_1 = \dfrac{\pi}{4}$，$t_2 = \dfrac{\pi}{2}$，比较

$S(t)$ 在驻点及区间端点处的函数值 $S(0) = 1$，$S\left(\dfrac{\pi}{4}\right) = \sqrt{2} - 1$，$S\left(\dfrac{\pi}{2}\right) = \dfrac{\pi}{2} - 1$知，当 $t = \dfrac{\pi}{4}$ 时，

S 取最小值；当 $t = 0$ 时，S 取最大值.

6．设直线 $y = ax$ 与抛物线 $y = x^2$ 所围成的图形的面积为 S_1，它们与直线 $x = 1$ 所围成的图形的面积为 S_2，并且 $a < 1$．

（1）试确定 a 的值，使 $S_1 + S_2$ 达到最小，并求出最小值；

（2）求该最小值所对应的平面图形绕 x 轴旋转一周所得旋转体的体积.

解 （1）$y = ax$ 是一条通过原点的直线，它的斜率为 a．已知 $a < 1$，需分成 $0 < a < 1$ 与 $a \leqslant 0$ 两种情况讨论．

当 $0 < a < 1$ 时，如图 6.24 所示，直线 $y = ax$ 与抛物线 $y = x^2$ 有两个交点 $(0,0)$ 和 (a, a^2)，

$$S_1 = \int_0^a (ax - x^2)\mathrm{d}x = \frac{1}{6}a^3 , \quad S_2 = \int_a^1 (x^2 - ax)\mathrm{d}x = \frac{1}{3} - \frac{a}{2} + \frac{1}{6}a^3 ,$$

设 $S = S_1 + S_2 = \dfrac{1}{3}a^3 - \dfrac{1}{2}a + \dfrac{1}{3}$，则 $\dfrac{\mathrm{d}S}{\mathrm{d}a} = a^2 - \dfrac{1}{2}$．令 $\dfrac{\mathrm{d}S}{\mathrm{d}a} = 0$，得驻点 $a = \dfrac{\sqrt{2}}{2}$，由

$\dfrac{\mathrm{d}^2 S}{\mathrm{d}a^2}\bigg|_{a=\frac{\sqrt{2}}{2}} = \sqrt{2} > 0$知，$a = \dfrac{\sqrt{2}}{2}$ 时，S 有极小值 $S\left(\dfrac{\sqrt{2}}{2}\right) = \dfrac{1}{3}\left(1 - \dfrac{\sqrt{2}}{2}\right)$．

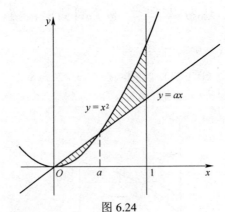

图 6.24

当 $a \leqslant 0$ 时，如图 6.25 所示，

$$S_1 = \int_a^0 (ax - x^2)\mathrm{d}x = -\frac{1}{6}a^3 , \quad S_2 = \int_0^1 (x^2 - ax)\mathrm{d}x = \frac{1}{3} - \frac{a}{2} ,$$

$S = S_1 + S_2 = -\dfrac{1}{6}a^3 - \dfrac{1}{2}a + \dfrac{1}{3}$ ， $\dfrac{\mathrm{d}S}{\mathrm{d}a} = -\dfrac{1}{2}a^2 - \dfrac{1}{2} < 0$ ，因此 $S = S(a)$ 单调减少，最小值为 $S(0) = \dfrac{1}{3}$.

综上，当 $a = \dfrac{\sqrt{2}}{2}$ 时，$S = S_1 + S_2$ 最小，最小值为 $S\left(\dfrac{\sqrt{2}}{2}\right) = \dfrac{1}{3}\left(1 - \dfrac{\sqrt{2}}{2}\right) = \dfrac{1}{6}(2 - \sqrt{2})$.

（2）旋转体体积 $V = \pi \displaystyle\int_0^{\frac{\sqrt{2}}{2}} \left(\dfrac{1}{2}x^2 - x^4\right)\mathrm{d}x + \pi \displaystyle\int_{\frac{\sqrt{2}}{2}}^{1} \left(x^4 - \dfrac{1}{2}x^2\right)\mathrm{d}x = \dfrac{1}{30}\left(\sqrt{2} + 1\right)\pi$.

7．有一立体以长半轴 $a = 10$ ，短半轴 $b = 5$ 的椭圆为底，而垂直于长轴的截面都是等边三角形，试求其体积.

解 以长轴为 x 轴，短轴为 y 轴建立直角坐标系（如图 6.26），则底面椭圆方程为 $\dfrac{x^2}{100} + \dfrac{y^2}{25} = 1$. 设过点 x 且垂直于 x 轴的截面面积为 $A(x)$ ，已知此截面为等边三角形，相应于点 x 的截面的底边长为 $\sqrt{100 - x^2}$ ，高为 $\dfrac{\sqrt{3}}{2}\sqrt{100 - x^2}$ ，所以 $A(x) = \dfrac{\sqrt{3}}{4}(100 - x^2)$ ，由对称性得体积为 $V = 2\displaystyle\int_0^{10} \dfrac{\sqrt{3}}{4}(100 - x^2)\mathrm{d}x = \dfrac{1000}{3}\sqrt{3}$.

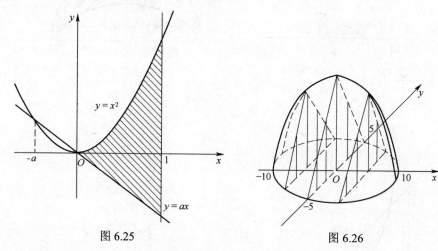

图 6.25　　　　　　　　　　　　　　　图 6.26

8．求下列曲线所围图形绕指定轴旋转所得旋转体的体积：

（1）$2x - y + 4 = 0$ ，$x = 0$ 及 $y = 0$ 绕 x 轴；

（2）$y = x^2$ （$x \in [0,2]$）绕 x 轴及 y 轴；

（3）$y = \ln x$ ，$y = 0$ ，$x = \mathrm{e}$ 绕 x 轴；

（4）$x^2 + y^2 = 4$ ，$x^2 = -4(y - 1)$ ，$y > 0$ 绕 x 轴；

（5）$xy = 5$ ，$x + y = 6$ 绕 x 轴；

（6）$y = \cos x$ ，$x = 0$ ，$x = \pi$ 绕 y 轴.

解： 上述图形分别如图 6.27 至图 6.32 所示.

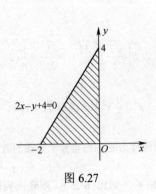

图 6.27

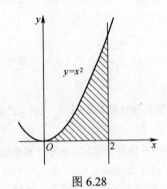

图 6.28

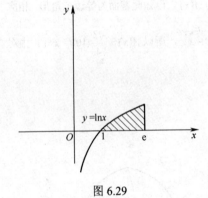

图 6.29

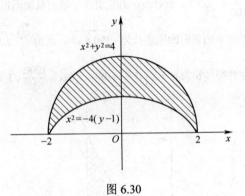

图 6.30

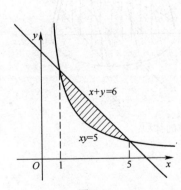

图 6.31

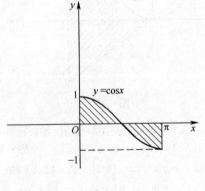

图 6.32

（1） $V = \pi \int_{-2}^{0} (2x+4)^2 \mathrm{d}x = 4\pi \int_{-2}^{0} (x^2 + 4x + 4)\mathrm{d}x = \dfrac{32}{3}\pi$.

（2）$V_x = \pi \int_0^2 (x^2)^2 \mathrm{d}x = \pi \int_0^2 x^4 \mathrm{d}x = \dfrac{32}{5}\pi$，

$\quad V_y = \pi \int_0^4 \left(\sqrt{y}\right)^2 \mathrm{d}y = \pi \int_0^4 y\mathrm{d}y = 8\pi$．

（3）$V = \pi \int_1^e (\ln x)^2 \mathrm{d}x = \pi \left[x(\ln x)^2 \right]\Big|_1^e - 2\pi \int_1^e \ln x \mathrm{d}x = \pi e - 2\pi (x\ln x)\big|_1^e + 2\pi \int_1^e \mathrm{d}x$

$\quad = \pi(e-2)$．

（4）$V = \pi \int_{-2}^2 \left[\left(\sqrt{4-x^2}\right)^2 - \left(-\dfrac{1}{4}x^2+1\right)^2 \right]\mathrm{d}x = \pi \int_{-2}^2 \left(-\dfrac{1}{16}x^4 - \dfrac{1}{2}x^2 + 3 \right)\mathrm{d}x = \dfrac{128}{15}\pi$．

（5）$V = \pi \int_1^5 \left[(6-x)^2 - \left(\dfrac{5}{x}\right)^2 \right]\mathrm{d}x = \pi \int_1^5 \left(x^2 - 12x + 36 - \dfrac{25}{x^2} \right)\mathrm{d}x = \dfrac{64}{3}\pi$．

（6）$V = \pi \int_0^1 (\arccos y)^2 \mathrm{d}y + \pi \int_{-1}^0 \left[\pi^2 - (\arccos y)^2 \right]\mathrm{d}y$

$\quad = \pi \int_0^1 (\arccos y)^2 \mathrm{d}y + \pi^3 \int_{-1}^0 \mathrm{d}y - \pi \int_{-1}^0 (\arccos y)^2 \mathrm{d}y$，

其中，$\displaystyle \int_0^1 (\arccos y)^2 \mathrm{d}y \xlongequal{t=\arccos y} -\int_{\frac{\pi}{2}}^0 t^2 \sin t \mathrm{d}t = \int_{\frac{\pi}{2}}^0 t^2 \mathrm{d}(\cos t) = (t^2 \cos t)\Big|_{\frac{\pi}{2}}^0 - 2\int_{\frac{\pi}{2}}^0 t\cos t \mathrm{d}t$

$\quad\quad\quad\quad\quad\quad\quad\quad\quad = -2(t\sin t)\Big|_{\frac{\pi}{2}}^0 + 2\int_{\frac{\pi}{2}}^0 \sin t \mathrm{d}t = \pi - 2$，

同理，$\displaystyle \int_{-1}^0 (\arccos y)^2 \mathrm{d}y = \pi^2 - \pi - 2$，故 $V = 2\pi^2$．

9. 曲线 $xy = a$，$x = a$，$x = 2a$，$y = 0$ 所围的平面图形绕 x 轴和 y 轴旋转所得到的旋转体体积分别记为 V_x 和 V_y，问 a 取何值时，$V_x = V_y$．

解 如图 6.33，$V_x = \pi \int_a^{2a} \left(\dfrac{a}{x}\right)^2 \mathrm{d}x = \dfrac{\pi}{2}a$，

$V_y = \pi \int_0^{\frac{1}{2}} \left[(2a)^2 - a^2 \right]\mathrm{d}y + \pi \int_{\frac{1}{2}}^1 \left[\left(\dfrac{a}{y}\right)^2 - a^2 \right]\mathrm{d}y = 2\pi a^2$，故当 $a = \dfrac{1}{4}$ 时，$V_x = V_y$．

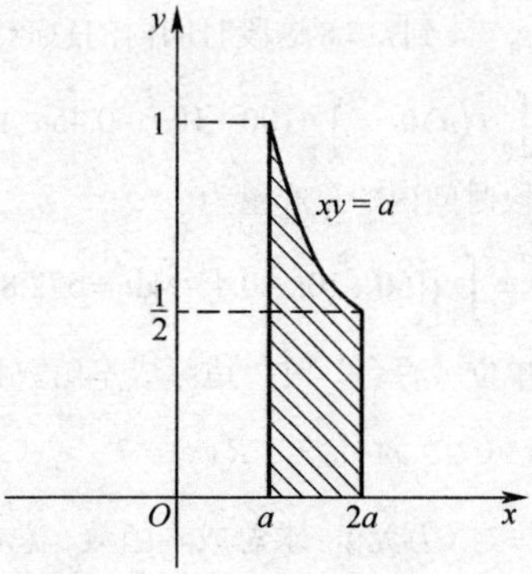

图 6.33

习题 6.2

1. 已知某产品总产量的变化率是时间 t 的函数 $f(t)=2t+5$（单位/年），$t \geq 0$，求第一个五年和第二个五年的总产量各为多少？

解 总产量 $Q(t)$ 是 $f(t)$ 的原函数，因 $f(t)=2t+5$，故 $Q(t)=t^2+5t+C$.

第一个五年总产量为 $\qquad Q(5)-Q(0)=25+25=50$，

第二个五年总产量为 $\qquad Q(10)-Q(5)=150-50=100$.

2. 已知某产品生产 x 个单位时，总收益 R 的变化率（边际收益）为

$$R'(x)=200-\frac{x}{100} \qquad (x \geq 0),$$

（1）求生产了 50 个单位时的总收益；

（2）如果已经生产了 100 个单位，求再生产 100 个单位时的总收益.

解 $R(x)=\int_0^x R'(t)\mathrm{d}t=\int_0^x\left(200-\frac{t}{100}\right)\mathrm{d}t=200x-\frac{x^2}{200}$，

（1）$R(50)=10000-\dfrac{2500}{200}=9987.5$.

（2）$R(200)-R(100)=39800-19950=19850$.

3. 某产品的总成本 C（万元）的变化率（边际成本）$C'=1$，总收益 R（万元）的变化率（边际收益）为生产量 x（百台）的函数 $R'=R'(x)=5-x$.

（1）求生产量等于多少时，总利润 $L=R-C$ 为最大？

（2）在利润最大的生产量基础上又生产了 100 台，总利润减少了多少？

解 $L=R-C=\int_0^x[R'(t)-C'(t)]\mathrm{d}t-C_0=\int_0^x(5-t-1)\mathrm{d}t-C_0=4x-\frac{1}{2}x^2-C_0$，

（1）欲使 L 最大，则需 $R'=C'$，即 $x=4$（百台）.

（2）$L(5)-L(4)=7.5-8=-0.5$（万元）.

因此，生产量为 400 台时，总利润最大，此时若再生产 100 台，则总利润会减少 0.5 万元.

4. 已知某产品总产量的变化率是时间 t 的函数

$$f(t)=100+10t-0.45t^2 \text{（吨/小时）}, \quad t \geq 0.$$

求（1）总产量函数；（2）从 $t_0=4$ 到 $t_1=8$ 这段时间内的总产量.

解 （1）总产量 $Q(t)=\int_0^t f(u)\mathrm{d}u=\int_0^t(100+10u-0.45u^2)\mathrm{d}u=100t+5t^2-0.15t^3$.

（2）从 $t_0=4$ 到 $t_1=8$ 这段时间内的总产量为

$$\int_4^8 f(t)\mathrm{d}t=\int_4^8(100+10t-0.45t^2)\mathrm{d}t=572.8 \text{（吨）}.$$

5. 已知某产品生产 x 个单位（百台）时，边际成本函数和边际收益函数分别为

$$C'(x)=3+\frac{1}{3}x \text{（万元/百台）}, \quad R'(x)=7-x \text{（万元/百台）}.$$

（1）若固定成本为 $C(0)=1$（万元），求总成本函数、总收益函数和总利润函数；

（2）当产量从 100 台增加到 500 台时，求总成本与总收益；

（3）产量为多少时，总利润最大？最大利润是多少？

解 （1）$C(x) = \int_0^x C'(t)dt + C(0) = \int_0^x \left(3 + \frac{1}{3}t\right)dt + 1 = 1 + 3x + \frac{1}{6}x^2$，

$R(x) = \int_0^x R'(t)dt = \int_0^x (7 - t)dt = 7x - \frac{1}{2}x^2$，$L(x) = R(x) - C(x) = -1 + 4x - \frac{2}{3}x^2$.

（2）$C(5) - C(1) = 16$（万元），$R(5) - R(1) = 16$（万元）.

（3）$L'(x) = 4 - \frac{4}{3}x$，令 $L'(x) = 0$，得唯一驻点 $x = 3$（百台），又 $L''(3) = -\frac{4}{3} < 0$，故当产量为300台时，利润最大，最大利润为 $L(3) = 5$（万元）.

复习题 6

1. 计算下列各曲线所围成图形的面积：

（1）$y = \frac{1}{x}$，$y = x$，$x = 2$；

（2）$y = \ln x$，$x = 0$，$y = \ln a$，$y = \ln b$（$0 < a < b$）；

（3）$y = \frac{1}{2}x^2$，$x^2 + y^2 = 8$（仅要 $y > 0$ 部分）；

（4）$y^2 = x$，$2x^2 + y^2 = 1$（$x > 0$）；

（5）$y^2 = 2x$，$x - y = 4$.

解 （1）如图6.34，$A = \int_1^2 \left(x - \frac{1}{x}\right)dx = \frac{3}{2} - \ln 2$.

（2）如图6.35，$A = \int_{\ln a}^{\ln b} e^y dy = b - a$.

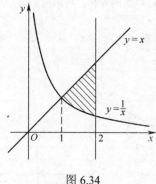

图 6.34

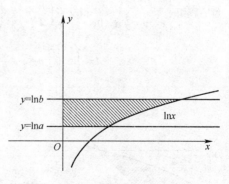

图 6.35

（3）如图6.36，

$$A = 2\int_0^2 \left(\sqrt{8 - x^2} - \frac{1}{2}x^2\right)dx = 2\left(\frac{x}{2}\sqrt{8 - x^2} + 4\arcsin\frac{x}{2\sqrt{2}} - \frac{1}{6}x^3\right)\Big|_0^2 = 2\pi + \frac{4}{3}.$$

（4）如图6.37，

$$A = 2\int_0^{\frac{\sqrt{2}}{2}}\left(\sqrt{\frac{1-y^2}{2}} - y^2\right)dy = 2\left(\frac{y}{2\sqrt{2}}\sqrt{1-y^2} + \frac{1}{2\sqrt{2}}\arcsin y - \frac{1}{3}y^3\right)\Big|_0^{\frac{\sqrt{2}}{2}} = \frac{\sqrt{2}}{4}\left(\frac{1}{3} + \frac{\pi}{2}\right).$$

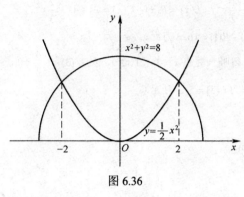

图 6.36

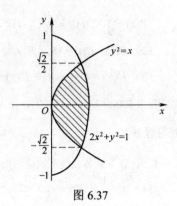

图 6.37

（5）如图 6.38，$A = \int_{-2}^4\left(y + 4 - \frac{y^2}{2}\right)dy = 18$.

2. 求抛物线 $y^2 = 2px$ 及其在点 $\left(\frac{p}{2}, p\right)$（$p > 0$）处的法线所围成图形的面积.

解 由 $y^2 = 2px$，$2yy' = 2p$，于是在点 $\left(\frac{p}{2}, p\right)$ 处的切线斜率 $y'|_{y=p} = 1$，而法线斜率

$k = -1$. 过点 $\left(\frac{p}{2}, p\right)$ 的法线方程为 $x + y - \frac{3}{2}p = 0$.

解方程组 $\begin{cases} y^2 = 2px, \\ x + y - \dfrac{3}{2}p = 0, \end{cases}$ 得交点 $\left(\dfrac{p}{2}, p\right)$、$\left(\dfrac{9}{2}p, -3p\right)$，如图 6.39，所求面积为

$$A = \int_{-3p}^p\left(\frac{3}{2}p - y - \frac{y^2}{2p}\right)dy = \frac{16}{3}p^2.$$

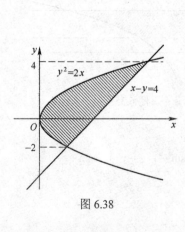

图 6.38

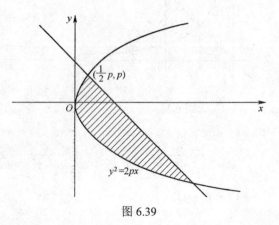

图 6.39

3．求下列各曲线所围成图形的公共部分的面积：

（1）$r = 3\cos\theta$，$r = 1 + \cos\theta$；　　　　　　（2）$r = \sqrt{2}\sin\theta$，$r^2 = \cos 2\theta$．

解　（1）如图 6.40，两曲线交点为 $\left(\dfrac{3}{2}, \dfrac{\pi}{3}\right)$、$\left(\dfrac{3}{2}, -\dfrac{\pi}{3}\right)$，由图形关于极轴的对称性，得

$$A = 2\left[\int_0^{\frac{\pi}{3}} \frac{1}{2}(1 + \cos\theta)^2 d\theta + \int_{\frac{\pi}{3}}^{\frac{\pi}{2}} \frac{1}{2}(3\cos\theta)^2 d\theta\right] = \frac{5\pi}{4}.$$

（2）如图 6.41，两曲线交点为 $\left(\dfrac{\sqrt{2}}{2}, \dfrac{\pi}{6}\right)$、$\left(\dfrac{\sqrt{2}}{2}, \dfrac{5\pi}{6}\right)$，由图形的对称性，得

$$A = 2\left[\int_0^{\frac{\pi}{6}} \frac{1}{2}(\sqrt{2}\sin\theta)^2 d\theta + \int_{\frac{\pi}{6}}^{\frac{\pi}{4}} \frac{1}{2}\cos 2\theta d\theta\right] = \frac{\pi}{6} + \frac{1}{2} - \frac{\sqrt{3}}{2}.$$

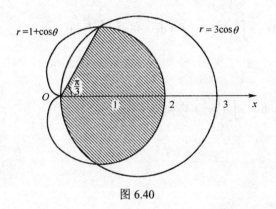

图 6.40

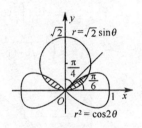

图 6.41

4．计算底面半径是 R 的圆，而垂直于底上一条固定直径的所有截面都是等边三角形的立体的体积．

解　如图 6.42，选 x 为积分变量，相应的截面等边三角形边长为 $2\sqrt{R^2 - x^2}$，面积为

$\dfrac{\sqrt{3}}{4}\left(2\sqrt{R^2 - x^2}\right)^2 = \sqrt{3}(R^2 - x^2)$，所求体积为 $V = \displaystyle\int_{-R}^{R} \sqrt{3}(R^2 - x^2)dx = \dfrac{4\sqrt{3}}{3}R^3$．

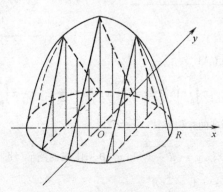

图 6.42

5. 求下列曲线所围图形绕指定轴旋转所得旋转体的体积：

（1）$y=x^2$ 与 $y^2=8x$ 相交部分的图形分别绕 x 轴和 y 轴旋转；

（2）$x^2+(y-2)^2=1$ 分别绕 x 轴和 y 轴旋转；

（3）$y=x^3$，$x=2$，$y=0$ 所围成的图形分别绕 x 轴和 y 轴旋转.

解　（1）如图 6.43，两曲线交点为 $(0,0)$、$(2,4)$，

$$V_x=\pi\int_0^2\left(\sqrt{8x}\right)^2\mathrm{d}x-\pi\int_0^2\left(x^2\right)^2\mathrm{d}x=\frac{48}{5}\pi，$$

$$V_y=\pi\int_0^4\left(\sqrt{y}\right)^2\mathrm{d}y-\pi\int_0^4\left(\frac{y^2}{8}\right)^2\mathrm{d}y=\frac{24}{5}\pi.$$

（2）如图 6.44，

$$V_x=\pi\int_{-1}^1\left(2+\sqrt{1-x^2}\right)^2\mathrm{d}x-\pi\int_{-1}^1\left(2-\sqrt{1-x^2}\right)^2\mathrm{d}x=16\pi\int_0^1\sqrt{1-x^2}\mathrm{d}x$$

$$\xlongequal{x=\sin t}16\pi\int_0^{\frac{\pi}{2}}\cos^2 t\mathrm{d}t=4\pi^2，$$

$$V_y=\pi\int_1^3\left[\sqrt{1-(y-2)^2}\right]^2\mathrm{d}y=\pi\int_1^3(-y^2+4y-3)\mathrm{d}y=\frac{4}{3}\pi.$$

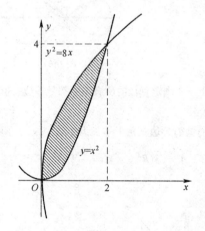

图 6.43

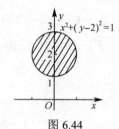

图 6.44

（3）如图 6.45，$V_x=\pi\int_0^2\pi\left(x^3\right)^2\mathrm{d}x=\frac{128}{7}\pi$，$V_y=\pi\cdot 2^2\cdot 8-\pi\int_0^8\left(\sqrt[3]{y}\right)^2\mathrm{d}y=\frac{64}{5}\pi.$

6. 证明半径为 R 的球的体积为 $V=\frac{4}{3}\pi R^3$.

解　此球可看作由曲线 $y=\sqrt{R^2-x^2}$ 和 $y=0$ 所围成的图形（图 6.46）绕 x 轴旋转一周所得，故 $V=\int_{-R}^R\left(\sqrt{R^2-x^2}\right)^2\mathrm{d}x=\frac{4}{3}\pi R^3.$

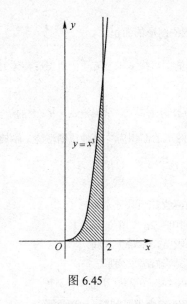

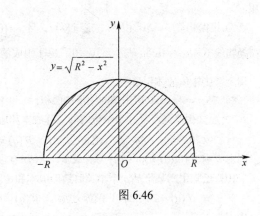

图 6.45   图 6.46

7. 已知某产品的边际收益函数为 $R'(q) = 10(10-q)e^{-\frac{q}{10}}$，其中 q 为销售量，$R = R(q)$ 为总收益，求该产品的总收益函数 $R(q)$.

解 $R(q) = \int_0^q R'(t)dt = \int_0^q 10(10-t)e^{-\frac{t}{10}}dt = -100\int_0^q (10-t)d\left(e^{-\frac{t}{10}}\right)$

$$= -100(10-t)e^{-\frac{t}{10}}\Big|_0^q - 100\int_0^q e^{-\frac{t}{10}}dt = 100qe^{-\frac{q}{10}}.$$

8. 已知生产某产品 q 个单位时，收入 R （单位万元）的变化率（即边际收益）为 $R'(q) = 200 - 2q$.

（1）求开工生产 50 个单位时的收入；

（2）如果已经生产了 50 个单位，求再生产 50 个单位时收入的增加量.

解 $R(q) = \int_0^q R'(t)dt = \int_0^q (200-2t)dt = 200q - q^2$，

（1）$R(50) = 10000 - 2500 = 7500$ （万元）.

（2）$R(100) - R(50) = 10000 - 7500 = 2500$ （万元）.

自测题 6

2. 计算题：

（1）求抛物线 $y^2 = 2x$ 与圆 $x^2 + y^2 = 8$ 围成的两部分的面积.

（2）求抛物线 $y = x^2$ 与直线 $y = 2x + 3$ 围成的图形的面积.

（3）求 $x = y^2$，$y = x - 2$ 所围成的图形的面积.

（4）求由曲线 $y = x$，$y = \dfrac{1}{x}$，$x = 2$ 围成的图形的面积.

（5）求由曲线 $y=x$，$y=\dfrac{1}{x}$，$x=2$，$y=0$ 围成的图形的面积.

（6）求由曲线 $y=x$，$y=\dfrac{1}{x}$，$x=2$，$y=0$ 围成的图形绕 x 轴旋转一周所得旋转体的体积.

（7）设抛物线 $y=ax^2+bx+c$ 通过原点，且 $x\in[0,1]$ 时 $y\geqslant 0$，试确定 a、b、c 的值，使得抛物线 $y=ax^2+bx+c$ 与直线 $y=0$，$x=1$ 围成的图形的面积为 $\dfrac{4}{9}$ 且使该图形绕 x 轴旋转一周所得旋转体的体积最小.

（8）求 $\rho=1+\cos\theta$ 所围成的图形的面积.

（9）已知生产某产品 q 个单位时的边际成本和边际收益函数分别为

$$C'(q)=q^2-4q+6 \ （单位/万元），\quad R'(q)=105-2q \ （单位/万元），$$

固定成本为 100 万元，$C(q)$ 为总成本，$R(q)$ 为总收益，求最大利润.

（10）已知生产某产品 q 个单位时边际成本和边际收益函数分别为

$$C'(q)=24+2q \ （单位/万元），\quad R'(q)=48-4q \ （单位/万元），$$

固定成本为 20 万元，求总利润函数 $L(q)$，并判断产量 q 为多少时利润 $L(q)$ 最大？

解　（1）如图 6.47，记小面积为 A_1，大面积为 A_2．两曲线交点为 $(2,2)$、$(2,-2)$，

$$A_1=2\int_0^2\left(\sqrt{8-y^2}-\frac{1}{2}y^2\right)\mathrm{d}y=2\left(4\arcsin\frac{y}{2\sqrt{2}}+\frac{1}{2}y\sqrt{8-y^2}-\frac{1}{6}y^3\right)\Bigg|_0^2=2\pi+\frac{4}{3},$$

$$A_2=8\pi-\left(2\pi+\frac{4}{3}\right)=6\pi-\frac{4}{3}.$$

（2）如图 6.48，两曲线交点为 $(-1,1)$、$(3,9)$，$A=\displaystyle\int_{-1}^{3}\left[(2x+3)-x^2\right]\mathrm{d}x=\frac{32}{3}$.

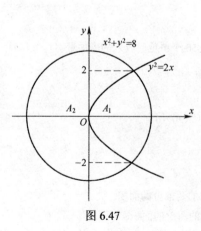

图 6.47

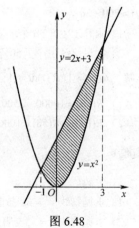

图 6.48

（3）如图 6.49，两曲线交点为 $(1,-1)$、$(4,2)$，$A=\displaystyle\int_{-1}^{2}(y+2-y^2)\mathrm{d}y=\frac{9}{2}$.

（4）如图 6.50，$A = \int_1^2 \left(x - \frac{1}{x} \right) dx = \frac{3}{2} - \ln 2$.

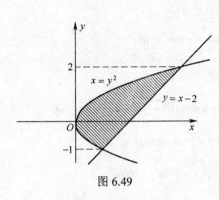

图 6.49

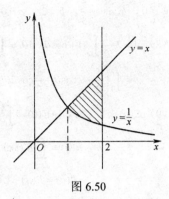

图 6.50

（5）如图 6.51，$A = \int_0^1 x\,dx + \int_1^2 \frac{1}{x}\,dx = \frac{1}{2} + \ln 2$.

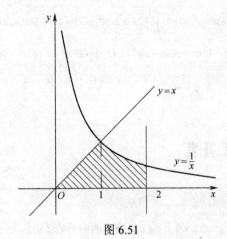

图 6.51

（6）$V = \pi \int_0^1 x^2\,dx + \pi \int_1^2 \frac{1}{x^2}\,dx = \frac{5}{6}\pi$.

（7）因抛物线过原点，故 $c = 0$. 抛物线与直线 $y = 0$，$x = 1$ 围成的图形的面积

$$A = \int_0^1 (ax^2 + bx)\,dx = \frac{a}{3} + \frac{b}{2} ,$$

由已知得，$\frac{a}{3} + \frac{b}{2} = \frac{4}{9}$，即 $a = \frac{4}{3} - \frac{3}{2}b$. 该图形绕 x 轴旋转一周而成的旋转体积为

$$V = \pi \int_0^1 (ax^2 + bx)^2\,dx = \pi \left(\frac{a^2}{5} + \frac{ab}{2} + \frac{b^2}{3} \right) = \frac{\pi}{30}(b-2)^2 + \frac{2}{9}\pi ,$$

因此，当 $b=2$ 时体积最小，此时 $a=-\dfrac{5}{3}$，抛物线 $y=-\dfrac{5}{3}x^2+2x=\dfrac{x}{3}(6-5x)$ 在区间 $[0,1]$ 上满足 $y\geqslant 0$，故 $a=-\dfrac{5}{3}$，$b=2$，$c=0$ 符合题目要求.

（8） $A=2\cdot\dfrac{1}{2}\displaystyle\int_0^\pi (1+\cos\theta)^2\mathrm{d}\theta=\int_0^\pi (1+2\cos\theta+\cos^2\theta)\mathrm{d}\theta$

$\qquad\qquad =\displaystyle\int_0^\pi\left(\dfrac{3}{2}+2\cos\theta+\dfrac{1}{2}\cos 2\theta\right)\mathrm{d}\theta=\dfrac{3}{2}\pi$.

（9） $C(q)=\displaystyle\int_0^q C'(t)\mathrm{d}t+C(0)=\int_0^q (t^2-4t+6)\mathrm{d}t+100=\dfrac{1}{3}q^3-2q^2+6q+100$，

$\qquad\qquad R(q)=\displaystyle\int_0^q R'(t)\mathrm{d}t=\int_0^q (105-2t)\mathrm{d}t=105q-q^2$，

$\qquad\qquad L(q)=R(q)-C(q)=-\dfrac{1}{3}q^3+q^2+99q-100$，

令 $L'(q)=-q^2+2q+99=0$，得驻点 $q_1=11$，$q_2=-9$（舍）. 又 $L''(11)=-20<0$，故当 $q=11$ 单位时利润最大，为 $L(11)=666\dfrac{1}{3}$（万元）.

（10） $C(q)=\displaystyle\int_0^q C'(t)\mathrm{d}t+C(0)=\int_0^q (24+2t)\mathrm{d}t+20=q^2+24q+20$，

$R(q)=\displaystyle\int_0^q R'(t)\mathrm{d}t=\int_0^q (48-4t)\mathrm{d}t=48q-2q^2$，$L(q)=R(q)-C(q)=-3q^2+24q-20$，

令 $L'(q)=-6q+24=0$，得唯一驻点 $q=4$，又 $L''(4)=-6<0$，故当 $q=4$ 单位时利润最大，为 $L(4)=28$（万元）.

6.4 同步练习及答案

同步练习

1. 求由曲线 $y=a-x^2$（$a>0$）与 x 轴围成的图形的面积.

2. 求由曲线 $y=x^3$ 与直线 $x=0$，$y=1$ 围成的图形的面积.

3. 求由曲线 $r=2a\cos\theta$ 围成的图形的面积.

4. 求由曲线 $y=\sqrt{x}$ 与直线 $x=1$，$x=4$，$y=0$ 围成的图形分别绕 x 轴、y 轴旋转一周所得的旋转体的体积.

5. 某产品的边际成本为 $C'(x)=2+x$（万元/件），固定成本 $C(0)=100$（万元），边际收益 $R'(x)=120-x$（万元/件），求：

（1）总成本函数 $C(x)$；

（2）总收益函数 $R(x)$；

（3）生产多少件时总利润最大？

参考答案

1. $\dfrac{4}{3}a^{\frac{3}{2}}$. 2. $\dfrac{3}{4}$. 3. πa^2 . 4. $V_x = \dfrac{15\pi}{2}$, $V_y = \dfrac{124\pi}{5}$.

5. （1） $C(x) = 2x + \dfrac{1}{2}x^2 + 100$ ；

   （2） $R(x) = 120x - \dfrac{1}{2}x^2$ ；

   （3）当 $x = 59$ 件时，总利润最大，为 3381 万元.

第7章 常微分方程

7.1 内容提要

7.1.1 基本概念

1. 微分方程 含有未知函数的导数（或微分）的方程称为微分方程.

未知函数只含一个自变量的微分方程称为常微分方程.

未知函数含有两个或两个以上自变量的微分方程称为偏微分方程.

2. 微分方程的阶 微分方程中的未知函数的最高阶导数的阶数称为微分方程的阶.

3. 微分方程的解 能使微分方程成为恒等式的函数 $y = \varphi(x)$ 叫做微分方程的解.

（1）通解 若微分方程的解中含有的相互独立的任意常数的个数等于方程的阶数，则称此解为该方程的通解.

（2）特解 当通解中的各任意常数取得特定值时所得到的解，称为方程的特解.

4. 初始条件 用来确定通解中的任意常数的条件称为初始条件. 一般地，n 阶微分方程需要 n 个初始条件才能确定特解.

5. 初值问题 微分方程连同它的初始条件一起构成一个初值问题.

7.1.2 一阶微分方程

1. 一阶微分方程的常见形式

$$y' = f(x, y)，\quad F(x, y, y') = 0，\quad P(x, y)\mathrm{d}x + Q(x, y)\mathrm{d}y = 0 .$$

2. 几种常见类型及解法

（1）可分离变量的微分方程

形如 $\dfrac{\mathrm{d}y}{\mathrm{d}x} = f(x)g(y)$ 或 $M_1(x)M_2(y)\mathrm{d}y + N_1(x)N_2(y)\mathrm{d}x = 0$ 的微分方程都称为可分离变量的微分方程.

解法 分离变量法. 将不同的变量分离到等式两端，再两边积分即得通解.

（2）齐次微分方程 $\dfrac{\mathrm{d}y}{\mathrm{d}x} = f\left(\dfrac{y}{x}\right)$

解法 令 $u = \dfrac{y}{x}$，则 $\dfrac{\mathrm{d}y}{\mathrm{d}x} = u + x\dfrac{\mathrm{d}u}{\mathrm{d}x}$，于是原方程可化为 $x\dfrac{\mathrm{d}u}{\mathrm{d}x} = f(u) - u$，分离变量再积分，得

$$\int \frac{\mathrm{d}u}{f(u) - u} = \int \frac{\mathrm{d}x}{x} + C,$$

求出积分后，再将 $u = \dfrac{y}{x}$ 回代，即可求得原齐次方程的通解.

（3）一阶线性微分方程 $y' + P(x)y = Q(x)$

一阶齐次线性微分方程 $y' + P(x)y = 0$ 的通解为 $y = C\mathrm{e}^{-\int P(x)\mathrm{d}x}$.

一阶非齐次线性微分方程 $y' + P(x)y = Q(x)$ 的通解为

$$y = \mathrm{e}^{-\int P(x)\mathrm{d}x}\left[\int Q(x)\mathrm{e}^{\int P(x)\mathrm{d}x}\,\mathrm{d}x + C\right].$$

7.1.3 二阶微分方程

1. 可降阶的二阶微分方程

（1）$y'' = f(x)$ 型的微分方程

解法 方程两边连续积分两次即得通解.

对于 $y^{(n)} = f(x)$ 型的微分方程，解法类似，只需方程两边连续积分 n 次即得通解.

（2）$y'' = f(x, y')$ 型的微分方程

解法 令 $y' = p$，则 $y'' = \dfrac{\mathrm{d}p}{\mathrm{d}x} = p'$，代入原方程，得 $\dfrac{\mathrm{d}p}{\mathrm{d}x} = f(x, p)$，若能求出此方程的解 $p = p(x, C_1)$，则 $y' = p(x, C_1)$，再求解这个一阶微分方程，便得原方程的通解.

（3）$y'' = f(y, y')$ 型的微分方程

解法 令 $y' = p$，注意此时 p 看作是变量 y 的函数，则 $y'' = p\dfrac{\mathrm{d}p}{\mathrm{d}y}$，代入原方程，得 $p\dfrac{\mathrm{d}p}{\mathrm{d}y} = f(y, p)$，设此方程的通解为 $y' = p = \varphi(y, C_1)$，这是一个可分离变量的微分方程，分离变量并积分，即得原方程的通解.

2. 二阶常系数线性微分方程

（1）二阶常系数齐次线性微分方程 $y'' + py' + qy = 0$

特征方程 $r^2 + pr + q = 0$ 的根	通解
有两个不等实根 $r_1 \neq r_2$	$y = C_1\mathrm{e}^{r_1 x} + C_2\mathrm{e}^{r_2 x}$
有两个相等实根 r	$y = (C_1 + C_2 x)\mathrm{e}^{rx}$
有一对共轭复根 $r_{1,2} = \alpha \pm \mathrm{i}\beta$	$y = \mathrm{e}^{\alpha x}(C_1\cos\beta x + C_2\sin\beta x)$

（2）二阶常系数非齐次线性微分方程 $y'' + py' + qy = f(x)$

① $f(x) = \mathrm{e}^{\lambda x} P_m(x)$ 型

可设特解为 $y^* = x^k Q_m(x)\mathrm{e}^{\lambda x}$，其中 $Q_m(x) = b_m x^m + b_{m-1} x^{m-1} + \cdots + b_1 x + b_0$ 是一个与 $P_m(x)$ 同次的待定多项式，k 为整数，且

$$k = \begin{cases} 0, & \text{当} \lambda \text{不是特征根时,} \\ 1, & \text{当} \lambda \text{是单征根时,} \\ 2, & \text{当} \lambda \text{是重特征根时.} \end{cases}$$

② $f(x) = \mathrm{e}^{\lambda x}[P_l(x)\cos \omega x + P_n(x)\sin \omega x]$ 型

可设特解为 $y^* = x^k \mathrm{e}^{\lambda x}[R_m^{(1)}(x)\cos \omega x + R_m^{(2)}(x)\sin \omega x]$，其中 $R_m^{(1)}(x)$、$R_m^{(2)}(x)$ 是两个待定 m 次多项式，$m = \max\{l, n\}$，而

$$k = \begin{cases} 0, & \lambda + \mathrm{i}\omega \text{ 不是特征方程的根,} \\ 1, & \lambda + \mathrm{i}\omega \text{ 是特征方程的根.} \end{cases}$$

7.2 典型例题解析

例 1　求微分方程 $\sqrt{1-x^2}\, y' = \sqrt{1-y^2}$ 的通解.

解　分离变量，得 $\dfrac{\mathrm{d}y}{\sqrt{1-y^2}} = \dfrac{\mathrm{d}x}{\sqrt{1-x^2}}$，

两边积分，得 $\arcsin y = \arcsin x + C$，即为原方程的通解.

例 2　求微分方程 $x^2 y' + xy = y^2$ 的满足 $y|_{x=1} = 1$ 的特解.

解　所给方程为齐次微分方程，令 $u = \dfrac{y}{x}$，代入原方程，得

$$x \frac{\mathrm{d}u}{\mathrm{d}x} = u^2 - 2u,$$

分离变量，得

$$\frac{\mathrm{d}u}{u^2 - 2u} = \frac{\mathrm{d}x}{x},$$

两边积分，得

$$\frac{1}{2}[\ln(u-2) - \ln u] = \ln x + C_1,$$

$$\frac{u-2}{u} = Cx^2,$$

换回原变量可得

$$\frac{y-2x}{y} = Cx^2,$$

由 $y|_{x=1} = 1$ 得 $C = -1$，因此所求特解为 $y = \dfrac{2x}{1+x^2}$.

例 3　已知连续函数 $f(x)$ 满足条件 $f(x) + 2\displaystyle\int_0^x f(t)\mathrm{d}t = x^2$，求 $f(x)$.

解 已知方程两边对 x 求导，得
$$f'(x) + 2f(x) = 2x ,$$
这是一阶线性微分方程，$P(x) = 2$，$Q(x) = 2x$，由公式得通解
$$f(x) = \mathrm{e}^{-\int 2\mathrm{d}x} \left[\int 2x \mathrm{e}^{\int 2\mathrm{d}x} \mathrm{d}x + C \right] = \mathrm{e}^{-2x} \left(2 \int x\mathrm{e}^{2x} \mathrm{d}x + C \right)$$
$$= \mathrm{e}^{-2x} \left[\left(x - \frac{1}{2} \right) \mathrm{e}^{2x} + C \right] = C\mathrm{e}^{-2x} + x - \frac{1}{2} ,$$

由已知方程可知 $f(0) = 0$，故 $C = \dfrac{1}{2}$，因此
$$f(x) = \frac{1}{2} \mathrm{e}^{-2x} + x - \frac{1}{2} .$$

例 4 求微分方程 $xy'' + y' - x^2 = 0$ 的通解.

解 令 $y' = p$，则 $y'' = p'$，原方程化为
$$xp' + p - x^2 = 0 , \quad 即 \quad p' + \frac{1}{x} p = x ,$$

这是一阶线性微分方程，由公式得
$$p = \mathrm{e}^{-\int \frac{1}{x} \mathrm{d}x} \left(\int x \mathrm{e}^{\int \frac{1}{x} \mathrm{d}x} \mathrm{d}x + C_1 \right)$$
$$= \frac{1}{x} \left(\int x^2 \mathrm{d}x + C_1 \right) = \frac{1}{3} x^2 + \frac{C_1}{x} ,$$

对上式两边积分得原方程的通解为 $y = \dfrac{1}{9} x^3 + C_1 \ln x + C_2$.

例 5 求微分方程 $y'' - 3y' + 2y = x\mathrm{e}^{2x}$ 的通解.

解 对应齐次线性微分方程的特征方程为 $r^2 - 3r + 2 = 0$，特征根为 $r_1 = 1$，$r_2 = 2$，故对应齐次线性微分方程的通解为 $Y = C_1 \mathrm{e}^x + C_2 \mathrm{e}^{2x}$.

$\lambda = 2$ 是特征方程的单根，故设特解为
$$y^* = x(b_1 x + b_0)\mathrm{e}^{2x} ,$$
则
$$y^{*'} = \mathrm{e}^{2x} \left[2b_1 x^2 + (2b_1 + 2b_0)x + b_0 \right] ,$$
$$y^{*''} = \mathrm{e}^{2x} \left[4b_1 x^2 + (8b_1 + 4b_0)x + (2b_1 + 4b_0) \right] ,$$

将 y^*，$y^{*'}$，$y^{*''}$ 代入原方程，得
$$2b_1 x + (2b_1 + b_0) = x ,$$
比较等式两端 x 的同次幂的系数，得 $2b_1 = 1$，$2b_1 + b_0 = 0$，

解得
$$b_1 = \frac{1}{2} , \quad b_0 = -1 .$$

因此
$$y^* = x\left(\frac{1}{2}x - 1\right)e^{2x},$$

所以原方程的通解为 $\quad y = Y + y^* = C_1 e^x + C_2 e^{2x} + x\left(\frac{1}{2}x - 1\right)e^{2x}.$

7.3 习题选解

习题 7.1

3. 在下列各题中，确定函数关系式所含的参数，使函数满足所给的初始条件：

（1）$x^2 - y^2 = C$，$y\big|_{x=0} = 5$；

（2）$y = (C_1 + C_2 x)e^{2x}$，$y\big|_{x=0} = 0$，$y'\big|_{x=0} = 1$；

（3）$y = C_1 \sin(x - C_2)$，$y\big|_{x=\pi} = 1$，$y'\big|_{x=\pi} = 0$.

解 （1）将 $x = 0$，$y = 5$ 代入函数关系中，得 $C = -25$，即 $y^2 - x^2 = 25$.

（2）由 $y = (C_1 + C_2 x)e^{2x}$ 得 $y' = (C_2 + 2C_1 + 2C_2 x)e^{2x}$，将 $y'\big|_{x=0} = 0$，$y'\big|_{x=0} = 1$ 代入以上两式，得 $C_1 = 0$，$C_2 = 1$，故 $y = xe^{2x}$.

（3）由 $y = C_1 \sin(x - C_2)$ 得 $y' = C_1 \cos(x - C_2)$，将 $y\big|_{x=\pi} = 1$，$y'\big|_{x=\pi} = 0$ 代入以上两式，

得 $\begin{cases} 1 = C_1 \sin(\pi - C_2) = C_1 \sin C_2, & ① \\ 0 = C_1 \cos(\pi - C_2) = -C_1 \cos C_2, & ② \end{cases}$ ①²+②² 得 $C_1^2 = 1$，不妨取 $C_1 = 1$，由①得

$$C_2 = 2k\pi + \frac{\pi}{2}, \quad 故 \ y = \sin\left(x - 2k\pi - \frac{\pi}{2}\right) = -\cos x.$$

习题 7.2

1. 求下列微分方程的通解或特解.

（1）$y' + y = xe^x$；

（2）$\dfrac{dy}{dx} + 2xy = 0$；

（3）$x\dfrac{dy}{dx} - 2y = x^3 e^x$，$y\big|_{x=1} = 0$；

（4）$xy' - 4y - x^6 e^x = 0$，$y\big|_{x=1} = 1$；

（5）$\dfrac{dy}{dx} = e^{-x} - y$；

（6）$\dfrac{dy}{dx} - 3xy = 2x$；

（7）$y' - \dfrac{2y}{x} = x^2 \sin 3x$；

（8）$y' + \dfrac{2y}{x} = \dfrac{e^{-x^2}}{x}$；

（9）$(1 + t^2)ds - 2tsdt = (1 + t^2)^2 dt$；

（10）$2ydx + (y^2 - 6x)dy = 0$（提示：将 x 看成 y 的函数）；

（11）$y' - y = \cos x$，$y\big|_{x=0} = 0$；

（12）$y' + \dfrac{1 - 2x}{x^2}y = 1$，$y\big|_{x=1} = 0$.

解 （1）$P(x) = 1$，$Q(x) = xe^x$，由公式得通解

$$y = e^{-\int dx} \left[\int x e^x e^{\int dx} dx + C \right] = e^{-x} \left[\int x e^{2x} dx + C \right]$$

$$= e^{-x} \left[\frac{1}{2} x e^{2x} - \frac{1}{4} e^{2x} + C \right] = C e^{-x} + \frac{1}{2} e^x \left(x - \frac{1}{2} \right).$$

（2）$\dfrac{dy}{dx} = -2xy$，分离变量得 $\dfrac{dy}{y} = -2x dx$，两边积分得 $\ln y = -x^2 + C_1$，故 $y = C e^{-x^2}$.

（3）变形 $\dfrac{dy}{dx} - \dfrac{2}{x} y = x^2 e^x$，$P(x) = -\dfrac{2}{x}$，$Q(x) = x^2 e^x$，由公式得通解

$$y = e^{\int \frac{2}{x} dx} \left[\int x^2 e^x e^{\int \left(-\frac{2}{x} \right) dx} dx + C \right] = x^2 \left[\int e^x dx + C \right] = x^2 e^x + C x^2.$$

由 $y|_{x=1} = 0$，得 $C = -e$，所求特解为 $y = x^2 (e^x - e)$.

（4）变形 $y' - \dfrac{4}{x} y = x^5 e^x$，$P(x) = -\dfrac{4}{x}$，$Q(x) = x^5 e^x$，由公式得通解

$$y = e^{\int \frac{4}{x} dx} \left[\int x^5 e^x e^{\int \left(-\frac{4}{x} \right) dx} dx + C \right] = x^4 \left(\int x e^x dx + C \right) = x^4 \left(x e^x - e^x + C \right).$$

由 $y|_{x=1} = 1$，得 $C = 1$，所求特解为 $y = x^4 \left(x e^x - e^x + 1 \right)$.

（5）变形 $\dfrac{dy}{dx} + y = e^{-x}$，$P(x) = 1$，$Q(x) = e^{-x}$，由公式得通解

$$y = e^{-\int dx} \left[\int e^{-x} e^{\int dx} dx + C \right] = e^{-x} \left(\int dx + C \right) = e^{-x} (x + C).$$

（6）$P(x) = -3x$，$Q(x) = 2x$，由公式得通解

$$y = e^{\int 3x dx} \left[\int 2x e^{\int (-3x) dx} dx + C \right] = e^{\frac{3}{2} x^2} \left(\int 2x e^{-\frac{3}{2} x^2} dx + C \right)$$

$$= e^{\frac{3}{2} x^2} \left(-\frac{2}{3} e^{-\frac{3}{2} x^2} + C \right) = C e^{\frac{3}{2} x^2} - \frac{2}{3}.$$

（7）$P(x) = -\dfrac{2}{x}$，$Q(x) = x^2 \sin 3x$，由公式得通解

$$y = e^{\int \frac{2}{x} dx} \left[\int x^2 \sin 3x e^{\int \left(-\frac{2}{x} \right) dx} dx + C \right] = x^2 \left(\int \sin 3x dx + C \right) = x^2 \left(C - \frac{1}{3} \cos 3x \right).$$

（8）$P(x) = \dfrac{2}{x}$，$Q(x) = \dfrac{e^{-x^2}}{x}$，由公式得通解

$$y = e^{-\int \frac{2}{x} dx} \left[\int \frac{e^{-x^2}}{x} e^{\int \frac{2}{x} dx} dx + C \right] = \frac{1}{x^2} \left(\int x e^{-x^2} dx + C \right) = \frac{1}{x^2} \left(-\frac{1}{2} e^{-x^2} + C \right).$$

（9）变形 $\dfrac{ds}{dt} - \dfrac{2t}{1+t^2} \cdot s = 1 + t^2$，$P(t) = -\dfrac{2t}{1+t^2}$，$Q(t) = 1 + t^2$，由公式得通解

$$s = \mathrm{e}^{\int \frac{2t}{1+t^2} \mathrm{d}t} \left[\int (1+t^2) \mathrm{e}^{\int \left(-\frac{2t}{1+t^2} \right) \mathrm{d}t} \mathrm{d}t + C \right] = (1+t^2) \left(\int \mathrm{d}t + C \right) = (1+t^2)(t+C).$$

（10）变形（将 x 看成 y 的函数）$\dfrac{\mathrm{d}x}{\mathrm{d}y} - \dfrac{3}{y} x = -\dfrac{1}{2} y$，$P(y) = -\dfrac{3}{y}$，$Q(y) = -\dfrac{1}{2} y$，由公

式得通解 $x = \mathrm{e}^{\int \frac{3}{y} \mathrm{d}y} \left[\int \left(-\dfrac{1}{2} y \right) \mathrm{e}^{\int \left(-\frac{3}{y} \right) \mathrm{d}y} \mathrm{d}y + C \right] = y^3 \left(-\dfrac{1}{2} \int \dfrac{1}{y^2} \mathrm{d}y + C \right) = y^2 \left(\dfrac{1}{2} + Cy \right).$

（11）$P(x) = -1$，$Q(x) = \cos x$，由公式得通解

$$y = \mathrm{e}^{\int \mathrm{d}x} \left[\int \cos x \mathrm{e}^{\int (-1) \mathrm{d}x} \mathrm{d}x + C_1 \right] = \mathrm{e}^x \left(\int \mathrm{e}^{-x} \cos x \mathrm{d}x + C_1 \right),$$

其中 $\displaystyle\int \mathrm{e}^{-x} \cos x \mathrm{d}x = -\int \cos x \mathrm{d}(\mathrm{e}^{-x}) = -\mathrm{e}^{-x} \cos x - \int \mathrm{e}^{-x} \sin x \mathrm{d}x = -\mathrm{e}^{-x} \cos x + \int \sin x \mathrm{d}(\mathrm{e}^{-x})$

$$= -\mathrm{e}^{-x} \cos x + \mathrm{e}^{-x} \sin x - \int \mathrm{e}^{-x} \cos x \mathrm{d}x,$$

移项，整理，得 $\displaystyle\int \mathrm{e}^{-x} \cos x \mathrm{d}x = \dfrac{1}{2} \mathrm{e}^{-x} (\sin x - \cos x) + C_2$，故

$$y = \mathrm{e}^x \left[\dfrac{1}{2} \mathrm{e}^{-x} (\sin x - \cos x) + C \right] = \dfrac{1}{2} (\sin x - \cos x) + C \mathrm{e}^x.$$

由 $y|_{x=0} = 0$，得 $C = \dfrac{1}{2}$，所求特解为 $y = \dfrac{1}{2} \left(\sin x - \cos x + \mathrm{e}^x \right)$.

（12）$P(x) = \dfrac{1-2x}{x^2}$，$Q(x) = 1$，由公式得通解

$$y = \mathrm{e}^{-\int \frac{1-2x}{x^2} \mathrm{d}x} \left(\int \mathrm{e}^{\int \frac{1-2x}{x^2} \mathrm{d}x} \mathrm{d}x + C \right) = \mathrm{e}^{-\int \left(\frac{1}{x^2} - \frac{2}{x} \right) \mathrm{d}x} \left[\int \mathrm{e}^{\int \left(\frac{1}{x^2} - \frac{2}{x} \right) \mathrm{d}x} \mathrm{d}x + C \right]$$

$$= \mathrm{e}^{\frac{1}{x} + 2\ln x} \left(\int \mathrm{e}^{-\frac{1}{x} - 2\ln x} \mathrm{d}x + C \right) = x^2 \mathrm{e}^{\frac{1}{x}} \left(\int \dfrac{\mathrm{e}^{-\frac{1}{x}}}{x^2} \mathrm{d}x + C \right) = x^2 \mathrm{e}^{\frac{1}{x}} \left[\int \mathrm{e}^{-\frac{1}{x}} \mathrm{d} \left(-\dfrac{1}{x} \right) + C \right]$$

$$= x^2 \mathrm{e}^{\frac{1}{x}} \left(\mathrm{e}^{-\frac{1}{x}} + C \right) = x^2 + C x^2 \mathrm{e}^{\frac{1}{x}}.$$

由 $y|_{x=1} = 0$，得 $C = -\mathrm{e}^{-1}$，所求特解为 $y = x^2 \left(1 - \mathrm{e}^{\frac{1}{x} - 1} \right)$.

2. 解下列伯努利方程：

（1）$xy' + y = -xy^2$；　　　　　　　　　　　　（2）$y' + y = xy^3$；

（3）$y' + \dfrac{2}{x} y = \dfrac{y^3}{x^2}$；　　　　　　　　　　　　（4）$y' - y = \dfrac{x^2}{y}$.

解　（1）变形 $y' + \dfrac{1}{x} y = -y^2$，令 $z = y^{-1}$，则方程化为 $\dfrac{\mathrm{d}z}{\mathrm{d}x} - \dfrac{1}{x} z = 1$，其通解为

$$z = \mathrm{e}^{\int \frac{1}{x}\mathrm{d}x}\left[\int \mathrm{e}^{\int\left(-\frac{1}{x}\right)\mathrm{d}x}\mathrm{d}x + C\right] = x(\ln x + C)，\ \text{即}\ y^{-1} = x(\ln x + C)．$$

（2）令 $z = y^{-2}$，方程化为 $\dfrac{\mathrm{d}z}{\mathrm{d}x} - 2z = -2x$，其通解为

$$z = \mathrm{e}^{\int 2\mathrm{d}x}\left[\int(-2x)\mathrm{e}^{\int(-2)\mathrm{d}x}\mathrm{d}x + C\right] = \left(x + \frac{1}{2} + C\mathrm{e}^{2x}\right)，\ \text{即}\ y^{-2} = x + \frac{1}{2} + C\mathrm{e}^{2x}．$$

（3）令 $z = y^{-2}$，方程化为 $\dfrac{\mathrm{d}z}{\mathrm{d}x} - \dfrac{4}{x}z = -\dfrac{2}{x^2}$，其通解为

$$z = \mathrm{e}^{\int \frac{4}{x}\mathrm{d}x}\left[\left(-\frac{2}{x^2}\right)\int \mathrm{e}^{\int\left(-\frac{4}{x}\right)\mathrm{d}x}\mathrm{d}x + C\right] = Cx^4 + \frac{2}{5x}，\ \text{即}\ y^{-2} = Cx^4 + \frac{2}{5x}．$$

（4）令 $z = y^2$，方程化为 $\dfrac{\mathrm{d}z}{\mathrm{d}x} - 2z = 2x^2$，其通解为

$$z = \mathrm{e}^{\int 2\mathrm{d}x}\left[2x^2\int \mathrm{e}^{\int(-2)\mathrm{d}x}\mathrm{d}x + C\right] = C\mathrm{e}^{2x} - \frac{1}{2}(2x^2 + 2x + 1)，\ \text{即}\ y^2 = C\mathrm{e}^{2x} - \frac{1}{2}(2x^2 + 2x + 1)．$$

习题 7.3

求下列各微分方程的通解：

（1）$y'' = x + \sin x$； （2）$y''' = x\mathrm{e}^x$；

（3）$y'' = \dfrac{1}{1 + x^2}$； （4）$y'' = 1 + (y')^2$；

（5）$y'' = y' + x$； （6）$xy'' + y' = 0$；

（7）$yy'' + 1 = (y')^2$； （8）$y^3y'' - 1 = 0$；

（9）$y'' = (y')^3 + y'$．

解　（1）连续积分两次得 $y' = \dfrac{1}{2}x^2 - \cos x + C_1$，$y = \dfrac{1}{6}x^3 - \sin x + C_1x + C_2$．

（2）连续积分三次得 $y'' = \displaystyle\int x\mathrm{e}^x\mathrm{d}x = \int x\mathrm{d}(\mathrm{e}^x) = x\mathrm{e}^x - \mathrm{e}^x + C_0$，

$$y' = (x\mathrm{e}^x - \mathrm{e}^x) - \mathrm{e}^x + C_0x + C_2 = x\mathrm{e}^x - 2\mathrm{e}^x + C_0x + C_2，$$

$$y = (x\mathrm{e}^x - \mathrm{e}^x) - 2\mathrm{e}^x + C_1x^2 + C_2x + C_3 = x\mathrm{e}^x - 3\mathrm{e}^x + C_1x^2 + C_2x + C_3．$$

（3）连续积分两次得 $y' = \arctan x + C_1$，

$$y = \int \arctan x\mathrm{d}x + \int C_1\mathrm{d}x = x\arctan x - \int \frac{x}{1 + x^2}\mathrm{d}x + C_1x$$

$$= x\arctan x - \ln\sqrt{1 + x^2} + C_1x + C_2．$$

（4）令 $y' = p$，则 $y'' = p'$，原方程化为 $p' = 1 + p^2$，分离变量得 $\dfrac{\mathrm{d}p}{1 + p^2} = \mathrm{d}x$，两边积分得 $\arctan p = x + C_1$，即 $y' = p = \tan(x + C_1)$，再积得通解

$$y = \int \tan(x + C_1)\mathrm{d}x = -\ln\left[\cos(x + C_1)\right] + C_2．$$

（5）令 $y' = p$，则 $y'' = p'$，原方程化为 $p' - p = x$，这是一阶线性微分方程，由公式

得 $$p = e^{\int dx}\left[\int x e^{\int(-1)dx}dx + C_1\right] = e^x\left(\int x e^{-x}dx + C_1\right) = -x - 1 + C_1 e^x，$$

积分得通解 $$y = \int(C_1 e^x - x - 1)dx = C_1 e^x - \frac{x^2}{2} - x + C_2 .$$

（6）令 $y' = p$，则 $y'' = p'$，原方程化为 $xp' + p = 0$，分离变量得 $\dfrac{dp}{p} = -\dfrac{dx}{x}$，两边积分

得 $\ln p = \ln\dfrac{1}{x} + \ln C_1$，即 $y' = p = \dfrac{C_1}{x}$，再积分得通解 $y = \int\dfrac{C_1}{x}dx = C_1\ln x + C_2 .$

（7）令 $y' = p$，则 $y'' = p\dfrac{dp}{dy}$，原方程化为 $yp\dfrac{dp}{dy} + 1 = p^2$，分离变量得 $\dfrac{p}{p^2 - 1}dp = \dfrac{1}{y}dy$，

两边积分得 $\dfrac{1}{2}\ln(p^2 - 1) = \ln y + \ln C_1$，从而 $p = \pm\sqrt{(C_1 y)^2 + 1}$.

取 $p = \sqrt{(C_1 y)^2 + 1}$，即 $\dfrac{dy}{dx} = \sqrt{(C_1 y)^2 + 1}$，分离变量得 $\dfrac{dy}{\sqrt{(C_1 y)^2 + 1}} = dx$，两边积分得

$$x = \frac{1}{C_1}\left\{\ln\left[C_1 y + \sqrt{(C_1 y)^2 + 1}\right] - C_2\right\},\quad \text{即 } C_1 y = \frac{e^{C_1 x + C_2} - e^{-(C_1 x + C_2)}}{2} .$$

对于 $p = -\sqrt{(C_1 y)^2 + 1}$，可得相同的结果.

故原方程的通解为 $y = \dfrac{1}{2C_1}\left(e^{C_1 x + C_2} - e^{-C_1 x - C_2}\right)$.

（8）令 $y' = p$，则 $y'' = p\dfrac{dp}{dy}$，原方程化为 $y^3 p\dfrac{dp}{dy} - 1 = 0$，分离变量得 $pdp = \dfrac{1}{y^3}dy$，

两边积分得 $p^2 = -\dfrac{1}{y^2} + C_1$，故 $y' = p = \pm\sqrt{C_1 - \dfrac{1}{y^2}} = \pm\dfrac{1}{|y|}\sqrt{C_1 y^2 - 1}$，分离变量得

$$\frac{|y|dy}{\sqrt{C_1 y^2 - 1}} = \pm dx，$$

由 于 $|y| = y\,\text{sgn}(y)$，故 上式两端积分得 $\text{sgn}(y)\displaystyle\int\frac{ydy}{\sqrt{C_1 y^2 - 1}} = \pm\int dx$，即

$\text{sgn}(y)\sqrt{C_1 y^2 - 1} = \pm C_1 x + C_2$，两边平方得 $C_1 y^2 - 1 = (C_1 x + C_2)^2$.

（9）令 $y' = p$，则 $y'' = p\dfrac{dp}{dy}$，原方程化为 $p\dfrac{dp}{dy} = p^3 + p$，即 $p\left[\dfrac{dp}{dy} - (1 + p^2)\right] = 0$，从

而 $p = 0$ 或 $\dfrac{dp}{dy} - (1 + p^2) = 0$.

由 $p = 0$，得 $y = C$.

由 $\dfrac{dp}{dy} - (1 + p^2) = 0$，分离变量得 $\dfrac{dp}{1 + p^2} = dy$，两边积分得 $\arctan p = y - C_1$，从而

$p = \tan(y - C_1)$，即 $\dfrac{dy}{dx} = \tan(y - C_1)$，分离变量得 $\cot(y - C_1)dy = dx$，两边积分得

$\ln\sin(y-C_1)=x+\ln C_2$，从而 $y=\arcsin(C_2\mathrm{e}^x)+C_1$ 即为通解．（解 $y=C$ 包含在此通解中，只需令 $C_2=0$ 即可．）

习题 7.4

1．求解下列微分方程的通解．

（1）$y''-4y'+3y=0$；

（2）$y''+5y'=0$；

（3）$y''-4y=0$；

（4）$y''-y'-12y=0$；

（5）$y''+4y'+4y=0$；

（6）$y''+2y'+2y=0$；

（7）$y''+y=0$；

（8）$y''-6y'+25y=0$．

解　（1）特征方程 $r^2-4r+3=0$，特征根 $r_1=1$，$r_2=3$，通解 $y=C_1\mathrm{e}^x+C_2\mathrm{e}^{3x}$．

（2）特征方程 $r^2+5r=0$，特征根 $r_1=0$，$r_2=-5$，通解 $y=C_1+C_2\mathrm{e}^{-5x}$．

（3）特征方程 $r^2-4=0$，特征根 $r_1=2$，$r_2=-2$，通解 $y=C_1\mathrm{e}^{2x}+C_2\mathrm{e}^{-2x}$．

（4）特征方程 $r^2-r-12=0$，特征根 $r_1=-3$，$r_2=4$，通解 $y=C_1\mathrm{e}^{-3x}+C_2\mathrm{e}^{4x}$．

（5）特征方程 $r^2+4r+4=0$，特征根 $r_1=r_2=-2$，通解 $y=(C_1+C_2x)\mathrm{e}^{-2x}$．

（6）特征方程 $r^2+2r+2=0$，特征根 $r_{1,2}=-1\pm\mathrm{i}$，通解 $y=\mathrm{e}^{-x}(C_1\cos x+C_2\sin x)$．

（7）特征方程 $r^2+1=0$，特征根 $r_{1,2}=\pm\mathrm{i}$，通解 $y=C_1\cos x+C_2\sin x$．

（8）特征方程 $r^2-6r+25=0$，特征根 $r_{1,2}=3\pm4\mathrm{i}$，通解 $y=\mathrm{e}^{3x}(C_1\cos 4x+C_2\sin 4x)$．

2．求解下列微分方程的通解．

（1）$y''-2y'=3x+1$；

（2）$2y''+y'-y=2\mathrm{e}^x$；

（3）$y''+3y'+2y=3x\mathrm{e}^{-x}$；

（4）$y''-2y'+y=x\mathrm{e}^x$；

（5）$y''-2y'=x^2$；

（6）$y''+y'+y=3\sin x$；

（7）$y''+y'-2y=8\sin 2x$；

（8）$y''+y=\cos x+\mathrm{e}^x$．

解　（1）$r^2-2r=0$，$r_1=0$，$r_2=2$，$Y=C_1+C_2\mathrm{e}^{2x}$．$\lambda=0$ 是特征方程的单根，故设 $y^*=x(b_1x+b_0)=b_1x^2+b_0x$，代入原方程得 $-4b_1x+(2b_1-2b_0)=3x+1$，从而 $b_1=-\dfrac{3}{4}$，$b_0=-\dfrac{5}{4}$，故 $y^*=-\dfrac{3}{4}x^2-\dfrac{5}{4}x$．原方程通解为 $y=Y+y^*=C_1+C_2\mathrm{e}^{2x}-\dfrac{3}{4}x^2-\dfrac{5}{4}x$．

（2）$2r^2+r-1=0$，$r_1=\dfrac{1}{2}$，$r_2=-1$，$Y=C_1\mathrm{e}^{\frac{x}{2}}+C_2\mathrm{e}^{-x}$．$\lambda=1$ 不是特征方程的根，故设 $y^*=b_0\mathrm{e}^x$，代入原方程得 $2b_0=2$，从而 $b_0=1$，故 $y^*=\mathrm{e}^x$．原方程通解为 $y=Y+y^*=C_1\mathrm{e}^{\frac{x}{2}}+C_2\mathrm{e}^{-x}+\mathrm{e}^x$．

（3）$r^2+3r+2=0$，$r_1=-1$，$r_2=-2$，$Y=C_1\mathrm{e}^{-x}+C_2\mathrm{e}^{-2x}$．$\lambda=-1$ 是特征方程的单根，故设 $y^*=x(b_1x+b_0)\mathrm{e}^{-x}=(b_1x^2+b_0x)\mathrm{e}^{-x}$，代入原方程得 $2b_1x+(2b_1+b_0)=3x$，从而 $b_1=\dfrac{3}{2}$，$b_0=-3$，故 $y^*=\left(\dfrac{3}{2}x^2-3x\right)\mathrm{e}^{-x}$．原方程通解为

$$y = Y + y^* = C_1 e^{-x} + C_2 e^{-2x} + \left(\frac{3}{2}x^2 - 3x\right)e^{-x}.$$

（4）$r^2 - 2r + 1 = 0$，$r_1 = r_2 = 1$，$Y = (C_1 + C_2 x)e^x$．$\lambda = 1$ 是特征方程的重根，故设 $y^* = x^2(b_1 x + b_0)e^x = (b_1 x^3 + b_0 x^2)e^x$，代入原方程得 $6b_1 x + 2b_0 = x$，从而 $b_1 = \frac{1}{6}$，$b_0 = 0$，故 $y^* = \frac{1}{6}x^3 e^x$．原方程通解为 $y = Y + y^* = (C_1 + C_2 x)e^x + \frac{1}{6}x^3 e^x$．

（5）$r^2 - 2r = 0$，$r_1 = 0$，$r_2 = 2$，$Y = C_1 + C_2 e^{2x}$．$\lambda = 0$ 是特征方程的单根，故设 $y^* = x(b_2 x^2 + b_1 x + b_0) = b_2 x^3 + b_1 x^2 + b_0 x$，代入原方程得

$$-6b_2 x^2 + (6b_2 - 4b_1)x + (2b_1 - 2b_0) = x^2,$$

从而 $b_2 = -\frac{1}{6}$，$b_1 = -\frac{1}{4}$，$b_0 = -\frac{1}{4}$，故 $y^* = -\frac{1}{6}x^3 - \frac{1}{4}x^2 - \frac{1}{4}x$．原方程通解为

$$y = Y + y^* = C_1 + C_2 e^{2x} - \left(\frac{x^3}{6} + \frac{x^2}{4} + \frac{x}{4}\right).$$

（6）$r^2 + r + 1 = 0$，$r_{1,2} = -\frac{1}{2} \pm \frac{\sqrt{3}}{2}i$，$Y = e^{-\frac{x}{2}}\left(C_1 \cos\frac{\sqrt{3}}{2}x + C_2 \sin\frac{\sqrt{3}}{2}x\right)$．$\lambda + i\omega = i$ 不是特征方程的根，故设 $y^* = A\cos x + B\sin x$，代入原方程得 $B\cos x - A\sin x = 3\sin x$，从而 $A = -3$，$B = 0$，故 $y^* = -3\cos x$．原方程通解为

$$y = Y + y^* = e^{-\frac{x}{2}}\left(C_1 \cos\frac{\sqrt{3}}{2}x + C_2 \sin\frac{\sqrt{3}}{2}x\right) - 3\cos x.$$

（7）$r^2 + r - 2 = 0$，$r_1 = 1$，$r_2 = -2$，$Y = C_1 e^x + C_2 e^{-2x}$．$\lambda + i\omega = 2i$ 不是特征方程的根，故设 $y^* = A\cos 2x + B\sin 2x$，代入原方程得

$$(2B - 6A)\cos 2x + (-2A - 6B)\sin 2x = 8\sin 2x,$$

从而 $A = -\frac{2}{5}$，$B = -\frac{6}{5}$，故 $y^* = -\frac{2}{5}\cos 2x - \frac{6}{5}\sin 2x$．原方程通解为

$$y = Y + y^* = C_1 e^x + C_2 e^{-2x} - \frac{2}{5}(\cos 2x + 3\sin 2x).$$

（8）$r^2 + 1 = 0$，$r_{1,2} = \pm i$，$Y = C_1 \cos x + C_2 \sin x$．

因 $f(x) = \cos x + e^x$，对应于方程 $y'' + y = e^x$，可设特解 $y_1^* = Ae^x$；对应于方程 $y'' + y = \cos x$（$\lambda + i\omega = i$ 是特征方程的根），可设特解 $y_2^* = x(B\cos x + C\sin x)$，故由叠加原理，设 $y^* = Ae^x + x(B\cos x + C\sin x)$，代入原方程得

$$2Ae^x + 2C\cos x - 2B\sin x = e^x + \cos x,$$

从而 $A = \frac{1}{2}$，$B = 0$，$C = \frac{1}{2}$，故 $y^* = \frac{1}{2}e^x + \frac{1}{2}x\sin x$．原方程通解为

$$y = Y + y^* = C_1 \cos x + C_2 \sin x + \frac{1}{2}e^x + \frac{1}{2}x\sin x.$$

3．求下列微分方程满足初始条件的特解．

（1）$y'' - 2y' - 3y = 0$，$y(0) = 0$，$y'(0) = 1$；

（2）$y'' - 8y' + 16y = 0$，$y(1) = e^4$，$y'(1) = 0$；

（3）$y'' + 4y' + 8y = 0$，$y(0) = 0$，$y'(0) = 2$；

（4）$y'' - 4y' + 13y = 0$，$y(0) = 1$，$y'(0) = 5$；

（5）$y'' + 3y' + 2y = x$，$y(0) = 0$，$y'(0) = 1$；

（6）$y'' - 9y = e^{3x}$，$y(0) = 0$，$y'(0) = 0$；

（7）$y'' - y = 4xe^x$，$y(0) = 0$，$y'(0) = 1$；

（8）$y'' + y = 3\sin 2x$，$y(\pi) = 1$，$y'(\pi) = -1$．

解 （1）$r^2 - 2r - 3 = 0$，$r_1 = -1$，$r_2 = 3$，原方程通解为 $y = C_1 e^{-x} + C_2 e^{3x}$，则 $y' = -C_1 e^{-x} + 3C_2 e^{3x}$，将 $y(0) = 0$，$y'(0) = 1$ 代入以上两式得 $C_1 = -\dfrac{1}{4}$，$C_2 = \dfrac{1}{4}$．所求特解为 $y = \dfrac{1}{4}(e^{3x} - e^{-x})$．

（2）$r^2 - 8r + 16 = 0$，$r_1 = r_2 = 4$，原方程通解为 $y = (C_1 + C_2 x)e^{4x}$，则 $y' = (4C_1 + C_2 + 4C_2 x)e^{4x}$，将 $y(1) = e^4$，$y'(1) = 0$ 代入以上两式得 $C_1 = 5$，$C_2 = -4$．所求特解为 $y = (5 - 4x)e^{4x}$．

（3）$r^2 + 4r + 8 = 0$，$r_{1,2} = -2 \pm 2i$，原方程通解为 $y = e^{-2x}(C_1 \cos 2x + C_2 \sin 2x)$，则 $y' = e^{-2x}[(2C_2 - 2C_1)\cos 2x + (-2C_1 - 2C_2)\sin 2x]$，将 $y(0) = 0$，$y'(0) = 2$ 代入以上两式得 $C_1 = 0$，$C_2 = 1$．所求特解为 $y = e^{-2x}\sin 2x$．

（4）$r^2 - 4r + 13 = 0$，$r_{1,2} = 2 \pm 3i$，原方程通解为 $y = e^{2x}(C_1 \cos 3x + C_2 \sin 3x)$，则 $y' = e^{2x}[(2C_1 + 3C_2)\cos 3x + (2C_2 - 3C_1)\sin 3x]$，将 $y(0) = 1$，$y'(0) = 5$ 代入以上两式得 $C_1 = 1$，$C_2 = 1$．所求特解为 $y = e^{2x}(\cos 3x + \sin 3x)$．

（5）$r^2 + 3r + 2 = 0$，$r_1 = -1$，$r_2 = -2$，$Y = C_1 e^{-x} + C_2 e^{-2x}$．$\lambda = 0$ 不是特征方程的根，故设 $y^* = b_1 x + b_0$，代入原方程得 $2b_1 x + (3b_1 + 2b_0) = x$，从而 $b_1 = \dfrac{1}{2}$，$b_0 = -\dfrac{3}{4}$，故 $y^* = \dfrac{1}{2}x - \dfrac{3}{4}$．原方程通解为 $y = Y + y^* = C_1 e^{-x} + C_2 e^{-2x} + \dfrac{1}{2}x - \dfrac{3}{4}$，则 $y' = -C_1 e^{-x} - 2C_2 e^{-2x} + \dfrac{1}{2}$，将 $y(0) = 0$，$y'(0) = 1$ 代入以上两式得 $C_1 = 2$，$C_2 = -\dfrac{5}{4}$．所求特解为 $y = 2e^{-x} - \dfrac{5}{4}e^{-2x} + \dfrac{1}{2}x - \dfrac{3}{4}$．

（6）$r^2 - 9 = 0$，$r_1 = 3$，$r_2 = -3$，$Y = C_1 e^{3x} + C_2 e^{-3x}$．$\lambda = 3$ 是特征方程的单根，故设 $y^* = xb_0 e^{3x}$，代入原方程得 $6b_0 = 1$，从而 $b_0 = \dfrac{1}{6}$，故 $y^* = \dfrac{1}{6}xe^{3x}$．原方程通解为 $y = Y + y^* = C_1 e^{3x} + C_2 e^{-3x} + \dfrac{1}{6}xe^{3x}$，则 $y' = 3C_1 e^{3x} - 3C_2 e^{-3x} + \dfrac{1}{6}e^{3x} + \dfrac{1}{2}xe^{3x}$，将 $y(0) = 0$，$y'(0) = 0$ 代入以上两式得 $C_1 = -\dfrac{1}{36}$，$C_2 = \dfrac{1}{36}$．所求特解为 $y = -\dfrac{1}{36}e^{3x} + \dfrac{1}{36}e^{-3x} + \dfrac{1}{6}xe^{3x}$．

（7）$r^2 - 1 = 0$，$r_1 = 1$，$r_2 = -1$，$Y = C_1 e^x + C_2 e^{-x}$．$\lambda = 1$ 是特征方程的单根，故设

$y^* = x(b_1 x + b_0)e^x$，代入原方程得 $4b_1 x + (2b_1 + 2b_0) = 4x$，从而 $b_1 = 1$，$b_0 = -1$，故 $y^* = x(x-1)e^x$．原方程通解为 $y = Y + y^* = C_1 e^x + C_2 e^{-x} + e^x(x^2 - x)$；则 $y' = C_1 e^x - C_2 e^{-x} + e^x(x^2 - x) + e^x(2x - 1)$，将 $y(0) = 0$，$y'(0) = 1$ 代入以上两式得 $C_1 = 1$，$C_2 = -1$．所求特解为 $y = e^x - e^{-x} + e^x(x^2 - x)$．

（8）$r^2 + 1 = 0$，$r_{1,2} = \pm i$，$Y = C_1 \cos x + C_2 \sin x$．$\lambda + i\omega = 2i$ 不是特征方程的根，故设 $y^* = A\cos 2x + B\sin 2x$，代入原方程得 $-3A\cos 2x - 3B\sin 2x = 3\sin 2x$，从而 $A = 0$，$B = -1$，故 $y^* = -\sin 2x$．原方程通解为 $y = Y + y^* = C_1 \cos x + C_2 \sin x - \sin 2x$，则 $y' = -C_1 \sin x + C_2 \cos x - 2\cos 2x$，将 $y(\pi) = 1$，$y'(\pi) = -1$ 代入以上两式得 $C_1 = -1$，$C_2 = -1$．所求特解为 $y = -\cos x - \sin x - \sin 2x$．

4．求微分方程 $y'' + 2y' + 2y = 0$ 的一条积分曲线方程，使其在点 $(0,1)$ 与直线 $y = 2x + 1$ 相切．

解 $r^2 + 2r + 2 = 0$，$r_{1,2} = -1 \pm i$，原方程通解为 $y = e^{-x}(C_1 \cos x + C_2 \sin x)$，则 $y' = e^{-x}\left[(C_2 - C_1)\cos x + (-C_1 - C_2)\sin x\right]$．

已知所求的积分曲线在点 $(0,1)$ 与直线 $y = 2x + 1$ 相切，故 $y|_{x=0} = 1$，$y'|_{x=0} = 2$，代入以上两式得 $C_1 = 1$，$C_2 = 3$．所求积分曲线方程为 $y = e^{-x}(\cos x + 3\sin x)$．

复习题 7

3．计算题．

（1）求微分方程 $\dfrac{\mathrm{d}y}{\mathrm{d}x} = xe^{2x-3y}$ 的通解．

（2）求微分方程 $y'\cos y + \sin(x-y) = \sin(x+y)$ 的通解．

（3）求微分方程 $\dfrac{\mathrm{d}y}{\mathrm{d}x} = \ln(x^y)$ 满足条件 $y|_{x=1} = 2$ 的特解．

（4）求微分方程 $yy' + e^{2x+y^2} = 0$ 满足 $y(0) = 0$ 的特解．

（5）求微分方程 $\dfrac{\mathrm{d}y}{\mathrm{d}x} = \dfrac{x+y}{x-y}$ 的通解．

（6）求微分方程 $\dfrac{\mathrm{d}y}{\mathrm{d}x} = \dfrac{xy}{(x+y)^2}$ 满足 $y\Big|_{x=\frac{1}{2}} = 1$ 的特解．

（7）求微分方程 $3y' + y = \dfrac{1}{y^2}$ 的通解．

（8）求微分方程 $e^{2x}y''' = 1$ 的通解．

（9）求微分方程 $2x''(t) + x'(t) + 3x(t) = 0$ 的通解．

（10）求微分方程 $y'' - 4y' + 3y = 0$ 的积分曲线方程，使其在点 $(0,2)$ 与直线 $2x - 2y + 9 = 0$ 相切．

（11）求通过点 $(1,2)$ 的曲线方程，使此曲线在 $[1,x]$ 上所形成的曲边梯形面积的值等于此曲线段终点的横坐标 x 与纵坐标 y 乘积的 2 倍减去 4．

（12）设 $F(x) = f(x)g(x)$，其中函数 $f(x)$，$g(x)$ 在 $(-\infty, +\infty)$ 内满足以下条件：$f'(x) = g(x)$，$g'(x) = f(x)$，且 $f(0) = 0$，$f(x) + g(x) = 2e^x$．

1）求 $F(x)$ 所满足的一阶微分方程；

2）求出 $F(x)$ 的表达式.

（13）求微分方程 $x\mathrm{d}y+(x-2y)\mathrm{d}x=0$ 的一个解 $y=y(x)$，使得曲线 $y=y(x)$ 与直线 $x=1$，$x=2$ 以及 x 轴所围成的平面图形绕 x 轴旋转一周的旋转体体积最小.

解 （1）分离变量得 $\qquad \mathrm{e}^y\mathrm{d}y=x\mathrm{e}^{2x}\mathrm{d}x$，

两边积分得 $\dfrac{1}{3}\mathrm{e}^{3y}=\dfrac{1}{2}x\mathrm{e}^{2x}-\dfrac{1}{4}\mathrm{e}^{2x}+C=\dfrac{1}{4}\mathrm{e}^{2x}(2x-1)+C$ 即为通解.

（2）变形 $\quad y'\cos y+\sin x\cos y-\cos x\sin y=\sin x\cos y+\cos x\sin y$，

即 $y'=2\cos x\tan y$，分离变量 $\cot y\mathrm{d}y=2\cos x\mathrm{d}x$，两边积分 $\ln(\sin y)=2\sin x+\ln C$，从而 $\sin y=C\mathrm{e}^{2\sin x}$.

（3）变形 $\dfrac{\mathrm{d}y}{\mathrm{d}x}=y\ln x$，分离变量 $\dfrac{1}{y}\mathrm{d}y=\ln x\mathrm{d}x$，两边积分 $\ln y=x(\ln x-1)+\ln C$，从而 $y=C\mathrm{e}^{x(\ln x-1)}$. 由 $y\big|_{x=1}=2$，得 $C=2\mathrm{e}$，所求特解为 $y=2\mathrm{e}^{x(\ln x-1)+1}$.

（4）分离变量 $y\mathrm{e}^{-y^2}\mathrm{d}y=-\mathrm{e}^{2x}\mathrm{d}x$，两边积分 $-\dfrac{1}{2}\mathrm{e}^{-y^2}=-\dfrac{1}{2}\mathrm{e}^{2x}+\dfrac{1}{2}C$，即 $\mathrm{e}^{2x}-\mathrm{e}^{-y^2}=C$.

（5）$\dfrac{\mathrm{d}y}{\mathrm{d}x}=\dfrac{x+y}{x-y}=\dfrac{1+\dfrac{y}{x}}{1-\dfrac{y}{x}}$，令 $u=\dfrac{y}{x}$，代入上式得 $u+x\dfrac{\mathrm{d}u}{\mathrm{d}x}=\dfrac{1+u}{1-u}$，即 $x\dfrac{\mathrm{d}u}{\mathrm{d}x}=\dfrac{1+u^2}{1-u}$，分

离变量 $\dfrac{1-u}{1+u^2}\mathrm{d}u=\dfrac{1}{x}\mathrm{d}x$，即 $\left(\dfrac{1}{1+u^2}-\dfrac{u}{1+u^2}\right)\mathrm{d}u=\dfrac{1}{x}\mathrm{d}x$，两边积分 $\arctan u-\dfrac{1}{2}\ln(1+u^2)$

$=\ln x+C$，将 $u=\dfrac{y}{x}$ 代入得通解 $\arctan\dfrac{y}{x}-\dfrac{1}{2}\ln(x^2+y^2)=C$.

（6）$\dfrac{\mathrm{d}y}{\mathrm{d}x}=\dfrac{xy}{(x+y)^2}=\dfrac{\dfrac{y}{x}}{\left(1+\dfrac{y}{x}\right)^2}$，令 $u=\dfrac{y}{x}$，代入上式得 $u+x\dfrac{\mathrm{d}u}{\mathrm{d}x}=\dfrac{u}{(1+u)^2}$，即

$x\dfrac{\mathrm{d}u}{\mathrm{d}x}=-\dfrac{u^3+2u^2}{(1+u)^2}$，分离变量 $\dfrac{(1+u)^2}{u^3+2u^2}\mathrm{d}u=-\dfrac{1}{x}\mathrm{d}x$，即

$$\left(\dfrac{3}{4}\cdot\dfrac{1}{u}+\dfrac{1}{2}\cdot\dfrac{1}{u^2}+\dfrac{1}{4}\cdot\dfrac{1}{u+2}\right)\mathrm{d}u=-\dfrac{1}{x}\mathrm{d}x，$$

两边积分 $\dfrac{3}{4}\ln u-\dfrac{1}{2u}+\dfrac{1}{4}\ln(u+2)=-\ln x+C_1$，将 $u=\dfrac{y}{x}$ 代入得通解 $y^4+2xy^3=C\mathrm{e}^{\frac{2x}{y}}$. 由

$y\Big|_{x=\frac{1}{2}}=1$ 得 $C=\dfrac{2}{\mathrm{e}}$. 所求特解为 $y^4+2xy^3=\dfrac{2}{\mathrm{e}}\mathrm{e}^{\frac{2x}{y}}$.

（7）这是 $n=-2$ 的伯努利方程，令 $z=y^3$，则方程化为 $\dfrac{\mathrm{d}z}{\mathrm{d}x}+z=1$，其通解为

$z=\mathrm{e}^{-\int\mathrm{d}x}\left(\int\mathrm{e}^{\int\mathrm{d}x}\mathrm{d}x+C\right)=1+C\mathrm{e}^{-x}$，即 $y^3=1+C\mathrm{e}^{-x}$.

（8）由 $e^{2x}y'''=1$，得 $y'''=e^{-2x}$，连续积分三次 $y''=-\dfrac{1}{2}e^{-2x}+C_0$，$y'=\dfrac{1}{4}e^{-2x}+C_0x+C_2$，

$y=-\dfrac{1}{8}e^{-2x}+C_1x^2+C_2x+C_3$。

（9）$2r^2+r+3=0$，$r_{1,2}=-\dfrac{1}{4}\pm\dfrac{\sqrt{23}}{4}\mathrm{i}$，通解 $x(t)=e^{-\frac{1}{4}t}\left(C_1\cos\dfrac{\sqrt{23}}{4}t+C_2\sin\dfrac{\sqrt{23}}{4}t\right)$。

（10）$r^2-4r+3=0$，$r_1=1$，$r_2=3$，原方程通解为 $y=C_1e^x+C_2e^{3x}$，则 $y'=C_1e^x+3C_2e^{3x}$，已知所求积分曲线在点 $(0,2)$ 与直线 $2x-2y+9=0$ 相切，故 $y|_{x=0}=2$，$y'|_{x=0}=1$，代入以上两式得 $C_1=\dfrac{5}{2}$，$C_2=-\dfrac{1}{2}$。所求积分曲线方程为 $y=\dfrac{1}{2}(5e^x-e^{3x})$。

（11）设曲线方程为 $y=f(x)$，已知此曲线在 $[1,x]$ 上所形成的曲边梯形面积的值等于此曲线段终点的横坐标 x 与纵坐标 y 乘积的 2 倍减去 4，即 $\displaystyle\int_1^x f(t)\mathrm{d}t=2xy-4$，两边对 x 求导得 $y=f(x)=2y+2xy'$，即 $y'=-\dfrac{y}{2x}$，分离变量 $\dfrac{\mathrm{d}y}{y}=-\dfrac{1}{2x}\mathrm{d}x$，两边积分 $\ln y=-\dfrac{1}{2}\ln x+\ln C=\ln\dfrac{C}{\sqrt{x}}$，即 $y=\dfrac{C}{\sqrt{x}}$ 即为通解。又曲线通过点 $(1,2)$，即 $y|_{x=1}=2$，代入上式得 $C=2$。故所求曲线方程为 $y=\dfrac{2}{\sqrt{x}}$。

（12）1）已知 $F(x)=f(x)g(x)$，两边对 x 求导，得
$$F'(x)=f'(x)g(x)+f(x)g'(x)=[f(x)]^2+[g(x)]^2，$$
因 $[f(x)]^2+2f(x)g(x)+[g(x)]^2=[f(x)+g(x)]^2$，故 $F'(x)+2F(x)=4e^{2x}$。

2）由公式得 $F(x)=e^{-\int 2\mathrm{d}x}\left(\displaystyle\int 4e^{2x}e^{\int 2\mathrm{d}x}\mathrm{d}x+C\right)=e^{-2x}(e^{4x}+C)=e^{2x}+Ce^{-2x}$，又 $f(0)=0$，从而 $F(0)=0$，于是 $C=-1$，故 $F(x)=e^{2x}-e^{-2x}$。

（13）变形 $\dfrac{\mathrm{d}y}{\mathrm{d}x}=2\dfrac{y}{x}-1$，令 $u=\dfrac{y}{x}$，代入上式得 $u+x\dfrac{\mathrm{d}u}{\mathrm{d}x}=2u-1$，分离变量 $\dfrac{\mathrm{d}u}{u-1}=\dfrac{\mathrm{d}x}{x}$，两边积分 $\ln(u-1)=\ln x+\ln C$，即 $u-1=Cx$，将 $u=\dfrac{y}{x}$ 代入上式得 $y=Cx^2+x$。

曲线 $y=Cx^2+x$ 与直线 $x=1$，$x=2$ 以及 x 轴所围成的平面图形绕 x 轴旋转一周所得的旋转体体积为 $V=\pi\displaystyle\int_1^2(Cx^2+x)^2\mathrm{d}x=\pi\left(\dfrac{31}{5}C^2+\dfrac{15}{2}C+1\right)$，令 $V'=\pi\left(\dfrac{62}{5}C+\dfrac{15}{2}\right)=0$，得唯一驻点 $C=-\dfrac{75}{124}$，而 $V''\Big|_{C=-\frac{75}{124}}=\dfrac{62}{5}\pi>0$，故当 $C=-\dfrac{75}{124}$ 时 V 最小。所求特解为 $y=x-\dfrac{75}{124}x^2$。

自测题 7

3．计算题.

（1）求方程 $(y^2-3x^2)\mathrm{d}y+2xy\mathrm{d}x=0$ 满足 $y|_{x=0}=1$ 时的特解.

（2）求 $y'\cos x + y\sin x = \cos^3 x$ 满足 $y(0)=1$ 的解.

（3）求 $(1+y)dx+(x+y^2+y^3)dy=0$ 的通解.

（4）求微分方程 $xy'+(1-x)y=e^{2x}$（$0<x<+\infty$）满足 $\lim\limits_{x\to 0^+}y(x)=1$ 的解.

（5）设 $f(0)=0$，$f'(x)=\int_0^x[f(t)+tf'(t)]dt+x$，$f(x)$ 二阶可导，求 $f(x)$.

（6）设 $y=y(x)$ 满足条件

$$\begin{cases} y''+4y'+4y=0, \\ y(0)=2, \\ y'(0)=-4, \end{cases} \quad 求广义积分 \int_0^{+\infty}y(x)dx.$$

（7）求方程 $y''-y=\sin x$ 的通解.

（8）满足方程 $y''+2y'+y=xe^{-x}$ 的哪一条积分曲线通过点 $(1,e^{-1})$，且在该点处有平行于 x 轴的切线.

（9）设 $f(x)=\sin x-\int_0^x(x-t)f(t)dt$，其中 f 为连续函数，求 $f(x)$.

（10）在第一象限中有一曲线通过原点 O 与点 $(1,2)$，点 $P(x,y)$ 在曲线上，由曲线 $\overset{\frown}{OP}$、x 轴和平行于 y 轴并过点 P 的直线所围成的曲边三角形的面积，等于以 OP 为对角线、边平行于坐标轴的矩形的面积的 $1/3$，求此曲线的方程.

解 （1）方程变形 $\quad\dfrac{dy}{dx}=\dfrac{2xy}{3x^2-y^2}=\dfrac{2\dfrac{y}{x}}{3-\left(\dfrac{y}{x}\right)^2}$，

令 $u=\dfrac{y}{x}$，代入上式，得 $\qquad u+x\dfrac{du}{dx}=\dfrac{2u}{3-u^2}$，

分离变量 $\qquad\qquad\qquad\dfrac{3-u^2}{u^3-u}du=\dfrac{1}{x}dx$，

$$\left(\dfrac{-3}{u}+\dfrac{1}{u+1}+\dfrac{1}{u-1}\right)du=\dfrac{1}{x}dx,$$

$$-3\ln u+\ln(u+1)+\ln(u-1)=\ln x+\ln C,$$

$$\dfrac{(u+1)(u-1)}{u^3 x}=C,$$

将 $u=\dfrac{y}{x}$ 代入，得 $Cy^3=y^2-x^2$. 由 $y\big|_{x=0}=1$ 得 $C=1$. 所求特解为 $y^3=y^2-x^2$.

（2）方程变形 $\qquad\qquad y'+\tan x\cdot y=\cos^2 x$，

这是一阶线性微分方程，$P(x)=\tan x$，$Q(x)=\cos^2 x$，由公式得通解

$$y=e^{-\int\tan x dx}\left[\int\cos^2 x e^{\int\tan x dx}dx+C\right]=\cos x\left(\int\cos x dx+C\right)=\cos x(\sin x+C),$$

由 $y(0)=1$ 得 $C=1$. 所求特解为 $y=(\sin x+1)\cos x$.

（3）方程变形，将 x 看作是 y 的函数，$\dfrac{dx}{dy}+\dfrac{1}{1+y}x=-y^2$，由公式得通解

$$x = \mathrm{e}^{-\int \frac{1}{1+y}\mathrm{d}y}\left[\int (-y^2)\mathrm{e}^{\int \frac{1}{1+y}\mathrm{d}y}\mathrm{d}y + C \right] = \frac{1}{1+y}\left[\int (-y^2 - y^3)\mathrm{d}y + C \right]$$

$$= \frac{1}{1+y}\left(-\frac{1}{3}y^3 - \frac{1}{4}y^4 + C \right).$$

（4）方程变形 $\qquad y' + \left(\frac{1}{x} - 1 \right)y = \frac{1}{x}\mathrm{e}^{2x}$，

这是一阶线性微分方程，$P(x) = \frac{1}{x} - 1$，$Q(x) = \frac{1}{x}\mathrm{e}^{2x}$，由公式得通解

$$y = \mathrm{e}^{\int \left(1 - \frac{1}{x}\right)\mathrm{d}x}\left[\int \frac{1}{x}\mathrm{e}^{2x}\mathrm{e}^{\int \left(\frac{1}{x} - 1\right)\mathrm{d}x}\mathrm{d}x + C \right] = \frac{\mathrm{e}^x}{x}\left(\int \mathrm{e}^x \mathrm{d}x + C \right) = \frac{\mathrm{e}^x}{x}(\mathrm{e}^x + C).$$

由已知 $1 = \lim\limits_{x \to 0^+} y(x) = \lim\limits_{x \to 0^+}\frac{\mathrm{e}^x}{x}(\mathrm{e}^x + C) = \lim\limits_{x \to 0^+}\frac{\mathrm{e}^x + C}{x}$，故 $\lim\limits_{x \to 0^+}(\mathrm{e}^x + C) = 0$，从而 $C = -1$.

所求特解为 $y = \frac{\mathrm{e}^x}{x}(\mathrm{e}^x - 1)$.

（5）$f'(x) = \int_0^x [f(t) + tf'(t)]\mathrm{d}t + x = \left[tf(t) \right]\Big|_0^x + x = xf(x) + x$，

记 $y = f(x)$，则上式变为 $y' - xy = x$，这是一阶线性微分方程，由公式得通解

$$y = \mathrm{e}^{\int x\mathrm{d}x}\left[\int xe^{\int (-x)\mathrm{d}x}\mathrm{d}x + C \right] = \mathrm{e}^{\frac{1}{2}x^2}\left[\int xe^{-\frac{1}{2}x^2}\mathrm{d}x + C \right] = C\mathrm{e}^{\frac{1}{2}x^2} - 1,$$

由 $f(0) = 0$，即 $y\big|_{x=0} = 0$，得 $C = 1$，故 $f(x) = y = \mathrm{e}^{\frac{1}{2}x^2} - 1$.

（6）特征方程为 $r^2 + 4r + 4 = 0$，特征根为 $r_1 = r_2 = -2$，通解 $y = (C_1 + C_2 x)\mathrm{e}^{-2x}$，则 $y' = (C_2 - 2C_1 - 2C_2 x)\mathrm{e}^{-2x}$，将 $y(0) = 2$，$y'(0) = -4$ 代入以上两式得 $C_1 = 2$，$C_2 = 0$，于是 $y = 2\mathrm{e}^{-2x}$，故 $\int_0^{+\infty} y(x)\mathrm{d}x = 2\int_0^{+\infty}\mathrm{e}^{-2x}\mathrm{d}x = 1$.

（7）$r^2 - 1 = 0$，$r_1 = 1$，$r_2 = -1$，$Y = C_1\mathrm{e}^x + C_2\mathrm{e}^{-x}$. $\lambda + \mathrm{i}\omega = \mathrm{i}$ 不是特征方程的根，故设 $y^* = A\cos x + B\sin x$，代入原方程得 $-2A\cos x - 2B\sin x = \sin x$，从而 $A = 0$，$B = -\frac{1}{2}$，故 $y^* = -\frac{1}{2}\sin x$. 原方程通解为 $y = Y + y^* = C_1\mathrm{e}^x + C_2\mathrm{e}^{-x} - \frac{1}{2}\sin x$.

（8）$r^2 + 2r + 1 = 0$，$r_1 = r_2 = -1$，$Y = (C_1 + C_2 x)\mathrm{e}^{-x}$. $\lambda = -1$ 是特征方程的重根，故设 $y^* = x^2(b_1 x + b_0)\mathrm{e}^{-x} = (b_1 x^3 + b_0 x^2)\mathrm{e}^{-x}$，代入原方程得 $6b_1 x + 2b_0 = x$，从而 $b_1 = \frac{1}{6}$，$b_0 = 0$，故 $y^* = \frac{1}{6}x^3\mathrm{e}^{-x}$. 原方程通解为 $y = Y + y^* = (C_1 + C_2 x)\mathrm{e}^{-x} + \frac{1}{6}x^3\mathrm{e}^{-x}$，则 $y' = \left(C_2 - C_1 - C_2 x + \frac{1}{2}x^2 - \frac{1}{6}x^3 \right)\mathrm{e}^{-x}$. 已知曲线通过点 $(1, \mathrm{e}^{-1})$，且在该点处有平行于 x 轴的

切线，即 $y\big|_{x=1} = \mathrm{e}^{-1}$，$y'\big|_{x=1} = 0$，代入以上两式得 $C_1 = \dfrac{1}{3}$，$C_2 = \dfrac{1}{2}$．所求积分曲线方程为

$$y = \left(\frac{1}{3} + \frac{1}{2}x\right)\mathrm{e}^{-x} + \frac{1}{6}x^3\mathrm{e}^{-x}．$$

（9）$f(x) = \sin x - \displaystyle\int_0^x (x-t)f(t)\mathrm{d}t = \sin x - x\int_0^x f(t)\mathrm{d}t + \int_0^x tf(t)\mathrm{d}t$，

两边对 x 求导得 $f'(x) = \cos x - \displaystyle\int_0^x f(t)\mathrm{d}t - xf(x) + xf(x) = \cos x - \int_0^x f(t)\mathrm{d}t$，①

两边对 x 求导得 $f''(x) = -\sin x - f(x)$，即 $f''(x) + f(x) = -\sin x$．

由题设得 $f(0) = 0$，由①式得 $f'(0) = 1$．设 $y = f(x)$，则原题化为求方程 $y'' + y = -\sin x$ ②满足初始条件 $y\big|_{x=0} = 0$，$y'\big|_{x=0} = 1$ 的特解．

方程②对应的齐次线性方程的特征方程为 $r^2 + 1 = 0$，$r_{1,2} = \pm\mathrm{i}$，$Y = C_1\cos x + C_2\sin x$，$\lambda + \mathrm{i}\omega = \mathrm{i}$ 是特征方程的根，故设 $y^* = x(A\cos x + B\sin x)$，代入②得 $2B\cos x - 2A\sin x = -\sin x$，从而 $A = \dfrac{1}{2}$，$B = 0$，故 $y^* = \dfrac{1}{2}x\cos x$．②的通解为

$$y = Y + y^* = C_1\cos x + C_2\sin x + \frac{1}{2}x\cos x，$$

则
$$y' = -C_1\sin x + \left(C_2 + \frac{1}{2}\right)\cos x - \frac{1}{2}x\sin x，$$

将 $y\big|_{x=0} = 0$，$y'\big|_{x=0} = 1$ 代入以上两式得 $C_1 = 0$，$C_2 = \dfrac{1}{2}$．故 $f(x) = y = \dfrac{1}{2}\sin x + \dfrac{1}{2}x\cos x$．

（10）设所求曲线方程为 $y = f(x)$，已知曲线 $\overset{\frown}{OP}$、x 轴和平行于 y 轴并过点 P 的直线所围成的曲边三角形的面积，等于以 OP 为对角线、边平行于坐标轴的矩形的面积的 $1/3$，即

$$\int_0^x f(t)\mathrm{d}t = \frac{1}{3}xy，$$

两边对 x 求导得 $f(x) = \dfrac{1}{3}y + \dfrac{1}{3}xy'$，即 $y = \dfrac{1}{3}y + \dfrac{1}{3}xy'$，从而 $y' = \dfrac{2y}{x}$，

分离变量
$$\frac{1}{y}\mathrm{d}y = \frac{2}{x}\mathrm{d}x，$$

两边积分
$$\ln y = 2\ln x + \ln C，$$
故
$$y = Cx^2．$$
又曲线过点 $(1,2)$，故 $C = 2$．所求曲线方程为 $y = 2x^2$．

7.4　同步练习及答案

同步练习

1. 填空题．

（1）一阶非齐次线性微分方程 $y' + P(x)y = Q(x)$ 的通解是_____；

（2）曲线族 $y = Cx + C^2$（C 为任意常数）所满足的微分方程为_____；

（3）设 y_1 和 y_2 是 $y'' + py' + qy = 0$ 的两个线性无关的特解，则此方程的通解为

_____；

（4）以 $y_1 = e^{2x}$，$y_2 = xe^{2x}$ 为特解的二阶常系数齐次线性微分方程是_____．

2．选择题．

（1）微分方程 $(y')^2 + (y'')^3 y + xy^4 = 0$ 是（　　）阶的．

    A．1；   B．2；

    C．3；   D．4．

（2）函数 $y = C - \sin x$（C 为任意常数）是微分方程 $y'' = \sin x$ 的（　　）．

    A．通解；   B．特解；

    C．是解，但既非通解也非特解；   D．不是解．

（3）在以下函数中可以作为某一个二阶微分方程的通解的是（　　）．

    A．$y = C_1 x^2 + C_2 x + C_3$；   B．$x^2 + y^2 = C$；

    C．$y = \ln(C_1 x) + \ln(C_2 \sin x)$；   D．$y = C_1 \sin^2 x + C_2 \cos^2 x$．

（4）微分方程 $y'' - 3y' + 2y = 3x - 2e^x$ 的特解 y^* 的形式是（　　）．

    A．$(ax+b)e^x$；   B．$(ax+b)xe^x$；

    C．$(ax+b) + ce^x$；   D．$(ax+b) + cxe^x$．

3．计算题．

（1）求微分方程 $ydx + (x^2 - 4x)dy = 0$ 的通解．

（2）已知某曲线经过点 $M(1,1)$，它的切线在纵轴上的截距等于切点的横坐标，求此曲线方程．

（3）已知连续函数 $f(x)$ 满足条件 $f(x) = \int_0^{3x} f\left(\frac{t}{3}\right)dt + e^{2x}$，求 $f(x)$．

（4）求微分方程 $y'' + 2y' - 3y = e^{-3x}$ 的通解．

参考答案

1．（1）$y = e^{-\int P(x)dx}\left[\int Q(x)e^{\int P(x)dx}dx + C\right]$；

   （2）$y = xy' + (y')^2$；

   （3）$y = C_1 y_1 + C_2 y_2$；

   （4）$y'' - 4y' + 4y = 0$．

2．（1）B；（2）C；（3）D；（4）D．

3．（1）$(4-x)y^4 = Cx$；

   （2）$y = x(1 - \ln x)$；

   （3）$f(x) = e^{3x}\left(C - 2e^{-x}\right)$；

   （4）$y = C_1 e^x + C_2 e^{-3x} - \frac{1}{4}xe^{-3x}$．

第8章 多元函数微分学

8.1 内容提要

8.1.1 空间解析几何基础知识

1. 空间直角坐标系

(1) 空间点的直角坐标

在空间任取一点 O，过 O 点作三条两两互相垂直且具有相同长度单位的数轴，分别称为 x 轴（横轴），y 轴（纵轴），z 轴（竖轴），三条数轴统称为坐标轴；点 O 称为坐标原点；任意两条坐标轴所确定的平面称为坐标面，即 xOy，yOz 和 zOx 坐标面.

在空间直角坐标系中每一点与一个三维有序数组 (x, y, z) 一一对应. 有序数组 x, y, z 分别称为点 M 的横坐标、纵坐标、竖坐标，记为 $M(x, y, z)$.

(2) 空间两点间的距离

设空间两点 $M_1(x_1, y_1, z_1), M_2(x_2, y_2, z_2)$，则空间两点距离为

$$d = |M_1 M_2| = \sqrt{(x_2 - x_1)^2 + (y_2 - y_1)^2 + (z_2 - z_1)^2} \ .$$

特殊地，点 $M(x, y, z)$ 到原点 $O(0,0,0)$ 的距离为

$$d = |OM| = \sqrt{x^2 + y^2 + z^2} \ .$$

2. 平面的方程

(1) 平面的点法式方程

已知平面 $\prod$ 过点 $M_0(x_0, y_0, z_0)$，它的一个法向量为 $\boldsymbol{n} = \{A, B, C\}$，则平面 $\prod$ 的方程为

$$A(x - x_0) + B(y - y_0) + C(z - z_0) = 0 \ .$$

该方程称为平面 $\prod$ 的点法式方程.

(2) 平面的一般式方程

$$Ax + By + Cz + (-Ax_0 - By_0 - Cz_0) = 0 \ .$$

称为平面的一般式方程.

(3) 平面的截距式方程

设一平面 $\prod$ 在 x 轴、y 轴、z 轴上的截距分别为 a, b, c，则平面的方程为

$$\frac{x}{a} + \frac{y}{b} + \frac{z}{c} = 1 \ ,$$

称为平面的截距式方程.

3. 直线的一般方程

空间直线可看作两个平面的交线，设平面 $\prod_1$ 和 $\prod_2$ 的方程分别为

$$\prod_1: \quad A_1 x + B_1 y + C_1 z + D_1 = 0,$$

$$\prod_2: \quad A_2 x + B_2 y + C_2 z + D_2 = 0.$$

则两个平面 $\prod_1$ 和 $\prod_2$ 的交线 l 的方程为

$$\begin{cases} A_1 x + B_1 y + C_1 z + D_1 = 0, \\ A_2 x + B_2 y + C_2 z + D_2 = 0. \end{cases}$$

4. 一些常见的空间曲面

（1）旋转曲面

平面曲线 C 绕同一平面上的定直线 L 旋转一周所形成的曲面，称为旋转曲面. 定直线 L 称为旋转轴.

设 yOz 面上一条曲线 C：$f(y,z)=0$，则 C 绕 z 轴旋转一周所形成的旋转曲面的方程为

$$f(\pm\sqrt{x^2+y^2}, z) = 0.$$

若求平面曲线 $f(y,z)=0$ 绕 z 轴旋转而成的旋转曲面方程，只要将 $f(y,z)=0$ 中的 y 换成 $\pm\sqrt{x^2+y^2}$ 而 z 保持不变，即得旋转曲面方程. 曲线 $f(y,z)=0$ 绕 y 轴旋转而成的旋转曲面方程为

$$f(y, \pm\sqrt{x^2+z^2}) = 0.$$

（2）柱面

动直线 L 沿给定曲线 C 平行移动所形成的曲面称为柱面. 动直线 L 称为柱面的母线，定曲线 C 称为柱面的准线.

设某柱面以平行于 z 轴的直线为母线，以 xOy 面上的曲线 C 为准线，则其柱面方程为

$$f(x,y) = 0.$$

类似地，方程 $h(y,z)=0$ 表示以 yOz 面上的曲线 C'：$\begin{cases} h(y,z)=0, \\ x=0 \end{cases}$ 为准线，母线平行于 x 轴的柱面；

方程 $g(x,z)=0$ 表示以 xOz 面上的曲线 C''：$\begin{cases} g(x,z)=0, \\ y=0 \end{cases}$ 为准线，母线平行于 y 轴的柱面.

（3）二次曲面

三元二次方程 $F(x,y,z)=0$ 所表示的曲面称为二次曲面.

二次曲面有九种，它们的标准方程和图形如下：

椭圆锥面	$\dfrac{x^2}{a^2}+\dfrac{y^2}{b^2}=z^2$;
椭球面	$\dfrac{x^2}{a^2}+\dfrac{y^2}{b^2}+\dfrac{z^2}{c^2}=1$;
单叶双曲面	$\dfrac{x^2}{a^2}+\dfrac{y^2}{b^2}-\dfrac{z^2}{c^2}=1$;
双叶双曲面	$\dfrac{x^2}{a^2}-\dfrac{y^2}{b^2}-\dfrac{z^2}{c^2}=1$;
椭圆抛物面	$\dfrac{x^2}{a^2}+\dfrac{y^2}{b^2}=z$;
双曲抛物面（马鞍面）	$\dfrac{x^2}{a^2}-\dfrac{y^2}{b^2}=z$;
椭圆柱面	$\dfrac{x^2}{a^2}+\dfrac{y^2}{b^2}=1$;
双曲柱面	$\dfrac{x^2}{a^2}-\dfrac{y^2}{b^2}=1$;
抛物柱面	$x^2=ay$ ， $a>0$.

5. 平面区域

（1）平面点集

坐标平面上具有某种性质 P 的点的集合，称为平面点集．记作

$$E=\left\{(x,y)\big|(x,y)\text{具有性质}P\right\}.$$

（2）邻域与点

设 $P_0(x_0,y_0)$ 是 xOy 平面上的一点， δ 是某一正数，与点 $P_0(x_0,y_0)$ 距离小于 δ 的点 $P(x,y)$ 的全体，称为点 P_0 的 δ 邻域，记作 $U(P_0,\delta)$ ，即

$$U\left(P_0,\delta\right)=\left\{(x,y)\Big|\sqrt{(x-x_0)^2+(y-y_0)^2}<\delta\right\}.$$

点 P_0 的去心 δ 邻域，记作 $\mathring{U}\left(P_0,\delta\right)$ ，即

$$\mathring{U}\left(P_0,\delta\right)=\left\{(x,y)\Big|0<\sqrt{(x-x_0)^2+(y-y_0)^2}<\delta\right\}.$$

在几何上， $U\left(P_0,\delta\right)$ 就是 xOy 平面上以 $P_0(x_0,y_0)$ 为圆心， $\delta>0$ 为半径的圆的内部的点 $P(x,y)$ 的全体．

内点：如果存在点 P 的某个邻域 $U(P)$ ， $U(P)\subset E$ ，则称 P 为 E 的内点．

外点：如果存在点 P 的某个邻域 $U(P)$ ， $U(P)\bigcap E=\varnothing$ ，则称 P 为 E 的外点．

边界点：如果点 P 的任何一个邻域内既有属于 E 的点，又有不属于 E 的点，则称 P 为 E 的边界点．

E 的边界点的全体称为 E 的边界，记作 ∂E .

（3）一些重要的平面点集

开集：如果点集 E 的点都是内点，则称 E 为开集.

闭集：如果点集 E 的补集为开集，则称 E 为闭集.

连通集：如果点集 E 内任何两点，都可用属于 E 的折线连结起来，则称 E 为连通集.

区域（开区域）：连通的开集称为区域或开区域.

闭区域：开区域连同它的边界一起所构成的点集称为闭区域.

有界集：对于平面点集 E，如果存在某一正数 r，使得 $E \subset U(O, r)$，其中 O 是坐标原点，则称 E 为有界集.

无界集：一个集合如果不是有界集，就称这集合为无界集.

8.1.2　多元函数的概念

1. 多元函数的定义

定义 8.2.1　设 x, y, z 是三个变量. 如果当变量 x, y 在一定范围内任意取定一对数值时，变量 z 按照一定的规律 f 总有确定的数值与它们对应，则称变量 z 是变量 x, y 的二元函数，记为 $z = f(x, y)$.

其中 x, y 称为自变量，z 称为因变量. 自变量 x, y 的取值范围称为函数的定义域.

二元函数在点 (x_0, y_0) 所取得的函数值记为

$$z\Big|_{\substack{x=x_0 \\ y=y_0}}, \quad z\Big|_{(x_0, y_0)} \ 或 \ f(x_0, y_0).$$

类似地，可以定义三元函数 $u = f(x, y, z)$ 以及 n 元函数 $u = f(x_1, x_2, \cdots, x_n)$. 二元及二元以上的函数统称为多元函数.

2. 二元函数的极限与连续

（1）二元函数的极限

定义 8.2.2　设二元函数 $z = f(x, y)$ 在点 $P_0(x_0, y_0)$ 的某一邻域内有定义（点 P_0 可以除外），如果当点 $P(x, y)$ 沿任意路径趋于点 $P_0(x_0, y_0)$ 时，函数 $f(x, y)$ 总无限趋于常数 A，那么称 A 为函数 $z = f(x, y)$ 当 $(x, y) \to (x_0, y_0)$ 时的极限，记为

$$\lim_{\substack{x \to x_0 \\ y \to y_0}} f(x, y) = A \ 或 \ f(x, y) \to A \ (x \to x_0, y \to y_0).$$

注意：在一元函数 $y = f(x)$ 的极限定义中，点 x 只是沿 x 轴趋向于点 x_0. 但二元函数的极限定义中，要求点 $P(x, y)$ 以任何方式趋于点 $P_0(x_0, y_0)$ 时，函数 $f(x, y)$ 都趋于 A. 如果当点 $P(x, y)$ 以不同方式趋于点 $P_0(x_0, y_0)$ 时，函数趋于不同的值，则函数极限不存在.

（2）二元函数的连续性

定义 8.2.3　如果当 $x \to x_0, y \to y_0$ 时，函数的极限存在，且等于它在点

$P_0(x_0, y_0)$ 处的函数值，即 $\lim\limits_{\substack{x \to x_0 \\ y \to y_0}} f(x, y) = f(x_0, y_0)$，那么就称函数 $z = f(x, y)$ 在点

$P_0(x_0, y_0)$ 处连续.

$$z = f(x, y) \text{ 在点 } P_0(x_0, y_0) \text{ 连续} \Leftrightarrow \lim\limits_{\substack{x \to x_0 \\ y \to y_0}} f(x, y) = f(x_0, y_0) \Leftrightarrow$$

$$\lim\limits_{\substack{\Delta x \to 0 \\ \Delta y \to 0}} \Delta z = \lim\limits_{\substack{\Delta x \to 0 \\ \Delta y \to 0}} \left[f(x_0 + \Delta x, y_0 + \Delta y) - f(x_0, y_0) \right] = 0 .$$

若函数在区域 D 内每一点都连续，则称函数在区域 D 内连续.

若函数 $z = f(x, y)$ 在点 $P_0(x_0, y_0)$ 处不连续，称点 $P_0(x_0, y_0)$ 为函数的间断点.

二元连续函数的和、差、积、商（分母不为零）及复合函数仍是连续函数. 所以，二元初等函数在其定义域内连续.

于是，初等函数 $f(x, y)$ 在其定义域内总有 $\lim\limits_{\substack{x \to x_0 \\ y \to y_0}} f(x, y) = f(x_0, y_0)$.

（3）有界闭区域上连续函数的性质

性质 1（最值定理） 在有界闭区域上连续的二元函数，在该区域上一定有最大值和最小值.

性质 2（介值定理） 在有界闭区域上连续的二元函数，必能取得介于函数的最大值与最小值之间的任何值.

8.1.3 偏导数

1. 偏导数的定义

定义 8.3.1 设函数 $z = f(x, y)$ 在点 (x_0, y_0) 的某邻域内有定义，固定 $y = y_0$，而 x 在 x_0 取得增量 Δx 时，函数 z 相应地取得增量（称为偏增量）

$$\Delta_x z = f(x_0 + \Delta x, y_0) - f(x_0, y_0) .$$

如果极限 $\lim\limits_{\Delta x \to 0} \dfrac{\Delta_x z}{\Delta x} = \lim\limits_{\Delta x \to 0} \dfrac{f(x_0 + \Delta x, y_0) - f(x_0, y_0)}{\Delta x}$ 存在，则称此极限值为函数

$z = f(x, y)$ 在点 (x_0, y_0) 处对 x 的偏导数，记为

$$\left. \frac{\partial z}{\partial x} \right|_{\substack{x = x_0 \\ y = y_0}} , \quad \left. \frac{\partial f}{\partial x} \right|_{\substack{x = x_0 \\ y = y_0}} , \quad \left. z'_x \right|_{\substack{x = x_0 \\ y = y_0}} \quad \text{或} \quad f'_x(x_0, y_0) .$$

类似地，函数 $z = f(x, y)$ 在点 (x_0, y_0) 处对 y 的偏导数定义为

$$\lim\limits_{\Delta y \to 0} \frac{\Delta_y z}{\Delta y} = \lim\limits_{\Delta y \to 0} \frac{f(x_0, y_0 + \Delta y) - f(x_0, y_0)}{\Delta y} ,$$

记为 $\qquad \left. \dfrac{\partial z}{\partial y} \right|_{\substack{x = x_0 \\ y = y_0}} , \quad \left. \dfrac{\partial f}{\partial y} \right|_{\substack{x = x_0 \\ y = y_0}} , \quad \left. z'_y \right|_{\substack{x = x_0 \\ y = y_0}} \quad \text{或} \quad f'_y(x_0, y_0) .$

如果对区域 D 内任意一点 (x, y)，极限

$$\lim_{\Delta x \to 0} \frac{f(x+\Delta x, y) - f(x, y)}{\Delta x} \text{ 和 } \lim_{\Delta y \to 0} \frac{f(x, y+\Delta y) - f(x, y)}{\Delta y}$$

都存在，则它们分别称为函数 $f(x, y)$ 在区域 D 内对 x 和 y 的偏导函数，简称偏导数，记为

$$\frac{\partial z}{\partial x}, \quad \frac{\partial f}{\partial x}, \quad z'_x \text{ 或 } f'_x(x, y) \text{ 和 } \frac{\partial z}{\partial y}, \quad \frac{\partial f}{\partial y}, \quad z'_y \text{ 或 } f'_y(x, y).$$

偏导数的概念可以推广到二元以上的函数，这里不再赘述．

2. 偏导数的求法

由偏导数的定义可知，求多元函数对某个变量的偏导数时，只需将其余的变量看作常数，而对该变量求导，因此求偏导数的方法与一元函数的求导方法完全相同．但二元函数在某点存在偏导数，并不能保证函数在该点连续，这与一元函数可导必连续的性质是不相同的．

3. 高阶偏导数

函数 $z = f(x, y)$ 的偏导数 $\dfrac{\partial z}{\partial y}$ 和 $\dfrac{\partial f}{\partial y}$ 对 x 和 y 的偏导数称为函数 $z = f(x, y)$ 对 x 和 y 的二阶偏导数．记为

$$\frac{\partial}{\partial x}\left(\frac{\partial z}{\partial x}\right) = \frac{\partial^2 z}{\partial x^2} = f''_{xx}(x, y) = z''_{xx},$$

$$\frac{\partial}{\partial y}\left(\frac{\partial z}{\partial x}\right) = \frac{\partial^2 z}{\partial x \partial y} = f''_{xy}(x, y) = z''_{xy},$$

$$\frac{\partial}{\partial x}\left(\frac{\partial z}{\partial y}\right) = \frac{\partial^2 z}{\partial y \partial x} = f''_{yx}(x, y) = z''_{yx},$$

$$\frac{\partial}{\partial y}\left(\frac{\partial z}{\partial y}\right) = \frac{\partial^2 z}{\partial y^2} = f''_{yy}(x, y) = z''_{yy}.$$

其中 $\dfrac{\partial^2 z}{\partial x \partial y}$, $\dfrac{\partial^2 z}{\partial y \partial x}$ 称为二阶混合偏导数．

如果函数 $z = f(x, y)$ 的两个二阶混合偏导数 $\dfrac{\partial^2 z}{\partial x \partial y}$ 和 $\dfrac{\partial^2 z}{\partial y \partial x}$ 在区域 D 内连续，则对任何 $(x, y) \in D$，有 $\dfrac{\partial^2 z}{\partial x \partial y} = \dfrac{\partial^2 z}{\partial y \partial x}$．

8.1.4 全微分

1. 全微分的定义

设函数 $z = f(x, y)$ 在点 (x, y) 的某邻域内有定义，且 $\dfrac{\partial z}{\partial x}$、$\dfrac{\partial z}{\partial y}$ 存在，如果 $z = f(x, y)$ 在点 (x, y) 处的全增量 Δz 可表示为

$$\Delta z = f(x + \Delta x, y + \Delta y) - f(x, y)$$

$$= \frac{\partial z}{\partial x} \Delta x + \frac{\partial z}{\partial y} \Delta y + o(\rho),$$

其中 $\rho = \sqrt{(\Delta x)^2 + (\Delta y)^2}$，则称 $\frac{\partial z}{\partial x} \Delta x + \frac{\partial z}{\partial y} \Delta y$ 为函数 $z = f(x, y)$ 在点 (x, y) 处的全微分，记作

$$\mathrm{d} z = \frac{\partial z}{\partial x} \Delta x + \frac{\partial z}{\partial y} \Delta y.$$

此时也称函数 $z = f(x, y)$ 在点 (x, y) 处可微.

（1）如果函数 $z = f(x, y)$ 在点 (x, y) 处可微，则在该点处的两个偏导数 $\frac{\partial z}{\partial x}$ 和 $\frac{\partial z}{\partial y}$ 必都存在.

（2）函数 $z = f(x, y)$ 在点 (x, y) 处可微，由 $\Delta z = \frac{\partial z}{\partial x} \Delta x + \frac{\partial z}{\partial y} \Delta y + o(\rho)$，可得当 $\Delta x \to 0$ 且 $\Delta y \to 0$ 时，有 $\Delta z \to 0$，这说明函数在点 (x, y) 处连续.

定理 8.4.1 如果函数 $z = f(x, y)$ 的两个偏导数在点 (x, y) 处存在且连续，则函数 $z = f(x, y)$ 在点 (x, y) 处必可微. $z = f(x, y)$ 的全微分又可记为

$$\mathrm{d} z = \frac{\partial z}{\partial x} \mathrm{d} x + \frac{\partial z}{\partial y} \mathrm{d} y.$$

2. 全微分在近似计算中的应用

设函数 $z = f(x, y)$ 在点 (x, y) 处可微，当 x, y 分别取得增量 $\Delta x, \Delta y$ 时有

$$f(x + \Delta x, y + \Delta y) \approx f(x, y) + f_x'(x, y)\Delta x + f_y'(x, y)\Delta y.$$

8.1.5 多元复合函数与隐函数微分法

1. 多元复合函数微分法

设函数 $z = f(u, v)$，$u = \varphi(x, y)$，$v = \psi(x, y)$，则称 $z = f[\varphi(x, y), \psi(x, y)]$ 是自变量 x, y 的复合函数，u, v 称为中间变量.

定理 8.5.1（复合函数的求导法则） 设函数 $u = \varphi(x, y)$，$v = \psi(x, y)$ 在点 (x, y) 处有偏导数，函数 $z = f(u, v)$ 在对应点 (u, v) 处有连续偏导数，则复合函数 $z = f[\varphi(x, y), \psi(x, y)]$ 在点 (x, y) 处的偏导数存在，且

$$\frac{\partial z}{\partial x} = \frac{\partial z}{\partial u} \frac{\partial u}{\partial x} + \frac{\partial z}{\partial v} \frac{\partial v}{\partial x},$$

$$\frac{\partial z}{\partial y} = \frac{\partial z}{\partial u} \frac{\partial u}{\partial y} + \frac{\partial z}{\partial v} \frac{\partial v}{\partial y}.$$

在求多元复合函数的偏导数时，要弄清楚哪些是中间变量，哪些是自变量，以及它们之间的复合关系. 常用图示法表达变量之间的关系，如图 8.12 所示.

（1）设 $u = \varphi(x, y)$，$v = \psi(x, y)$，$w = w(x, y)$ 在点 (x, y) 处存在偏导数，而 $z = f(u, v, w)$ 在相应点 (u, v, w) 处存在连续偏导数，则复合函数 $z = f[\varphi(x, y), \psi(x, y), w(x, y)]$ 在点 (x, y) 处的偏导数 $\dfrac{\partial z}{\partial x}$，$\dfrac{\partial z}{\partial y}$ 存在，且有

$$\frac{\partial z}{\partial x} = \frac{\partial z}{\partial u}\frac{\partial u}{\partial x} + \frac{\partial z}{\partial v}\frac{\partial v}{\partial x} + \frac{\partial z}{\partial w}\frac{\partial w}{\partial x},$$

$$\frac{\partial z}{\partial y} = \frac{\partial z}{\partial u}\frac{\partial u}{\partial y} + \frac{\partial z}{\partial v}\frac{\partial v}{\partial y} + \frac{\partial z}{\partial w}\frac{\partial w}{\partial y}.$$

（2）设 $u = \varphi(x, y, z)$，$v = \psi(x, y, z)$ 在点 (x, y, z) 处存在偏导数，而 $s = f(u, v)$ 在相应点 (u, v) 处存在连续偏导数，则复合函数 $s = f[\varphi(x, y, z), \psi(x, y, z)]$ 在点 (x, y, z) 处的偏导数存在，其关系如图 8.2 所示.

$$\frac{\partial s}{\partial x} = \frac{\partial s}{\partial u}\frac{\partial u}{\partial x} + \frac{\partial s}{\partial v}\frac{\partial v}{\partial x},$$

$$\frac{\partial s}{\partial y} = \frac{\partial s}{\partial u}\frac{\partial u}{\partial y} + \frac{\partial s}{\partial v}\frac{\partial v}{\partial y},$$

$$\frac{\partial s}{\partial z} = \frac{\partial s}{\partial u}\frac{\partial u}{\partial z} + \frac{\partial s}{\partial v}\frac{\partial v}{\partial z}.$$

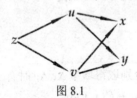

图 8.1

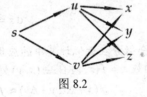

图 8.2

（3）设 $u = \varphi(x, y)$ 在点 (x, y) 处存在偏导数，而 $z = f(u)$ 在相应点 u 处存在连续的导数，则复合函数 $z = f[\varphi(x, y)]$ 在点 (x, y) 处的偏导数存在，其关系如图 8.3 所示.

$$\frac{\partial z}{\partial x} = \frac{\mathrm{d}z}{\mathrm{d}u}\frac{\partial u}{\partial x},$$

$$\frac{\partial z}{\partial y} = \frac{\mathrm{d}z}{\mathrm{d}u}\frac{\partial u}{\partial y}.$$

（4）设 $u = \varphi(x)$，$v = \psi(x)$ 在点 x 处可导，而 $z = f(u, v)$ 在相应点 (u, v) 处存在连续的偏导数，则复合函数 $z = f[\varphi(x), \psi(x)]$ 便是 x 的一元函数.

它在点 x 处的导数存在，且

$$\frac{\mathrm{d}z}{\mathrm{d}x} = \frac{\partial z}{\partial u}\frac{\mathrm{d}u}{\mathrm{d}x} + \frac{\partial z}{\partial v}\frac{\mathrm{d}v}{\mathrm{d}x}.$$

这种通过多个中间变量复合而成的一元函数的导数称为全导数（其关系如图 8.4 所示）.

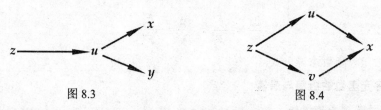

图 8.3　　　　　　　　　　　　　　　　　图 8.4

（5）设 $u = \varphi(x, y)$ 在点 (x, y) 处存在偏导数，而 $z = f(u, x, y)$ 在相应点 (u, x, y) 处存在连续偏导数，则复合函数 $z = f[\varphi(x, y), x, y]$ 在点 (x, y) 处的偏导数存在，且

$$\frac{\partial z}{\partial x} = \frac{\partial z}{\partial u} \frac{\partial u}{\partial x} + \frac{\partial f}{\partial x},$$

$$\frac{\partial z}{\partial y} = \frac{\partial z}{\partial u} \frac{\partial u}{\partial y} + \frac{\partial f}{\partial y}.$$

其关系如图 8.5 所示.

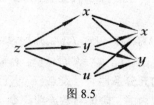

图 8.5

注意上式中 $\frac{\partial f}{\partial x} \neq \frac{\partial z}{\partial x}$, $\frac{\partial f}{\partial y} \neq \frac{\partial z}{\partial y}$.

图 8.5 中 x, y 均具有中间变量和自变量的双重含义. 其中 $\frac{\partial f}{\partial x}$ 表示把 $f(u, x, y)$ 中的 u, y 看作常量对中间变量 x 求偏导数，而 $\frac{\partial z}{\partial x}$ 表示复合函数 $z = f[\varphi(x, y), x, y]$ 对自变量 x 的偏导数.

同理， $\frac{\partial f}{\partial y}$ 和 $\frac{\partial z}{\partial y}$ 的含义也不相同.

多元复合函数的复合关系多种多样，一般应正确画出各变量之间的复合关系后再写出相应的公式进行计算.

2. 隐函数微分法

（1）一元隐函数求导公式

设方程 $F(x, y) = 0$ 确定了函数 $y = y(x)$ ，若 $F_y' \neq 0$ ，则

$$\frac{\mathrm{d} y}{\mathrm{d} x} = -\frac{F_x'}{F_y'}.$$

这就是一元隐函数的求导公式.

（2）二元隐函数求导公式

设方程 $F(x, y, z) = 0$ 确定了隐函数 $z = f(x, y)$ ，若 $F_z' \neq 0$ ，则

$$\frac{\partial z}{\partial x} = -\frac{F'_x}{F'_z}, \quad \frac{\partial z}{\partial y} = -\frac{F'_y}{F'_z}.$$

这就是二元隐函数求导公式.

8.1.6 多元函数的极值与最值

1. 二元函数的极值

定义 8.6.1 设函数 $z = f(x, y)$ 在点 (x_0, y_0) 的某一邻域内有定义，如果对于该邻域内一切异于 (x_0, y_0) 的点 (x, y)，都有 $f(x, y) < f(x_0, y_0)$（或 $f(x, y) > f(x_0, y_0)$），则称 $f(x_0, y_0)$ 为函数 $f(x, y)$ 的一个极大值（或极小值）. 极大值和极小值统称为极值. 使函数取得极大值（或极小值）的点 (x_0, y_0)，称为极大值（或极小值）点，极大值点和极小值点统称为极值点.

定理 8.6.1（极值存在的必要条件） 设函数 $z = f(x, y)$ 在点 (x_0, y_0) 的偏导数 $f'_x(x_0, y_0)$、$f'_y(x_0, y_0)$ 存在，且在点 (x_0, y_0) 处有极值，则函数在该点的偏导数必为零，即

$$f'_x(x_0, y_0) = 0, \quad f'_y(x_0, y_0) = 0.$$

同时满足 $f'_x(x_0, y_0) = 0$，$f'_y(x_0, y_0) = 0$ 的点 (x_0, y_0) 称为函数 $f(x, y)$ 的驻点.

定理 8.6.2（极值存在的充分条件） 设点 (x_0, y_0) 是函数 $z = f(x, y)$ 的驻点，且函数在点 (x_0, y_0) 的某邻域内的二阶偏导数连续，令

$$A = f''_{xx}(x_0, y_0), \quad B = f''_{xy}(x_0, y_0), \quad C = f''_{yy}(x_0, y_0),$$

则 （1）当 $B^2 - AC < 0$ 时，点 (x_0, y_0) 是极值点，且

① 当 $A < 0$（或 $C < 0$）时，点 (x_0, y_0) 是极大值点；

② 当 $A > 0$（或 $C > 0$）时，点 (x_0, y_0) 是极小值点.

（2）当 $B^2 - AC > 0$ 时，点 (x_0, y_0) 不是极值点.

（3）当 $B^2 - AC = 0$ 时，点 (x_0, y_0) 可能是极值点，也可能不是极值点.

与一元函数类似，二元可微函数的极值点一定是驻点，但对不可微函数来说，极值点不一定是驻点.

2. 多元函数的最大值与最小值

由于在有界闭区域 D 上连续的函数一定存在最大值与最小值，因此，求多元函数在有界闭区域上的最大值和最小值时，只需求出函数在该区域内的极值和函数在边界上的最大值与最小值，然后比较这些值即可. 其中最大者就是最大值，最小者就是最小值.

在实际问题中，若能判断函数在区域 D 内一定存在最大值与最小值，而函数在 D 内可微，且只有唯一的驻点，则该驻点处的函数值就是函数的最大值或最小值.

3. 条件极值和拉格朗日乘数法

上面讨论的极值问题，自变量除了被限制在定义域内以外，没有其他条件的约束，也称为无条件极值. 但在许多实际问题中，经常会遇到对自变量有附加约

束条件的极值问题. 对自变量有附加约束条件的极值称为条件极值. 下面介绍拉格朗日乘数法来解决条件极值问题.

求函数 $z = f(x,y)$ 在约束条件 $\varphi(x,y) = 0$ 下的极值，其步骤如下：

（1）构造辅助函数 $F(x,y) = f(x,y) + \lambda\varphi(x,y)$，该函数称为拉格朗日函数，其中参数 λ 称为拉格朗日乘数；

（2）解联立方程组

$$\begin{cases} F'_x(x,y) = f'_x(x,y) + \lambda\varphi'_x(x,y) = 0, \\ F'_y(x,y) = f'_y(x,y) + \lambda\varphi'_y(x,y) = 0, \\ \varphi(x,y) = 0, \end{cases}$$

得可能的极值点 (x_0, y_0). 在实际问题中，该点往往就是所求的极值点.

拉格朗日乘数法可以推广到自变量多于两个、约束条件多于一个的情况.

8.2 典型例题解析

例 1 求函数 $z = \sqrt{x}\ln(x+y)$ 的定义域，并画图.

解 要使原式有意义，应有

$$\begin{cases} x \geq 0, \\ x+y > 0, \end{cases} \quad 即 \quad \begin{cases} x \geq 0, \\ x > -y, \end{cases}$$

故其定义域为 $D = \{(x,y) \mid x \geq 0, y > -x\}$，见图 8.6.

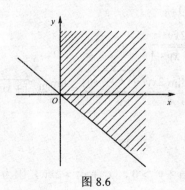

图 8.6

例 2 求函数 $z = \arcsin\dfrac{x^2+y^2}{4} + \arccos\dfrac{1}{x^2+y^2}$ 的定义域并画草图.

解 要使原式有意义，应有

$$\begin{cases} \dfrac{x^2+y^2}{4} \leq 1, \\ \dfrac{1}{x^2+y^2} \leq 1, \end{cases}$$

解得 $1 \leqslant x^2 + y^2 \leqslant 4$.

故定义域是圆环 $1 \leqslant x^2 + y^2 \leqslant 4$，见图 8.7.

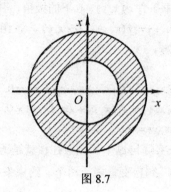

图 8.7

例 3 设 $f(x+y, x-y) = x^3 + y^3$，求 $f(x, y)$.

解 令 $u = x+y$，$v = x-y$，则得

$$x = \frac{u+v}{2}, \quad y = \frac{u-v}{2},$$

代入原式得

$$f(u,v) = \left(\frac{u+v}{2}\right)^3 + \left(\frac{u-v}{2}\right)^3 = \frac{1}{4}u(u^2 + 3v^2),$$

故 $f(x,y) = \frac{1}{4}x(x^2 + 3y^2)$.

例 4 求极限 $\lim\limits_{\substack{x \to 0 \\ y \to 0}} \dfrac{2xy}{\sqrt{1+xy}-1}$.

解 $\lim\limits_{\substack{x \to 0 \\ y \to 0}} \dfrac{2xy}{\sqrt{1+xy}-1} = \lim\limits_{\substack{x \to 0 \\ y \to 0}} \dfrac{2xy(\sqrt{1+xy}+1)}{xy} = \lim\limits_{\substack{x \to 0 \\ y \to 0}} 2(\sqrt{1+xy}+1) = 4$.

例 5 求 $\lim\limits_{\substack{x \to 0 \\ y \to 0}} \dfrac{x^2 y^2}{x^2 + y^2}$.

解 $(x+y)^2 = x^2 + 2xy + y^2 > 0$，$x^2 + y^2 > 2xy$，因为 $\dfrac{x^2 y^2}{x^2 + y^2} = \dfrac{1}{2} \dfrac{2xy}{x^2 + y^2} \cdot xy$，

所以 $\left| \dfrac{x^2 y^2}{x^2 + y^2} \right| = \left| \dfrac{1}{2} \dfrac{2xy}{x^2 + y^2} \cdot xy \right| < \left| \dfrac{1}{2} xy \right| = \dfrac{1}{2} |x \| y|$，故 $\lim\limits_{\substack{x \to 0 \\ y \to 0}} \dfrac{x^2 y^2}{x^2 + y^2} = 0$.

例 6 求 $z = \arctan \dfrac{y}{x}$ 在 $(1, -1)$ 点的偏导数.

解 $\dfrac{\partial z}{\partial x} = \dfrac{1}{1+\left(\dfrac{y}{x}\right)^2}\left(-\dfrac{y}{x^2}\right) = -\dfrac{y}{x^2 + y^2}$，$\dfrac{\partial z}{\partial y} = \dfrac{1}{1+\left(\dfrac{y}{x}\right)^2} \cdot \dfrac{1}{x} = \dfrac{x}{x^2 + y^2}$，

于是 $\dfrac{\partial z}{\partial x}\Big|_{\substack{x=1\\y=-1}}=\dfrac{1}{2}$, $\dfrac{\partial z}{\partial y}\Big|_{\substack{x=1\\y=-1}}=\dfrac{1}{2}$.

例 7   求极限 $\lim\limits_{\substack{x\to 1\\y\to 2}}\dfrac{xy}{\sqrt{x^2+y^2}}$.

解 $\lim\limits_{\substack{x\to 1\\y\to 2}}\dfrac{xy}{\sqrt{x^2+y^2}}=\dfrac{1\times 2}{\sqrt{1^2+2^2}}=\dfrac{2}{\sqrt{5}}$ （因为函数 $\dfrac{xy}{\sqrt{x^2+y^2}}$ 在点 $(1,2)$ 处连续）.

例 8   求函数 $u=\ln\cos(xyz)$ 的偏导数.

解 $\dfrac{\partial u}{\partial x}=\dfrac{1}{\cos(xyz)}\cdot[-\sin(xyz)\cdot yz]=\dfrac{-yz\sin(xyz)}{\cos(xyz)}$,

再由于函数关于变量 x,y,z 是对称的，所以

$$\frac{\partial u}{\partial y}=-\frac{xz\sin(xyz)}{\cos(xyz)} ,\quad \frac{\partial u}{\partial z}=-\frac{xy\sin(xyz)}{\cos(xyz)} .$$

例 9 $z=\ln\left(x+\sqrt{x^2+y^2}\right)$ ，求 $\dfrac{\partial z}{\partial x}$ ，$\dfrac{\partial^2 z}{\partial x\partial y}$.

解 $\dfrac{\partial z}{\partial x}=\dfrac{1}{x+\sqrt{x^2+y^2}}\cdot\left(1+\dfrac{x}{\sqrt{x^2+y^2}}\right)=\dfrac{1}{\sqrt{x^2+y^2}}$,

$$\frac{\partial^2 z}{\partial x\partial y}=-\frac{1}{x^2+y^2}\cdot\frac{y}{\sqrt{x^2+y^2}}=-\frac{y}{\left(x^2+y^2\right)^{\frac{3}{2}}} .$$

例 10   求 $z=\ln\sqrt{x^2+y^2}$ 的二阶偏导数.

解 $z=\ln\sqrt{x^2+y^2}=\dfrac{1}{2}\ln\left(x^2+y^2\right)$ ，$\dfrac{\partial z}{\partial x}=\dfrac{x}{x^2+y^2}$ ，$\dfrac{\partial z}{\partial y}=\dfrac{y}{x^2+y^2}$ ，

$$\frac{\partial^2 z}{\partial x^2}=\frac{(x^2+y^2)-x\cdot 2x}{\left(x^2+y^2\right)^2}=\frac{y^2-x^2}{\left(x^2+y^2\right)^2} ,\quad \frac{\partial^2 z}{\partial y^2}=\frac{(x^2+y^2)-y\cdot 2y}{\left(x^2+y^2\right)^2}=\frac{x^2-y^2}{\left(x^2+y^2\right)^2} ,$$

$$\frac{\partial^2 z}{\partial x\partial y}=\frac{\partial}{\partial y}\left(\frac{x}{x^2+y^2}\right)=-\frac{2xy}{\left(x^2+y^2\right)^2} ,\quad \frac{\partial^2 z}{\partial y\partial x}=\frac{\partial}{\partial x}\left(\frac{y}{x^2+y^2}\right)=-\frac{2xy}{\left(x^2+y^2\right)^2} .$$

例 11   设 $f(x,y)=\begin{cases}1, & xy=0,\\ 0, & xy\neq 0,\end{cases}$ 讨论 $f(x,y)$ 在点 $(0,0)$ 的连续性和可导性.

解   因为当 $\Delta x\neq 0$ ，$\Delta y\neq 0$ 时，有 $f(0+\Delta x,0)=1$ ，$f(0,0+\Delta y)=1$ ，所以，由

偏导数定义知

$$f_x' = \lim_{\Delta x \to 0} \frac{f(0+\Delta x, 0) - f(0,0)}{\Delta x} = 0, \quad f_y' = \lim_{\Delta x \to 0} \frac{f(0, 0+\Delta y) - f(0,0)}{\Delta y} = 0,$$

故函数在点 $(0,0)$ 可导. 而 $\lim\limits_{\substack{x \to 0 \\ y \to 0}} f(x,y) = 0 \neq f(0,0)$, $f(x,y)$ 在点 $(0,0)$ 不连续. 由此可知，多元函数在某点可导，但在该点不一定连续.

例 12 设 $f(x,y) = \begin{cases} xy\dfrac{x^2-y^2}{x^2+y^2}, & (x,y) \neq (0,0), \\ 0, & (x,y) = (0,0), \end{cases}$ 求 $f_{xy}''(0,0)$ 与 $f_{yx}''(0,0)$.

解 $f_x'(0,0) = \lim\limits_{x \to 0} \dfrac{f(x,0) - f(0,0)}{x} = \lim\limits_{x \to 0} \dfrac{0-0}{x} = 0$, 当 $y \neq 0$ 时,

$$f_x'(0,y) = \lim_{x \to 0} \frac{f(x,y) - f(0,y)}{x} = \lim_{x \to 0} \frac{y(x^2-y^2)}{x^2+y^2} = -y,$$

所以 $f_{xy}''(0,0) = \lim\limits_{y \to 0} \dfrac{f_x'(0,y) - f_x'(0,0)}{y} = \lim\limits_{y \to 0} \dfrac{-y-0}{y} = -1$.

同理 $\qquad f_y'(0,0) = \lim\limits_{y \to 0} \dfrac{f(0,y) - f(0,0)}{y} = 0$, 当 $x \neq 0$ 时,

$$f_y'(x,0) = \lim_{y \to 0} \frac{f(x,y) - f(x,0)}{y} = \lim_{y \to 0} \frac{x(x^2-y^2)}{x^2+y^2} = x,$$

所以, $f_{yx}''(0,0) = \lim\limits_{x \to 0} \dfrac{f_y'(x,0) - f_y'(0,0)}{x} = \lim\limits_{x \to 0} \dfrac{x-0}{x} = 1$, $f_{xy}''(0,0) \neq f_{yx}''(0,0)$.

此例说明，即使两个混合偏导数都存在，也不一定相等，但若它们都连续，一定相等.

例 13 设 $f(x,y) = \sqrt[3]{x^4+y^4}$, 求 $f_{xy}''(0,0)$, $f_{yx}''(0,0)$, 并讨论 f_{yx}'' 和 f_{xy}'' 的连续性.

解 因为 $f(x,0) = x^{\frac{4}{3}}$, 所以 $f_x'(0,0) = \left. \left(\left(x^{\frac{3}{4}} \right)' \right) \right|_{x=0} = 0$, 当 $(x,y) \neq (0,0)$ 时,

$$f_x'(x,y) = \frac{4}{3} x^3 (x^4+y^4)^{-\frac{2}{3}}, \quad \text{又 } f_x'(0,y) = 0, \text{ 故 } f_{xy}''(0,0) = 0.$$

同理可得 $f_{yx}''(0,0) = 0$, 故 $f_{xy}''(0,0) = f_{yx}''(0,0)$.

而 $\lim\limits_{\substack{x \to 0 \\ y=x^{\frac{11}{9}}}} f_{xy}''(x,y) = \lim\limits_{x \to 0} \left[-\dfrac{32}{9} \cdot \dfrac{1}{(1+x^{\frac{8}{9}})^{\frac{3}{5}}} \right] = -\dfrac{32}{9} \neq f_{xy}''(0,0)$,

所以, $f_{xy}''(x,y)$ 在点 $(0,0)$ 不连续. 同理可证 $f_{yx}''(x,y)$ 在点 $(0,0)$ 也不连续.

由此可见，混合偏导数连续是导数与次序无关的充分条件，不是必要条件. 即连续一定相等，但不连续也可能相等.

8.3 习题选解

习题 8.1

1. 建立以点 $(1,3,-2)$ 为球心，且通过原点的球面方程.

解 球面方程为 $(x-1)^2 + (y-3)^2 + (z+2)^2 = 14$.

2. 求与坐标原点 O 及点 $(2,3,4)$ 的距离之比为 $1:2$ 的所有点组成的曲面的方程，它表示怎样的曲面？

解 $\dfrac{\sqrt{x^2+y^2+z^2}}{\sqrt{(x-2)^2+(y-3)^2+(z-4)^2}} = \dfrac{1}{2}$，得到 $\left(x+\dfrac{2}{3}\right)^2 + (y+1)^2 + \left(z+\dfrac{4}{3}\right)^2 = \dfrac{116}{9}$，是以 $\left(-\dfrac{2}{3}, -1, -\dfrac{4}{3}\right)$ 为球心，以 $\dfrac{2\sqrt{29}}{3}$ 为半径的球面.

3. 将 xOy 坐标面上的双曲线 $4x^2 - 9y^2 = 36$ 分别绕 x 轴及 y 轴旋转一周，求所生成的旋转曲面的方程.

解 绕 x 轴旋转一周的曲面方程为 $4x^2 - 9(y^2+z^2) = 36$，绕 y 轴旋转一周的曲面方程为 $4(x^2+z^2) - 9y^2 = 36$.

4. 求过点 $(1,1,-1)$，$(-2,-2,2)$ 和 $(1,-1,2)$ 三点的平面方程.

解 设平面方程为 $Ax + By + Cz + D = 0$，将已知点带入，得 $A = 1$，$B = -3$，$C = 2$，$D = 0$，则平面方程为 $x - 3y - 2z = 0$.

5. 画出下列各曲面所围立体的图形.

（1）圆锥面 $z^2 = x^2 + y^2$ 与平面 $z = 1$.

（2）圆锥面 $z^2 = x^2 + y^2$ 与旋转抛物面 $z = 2 - x^2 + y^2$.

（3）旋转抛物面 $z = x^2 + y^2$ 与上半球面 $z = \sqrt{4-x^2-y^2}$.

（4）平面 $x = 0$，$y = 0$，$z = 0$，$\dfrac{x}{3} + \dfrac{y}{2} + z = 1$.

解 （1） 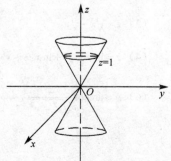　　　　（2）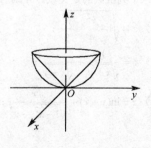

（3） （4）

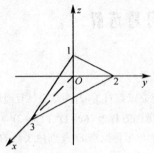

6. 判定下列平面点集中哪些是开集、闭集、开区域、闭区域、有界集、无界集、有界闭区域？并分别指出它们的边界.

（1） $\{(x,y)|x\neq 0, y\neq 0\}$;

（2） $\{(x,y)|1< x^2+y^2 \leqslant 4\}$;

（3） $\{(x,y)|y>x^2\}$;

（4） $\{(x,y)|x^2+(y-1)^2 \geqslant 1\} \cap \{(x,y)|x^2+(y-2)^2 \leqslant 4\}$;

（5） $\{(x,y)|x^2+y^2 \leqslant 3\}$.

解

（1）开集，无界集，边界：$\{(x,y)|x=0,\ 或\ y=0\}$;

（2）既非开集又非闭集，有界集，边界：$\{(x,y)|x^2+y^2=1, 或\ x^2+y^2=4\}$;

（3）开集，开区域，无界集，边界：$\{(x,y)|y=x^2\}$;

（4）闭集，有界集，有界闭区域，边界：$\{(x,y)|x^2+(y-1)^2=1, 或\ x^2+(y-2)^2=4\}$;

（5）闭集，有界闭区域，边界：$\{(x,y)|x^2+y^2=3\}$.

习题 8.2

1. 求下列函数的定义域，并画出定义域示意图：

（1） $z=\sqrt{1-\dfrac{x^2}{4}-\dfrac{y^2}{9}}$;

（2） $z=\sqrt{x-\sqrt{y}}$;

（3） $z=\dfrac{1}{\sqrt{x+y}}+\dfrac{1}{\sqrt{x-y}}$;

（4） $z=\ln(x-y)+\ln x$;

（5） $z=\ln(y-x)+\dfrac{\sqrt{x}}{\sqrt{1-x^2-y^2}}$;

（6） $u=\arccos\dfrac{z}{\sqrt{x^2+y^2}}$.

解

（1） $\left\{(x,y)\,\middle|\,\dfrac{x^2}{4}+\dfrac{y^2}{9}\leqslant 1\right\}$;

（2）$\left\{(x,y)\big|x\geq 0,y\geq 0,x^2\geq y\right\}$;

（3）$\left\{(x,y)\big|x+y>0,x-y>0\right\}$;

（4）$\left\{(x,y)\big|x>0,x>y\right\}$;

（5）$\left\{(x,y)\big|y-x>0,x\geq 0,x^2+y^2<1\right\}$;

（6）$\left\{(x,y)\big|x^2+y^2-z^2\geq 0,x^2+y^2\neq 0\right\}$.

2．求下列函数在指定点的函数值：

（1）$f(x,y)=xy+\dfrac{x}{y}$ ，求 $f\left(\dfrac{1}{2},3\right)$ ，$f(1,-1)$ ；

（2）$f(x+y,x-y)=x^2+y^2-xy$ ，求 $f(x,y)$.

解

（1）$f\left(\dfrac{1}{2},3\right)=\dfrac{5}{3}$ ，$f(1,-1)=-2$ ；

（2）$f(x,y)=\dfrac{1}{4}(3x^2+y^2)$.

3．求下列函数的极限：

（1）$\lim\limits_{\substack{x\to 0\\y\to 0}}\dfrac{2-\sqrt{xy+4}}{xy}$ ；

（2）$\lim\limits_{\substack{x\to 0\\y\to 1}}\dfrac{1-xy}{x^2+y^2}$ ；

（3）$\lim\limits_{\substack{x\to 2\\y\to 0}}\dfrac{\sin(xy)}{y}$ ；

（4）$\lim\limits_{\substack{x\to 0\\y\to 0}}\dfrac{1-\cos\left(x^2+y^2\right)}{\left(x^2+y^2\right)^2 e^{x^2y^2}}$.

解

（1）$\lim\limits_{\substack{x\to 0\\y\to 0}}\dfrac{2-\sqrt{xy+4}}{xy}=\lim\limits_{xy\to 0}\dfrac{2-\sqrt{xy+4}}{xy}=\lim\limits_{xy=0}\dfrac{-\dfrac{1}{2}(xy+4)^{-\frac{1}{2}}}{1}=-\dfrac{1}{4}$ ；

（2）$\lim\limits_{\substack{x\to 0\\y\to 1}}\dfrac{1-xy}{x^2+y^2}=1$ ；

（3）$\lim\limits_{\substack{x\to 2\\y\to 0}}\dfrac{\sin(xy)}{y}=\lim\limits_{\substack{x\to 2\\y\to 0}}\dfrac{\sin(xy)}{xy}x=\lim\limits_{\substack{x\to 2\\y\to 0}}\dfrac{\sin(xy)}{xy}\lim\limits_{x\to 2}x=1\times 2=2$ ；

（4）$\lim\limits_{\substack{x\to 0\\y\to 0}}\dfrac{1-\cos\left(x^2+y^2\right)}{\left(x^2+y^2\right)^2 e^{x^2y^2}}=\lim\limits_{\substack{x\to 0\\y\to 0}}\dfrac{1-\cos\left(x^2+y^2\right)}{\left(x^2+y^2\right)^2}\times\lim\limits_{\substack{x\to 0\\y\to 0}}\dfrac{1}{e^{x^2y^2}}=\lim\limits_{\substack{x\to 0\\y\to 0}}\dfrac{\sin\left(x^2+y^2\right)}{2\left(x^2+y^2\right)}\times 1=\dfrac{1}{2}$.

习题 8.3

1．求下列函数的偏导数：

（1）$z=xy+\dfrac{x}{y}$ ；

（2）$z=e^{xy}$ ；

（3）$z = \sqrt{x}\sin\dfrac{y}{x}$; 　　　　　　（4）$z = \arctan\dfrac{y}{x}$;

（5）$z = x^3 y - y^3 x$; 　　　　　　　　（6）$u = x^{\frac{y}{z}}$.

解

（1）$\dfrac{\partial z}{\partial x} = y + \dfrac{1}{y}$, $\dfrac{\partial z}{\partial y} = x - \dfrac{x}{y^2}$; （2）$\dfrac{\partial z}{\partial x} = y\mathrm{e}^{xy}$, $\dfrac{\partial z}{\partial y} = x\mathrm{e}^{xy}$;

（3）$\dfrac{\partial z}{\partial x} = \dfrac{1}{2\sqrt{x}}\sin\dfrac{y}{x} - \dfrac{y}{x\sqrt{x}}\cos\dfrac{y}{x}$, $\dfrac{\partial z}{\partial y} = \dfrac{1}{\sqrt{x}}\cos\dfrac{x}{y}$;

（4）$\dfrac{\partial z}{\partial x} = \dfrac{-y}{x^2 + y^2}$, $\dfrac{\partial z}{\partial y} = \dfrac{x}{x^2 + y^2}$; （5）$\dfrac{\partial z}{\partial x} = 3x^2 y - y^3$, $\dfrac{\partial z}{\partial y} = x^3 - 3y^2 x$;

（6）$\dfrac{\partial u}{\partial x} = \dfrac{y}{z}x^{\frac{y}{z}-1}$, $\dfrac{\partial u}{\partial y} = \dfrac{1}{z}x^{\frac{y}{z}}\ln x$, $\dfrac{\partial u}{\partial z} = -\dfrac{y}{z^2}x^{\frac{y}{z}}\ln x$.

2. 设 $z = \ln\left(x^2 + y^2\right)$ ，求在点 $(1,1)$ 处的偏导数.

解 $\left.\dfrac{\partial z}{\partial x}\right|_{(1,1)} = \left.\dfrac{2x}{x^2 + y^2}\right|_{(1,1)} = 1$, $\left.\dfrac{\partial z}{\partial y}\right|_{(1,1)} = \left.\dfrac{2y}{x^2 + y^2}\right|_{(1,1)} = 1$.

3. 设 $z = xy^2 + 3xy - 2x - y$ ，求 $\left.\dfrac{\partial z}{\partial x}\right|_{(1,0)}$, $\left.\dfrac{\partial z}{\partial y}\right|_{(1,0)}$.

解 $\left.\dfrac{\partial z}{\partial x}\right|_{(1,0)} = \left.(y^2 + 3y - 2)\right|_{(1,0)} = -2$, $\left.\dfrac{\partial z}{\partial y}\right|_{(1,0)} = \left.(2xy + 3x - 1)\right|_{(1,0)} = 2$.

4. 设 $z = \mathrm{e}^{-\left(\frac{1}{x} + \frac{1}{y}\right)}$ ，求证 $x^2\dfrac{\partial z}{\partial x} + y^2\dfrac{\partial z}{\partial y} = 2z$.

证明：由 $z = \mathrm{e}^{-\left(\frac{1}{x} + \frac{1}{y}\right)}$ 可得，$\dfrac{\partial z}{\partial x} = \dfrac{1}{x^2}\mathrm{e}^{-\left(\frac{1}{x} + \frac{1}{y}\right)}$, $\dfrac{\partial z}{\partial y} = \dfrac{1}{y^2}\mathrm{e}^{-\left(\frac{1}{x} + \frac{1}{y}\right)}$, 则

$x^2\dfrac{\partial z}{\partial x} + y^2\dfrac{\partial z}{\partial y} = x^2\dfrac{1}{x^2}\mathrm{e}^{-\left(\frac{1}{x} + \frac{1}{y}\right)} + y^2\dfrac{1}{y^2}\mathrm{e}^{-\left(\frac{1}{x} + \frac{1}{y}\right)} = 2z$, 证毕.

5. 求下列函数的高阶偏导数：

（1）$z = x^4 + y^4 - 4x^2 y^2$ ，求 $\dfrac{\partial^2 z}{\partial x^2}$, $\dfrac{\partial^2 z}{\partial y^2}$, $\dfrac{\partial^2 z}{\partial x \partial y}$;

（2）$z = \arctan\dfrac{y}{x}$ ，求 $\dfrac{\partial^2 z}{\partial x^2}$, $\dfrac{\partial^2 z}{\partial y^2}$, $\dfrac{\partial^2 z}{\partial x \partial y}$;

（3）$z = y^x$ ，求 $\dfrac{\partial^2 z}{\partial x^2}$, $\dfrac{\partial^2 z}{\partial y^2}$, $\dfrac{\partial^2 z}{\partial x \partial y}$;

（4）$z = x\ln(xy)$ ，求 $\dfrac{\partial^3 z}{\partial x^2 \partial y}$, $\dfrac{\partial^3 z}{\partial x \partial y^2}$.

解 （1）$\dfrac{\partial^2 z}{\partial x^2} = 12x^2 - 8y^2$, $\dfrac{\partial^2 z}{\partial y^2} = 12y^2 - 8x^2$, $\dfrac{\partial^2 z}{\partial x \partial y} = -16xy$;

（2）$\dfrac{\partial^2 z}{\partial x^2} = \dfrac{2xy}{(x^2+y^2)^2}$，$\dfrac{\partial^2 z}{\partial y^2} = -\dfrac{2xy}{(x^2+y^2)^2}$，$\dfrac{\partial^2 z}{\partial xy} = \dfrac{y^2-x^2}{(x^2+y^2)^2}$；

（3）$\dfrac{\partial^2 z}{\partial x^2} = y^x(\ln y)^2$，$\dfrac{\partial^2 z}{\partial y^2} = x(x-1)y^{x-2}$，$\dfrac{\partial^2 z}{\partial xy} = y^{x-1}(1+x\ln y)$；

（4）$\dfrac{\partial^3 z}{\partial x^2 \partial y} = 0$，$\dfrac{\partial^3 z}{\partial x \partial y^2} = -\dfrac{1}{y^2}$.

习题 8.4

1．求下列函数的全微分：

（1）$z = x^2 y^3$；

（2）$z = \sqrt{\dfrac{x}{y}}$；

（3）$z = e^{x-2y}$；

（4）$z = \ln\left(2x^2+3y^2\right)$；

（5）$z = \dfrac{y}{\sqrt{x^2+y^2}}$；

（6）$u = x^{yz}$.

解

（1）$dz = 2xy^3 dx + 3x^2 y^2 dy$；

（2）$dz = \dfrac{1}{2y}\sqrt{\dfrac{y}{x}}dx - \dfrac{x}{2y^2}\sqrt{\dfrac{y}{x}}dy$；

（3）$dz = e^{x-2y}dx - 2e^{x-2y}dy$；

（4）$dz = \dfrac{4x}{2x^2+3y^2}dx + \dfrac{6y}{2x^2+3y^2}dy$；

（5）$dz = -\dfrac{x}{\left(x^2+y^2\right)^{3/2}}(ydx - xdy)$；

（6）$du = yzx^{yz-1}dx + zx^{yz}\ln xdy + yx^{yz}\ln xdz$.

2．求下列函数在给定条件下的全微分值：

（1）函数 $z = 2x^2+3y^2$，当 $x = 10$，$y = 8$，$\Delta x = 0.2$，$\Delta y = 0.3$；

（2）函数 $z = e^{xy}$，当 $x = 1$，$y = 1$，$\Delta x = 0.15$，$\Delta y = 0.1$.

解

（1）$dz = 4xdx + 6ydy$，$dz\big|_{(10,8)} = 22.4$；

（2）$dz = ye^{xy}dx + xe^{xy}dy$，$dz\big|_{(1,1)} = 0.25e$.

*3．计算下列各式的近似值：

（1）$\sqrt{(1.02)^3 + (1.97)^3}$；

（2）$(10.1)^{2.03}$.

解

（1）计算 $\sqrt{(1.02)^3 + (1.97)^3}$ 可以看作 $f(x,y) = \sqrt{x^3+y^3}$ 当 $x+\Delta x = 1.02$，$y+\Delta y = 1.97$ 时 $f(x+\Delta x, y+\Delta y)$ 的值．取 $x = 1$，$\Delta x = 0.02$，$y = 2$，$\Delta y = -0.03$，

$$f_x'(1,2) = \dfrac{3}{2}x^2\left(x^3+y^3\right)^{-\frac{1}{2}}\bigg|_{\substack{x=1\\y=2}} = \dfrac{1}{2}，\quad f_y'(1,2) = \dfrac{3}{2}y^2\left(x^3+y^3\right)^{-\frac{1}{2}}\bigg|_{\substack{x=1\\y=2}} = 2，$$

$$\sqrt{(1.02)^3 + (1.97)^3} \approx f_y'(1,2)\Delta x + f_y'(1,2)\Delta y + f(1,2) = 0.5 \times 0.03 - 2 \times 0.03 + 3 = 2.95.$$

（2）计算 $(10.1)^{2.03}$ 可以看作 $f(x,y)=x^y$ 当 $x+\Delta x=10.1$，$y+\Delta y=2.03$ 时 $f(x+\Delta x,y+\Delta y)$ 的值，取 $x=10$，$\Delta x=0.1$，$y=2$，$\Delta y=0.03$，$f_x'(10,2)=yx^{y-1}\big|_{\substack{x=10\\y=2}}=20$，

$f_y'(10,2)=x^y\ln x\big|_{\substack{x=10\\y=2}}=100$，$(10.1)^{2.03}\approx f_x'(10,2)\Delta x+f_y'(10,2)\Delta y+f(10,2)=108.9078$．

习题 8.5

1．求下列函数的导数：

（1）设 $z=u^2\ln v$，而 $u=\dfrac{x}{y}$，$v=3x-2y$，求 $\dfrac{\partial z}{\partial x}$，$\dfrac{\partial z}{\partial y}$；

（2）设 $z=u^2+v^2+uv$，而 $u=\sin t$，$v=t^2$，求 $\dfrac{\mathrm{d}z}{\mathrm{d}t}$；

（3）设 $z=x\sin u+2x^2+e^u$，而 $u=x^2+y^2$，求 $\dfrac{\partial z}{\partial x}$，$\dfrac{\partial z}{\partial y}$．

解

（1）$\dfrac{\partial z}{\partial x}=\dfrac{\partial z}{\partial u}\dfrac{\partial u}{\partial x}+\dfrac{\partial z}{\partial v}\dfrac{\partial v}{\partial x}=\dfrac{2x}{y^2}\ln(3x-2y)$，

$\dfrac{\partial z}{\partial y}=\dfrac{\partial z}{\partial u}\dfrac{\partial u}{\partial y}+\dfrac{\partial z}{\partial v}\dfrac{\partial v}{\partial y}=\dfrac{-2x^2}{y^3}\ln(3x-2y)-\dfrac{2x^2}{y^2(3x-2y)}$；

（2）$\dfrac{\mathrm{d}z}{\mathrm{d}t}=\dfrac{\partial z}{\partial u}\dfrac{\mathrm{d}u}{\mathrm{d}t}+\dfrac{\partial z}{\partial v}\dfrac{\mathrm{d}v}{\mathrm{d}t}=(2\sin t+t^2)\cos t+(2t^2+\sin t)2t$；

（3）$\dfrac{\partial z}{\partial x}=\dfrac{\partial z}{\partial u}\dfrac{\partial u}{\partial x}+\dfrac{\partial f}{\partial x}=\sin(x^2+y^2)+4x+2x^2\cos(x^2+y^2)+2xe^{x^2+y^2}$，

$\dfrac{\partial z}{\partial y}=\dfrac{\partial z}{\partial u}\dfrac{\partial u}{\partial y}+\dfrac{\partial f}{\partial y}=2xy\cos(x^2+y^2)+2ye^{x^2+y^2}$．

2．求下列函数的一阶偏导数（其中 f 具有一阶连续偏导数）：

（1）$z=f(x^2-y^2,e^{xy})$；

（2）$u=f\left(\dfrac{x}{y},\dfrac{y}{z}\right)$；

（3）$u=f(x,xy,xyz)$．

解

（1）设 $u=x^2-y^2$，$v=e^{xy}$，则 $\dfrac{\partial z}{\partial x}=\dfrac{\partial z}{\partial u}\dfrac{\partial u}{\partial x}+\dfrac{\partial z}{\partial v}\dfrac{\partial v}{\partial x}=2xf_1'+ye^{xy}f_2'$，

$\dfrac{\partial z}{\partial y}=\dfrac{\partial z}{\partial u}\dfrac{\partial u}{\partial y}+\dfrac{\partial z}{\partial v}\dfrac{\partial v}{\partial y}=-2yf_1'+xe^{xy}f_2'$，其中 $f_1'=\dfrac{\partial f(u,v)}{\partial u}$，$f_2'=\dfrac{\partial f(u,v)}{\partial v}$；

（2）设 $s=\dfrac{x}{y}$，$v=\dfrac{y}{z}$，则 $\dfrac{\partial u}{\partial x}=\dfrac{1}{y}f_1'$，$\dfrac{\partial u}{\partial y}=-\dfrac{x}{y^2}f_1'+\dfrac{1}{z}f_2'$，$\dfrac{\partial u}{\partial z}=-\dfrac{y}{z^2}f_2'$，其中 $f_1'=\dfrac{\partial f(s,v)}{\partial s}$，$f_2'=\dfrac{\partial f(s,v)}{\partial v}$；

（3）设 $s=x$，$v=xy$，$u=xyz$，则 $\dfrac{\partial u}{\partial x}=f_1'+yf_2'+yzf_3'$，$\dfrac{\partial u}{\partial y}=xf_2'+xzf_3'$，$\dfrac{\partial u}{\partial z}=xyf_3'$，

其中 $f_1' = \dfrac{\partial f(s, v, w)}{\partial s}$, $f_2' = \dfrac{\partial f(s, v, w)}{\partial v}$, $f_3' = \dfrac{\partial f(s, v, w)}{\partial w}$.

3. 设 $z = f(x^2 + y^2)$，其中 f 具有二阶连续偏导数，求 $\dfrac{\partial^2 z}{\partial x^2}$, $\dfrac{\partial^2 z}{\partial y^2}$, $\dfrac{\partial^2 z}{\partial x \partial y}$.

解 $\dfrac{\partial z}{\partial x} = 2xf'$, $\dfrac{\partial z}{\partial y} = 2yf'$，则 $\dfrac{\partial^2 z}{\partial x^2} = 2f' + 2x^2 f''$, $\dfrac{\partial^2 z}{\partial y^2} = 2f' + 4y^2 f''$, $\dfrac{\partial^2 z}{\partial x \partial y} = 4xyf''$.

4. 计算下列方程所确定的函数的导数或偏导数：

（1）$x + y - xe^y = 0$，求 $\dfrac{dy}{dx}$；

（2）$x^3 + y^3 + z^3 - 3xyz - 4 = 0$，求 $\dfrac{\partial z}{\partial x}$, $\dfrac{\partial z}{\partial y}$；

（3）$x + y - z - \cos(xyz) = 0$，求 $\dfrac{\partial z}{\partial x}$, $\dfrac{\partial z}{\partial y}$；

（4）$e^z = xyz$，求 $\dfrac{\partial^2 z}{\partial x^2}$.

解

（1）$\dfrac{dy}{dx} = -\dfrac{F_x'}{F_y'} = \dfrac{e^y - 1}{1 - xe^y}$；

（2）$\dfrac{\partial z}{\partial x} = -\dfrac{F_x'}{F_z'} = \dfrac{yz - x^2}{z^2 - xy}$, $\dfrac{\partial z}{\partial y} = -\dfrac{F_y'}{F_z'} = \dfrac{xz - y^2}{z^2 - xy}$；

（3）$\dfrac{\partial z}{\partial x} = -\dfrac{F_x'}{F_z'} = \dfrac{1 + yz\sin(xyz)}{1 - xy\sin(xyz)}$, $\dfrac{\partial z}{\partial y} = -\dfrac{F_y'}{F_z'} = \dfrac{1 + xz\sin(xyz)}{1 - xy\sin(xyz)}$；

（4）令 $F(x, y, z) = e^z - xyz$，则 $F_x' = -yz$, $F_y' = -xz$, $F_z' = e^z - xy$，当 $F_z' \neq 0$ 时，

$\dfrac{\partial z}{\partial x} = -\dfrac{F_x'}{F_z'} = \dfrac{yz}{e^z - xy}$，对 $\dfrac{\partial z}{\partial x}$ 再对 x 求偏导数，得

$$\dfrac{\partial^2 z}{\partial x^2} = \dfrac{y(e^z - xy)\dfrac{\partial z}{\partial x} - yz(e^z \dfrac{\partial z}{\partial x} - y)}{(e^z - xy)^2} = \dfrac{2y^2 z(e^z - xy) - y^2 z^2 e^z}{(e^z - xy)^3}.$$

5. 设 $2\sin(x + 2y - 3z) = x + 2y - 3z$，证明 $\dfrac{\partial z}{\partial x} + \dfrac{\partial z}{\partial y} = 1$.

证 令 $F(x, y, z) = 2\sin(x + 2y - 3z) - x - 2y + 3z$，则

$$F_x' = 2\cos(x + 2y - 3z) - 1, F_y' = 4\cos(x + 2y - 3z) - 2, F_z' = -6\cos(x + 2y - 3z) + 3,$$

$\dfrac{\partial z}{\partial x} = -\dfrac{F_x'}{F_z'} = \dfrac{2\cos(x + 2y - 3z) - 1}{6\cos(x + 2y - 3z) - 3}$, $\dfrac{\partial z}{\partial y} = -\dfrac{F_y'}{F_z'} = \dfrac{4\cos(x + 2y - 3z) - 2}{6\cos(x + 2y - 3z) - 3}$，则 $\dfrac{\partial z}{\partial x} + \dfrac{\partial z}{\partial y} = 1$，

证毕.

习题 8.6

1. 计算下列函数的极值：

(1) $z = x^2 - xy + y^2 - 2x + y$ ；　　　　　(2) $z = y^3 - x^2 + 6x - 12y + 25$ ；

(3) $z = x^3 + 4x^2 + 2xy - y^2$ ；　　　　　(4) $z = 4(x-y) - x^2 - y^2$ ；

(5) $z = e^{2x}(x + y^2 + 2y)$.

解

(1) 极小值 $z(1,0) = -1$ ；　　　　　(2) 极大值 $z(3,-2) = 50$ ；

(3) 极大值 $z\left(-\dfrac{10}{3}, -\dfrac{10}{3}\right) = \dfrac{500}{27}$ ；　　　　　(4) 极大值 $z(2,-2) = 8$ ；

(5) 极小值 $z\left(\dfrac{1}{2}, -1\right) = -\dfrac{e}{2}$.

2. 求表面积为 $2a$ 而体积最大的长方体体积.

解　设长方体的长宽高分别为 x, y, z ，由 $2(xy + xz + yz) = 2a$ 得，$z = \dfrac{a - xy}{x + y}$ ，令

$V = f(x,y) = \dfrac{xy(a - xy)}{x + y}$ ，则 $f_x' = \dfrac{ay^2 - 2xy^3 - x^2 y^2}{(x+y)^2}$, $f_y' = \dfrac{ax^2 - 2x^3 y - x^2 y^2}{(x+y)^2}$ ，解方程组

$\begin{cases} f_x' = 0, \\ f_y' = 0, \end{cases}$ 得驻点 $\left(\dfrac{\sqrt{3a}}{3}, \dfrac{\sqrt{3a}}{3}\right)$ ，因驻点唯一，又最大值存在，驻点 $\left(\dfrac{\sqrt{3a}}{3}, \dfrac{\sqrt{3a}}{3}\right)$ 的函数值

$\dfrac{a\sqrt{3a}}{9}$ 即为长方体体积的最大值.

3. 在半径为 a 的球内，求体积最大的内接长方体.

解　设长方体的长宽高分别为 x, y, z ，则 $x^2 + y^2 + z^2 = 4a^2$ ，得 $z^2 = 4a^2 - x^2 - y^2$ ，设

$V = xyz$ ，则 $V^2 = x^2 y^2 z^2 = f(x,y) = x^2 y^2 (4a^2 - x^2 - y^2)$ ，求 V 的最大值即求 V^2 的最大

值. $f_x' = 8a^2 xy^2 - 4x^3 y^2 - 2xy^4$ ，$f_y' = 8a^2 x^2 y - 2x^4 y - 4x^2 y^3$ ，解方程组 $\begin{cases} f_x' = 0, \\ f_y' = 0, \end{cases}$ 得驻点

$\left(\dfrac{2a}{\sqrt{3}}, \dfrac{2a}{\sqrt{3}}\right)$ ，即长宽高都为 $\dfrac{2a}{\sqrt{3}}$ 时体积最大，最大体积为 $\dfrac{8a^3}{3\sqrt{3}}$.

4. 求对角线长为 d 的最大长方体体积.

解　长宽高都为 $\dfrac{d}{\sqrt{3}}$ 时体积最大，最大体积为 $\dfrac{d^3}{3\sqrt{3}}$.

5. 将周长为 $2P$ 的矩形绕它的一边旋转而构成一个圆柱体，问矩形边长各为多少时可使圆柱体体积最大？

解　设矩形的边长分别为 x, y ，有 $2(x + y) = 2p$ ，$y = p - x$ ，圆柱体体积

$V = \pi x^2 y = \pi x^2 (p - x)$ ，即 $f(x) = \pi p x^2 - \pi x^3$ ，$f'(x) = 2\pi p x - 3\pi x^2$ ，$f'(x) = 0$ ，$x = \dfrac{2}{3}p$ ，则

$y = \dfrac{1}{3}p$，又 $f''\left(\dfrac{2}{3}p\right) = 2\pi p - 6\pi \times \dfrac{2}{3}p < 0$，则 $x = \dfrac{2}{3}p$ 为极大值点，所以边长为 $\dfrac{2}{3}p, \dfrac{1}{3}p$，且绕短边旋转时，可使圆柱体体积最大.

6. 某厂生产的一种产品同时在两个市场销售，售价分别为 p_1, p_2，销售量分别是 q_1, q_2；需求函数分别为

$$q_1 = 24 - 0.2p_1, \quad q_2 = 10 - 0.05p_2,$$

总成本函数为

$$C = 35 + 40(q_1 + q_2).$$

试问：厂家如何确定两个市场的售价，才能使其获得的总利润最大？最大总利润为多少？

解 令 $P = p_1 q_1 + p_2 q_2 - 40(q_1 + q_2) - 35 = 32p_1 + 12p_2 - 0.2p_1{}^2 - 0.05p_2{}^2 - 1395$，即

$$f(p_1, p_2) = 32p_1 + 12p_2 - 0.2p_1{}^2 - 0.05p_2{}^2 - 1395, \quad f'_{p_1} = 32 - 0.4p_1, f'_{p_2} = 12 - 0.1p_2,$$

解方程组 $\begin{cases} f_{p_1}' = 0, \\ f_{p_2}' = 0, \end{cases}$ 得驻点 $(80, 120)$，则两个市场售价为 $p_1 = 80, p_2 = 120$ 时，获得的总利润最大，为 605.

复习题 8

1. 设 $f_1(x, y) = \ln(xy)$，$f_2(x, y) = \ln x + \ln y$，问 $f_1(x, y)$ 和 $f_2(x, y)$ 是否是同一函数？

解 否，定义域不同.

2. 求下列函数的定义域：

（1）$z = \sqrt{\dfrac{1 - y^2}{1 - x^2}}$；

（2）$z = \dfrac{\sqrt{4x - y^2}}{\ln(1 - x^2 - y^2)}$.

解 （1）$\left\{ (x, y) \left| \dfrac{1 - y^2}{1 - x^2} \geq 0, 1 - x^2 \neq 0 \right. \right\}$；

（2）$\left\{ (x, y) \mid 4x - y^2 \geq 0, 1 - x^2 - y^2 \geq 0, x^2 + y^2 \neq 0 \right\}$.

3. 求下列函数的极限：

（1）$\lim\limits_{\substack{x \to 0 \\ y \to 1}} (1 + xy)^{\frac{1}{x}}$；

（2）$\lim\limits_{\substack{x \to 0 \\ y \to 0}} \dfrac{xy}{2 - \sqrt{xy + 4}}$.

解 （1）e；（2）-4.

4. 设 $f(x, y) = \sqrt{x^2 + y^4}$，讨论在点 $(0, 0)$ 处的可导性.

解 $f(x, y) = \sqrt{x^2 + y^4}$ 在点 $(0, 0)$ 处关于 x 不可导，$f'_y(0, 0) = 0$.

5. 求下列函数的偏导数、导数或全微分.

（1）$z = \arctan(xy)$，求 $\dfrac{\partial z}{\partial x}$，$\dfrac{\partial z}{\partial y}$；

（2）$z = \ln \sqrt{x^2 + y^2}$，求 $\mathrm{d}z$；

（3）$z = \arcsin(x - y)$，求 $\mathrm{d}z$；

（4）$u = \dfrac{\mathrm{e}^{ax}(y - z)}{a^2 + 1}$，而 $y = a\sin x$，$z = \cos x$，求 $\dfrac{\mathrm{d}u}{\mathrm{d}x}$；

（5）$z = \mathrm{e}^u \sin v$，而 $u = x + y$，$v = \dfrac{x}{y}$，求 $\dfrac{\partial z}{\partial x}$，$\dfrac{\partial z}{\partial y}$；

（6）设 $\mathrm{e}^z + x^2 y + z = 5$，求 $\dfrac{\partial z}{\partial x}$，$\dfrac{\partial z}{\partial y}$；

（7）$x + 2y + 2z - 2\sqrt{xyz} = 0$，求 $\dfrac{\partial z}{\partial x}$，$\dfrac{\partial z}{\partial y}$；

（8）设 $z = \mathrm{e}^{x+y}$，而 $x = \tan t$，$y = \cot t$，求 $\dfrac{\mathrm{d}z}{\mathrm{d}t}$．

解

（1）$\dfrac{\partial z}{\partial x} = \dfrac{y}{1 + (xy)^2}$，$\dfrac{\partial z}{\partial y} = \dfrac{x}{1 + (xy)^2}$；

（2）$\mathrm{d}z = \dfrac{1}{x^2 + y^2}(x\mathrm{d}x + y\mathrm{d}y)$；

（3）$\mathrm{d}z = \dfrac{1}{\sqrt{1 - (x - y)^2}}(\mathrm{d}x - \mathrm{d}y)$；

（4）$\dfrac{\mathrm{d}u}{\mathrm{d}x} = \mathrm{e}^{ax} \sin x$；

（5）$\dfrac{\partial z}{\partial x} = \mathrm{e}^{x+y} \sin \dfrac{x}{y} + \mathrm{e}^{x+y} \dfrac{1}{y} \cos \dfrac{x}{y}$，$\dfrac{\partial z}{\partial y} = \mathrm{e}^{x+y} \sin \dfrac{x}{y} - \mathrm{e}^{x+y} \dfrac{x}{y^2} \cos \dfrac{x}{y}$；

（6）$\dfrac{\partial z}{\partial x} = -\dfrac{2xy}{\mathrm{e}^z + 1}$，$\dfrac{\partial z}{\partial y} = -\dfrac{x^2}{\mathrm{e}^z + 1}$；

（7）$\dfrac{\partial z}{\partial x} = \dfrac{yz - \sqrt{xyz}}{2\sqrt{xyz} - xy}$，$\dfrac{\partial z}{\partial y} = \dfrac{xz - 2\sqrt{xyz}}{2\sqrt{xyz} - xy}$；

（8）$\dfrac{\mathrm{d}z}{\mathrm{d}t} = \mathrm{e}^{\tan t + \cot t}(\sec^2 t - \csc^2 t)$．

6. 设 $u = f(x^2 + y^2 + z^2)$，求 $\dfrac{\partial u}{\partial x}$，$\dfrac{\partial u}{\partial y}$，$\dfrac{\partial^2 u}{\partial x^2}$，$\dfrac{\partial^2 u}{\partial x \partial y}$，$\dfrac{\partial^3 u}{\partial x \partial y \partial z}$．

解 $\dfrac{\partial u}{\partial x} = 2xf'$，$\dfrac{\partial u}{\partial y} = 2yf'$，$\dfrac{\partial^2 u}{\partial x^2} = 2f' + 4x^2 f''$，$\dfrac{\partial^2 u}{\partial x \partial y} = 4xyf''$，$\dfrac{\partial^3 u}{\partial x \partial y \partial z} = 8xyzf'''$．

7. 求下列函数的极值：

（1）$z = x^3 + y^3 - 3xy + 6$；

（2）$z = x^2 + xy + y^2 - 3x - 6y$；

（3）$z = \mathrm{e}^{x-y}(x^2 - 2y^2)$．

解

（1）极小值 $z(1,1) = 5$；（2）极小值 $z(0,3) = -9$；（3）极大值 $z(-4,-2) = 8\mathrm{e}^{-2}$．

8. 窗子的上半部是半圆，下部是矩形，如果窗子的周长为 L 固定，试求何时窗子的面积最大.

解 窗子的宽为 $\dfrac{2L}{\pi+4}$，矩形的高为 $\dfrac{L}{\pi+4}$ 时，窗子的面积最大.

9. 某养殖场饲养两种鱼，若甲种鱼放养 x（万尾）、乙种鱼放养 y（万尾），收获时两种鱼的收获量分别为

$$(3-ax-by)x,\ (4-bx-2ay)x\ (a>b>0),$$

求使产鱼总量最大的放养数.

解 甲种鱼放养 $x_0=\dfrac{3\alpha-2\beta}{2\alpha^2-\beta^2}$（万尾），乙种鱼放养 $y_0=\dfrac{4\alpha-3\beta}{2(2\alpha^2-\beta^2)}$（万尾）时，产鱼总量最大且产鱼总量为 $z(x_0,y_0)=\dfrac{3}{2}x_0+2y_0$（万尾）.

10. 某地区生产出口服装和家用电器，由以往的经验得知，欲使这两类产品的产量分别增加 x 单位和 y 单位，需分别增加 $\sqrt{x}$ 和 $\sqrt{y}$ 单位的投资，这时出口的销售总收入将增加 $R=3x+4y$ 单位. 现该地区用 K 单位的资金投给服装工业和家用电器，问如何分配这 K 单位资金，才能使出口总收入最大？最大增量为多少？

解 服装业投资 $\dfrac{4}{7}K$，家电业投资 $\dfrac{3}{7}K$，出口总收入增量最大值为 $\dfrac{12}{7}K^2$.

自测题 8

1. 单选题.

（1）函数 $z=x^y+y^x$，则 $\dfrac{\partial z}{\partial x}=$（ ）；

    A. $yx^{y-1}+y^x\ln y$；   B. $x^y\ln x+y^x\ln y$；

    C. x^y+y^x；   D. $yx^{y-1}+y^{x-1}$.

（2）$u=\ln(1+x+y^2+z^3)$，则 $x=y=z=1$ 时，$u'_x+u'_y+u'_z=$（ ）；

    A. $\dfrac{3}{2}$；   B. $\dfrac{3}{4}$；

    C. 3；   D. 1.

（3）函数 $z=x^3+\dfrac{x}{y}-y^2$ 在 $(1,2)$ 处对 y 的偏导数为（ ）；

    A. $\dfrac{7}{2}$；   B. $-\dfrac{17}{4}$；

    C. 1；   D. -2.

（4）设 $z=\ln(x+y)$，则 $x\dfrac{\partial z}{\partial x}+y\dfrac{\partial z}{\partial y}=$（ ）；

    A. 1；   B. 2；

    C. 3；   D. 4.

（5）设 $z=\mathrm{e}^u\sin v$，而 $u=xy$，$v=x+y$，则 $\dfrac{\partial z}{\partial x}=$（ ）；

A. $e^{xy}[x\sin(x+y)+\cos(x+y)]$；   B. $e^{xy}[\sin(x+y)+x\cos(x+y)]$；

C. $e^{xy}[y\sin(x+y)+\cos(x+y)]$；   D. $e^{xy}[x\sin(x+y)+y\cos(x+y)]$.

（6）设 $u=\left(\dfrac{x^2}{y}\right)$，则 $\mathrm{d}u=$（   ）；

A. $2x\mathrm{d}x-2x^2\mathrm{d}y$；   B. $\dfrac{2xy\mathrm{d}x-2x^2\mathrm{d}y}{y^3}$；

C. $\dfrac{2x}{y^2}-\dfrac{2x^2}{y^3}$；   D. $\dfrac{2x\mathrm{d}x-2x^2\mathrm{d}y}{y^2}$.

（7）函数 $f(x,y)=x^2+y^2+xy$ 的极值点为（   ）；

A. $(0,0)$；   B. $(0,1)$；

C. 不取极值；   D. $(1,0)$.

（8）函数 $z=x^3+4x^2+2xy+y^2$ 的驻点为（   ）；

A. $(0,0)$，$(1,1)$；   B. $(0,0)$，$(2,-2)$；

C. $(1,1)$，$(2,2)$；   D. $(0,0)$，$(-2,2)$.

（9）$f'_x(x_0,y_0)=0$，$f'_y(x_0,y_0)=0$ 为函数 $f(x,y)$ 在点 (x_0,y_0) 有极值的（   ）；

A. 充要条件；   B. 必要条件；

C. 充分条件；   D. 无关条件.

（10）函数 $f(x,y)=(6x-x^2)(4y-y^2)$，在驻点 $(3,2)$ 处（   ）.

A. 取极大值 36；   B. 取极小值 36；

C. 不取极值；   D. 以上结果都不对.

解 （1）A；（2）A；（3）B；（4）A；（5）C；（6）B；（7）A；（8）D；（9）D；（10）A.

2. 填空题.

（1）函数 $u=z\sqrt{\dfrac{x}{y}}$ 在点 $(1,2,1)$ 处的全微分 $\mathrm{d}u=$_____；

（2）设 $z=e^{x-2y}$，而 $x=\cos t$，$y=t^3$，则全导数 $\dfrac{\mathrm{d}z}{\mathrm{d}t}=$_____；

（3）函数 $z=u^2\ln v$，而 $u=\dfrac{x}{y}$，$v=3x^2-2y^2$，则 $\dfrac{\partial z}{\partial x}=$_____，$\dfrac{\partial z}{\partial y}=$_____；

（4）设隐函数 $z=3xy-\sin z$，则 $\dfrac{\partial z}{\partial x}=$_____，$\dfrac{\partial z}{\partial y}=$_____；

（5）设隐函数 $2\sin(3x-2y+z)=3x-2y+z$，则 $\dfrac{\partial z}{\partial x}=$_____，$\dfrac{\partial z}{\partial y}=$_____；

（6）设 $\dfrac{z}{x}=\ln\dfrac{z}{y}$，则 $\dfrac{\partial z}{\partial x}=$_____，$\dfrac{\partial z}{\partial y}=$_____；

（7）函数 $f(x,y)=4(x-y)-x^2-y^2$ 的驻点为_____；

（8）设函数 $f(x,y)=x^3-3xy+y^3$，则该函数的极值点为_____；

（9）设函数 $f(x,y)=x^2+y^2-1$，则该函数在驻点 $(0,0)$ 处有极_____值.

解 （1）$\dfrac{z}{2y}\sqrt{\dfrac{y}{x}}\mathrm{d}x-\dfrac{x}{2y^2}\sqrt{\dfrac{y}{x}}\mathrm{d}x+\sqrt{\dfrac{x}{y}}\mathrm{d}z$；

（2）$\mathrm{e}^{\cos t-2t^3}(-\sin t-6t^2)$；

（3）$\dfrac{2x}{y^2}\ln(3x^2-2y^2)+\dfrac{6x^3}{y^2(3x^2-2y^2)}$，$\ -\dfrac{2x^2}{y^3}\ln(3x^2-2y^2)-\dfrac{4x^2y}{y^2(3x^2-2y^2)}$；

（4）$\dfrac{3y}{1+\cos z}$，$\dfrac{3x}{1+\cos z}$；

（5）$\dfrac{6\cos(3x-2y+z)-3}{1-2\cos(3x-2y+z)}$，$\dfrac{-4\cos(3x-2y+z)+2}{1-2\cos(3x-2y+z)}$；

（6）$\dfrac{z^2}{x(z-x)}$，$\dfrac{-xz}{y(z-x)}$；（7）$(2,-2)$；（8）$(1,1)$；（9）小.

3．计算题．

（1）$z=(x-y)^2$，其中 $x=3t$，$y=4t^3$，求全导数 $\dfrac{\mathrm{d}z}{\mathrm{d}t}$；

（2）$z=\sin\dfrac{u}{v}$，其中 $u=x+y$，$v=x^2y$，求 $\dfrac{\partial z}{\partial x}$，$\dfrac{\partial z}{\partial y}$；

（3）$x+y+z=xyz$，求 $\dfrac{\partial z}{\partial x}$，$\dfrac{\partial z}{\partial y}$，$\mathrm{d}z$；

（4）$z^3=xyz+x$，求 $\dfrac{\partial z}{\partial x}$，$\dfrac{\partial z}{\partial y}$；

（5）$z^3-3xyz=a^3$，求 $\dfrac{\partial z}{\partial x}$，$\dfrac{\partial z}{\partial y}$；

（6）$u=xy+yz+zx$，而 $x=\dfrac{1}{t}$，$y=\mathrm{e}^t$，$z=\mathrm{e}^{-t}$，求 $\dfrac{\mathrm{d}u}{\mathrm{d}t}$．

解

（1）$\dfrac{\mathrm{d}z}{\mathrm{d}t}=6(3t-4t^3)(1-4t^2)$；

（2）$\dfrac{\partial z}{\partial x}=\dfrac{-x-2y}{x^3y}\cos\dfrac{x+y}{x^2y}$，$\dfrac{\partial z}{\partial y}=\dfrac{-1}{xy^2}\cos\dfrac{x+y}{x^2y}$；

（3）$\dfrac{\partial z}{\partial x}=\dfrac{yz-1}{1-xy}$，$\dfrac{\partial z}{\partial y}=\dfrac{xz-1}{1-xy}$，$\mathrm{d}z=\dfrac{yz-1}{1-xy}\mathrm{d}x+\dfrac{xz-1}{1-xy}\mathrm{d}y$；

（4）$\dfrac{\partial z}{\partial x}=\dfrac{yz+1}{3z^2-xy}$，$\dfrac{\partial z}{\partial y}=\dfrac{xz}{3z^2-xy}$；

（5）$\dfrac{\partial z}{\partial x}=\dfrac{yz}{z^2-xy}$，$\dfrac{\partial z}{\partial y}=\dfrac{xz}{z^2-xy}$；

（6）$\dfrac{\mathrm{d}u}{\mathrm{d}t}=-t^2(\mathrm{e}^t+\mathrm{e}^{-t})+\dfrac{1}{t}(\mathrm{e}^t-\mathrm{e}^{-t})$．

4．设 $z=xy+xf(u)$，又 $u=\dfrac{y}{x}$，证明：$x\dfrac{\partial z}{\partial x}+y\dfrac{\partial z}{\partial y}=z+xy$．

证：$\dfrac{\partial z}{\partial x} = y + f(u) - \dfrac{y}{x} f'(u)$，$\dfrac{\partial z}{\partial y} = x + f'(u)$，

$x\dfrac{\partial z}{\partial x} + y\dfrac{\partial z}{\partial y} = xy + xf(u) - yf'(u) + xy + yf'(u) = z + xy$，证毕.

5．求下列函数的极值：

（1）$f(x,y) = x^2 + y^2 - 2\ln x - 2\ln y$（$x > 0$，$y > 0$）；

（2）$f(x,y) = 2xy - 3x^3 - 2y^2 + 1$；

（3）$f(x,y) = e^{\frac{x}{2}}(x + y^2)$.

解　（1）极小值 $f(1,1) = 2$；（2）$f\left(\dfrac{1}{9}, \dfrac{1}{18}\right) = \dfrac{487}{486}$；

（3）极小值 $f(-2,0) = -\dfrac{2}{e}$.

6．在曲线 $y = \ln x$ 上求一点，使其到直线 $x - y + 1 = 0$ 的距离最短，且求出最短距离 d．

解　曲线上的点到直线的距离，$d^2 = \dfrac{(x - y + 1)^2}{2}$，约束条件 $y = \ln x$，构造拉格朗日函数，$F(x,y,\lambda) = \dfrac{(x - y + 1)^2}{2} + \lambda(y - \ln x)$．曲线 $y = \ln x$ 上点 $(1,0)$ 到直线 $x - y + 1 = 0$ 的距离最短，且最短距离 $d = \sqrt{2}$．

7．某厂生产甲乙两种产品，出售单价分别为 10 元与 9 元，生产 x 单位的产品甲与生产 y 单位的产品乙所需总费用为

$$C(x,y) = 400 + 2x + 3y + 0.01(3x^2 + xy + 3y^2).$$

求两种产品的产量多大时，取得的利润最大？

解　利润的函数 $P = f(x,y) = 10x + 9y - C(x,y) = 8x + 6y - 0.01(3x^2 + xy + 3y^2) - 400$，得 $f(x,y)$ 的最大值点为 $(120,80)$，取得的利润最大.

8.4　同步练习及答案

同步练习

一、填空题.

（1）函数 $z = \arcsin x + \sqrt{xy}$ 的定义域为_____；

（2）函数 $f(x,y)$ 的一阶偏导数 $f_x'(x,y), f_y'(x,y)$ 在 (x_0, y_0) 点连续是 $f(x,y)$ 在 (x_0, y_0) 点可微的_____条件；

（3）设 $f(x,y) = \ln\left(x + \dfrac{y}{2x}\right)$，则 $f_y'(1,0) = $_____；

（4）当 $f(x,y)$ 满足条件_____时，$f_{xy}''(x,y) = f_{yx}''(x,y)$.

二、选择题.

（1）$\lim\limits_{\substack{x \to 0 \\ y \to 3}} \dfrac{e^{xy} - 1}{x} = $（　　）.

A．0；　　　　　　　　　　B．1；

C．2；　　　　　　　　　　D．3.

（2）使 $\dfrac{\partial^2 z}{\partial y \partial x} = 2x$ 成立的函数是（　　）.

A．$z = xy^2$；　　　　　　B．$z = x^2 + y^2$；

C．$z = x^2 y + e^x$；　　　　D．$z = x^2 y + xy^2$.

（3）若 $f(x,y)$ 的偏导数存在，则 $f'_x(x_0, y_0) = 0, f'_y(x_0, y_0) = 0$ 是 $f(x,y)$ 在 (x_0, y_0) 取得极值的（　　）.

A．充分条件；　　　　　　B．必要条件；

C．充要条件；　　　　　　D．无关条件.

（4）下列有关二元函数 $z = f(x,y)$ 的偏导数与全微分关系中正确的是（　　）.

A．全微分存在，则偏导数必连续；

B．全微分存在，而偏导数不一定连续；

C．偏导数不连续，则全微分必不存在；

D．偏导数连续，则全微分必存在.

（5）设 $z = f(u,v)$ 具有一阶连续偏导数，其中 $u = xy, v = x^2 + y^2$，则 $\dfrac{\partial z}{\partial x}$ 是（　　）.

A．$xf'_u + yf'_v$；　　　　　B．$xf'_u + 2yf'_v$；

C．$2xf'_u + 2yf'_v$；　　　　D．$yf'_u + 2xf'_v$.

三、计算题.

（1）已知 $z = x^y + 10^{xy}$，求 $\dfrac{\partial z}{\partial x}\Big|_{\substack{x=0 \\ y=1}}$；

（2）求函数 $z = x\sin(ax + by)$ 的所有二阶偏导数；

（3）设 $z = e^{x^2 + y^2}$，求 dz；

（4）设 $z = \dfrac{y}{x}$，$x = \ln t$，$y = \tan t$，求 $\dfrac{dz}{dt}$；

（5）已知 $x^2 + z^2 + xz - x^3 y = 2$，求 $\dfrac{\partial z}{\partial x}$，$\dfrac{\partial z}{\partial y}$；

（6）求二元函数 $f(x,y) = x^3 - y^3 + 3x^2 + 3y^2 - 9x$ 的极值.

参考答案

一、（1）$\{(x,y) \mid -1 \leqslant x \leqslant 1, xy \geqslant 0\}$．（2）充分；（3）$\dfrac{1}{2}$；（4）$f''_{xy}(x,y)$ 和 $f''_{yx}(x,y)$ 都连续.

二、（1）D；（2）C；（3）B；（4）D；（5）D.

三、

（1）$\ln 10$.

（2）$\dfrac{\partial^2 z}{\partial x^2} = 2a\cos(ax+by) - a^2 x \sin(ax+by)$，

$\dfrac{\partial^2 z}{\partial x \partial y} = b\cos(ax+by) - abx\sin(ax+by) = \dfrac{\partial^2 z}{\partial y \partial x}$，

$\dfrac{\partial^2 z}{\partial y^2} = -b^2 x \sin(ax+by)$.

（3）$2e^{x^2+y^2}(x\mathrm{d}x + y\mathrm{d}y)$.

（4）$\dfrac{t\sec^2 t \ln t - \tan t}{t(\ln t)^2}$.

（5）$\dfrac{\partial z}{\partial x} = \dfrac{3x^2 y - 2x - z}{2z + x}$，$\dfrac{\partial z}{\partial y} = \dfrac{x^3}{2z + x}$.

（6）极大值为 $f(-3,2) = 31$，极小值为 $f(1,0) = -5$.

第9章 多元函数积分学

9.1 内容提要

9.1.1 二重积分的概念与性质

1. 二重积分的概念

定义 9.1.1 设 $z = f(x, y)$ 是定义在有界闭区域 D 上的有界函数. 将区域 D 任意分割成 n 个小区域 $\Delta\sigma_1, \Delta\sigma_2, \cdots, \Delta\sigma_n$, 其中 $\Delta\sigma_i$ 表示第 i 个小区域($i = 1, 2, \cdots, n$), 也表示其面积. 如图 9.1, 在每个小区域 $\Delta\sigma_i$ 上任取一点 (ξ_i, η_i) 作和

$$S_n = \sum_{i=1}^{n} f(\xi_i, \eta_i)\Delta\sigma_i .$$

用 λ_i 表示区域 $\Delta\sigma_i$ 中任意两点间距离的最大值, 称为区域的直径, 设 $\lambda = \max_{1 \leqslant i \leqslant n}\{\lambda_i\}$. 当 $\lambda \to 0$ 时, 若上述和式的极限存在, 则称此极限值为函数 $f(x, y)$ 在闭区域 D 上的二重积分, 记作

$$\iint_D f(x, y)\, \mathrm{d}\sigma , \quad \text{即} \lim_{\lambda \to 0} \sum_{i=1}^{n} f(\xi_i, \eta_i)\Delta\sigma_i = \iint_D f(x, y)\, \mathrm{d}\sigma .$$

其中 $f(x, y)$ 称为被积函数, $f(x, y)\mathrm{d}\sigma$ 称为被积表达式, $\mathrm{d}\sigma$ 称为面积元素, x 和 y 称为积分变量, $S_n = \sum_{i=1}^{n} f(\xi_i, \eta_i)\Delta\sigma_i$ 称为积分和.

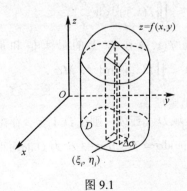

图 9.1

注意:

（1）$\lambda \to 0$ 表明所有区域的直径趋于零.

（2）令 xOy 平面上的闭区域 D 上的曲顶柱体的顶部曲面是由函数 $z = f(x,y)$ 表示的，则这个曲顶柱体的体积 V 即是函数 $f(x,y)$ 在区域 D 上的二重积分

$$V = \iint_D f(x,y) \mathrm{d}\sigma.$$

（3）二重积分 $\iint_D f(x,y) \mathrm{d}\sigma$ 中的面积元素 $\mathrm{d}\sigma$，相应于积分和式中的 $\Delta\sigma_i$。由于积分值与分法及取法无关，所以可用平行于坐标轴的直线来分割区域 D，这样 $\Delta\sigma$ 为矩形，其面积 $\Delta\sigma = \Delta x \Delta y$，于是在直角坐标系中 $\mathrm{d}\sigma = \mathrm{d}x\mathrm{d}y$，即 $\iint_D f(x,y)\mathrm{d}\sigma = \iint_D f(x,y)\mathrm{d}x\mathrm{d}y$，其中 $\mathrm{d}\sigma = \mathrm{d}x\mathrm{d}y$ 叫直角坐标系中的面积元素。

（4）若函数在闭区域 D 上连续，则 $f(x,y)$ 在 D 上的二重积分必存在，即 $f(x,y)$ 在 D 上可积，或者简单地说连续必可积。

2. 二重积分的性质

以下性质均假设 $f(x,y)$ 和 $g(x,y)$ 在有界闭区域 D 上可积。

（1）线性 $\iint_D [af(x,y) \pm bg(x,y)]\mathrm{d}x\mathrm{d}y = a\iint_D f(x,y)\mathrm{d}x\mathrm{d}y \pm b\iint_D g(x,y)\mathrm{d}x\mathrm{d}y$（$a, b$ 为常数）。

（2）可加性　如果闭区域 D 被有限条曲线分为有限个部分闭区域，则在 D 上的二重积分等于各部分闭区域上二重积分的和。例如 D 分为两个闭区域 D_1 与 D_2，则

$$\iint_D f(x,y)\mathrm{d}\sigma = \iint_{D_1} f(x,y)\mathrm{d}\sigma + \iint_{D_2} f(x,y)\mathrm{d}\sigma.$$

（3）$\iint_D 1 \cdot \mathrm{d}\sigma = \iint_D \mathrm{d}\sigma = \sigma$（$\sigma$ 为 D 的面积）。

（4）若在 D 上满足 $f(x,y) \leqslant g(x,y)$，则 $\iint_D f(x,y)\mathrm{d}x\mathrm{d}y \leqslant \iint_D g(x,y)\mathrm{d}x\mathrm{d}y$。

（5）$\left| \iint_D f(x,y)\mathrm{d}x\mathrm{d}y \right| \leqslant \iint_D |f(x,y)|\mathrm{d}x\mathrm{d}y$。

（6）设 M 和 m 是 $f(x,y)$ 在 D 上的最大值和最小值，即在 D 上有 $m \leqslant f(x,y) \leqslant M$，则 $m\sigma \leqslant \iint_D f(x,y)\mathrm{d}x\mathrm{d}y \leqslant M\sigma$。

（7）二重积分的中值定理。

设 $f(x,y)$ 在有界闭区域 D 上连续，则在 D 上至少存在一点 (ξ, η)，使得

$$\iint_D f(x,y)\mathrm{d}\sigma = f(\xi, \eta)\sigma \quad （\sigma \text{ 为 } D \text{ 的面积}）.$$

9.1.2　二重积分的计算

二重积分的计算就是把它化为累次积分进行计算，积分次序的选择视图形而定。

1. 在直角坐标系下面积元素 $\mathrm{d}\sigma = \mathrm{d}x\mathrm{d}y$

若 D：$a \leqslant x \leqslant b$，$\varphi_1(x) \leqslant y \leqslant \varphi_2(x)$（X-型区域），则

$$\iint\limits_D f(x,y)\mathrm{d}x\mathrm{d}y = \int_a^b \mathrm{d}x \int_{\varphi_1(x)}^{\varphi_2(x)} f(x,y)\mathrm{d}y;$$

若 D：$c \leqslant y \leqslant d$，$\psi_1(y) \leqslant x \leqslant \psi_2(y)$（Y-型区域），则

$$\iint\limits_D f(x,y)\mathrm{d}x\mathrm{d}y = \int_c^d \mathrm{d}y \int_{\psi_1(y)}^{\psi_2(y)} f(x,y)\mathrm{d}x.$$

2. 在极坐标下（$x = r\cos\theta$，$y = r\sin\theta$）面积元素 $\mathrm{d}\sigma = r\mathrm{d}r\mathrm{d}\theta$

若 D：$\alpha \leqslant \theta \leqslant \beta$，$r_1(\theta) \leqslant r \leqslant r_2(\theta)$，则

$$\iint\limits_D f(x,y)\mathrm{d}\sigma = \int_\alpha^\beta \mathrm{d}\theta \int_{r_1(\theta)}^{r_2(\theta)} f(r\cos\theta, r\sin\theta)r\mathrm{d}r.$$

3. 二重积分在直角坐标系下交换积分次序

二重积分在直角坐标系下计算时，如果有两种积分次序，只须选择其中容易积分的一种,有时需要将先 y 后 x 的二次积分换成先 x 后 y 的二次积分，或者相反，这就是二重积分在直角坐标系下交换积分次序的问题.

利用已给二次积分 $\int_a^b \mathrm{d}x \int_{\varphi_1(x)}^{\varphi_2(x)} f(x,y)\mathrm{d}y$，画出积分区域 D（X-型），可以采用由外及里的方法：先看外层（后积分）的积分限，由于 $[a,b]$ 是 D 在 x 轴上的投影，故分别过 a 点和 b 点作 y 轴的平行线，则 D 在这两条平行线所夹的带状区域中. 再看由里层（先积分）的积分限，由于 $y = \varphi_1(x)$ 和 $y = \varphi_2(x)$ 分别为下函数和上函数，再分别确定出这两个函数在上述两条平行线上的位置，绘出这两个函数的图形，就得到了 D 的图形. 此时二次积分可还原为二重积分，即

$$\int_a^b \mathrm{d}x \int_{\varphi_1(x)}^{\varphi_2(x)} f(x,y)\mathrm{d}y = \iint\limits_D f(x,y)\mathrm{d}\sigma.$$

再将 D 按 Y-型区域,写出 D 的不等式组表示式,将 $\iint\limits_D f(x,y)\mathrm{d}\sigma$ 化为先 x 后 y 的二次积分即完成了积分次序的交换.

如果给定二次积分含有两项,可分别求出每一项的积分域,然后将其合并,就可得到二重积分的积分域.

9.2　典型例题解析

例 1　设有二重积分 $I = \iint\limits_D f(x,y)\mathrm{d}x\mathrm{d}y$，其中 D 是单位圆 $x^2 + y^2 \leqslant 1$ 在第一象限的部分，将它化为如下的累次积分是否正确？为什么？

(1) $I = \int_0^1 \mathrm{d}x \int_0^{\sqrt{1-y^2}} f(x,y)\mathrm{d}y$；

（2）$I = \int_0^{\sqrt{1-y^2}} dx \int_0^{\sqrt{1-x^2}} f(x,y)dy$；

（3）$I = \int_0^1 dx \int_0^1 f(x,y)dy$；

（4）$I = \int_0^{\frac{\pi}{2}} d\theta \int_0^1 f(r\cos\theta, r\sin\theta)dr$；

（5）$I = \int_0^1 d\theta \int_0^1 f(x,y)rdr$；

（6）$I = \int_0^1 dx \int_0^{\sqrt{1-x^2}} f(x,y)dy$；

（7）$I = \int_0^{\frac{\pi}{2}} d\theta \int_0^1 f(r\cos\theta, r\sin\theta)rdr$.

解 上面给出的七个累次积分，前五个都是错误的，只有（6）（7）是正确的.

（1）先对 y 积分时，积分上限应是 x 的函数而不是 y 的函数；

（2）后对 x 积分时，积分上限应是常数而不是 y 的函数；

（3）先对 y 积分时，积分上限应是 y 的函数而不是常数；

（4）在极坐标系中计算时，面积微元 $d\sigma$ 应是 $rdrd\theta$ 而不是 $drd\theta$. 这种丢掉 r 因子的错误在计算中是很容易出现的；

（5）在极坐标系中计算时，被积函数 $f(x,y)$ 应用极坐标变量 r,θ 表示.

例 2 计算 $\iint\limits_D \dfrac{\ln y}{x} dxdy$. 其中 D 是由 $y=x$，$y=1$ 和 $x=2$ 所围成的三角形区域.

解 将 D 看成 X-型区域，则 D 可表示为 $1 \leqslant y \leqslant x$，$1 \leqslant x \leqslant 2$（如图 1 所示）. 所以 $\iint\limits_D \dfrac{\ln y}{x} dxdy = \int_1^2 \dfrac{1}{x} dx \int_1^x \ln ydy = \int_1^2 \left(\ln x - 1 + \dfrac{1}{x} \right) dx = 3\ln 2 - 2$.

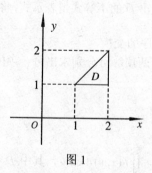

图 1

注意：若先对 x 积分会使计算复杂，这表明选择积分次序对于二重积分运算有重要意义.

例 3 求 $\iint\limits_D (x^2+y^2)d\sigma$，其中 D 是由直线 $y=x$, $y=x+a$, $y=a$, $y=3a$

（$a > 0$）所围成的闭区域.

解 先对 x 积分，则 D 可表示为 $y-a \leqslant x \leqslant y$，$a \leqslant y \leqslant 3a$（如图 2 所示）.

所以
$$\iint\limits_{D}(x^2+y^2)\mathrm{d}\sigma = \int_a^{3a}\mathrm{d}y\int_{y-a}^{y}(x^2+y^2)\mathrm{d}x$$

$$= \int_a^{3a}\left(\frac{x^3}{3}+y^2x\right)\bigg|_{y-a}^{y}\mathrm{d}y$$

$$= \int_a^{3a}\left(2ay^2-a^2y+\frac{a^2}{3}\right)\mathrm{d}y$$

$$= \left(\frac{2}{3}ay^3-\frac{a^2}{2}y^2+\frac{a^3}{3}y\right)\bigg|_a^{3a}$$

$$= 14a^4.$$

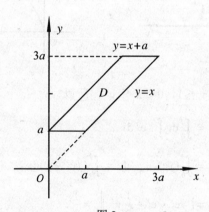

图 2

例 4 交换二次积分的顺序：$\int_0^1\mathrm{d}y\int_{1-y}^{1+y^2}f(x,y)\mathrm{d}x$.

分析 交换二次积分的次序实质上是将二重积分化为不同次序的二次积分，因此首先要将二次积分还原成二重积分，具体计算过程中只要确定出该二重积分的积分区域，再按要求的次序化为二次积分即可.

解 由二次积分的积分限可知积分区域 D 为
$$0 \leqslant y \leqslant 1, \quad 1-y \leqslant x \leqslant 1+y^2;$$

即 D 为曲线 $x=1+y^2$，$x=1-y$，$y=0$，$y=1$ 所围成的闭区域（D_1+D_2），如图 3 所示，于是

$$\int_0^1\mathrm{d}y\int_{1-y}^{1+y^2}f(x,y)\mathrm{d}x$$

$$= \int_0^1\mathrm{d}x\int_{1-x}^1 f(x,y)\mathrm{d}y + \int_1^2\mathrm{d}x\int_{\sqrt{x-1}}^1 f(x,y)\mathrm{d}y.$$

例 5 计算 $\int_0^1 \mathrm{d}x \int_{\sqrt{x}}^1 \mathrm{e}^{\frac{x}{y}}\mathrm{d}y$.

分析 由于 $\mathrm{e}^{\frac{x}{y}}$ 的原函数不是初等函数，因此它的积分无法计算，故考虑交换积分次序.

解 由二次积分的积分限可知积分区域 D 为 $0 \le x \le 1$，$\sqrt{x} \le y \le 1$，因此积分区域如图 4 所示.

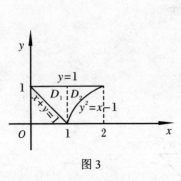

图 3

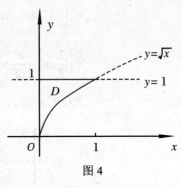

图 4

D 又可表示为 $0 \le y \le 1$，$0 \le x \le y^2$. 所以

$$\int_0^1 \mathrm{d}x \int_{\sqrt{x}}^1 \mathrm{e}^{\frac{x}{y}}\mathrm{d}y = \int_0^1 \mathrm{d}y \int_0^{y^2} \mathrm{e}^{\frac{x}{y}}\mathrm{d}x$$

$$= \int_0^1 (y\mathrm{e}^{\frac{x}{y}})\Big|_0^{y^2} \ \mathrm{d}y = \int_0^1 (y\mathrm{e}^y - y)\mathrm{d}y$$

$$= \left(y\mathrm{e}^y - \mathrm{e}^y - \frac{1}{2}y^2\right)\Bigg|_0^1 = \frac{1}{2}.$$

小结 一般地，若被积函数是 $\mathrm{e}^{\pm y^2}$，$\sin y^2$，$\dfrac{\sin y}{y}$ 等情形，先对 y 积分时，可考虑交换积分次序.

9.3 习题选解

习题 9.1

1. 利用二重积分的几何意义，说明下列等式成立：

（1）$\iint\limits_D k\,\mathrm{d}\sigma = k\sigma$，其中 σ 是区域 D 的面积；

（2）$\iint\limits_D \sqrt{R^2 - x^2 - y^2}\,\mathrm{d}\sigma = \dfrac{2}{3}\pi R^3$，$D$ 是以原点为中心，半径为 R 的圆形区域.

解

（1）$\iint\limits_{D}\mathrm{d}\delta=\delta$，其中 σ 是区域 D 的面积，k 为常数，由二重积分的性质得，$\iint\limits_{D}k\,\mathrm{d}\sigma=k\sigma$

成立.

（2）原式二重积分几何意义表示原点为球心，半径为 R 的球体的上半部分，则

$\iint\limits_{D}\sqrt{R^2-x^2-y^2}\,\mathrm{d}\sigma=\dfrac{2}{3}\pi R^3$ 成立.

2. 比较下列二重积分的大小：

（1）$\iint\limits_{D}(x+y)^2\,\mathrm{d}\sigma$ 与 $\iint\limits_{D}(x+y)^3\,\mathrm{d}\sigma$，其中 D 是由 x 轴、y 轴及直线 $x+y=1$ 围成；

（2）$\iint\limits_{D}\ln(x+y)\,\mathrm{d}\sigma$ 与 $\iint\limits_{D}\ln^2(x+y)\,\mathrm{d}\sigma$，$D:3\leqslant x\leqslant5,0\leqslant y\leqslant1$.

解　（1）$\iint\limits_{D}(x+y)^2\,\mathrm{d}\sigma\geqslant\iint\limits_{D}(x+y)^3\,\mathrm{d}\sigma$；（2）$\iint\limits_{D}\ln(x+y)\,\mathrm{d}\sigma\leqslant\iint\limits_{D}\ln^2(x+y)\,\mathrm{d}\sigma$.

3．估计下列二重积分的值：

（1）$\iint\limits_{D}(x+y+1)\,\mathrm{d}\sigma$，其中 D 是矩形区域 $0\leqslant x\leqslant1$，$0\leqslant y\leqslant2$；

（2）$\iint\limits_{D}(x^2+4y^2+9)\,\mathrm{d}\sigma$，$D:x^2+y^2\leqslant4$.

解　（1）$2\leqslant\iint\limits_{D}(x+y+1)\,\mathrm{d}\sigma\leqslant8$；（2）$36\pi\leqslant\iint\limits_{D}(x^2+4y^2+9)\,\mathrm{d}\sigma\leqslant100\pi$.

习题 9.2

1．填空题：

（1）设 D 是矩形域 $-1\leqslant x\leqslant1,0\leqslant y\leqslant1$，则积分 $\iint\limits_{D}ye^{xy}\,\mathrm{d}x\,\mathrm{d}y=$ _____；

（2）设 $I=\displaystyle\int_0^1\mathrm{d}x\int_{x^2}^x f(x,y)\,\mathrm{d}y$，交换积分顺序后，则 $I=$ _____；

（3）设 $I=\displaystyle\int_{-1}^1\mathrm{d}x\int_0^{\sqrt{1-x^2}}f(x,y)\,\mathrm{d}y$，交换积分顺序后，则 $I=$ _____；

（4）设 $I=\displaystyle\int_0^2\mathrm{d}x\int_x^{4-x}f(x,y)\,\mathrm{d}y$，交换积分顺序后，则 $I=$ _____.

解

（1）$e+e^{-1}-2$；　　　　　（2）$\displaystyle\int_0^1\mathrm{d}y\int_y^{\sqrt{y}}f(x,y)\,\mathrm{d}x$；

（3）$\displaystyle\int_0^1\mathrm{d}y\int_{-\sqrt{1-y^2}}^{\sqrt{1-y^2}}f(x,y)\,\mathrm{d}x$；　　（4）$\displaystyle\int_0^2\mathrm{d}y\int_x^y f(x,y)\,\mathrm{d}x+\int_2^4\mathrm{d}y\int_0^{4-y}f(x,y)\,\mathrm{d}x$.

2．将二重积分 $\iint\limits_{D}f(x,y)\,\mathrm{d}\sigma$ 化为二次积分（两种次序都要）．其中 D 是

(1) $x^2 + y^2 \leq 1,\ x \geq 0,\ y \geq 0$;　　　　(2) $y \geq x^2,\ y \leq 4 - x^2$.

解

(1) $\displaystyle\int_0^1 \mathrm{d}x \int_0^{\sqrt{1-x^2}} f(x,y)\,\mathrm{d}y$,　　$\displaystyle\int_0^1 \mathrm{d}y \int_0^{\sqrt{1-y^2}} f(x,y)\,\mathrm{d}x$;

(2) $\displaystyle\int_{-\sqrt{2}}^{\sqrt{2}} \mathrm{d}x \int_{x^2}^{4-x^2} f(x,y)\,\mathrm{d}y$,　　$\displaystyle\int_0^2 \mathrm{d}y \int_{-\sqrt{y}}^{\sqrt{y}} f(x,y)\,\mathrm{d}x + \int_2^4 \mathrm{d}y \int_{-\sqrt{4-y}}^{\sqrt{4-y}} f(x,y)\,\mathrm{d}x$.

3. 计算下列二重积分：

(1) $\displaystyle\iint_D (x^2 + y^2)\,\mathrm{d}\sigma$,　$D:|x| \leq 1, |y| \leq 1$;

(2) $\displaystyle\iint_D xy^2\,\mathrm{d}\sigma$,　积分区域 D 由 $y = x^2, y = x$ 所围成；

(3) $\displaystyle\iint_D \cos(x + y)\,\mathrm{d}\sigma$,　积分区域 D 由 $x = 0, y = \pi$ 及 $y = x$ 所围成；

(4) $\displaystyle\iint_D (1 + x)\sin y\,\mathrm{d}\sigma$,　积分区域 D 是顶点为 $(0,0),(1,0),(1,2)$ 及 $(0,1)$ 的梯形区域.

解

(1) $\displaystyle\iint_D (x^2 + y^2)\,\mathrm{d}\sigma = \frac{8}{3}$;

(2) $\displaystyle\iint_D xy^2\,\mathrm{d}\sigma = \frac{1}{40}$;

(3) $\displaystyle\iint_D \cos(x + y)\,\mathrm{d}\sigma = -2$;

(4) $\displaystyle\iint_D (1 + x)\sin y\,\mathrm{d}\sigma = \frac{3}{2} + \cos 1 + \sin 1 - \cos 2 - 2\sin 2$.

4. 交换下列累次积分的次序：

(1) $\displaystyle\int_0^1 \mathrm{d}y \int_y^{\sqrt{y}} f(x,y)\,\mathrm{d}x$;

(2) $\displaystyle\int_{-1}^1 \mathrm{d}x \int_{-1-x}^{x+1} f(x,y)\,\mathrm{d}y$.

解

(1) $\displaystyle\int_0^1 \mathrm{d}y \int_y^{\sqrt{y}} f(x,y)\,\mathrm{d}x = \int_0^1 \mathrm{d}x \int_{x^2}^x f(x,y)\,\mathrm{d}y$;

(2) $\displaystyle\int_{-1}^1 \mathrm{d}x \int_{-1-x}^{x+1} f(x,y)\,\mathrm{d}y = \int_{-2}^0 \mathrm{d}y \int_{-1-y}^1 f(x,y)\,\mathrm{d}x + \int_0^2 \mathrm{d}y \int_{y-1}^1 f(x,y)\,\mathrm{d}x$.

5. 用极坐标计算下列二重积分：

(1) $\displaystyle\iint_D y\,\mathrm{d}\sigma$,　$D:x^2 + y^2 \leq 1,\ x \geq 0,\ y \geq 0$;

(2) $\displaystyle\iint_D \ln(1 + x^2 + y^2)\,\mathrm{d}\sigma$,　$D:1 \leq x^2 + y^2 \leq 9$;

（3）$\iint\limits_{D}\sqrt{x^2+y^2}\,\mathrm{d}\sigma$，$D$ 由以 a 为半径，原点为圆心在第 I 象限的四分之一圆弧及以

$\left(\dfrac{a}{2},0\right)$ 为圆心，a 为直径的上半圆弧与 y 轴所围成.

解

（1）$\iint\limits_{D}y\mathrm{d}\sigma=\dfrac{1}{3}$；（2）$\iint\limits_{D}\ln(1+x^2+y^2)\mathrm{d}\sigma=\pi(10\ln10-2\ln2-8)$；

（3）$\iint\limits_{D}\sqrt{x^2+y^2}\,\mathrm{d}\sigma=\dfrac{a^3}{18}(3\pi-4)$.

6．选择适当的坐标系计算下列各题：

（1）$\iint\limits_{D}\dfrac{x}{y+1}\mathrm{d}\sigma$，$D$ 由 $y=x^2+1,y=2x$ 及 $x=0$ 所围成；

（2）$\iint\limits_{D}x^2e^{xy}\mathrm{d}\sigma$，$D:0\leqslant x\leqslant1,0\leqslant y\leqslant2$；

（3）$\iint\limits_{D}(x^2+y^2)\mathrm{d}\sigma$，$D$ 由 $y=x,y=x+a,y=a$ 及 $y=3a$（$a>0$）所围成；

（4）$\iint\limits_{D}\sqrt{x^2+y^2}\,\mathrm{d}\sigma$，$D$ 由 $x^2+y^2=kx$（$k>0$）所围成.

解

（1）$\iint\limits_{D}\dfrac{x}{y+1}\mathrm{d}\sigma=\displaystyle\int_0^1x\mathrm{d}x\int_{2x}^{x^2+1}\dfrac{1}{y+1}\mathrm{d}y=\dfrac{9}{8}\ln3-\ln2-\dfrac{1}{2}$；

（2）$\iint\limits_{D}x^2e^{xy}\mathrm{d}\sigma=\displaystyle\int_0^1\mathrm{d}x\int_0^2x^2e^{xy}\mathrm{d}y=\dfrac{1}{4}(e^2-1)$；

（3）$\iint\limits_{D}(x^2+y^2)\mathrm{d}\sigma=\displaystyle\int_a^{3a}\mathrm{d}y\int_{y-a}^{y}(x^2+y^2)\mathrm{d}x=14a^4$；

（4）积分区域 D：$\begin{cases}-\dfrac{\pi}{2}\leqslant\theta\leqslant\dfrac{\pi}{2},\\[2mm]0\leqslant r\leqslant k\cos\theta,\end{cases}$ $\iint\limits_{D}\sqrt{x^2+y^2}\,\mathrm{d}\sigma=\displaystyle\int_{-\frac{\pi}{2}}^{\frac{\pi}{2}}\mathrm{d}\theta\int_0^{k\cos\theta}r^2\mathrm{d}r=\dfrac{4}{9}k^3$.

7．计算以 xOy 面上的圆周 $x^2+y^2=x$ 围成的闭区域为底，以曲面 $z=x^2+y^2$ 为顶的曲顶柱体的体积.

解 由二重积分的几何意义得，曲顶柱体的体积为 $\iint\limits_{D}(x^2+y^2)\mathrm{d}\delta$，其中区域 D 为圆周

$x^2+y^2=x$ 及其内部，则 $\iint\limits_{D}(x^2+y^2)\mathrm{d}\delta=\displaystyle\int_{-\frac{\pi}{2}}^{\frac{\pi}{2}}\mathrm{d}\theta\int_0^{\cos\theta}(r^2\cos^2\theta+r^2\sin^2\theta)r\mathrm{d}r=\dfrac{3\pi}{32}$.

8．设平面薄片所占的区域 D 由直线 $x+y=2,y=x$ 及 x 轴所围成，它的面密度 $\rho(x,y)=x^2+y^2$，求该薄片的质量.

解 薄片的质量为 $\iint\limits_{D}\rho(x,y)\mathrm{d}\delta = \iint\limits_{D}(x^2+y^2)\mathrm{d}\delta$，区域 D 由直线 $x+y=2, y=x$ 及 x 轴

围成，则 $\iint\limits_{D}(x^2+y^2)\mathrm{d}\delta = \int_0^1 \mathrm{d}y \int_y^{2-y}(x^2+y^2)\mathrm{d}x = \dfrac{4}{3}$.

复习题 9

1. 设 $I_1 = \iint\limits_{D_1}(x^2+y^2)^3\mathrm{d}\sigma$，其中 D_1 是矩形闭区域 $-1 \leqslant x \leqslant 1$，$-2 \leqslant y \leqslant 2$；

$I_2 = \iint\limits_{D_2}(x^2+y^2)^3\mathrm{d}\sigma$，其中 D_2 是矩形闭区域 $0 \leqslant x \leqslant 1$，$0 \leqslant y \leqslant 2$，试利用二重积分

的几何意义，说明 I_1 与 I_2 之间的关系.

解 被积函数 $f(x,y) = (x^2+y^2)^3$，积分区域 D_2 为 D_1 在第一象限的部分，由二重积分的几何意义得，$I_1 = 4I_2$.

2. 根据二重积分的性质，比较下列积分的大小：

（1）$\iint\limits_{D}(x+y)\mathrm{d}\sigma$ 与 $\iint\limits_{D}(x+y)^2\mathrm{d}\sigma$，其中 D 是由 x 轴、y 轴、直线 $x+y=1$ 及 $x+y=\dfrac{1}{2}$

所围成；

（2）$\iint\limits_{D}\ln(x+y)\mathrm{d}\sigma$ 与 $\iint\limits_{D}(x+y)^2\mathrm{d}\sigma$，其中 D 是由 x 轴、y 轴、直线 $x+y=1$ 及 $x+y=\dfrac{1}{2}$

所围成；

（3）$\iint\limits_{D}\ln(x+y)\mathrm{d}\sigma$ 与 $\iint\limits_{D}[\ln(x+y)]^2\mathrm{d}\sigma$，其中 D 是三角形闭区域，三顶点分别为

$(1,0),(1,1),(2,0)$.

解

（1）$\iint\limits_{D}(x+y)^2\mathrm{d}\sigma < \iint\limits_{D}(x+y)\mathrm{d}\sigma$；

（2）$\iint\limits_{D}\ln(x+y)\mathrm{d}\sigma < \iint\limits_{D}(x+y)^2\mathrm{d}\sigma$；

（3）$\iint\limits_{D}[\ln(x+y)]^2\mathrm{d}\sigma \leqslant \iint\limits_{D}\ln(x+y)\mathrm{d}\sigma$.

3. 利用二重积分的性质估计下列积分的值：

（1）$I = \iint\limits_{D}xy(x+y)\mathrm{d}\sigma$，其中 D 是矩形闭区域：$0 \leqslant x \leqslant 1$，$0 \leqslant y \leqslant 1$；

（2）$I = \iint\limits_{D}\sin^2 x \cdot \sin^2 y\,\mathrm{d}\sigma$，其中 D 是矩形闭区域：$0 \leqslant x \leqslant \pi$，$0 \leqslant y \leqslant \pi$；

（3）$I = \iint\limits_{D}\dfrac{\mathrm{d}\sigma}{100+\cos^2 x+\cos^2 y}$，其中 $D: |x|+|y| \leqslant 10$.

解

（1）$0 \leqslant I = \iint\limits_{D} xy(x+y)\mathrm{d}\sigma \leqslant 2$ ；（2）$0 \leqslant I = \iint\limits_{D} \sin^2 x \cdot \sin^2 y \mathrm{d}\sigma \leqslant \pi^2$ ；

（3）$\dfrac{100}{51} \leqslant I \leqslant 2$ ．

4. 计算下列积分：

（1）$\iint\limits_{D}(3x+2y)\mathrm{d}\sigma$ ，其中 D 是由 x 轴、y 轴及直线 $x+y=2$ 所围成的区域；

（2）$\iint\limits_{D} x\cos(x+y)\mathrm{d}\sigma$ ，其中 D 是顶点为 $(0,0)$、$(\pi,0)$ 及 (π,π) 的三角形区域；

（3）$\iint\limits_{D}(x^2-y^2)\mathrm{d}\sigma$ ，其中 D 是区域：$0 \leqslant x \leqslant \pi$，$0 \leqslant y \leqslant \sin x$ ；

（4）$\iint\limits_{D}(x^2+y^2-y)\mathrm{d}\sigma$ ，其中 D 是由 $y=x$，$y=\dfrac{x}{2}$ 及 $y=2$ 所围成的区域．

解

（1）$\iint\limits_{D}(3x+2y)\mathrm{d}\sigma = \int_0^2 \mathrm{d}x \int_0^{2-x}(3x+2y)\mathrm{d}y = \dfrac{20}{3}$ ；

（2）$\iint\limits_{D} x\cos(x+y)\mathrm{d}\sigma = \int_0^{\pi} x\mathrm{d}x \int_0^{\pi} \cos(x+y)\mathrm{d}y = -\dfrac{3}{2}\pi$ ；

（3）$\iint\limits_{D}(x^2-y^2)\mathrm{d}\sigma = \int_0^{\pi} \mathrm{d}x \int_0^{\sin x}(x^2-y^2)\mathrm{d}y = \pi^2 - \dfrac{40}{9}$ ；

（4）$\iint\limits_{D}(x^2+y^2-y)\mathrm{d}\sigma = \int_0^2 \mathrm{d}y \int_y^{2y}(x^2+y^2-y)\mathrm{d}x = \dfrac{32}{3}$ ．

5. 改变下列积分的积分次序：

（1）$\displaystyle\int_0^2 \mathrm{d}x \int_x^{2x} f(x,y)\mathrm{d}y$ ；   （2）$\displaystyle\int_0^2 \mathrm{d}y \int_{y^2}^{2y} f(x,y)\mathrm{d}x$ ；

（3）$\displaystyle\int_0^4 \mathrm{d}y \int_{-\sqrt{4-y}}^{\frac{1}{2}(y-4)} f(x,y)\mathrm{d}x$ ；   （4）$\displaystyle\int_0^1 \mathrm{d}x \int_0^x f(x,y)\mathrm{d}y + \int_1^2 \mathrm{d}x \int_0^{2-x} f(x,y)\mathrm{d}y$ ．

解

（1）$\displaystyle\int_0^2 \mathrm{d}x \int_x^{2x} f(x,y)\mathrm{d}y = \int_0^2 \mathrm{d}y \int_{\frac{y}{2}}^y f(x,y)\mathrm{d}x + \int_2^4 \mathrm{d}y \int_{\frac{y}{2}}^2 f(x,y)\mathrm{d}x$ ；

（2）$\displaystyle\int_0^2 \mathrm{d}y \int_{y^2}^{2y} f(x,y)\mathrm{d}x = \int_0^4 \mathrm{d}x \int_{\frac{x}{2}}^{\sqrt{x}} f(x,y)\mathrm{d}y$ ；

（3）$\displaystyle\int_0^4 \mathrm{d}y \int_{-\sqrt{4-y}}^{\frac{1}{2}(y-4)} f(x,y)\mathrm{d}x = \int_{-2}^0 \mathrm{d}x \int_{2x+4}^{4-x^2} f(x,y)\mathrm{d}y$ ；

（4）$\displaystyle\int_0^1 \mathrm{d}x \int_0^x f(x,y)\mathrm{d}y + \int_1^2 \mathrm{d}x \int_0^{2-x} f(x,y)\mathrm{d}y = \int_0^1 \mathrm{d}y \int_y^{2-y} f(x,y)\mathrm{d}x$ ．

6. 将积分 $\iint\limits_{D}f(x,y)\mathrm{d}\sigma$ 化为极坐标形式的二次积分，其中积分区域是：

(1) $x^2+y^2\leqslant 2x$；　　　　　　(2) $0\leqslant x\leqslant 1,\ 0\leqslant y\leqslant 1-x$；

(3) $0\leqslant x\leqslant 1,\ x^2\leqslant y\leqslant 1$；　　(4) $a^2\leqslant x^2+y^2\leqslant b^2$（$0<a<b$）.

解

(1) $\displaystyle\int_{-\frac{\pi}{2}}^{\frac{\pi}{2}}\mathrm{d}\theta\int_{0}^{2\cos\theta}f(r\cos\theta,r\sin\theta)r\,\mathrm{d}r$；

(2) $\displaystyle\int_{0}^{\frac{\pi}{2}}\mathrm{d}\theta\int_{0}^{\frac{1}{\cos\theta+\sin\theta}}f(r\cos\theta,r\sin\theta)r\,\mathrm{d}r$

(3) $\displaystyle\int_{0}^{\frac{\pi}{4}}\mathrm{d}\theta\int_{0}^{\sec\theta\tan\theta}f(r\cos\theta,r\sin\theta)r\,\mathrm{d}r$；

(4) $\displaystyle\int_{0}^{2\pi}\mathrm{d}\theta\int_{a}^{b}f(r\cos\theta,r\sin\theta)r\,\mathrm{d}r$.

7. 利用极坐标计算下列二重积分：

(1) $\iint\limits_{D}\sqrt{4-x^2-y^2}\,\mathrm{d}\sigma$，$D$：$x^2+y^2\leqslant 4$，$x\geqslant 0,\ y\geqslant 0$；

(2) $\iint\limits_{D}(x^2+y^2)\mathrm{d}\sigma$，其中 D 是由直线 $y=0$，$y=x+1$ 及曲线 $y=\sqrt{1-x^2}$ 所围成.

解

(1) $\iint\limits_{D}\sqrt{4-x^2-y^2}\,\mathrm{d}\sigma=\displaystyle\int_{0}^{\frac{\pi}{2}}\mathrm{d}\theta\int_{0}^{2}\sqrt{4-r^2}\,r\mathrm{d}r=\dfrac{4}{3}\pi$；

(2) 区域 D：$\begin{cases}0\leqslant\theta\leqslant\dfrac{\pi}{4},\\[2mm]0\leqslant r\leqslant 2\cos\theta,\end{cases}$　$\iint\limits_{D}(x^2+y^2)\mathrm{d}\sigma=\displaystyle\int_{0}^{\frac{\pi}{4}}\mathrm{d}\theta\int_{0}^{2\cos\theta}r^2r\mathrm{d}r=\dfrac{1}{6}+\dfrac{\pi}{8}$.

8. 利用二重积分计算下列平面区域 D 的面积：

(1) D 由曲线 $y=\mathrm{e}^x$，$y=\mathrm{e}^{-x}$ 及 $x=1$ 围成；

(2) D 由直线 $y=x+1$ 及曲线 $y^2=-x-1$.

解　(1) $\iint\limits_{D}\mathrm{d}\delta=\displaystyle\int_{0}^{1}\mathrm{d}x\int_{\mathrm{e}^{-x}}^{\mathrm{e}^{x}}\mathrm{d}y=\mathrm{e}+\dfrac{1}{\mathrm{e}}-2$；(2) $\iint\limits_{D}\mathrm{d}\delta=\displaystyle\int_{-2}^{1}\mathrm{d}x\int_{-x-1}^{x+1}\mathrm{d}y=\dfrac{1}{6}$.

9. 求边长为 a 的正方形薄板的质量. 设薄板上点 (x,y) 的密度 ρ 与该点距正方形顶点之一的距离成正比，且在正方形的中心点等于 1.

解　以正方形的左下顶点为原点，相邻两条边为 X 轴，Y 轴建立直角坐标系，则面密度函数 $\rho(x,y)=k\sqrt{x^2+y^2}$，又因为 $\rho\left(\dfrac{a}{2},\dfrac{a}{2}\right)=1$，则 $k=\dfrac{\sqrt{2}}{a}$，$\rho(x,y)=\dfrac{\sqrt{2}}{a}\sqrt{x^2+y^2}$，由二重积分的意义得，$m=\iint\limits_{D}\rho(x,y)\mathrm{d}\delta=\displaystyle\int_{0}^{a}\mathrm{d}x\int_{0}^{a}\dfrac{\sqrt{2}}{a}\sqrt{x^2+y^2}\mathrm{d}y=\dfrac{2\sqrt{2}a^2}{3}[\sqrt{2}+\ln(\sqrt{2}+1)]$.

10. 利用二重积分计算下列曲面所围成立体的体积：

（1）$z = 1 - x^2 - y^2$，$z = 0$；　　　　　（2）$z = x^2 + y^2$，$x + y = 1$ 及三个坐标面.

解　（1）$V = \iint\limits_{D}(1 - x^2 - y^2)d\delta$，其中 D 为 XOY 面上的区域 $x^2 + y^2 \leqslant 1$，则

$$V = \iint\limits_{D}(1 - x^2 - y^2)d\delta = \int_0^{2\pi}d\theta\int_0^1(1 - r^2)r dr = \frac{\pi}{2}；$$

（2）$V = \iint\limits_{D}(x^2 + y^2)d\delta = \int_0^1 dx\int_0^x(x^2 + y^2)dy = \frac{1}{6}$.

11. 证明：$\int_0^a dy\int_0^y f(x)dx = \int_0^a(a - x)f(x)dx$，其中 $a > 0$ 且 $f(x)$ 在 $[0,a]$ 上连续.

证明：略. 提示：交换二次积分次序.

自测题 9

1. 填空题.

（1）设 $D:|x| \leqslant \pi$，$0 \leqslant y \leqslant 1$，则 $\iint\limits_{D}(2 + xy)d\sigma =$ _____；

（2）$\int_0^2 dx\int_0^2 e^{-y^2}dy =$ _____；

（3）交换二次积分的次序：$\int_{-1}^0 dy\int_2^{1-y}f(x,y)dx =$ _____；

（4）$\int_0^1 dx\int_{x^2}^x \frac{1}{\sqrt{x^2 + y^2}}dy =$ _____；

（5）设 $f(t)$ 为连续函数，则由平面 $z = 0$，柱面 $x^2 + y^2 = 1$ 和曲面 $z = [f(xy)]^2$ 所围立体的体积，用二重积分表示为_____.

解

（1）4π；　　　　　（2）$\dfrac{1}{4}(1 - e^{-4})$；　　　　　（3）$\int_1^2 dx\int_0^{1-x}f(x,y)dy$；

（4）$\sqrt{2} - 1$；　　　　　（5）$\iint\limits_{x^2+y^2\leqslant 1}[f(xy)]^2 dxdy$.

2. 单选题.

（1）若 $I_1 = \iint\limits_{D_1}(1 + x)d\sigma$，其中 D_1 是 $|x| \leqslant 1$，$|y| \leqslant 1$，$I_2 = \iint\limits_{D_2}xy d\sigma$，其中 D_2 是 $x^2 + y^2 \leqslant 1$，则 I_1 与 I_2 的值为（　　　）；

　　　　A. $I_1 < 0$，$I_2 > 0$；　　　　　　　　B. $I_1 > 0$，$I_2 = 0$；

　　　　C. $I_1 = 0$，$I_2 > 0$；　　　　　　　　D. $I_1 > 0$，$I_2 < 0$.

（2）比较 $I_1 = \iint\limits_{D}(x + y)^2 d\sigma$ 与 $I_2 = \iint\limits_{D}(x + y)^3 d\sigma$ 的大小，其中 $D:(x - 2)^2 + (y - 1)^2 = 1$，

则（　　　）；

A. $I_1 = I_2$；   B. $I_1 > I_2$；

  C. $I_1 \leqslant I_2$；   D. 无法比较.

（3）设 $f(x,y)$ 是有界闭区域 $D: x^2 + y^2 \leqslant a^2$ 上的连续函数，则当 $a \to 0$ 时，

$\dfrac{1}{\pi a^2} \iint\limits_{D} f(x,y)\mathrm{d}x\mathrm{d}y$ 的极限（ ）；

  A. 不存在；   B. 等于 $f(0,0)$；

  C. 等于 $f(1,1)$；   D. 等于 $f(1,0)$.

（4）$\displaystyle\int_1^{\mathrm{e}} \mathrm{d}x \int_0^{\ln x} f(x,y)\mathrm{d}y$，其中 $f(x,y)$ 是连续函数，交换积分次序得（ ）；

  A. $\displaystyle\int_1^{\mathrm{e}} \mathrm{d}y \int_0^{\ln x} f(x,y)\mathrm{d}x$；   B. $\displaystyle\int_{\mathrm{e}^y}^{\mathrm{e}} \mathrm{d}y \int_0^1 f(x,y)\mathrm{d}x$；

  C. $\displaystyle\int_0^{\ln x} \mathrm{d}y \int_1^{\mathrm{e}} f(x,y)\mathrm{d}x$；   D. $\displaystyle\int_0^1 \mathrm{d}y \int_{\mathrm{e}^y}^{\mathrm{e}} f(x,y)\mathrm{d}x$.

（5）设函数 $f(u)$ 连续，区域 $D: x^2 + y^2 \leqslant 2y$，则 $\iint\limits_{D} f(xy)\mathrm{d}x\mathrm{d}y = $（ ）.

  A. $\displaystyle\int_{-1}^{1} \mathrm{d}x \int_{-\sqrt{1-x^2}}^{\sqrt{1-x^2}} f(xy)\mathrm{d}y$；   B. $2\displaystyle\int_0^2 \mathrm{d}y \int_0^{\sqrt{2y-y^2}} f(xy)\mathrm{d}x$；

  C. $\displaystyle\int_0^{\pi} \mathrm{d}\theta \int_0^{2\sin\theta} f(r^2 \sin\theta \cos\theta)\mathrm{d}r$； D. $\displaystyle\int_0^{\pi} \mathrm{d}\theta \int_0^{2\sin\theta} f(r^2 \sin\theta \cos\theta)r\,\mathrm{d}r$.

解 （1）B；（2）C；（3）B；（4）D；（5）D.

3. 计算题.

（1）计算二重积分 $\iint\limits_{D} \mathrm{e}^{x+y}\mathrm{d}\sigma$，其中 $D: |x| + |y| \leqslant 1$.

（2）计算二重积分 $\iint\limits_{D} \dfrac{\sin x}{x}\mathrm{d}x\mathrm{d}y$，其中 D 由 $y = x$ 及 $y = x^2$ 所围成.

（3）计算二重积分 $\iint\limits_{D} |y - x^2|\mathrm{d}\sigma$，其中 1）$D: 0 \leqslant x \leqslant 1$，$0 \leqslant y \leqslant 1$；2）$D: -1 \leqslant x \leqslant 1$，$0 \leqslant y \leqslant 1$.

（4）计算二重积分 $\iint\limits_{D} |x^2 + y^2 - 4|\mathrm{d}x\mathrm{d}y$，其中 $D: x^2 + y^2 \leqslant 9$.

（5）计算二重积分 $\iint\limits_{D} \sqrt{x^2 + y^2}\,\mathrm{d}x\mathrm{d}y$，其中 $D: x^2 + y^2 \leqslant 2x$，$0 \leqslant y \leqslant x$.

（6）计算二重积分 $\iint\limits_{D} \arctan \dfrac{y}{x}\mathrm{d}\sigma$，其中 D 由圆 $x^2 + y^2 = 4$，$x^2 + y^2 = 1$ 及直线 $y = 0$，$y = x$ 所围成的在第一象限内的区域.

（7）将二重积分 $I = \iint\limits_{D} f(x,y)\mathrm{d}\sigma$ 化成两种次序不同的二次积分，其中 D 是由直线 $y = x$，$x = 2$ 及双曲线 $y = \dfrac{1}{x}$（$x > 0$）所围成的区域.

（8）计算二次积分 $\int_0^1 \mathrm{d}x \int_x^1 \dfrac{x^2}{\sqrt{1+y^4}}\mathrm{d}y$.

（9）计算二次积分 $\int_0^{\ln 2} \mathrm{d}y \int_{e^y}^2 \dfrac{1}{\ln x}\mathrm{d}x$.

（10）设 $f(x,y)$ 连续且 $f(x,y)=xy+\iint\limits_D f(u,v)\mathrm{d}u\mathrm{d}v$，其中 D 是由 $y=0,y=x^2,x=1$ 所围成区域，求 $f(x,y)$.

解

（1）$\iint\limits_D e^{x+y}\mathrm{d}\sigma = \int_{-1}^0 \mathrm{d}x \int_{-x-1}^{x+1} e^{x+y}\mathrm{d}y + \int_0^1 \mathrm{d}x \int_{x-1}^{1-x} e^{x+y}\mathrm{d}y = e - e^{-1}$.

（2）$\iint\limits_D \dfrac{\sin x}{x}\mathrm{d}x\mathrm{d}y = \int_0^1 \dfrac{\sin x}{x}\mathrm{d}x \int_{x^2}^x \mathrm{d}y = 1 - \sin 1$.

（3）

1）$\iint\limits_D \left|y - x^2\right|\mathrm{d}\sigma = \int_0^1 \mathrm{d}x \int_0^1 \left|y - x^2\right|\mathrm{d}x = \dfrac{11}{30}$;

2）$\iint\limits_D \left|y - x^2\right|\mathrm{d}\sigma = \int_{-1}^1 \mathrm{d}x \int_0^1 \left|y - x^2\right|\mathrm{d}x = \dfrac{11}{15}$.

（4）$\iint\limits_D \left|x^2 + y^2 - 4\right|\mathrm{d}x\mathrm{d}y = \int_0^{2\pi} \mathrm{d}\theta \int_0^3 \left|r^2 - 4\right|r\mathrm{d}r = \dfrac{41}{2}\pi$.

（5）$\iint\limits_D \sqrt{x^2 + y^2}\,\mathrm{d}x\mathrm{d}y = \int_0^1 \mathrm{d}y \int_y^{\sqrt{1-y^2}+1} \sqrt{x^2 + y^2}\,\mathrm{d}x = \dfrac{10}{9}\sqrt{2}$.

（6）$\iint\limits_D \arctan\dfrac{y}{x}\mathrm{d}\sigma = \int_0^{\frac{\pi}{4}} \mathrm{d}\theta \int_1^2 \arctan\dfrac{r\sin\theta}{r\cos\theta}r\mathrm{d}r = \dfrac{3}{64}\pi^2$.

（7）$I = \int_1^2 \mathrm{d}x \int_{\frac{1}{x}}^x f(x,y)\mathrm{d}y = \int_{\frac{1}{2}}^1 \mathrm{d}y \int_{\frac{1}{y}}^2 f(x,y)\mathrm{d}x + \int_1^2 \mathrm{d}y \int_y^2 f(x,y)\mathrm{d}x$.

（8）$\int_0^1 \mathrm{d}x \int_x^1 \dfrac{x^2}{\sqrt{1+y^4}}\mathrm{d}y = \int_0^1 \mathrm{d}y \int_0^y \dfrac{x^2}{\sqrt{1+y^4}}\mathrm{d}x = \dfrac{1}{6}(\sqrt{2} - 1)$.

（9）$\int_0^{\ln 2} \mathrm{d}y \int_{e^y}^2 \dfrac{1}{\ln x}\mathrm{d}x = \int_1^2 \mathrm{d}x \int_0^{\ln x} \dfrac{1}{\ln x}\mathrm{d}y = 1$.

（10）设 $\iint\limits_D f(u,v)\mathrm{d}u\mathrm{d}v = a$，对 $f(x,y) = xy + \iint\limits_D f(u,v)\mathrm{d}u\mathrm{d}v$，等式两端取区域 D 上的二重积分得：$\iint\limits_D f(x,y)\mathrm{d}x\mathrm{d}y = \iint\limits_D xy\mathrm{d}x\mathrm{d}y + \iint\limits_D a\mathrm{d}x\mathrm{d}y$，即 $a = \iint\limits_D xy\mathrm{d}x\mathrm{d}y + a\iint\limits_D \mathrm{d}x\mathrm{d}y$，又因为 $\iint\limits_D xy\mathrm{d}x\mathrm{d}y = \dfrac{1}{12}$，$\iint\limits_D \mathrm{d}x\mathrm{d}y = \dfrac{1}{3}$，代入上式解关于 a 的方程得，$a = \dfrac{1}{8}$，$f(x,y) = xy + \dfrac{1}{8}$.

9.4 同步练习及答案

同步练习

一、填空题.

（1）直角坐标系下，设 $\iint\limits_{D} f(x,y)\mathrm{d}\sigma = \int_0^1 \mathrm{d}x \int_0^x f(x,y)\mathrm{d}y$，则积分区域 D 可用不等式组

表示为_____，交换积分次序的 $\iint\limits_{D} f(x,y)\mathrm{d}\sigma =$ _____.

（2）交换二次积分 $\int_1^e \mathrm{d}x \int_0^{\ln x} f(x,y)\mathrm{d}y$ 的次序为_____.

（3）交换二次积分的次序 $\int_0^1 \mathrm{d}x \int_{\sqrt{x}}^1 f(x,y)\mathrm{d}y =$ _____.

（4）二次积分 $\int_0^1 \mathrm{d}x \int_{x^2}^x f(x,y)\mathrm{d}y$ 交换积分次序后得_____.

（5）$\iint\limits_{D} f(x,y)\mathrm{d}\sigma$ 在极坐标系下的二次积分为_____，其中 D 是 $x^2 + y^2 = 4$ 围成

的区域.

（6）D 由 $x^2 + y^2 = y, y = x, x = 0$ 围成的平面区域，则 $\iint\limits_{D} f(x^2 + y^2)\mathrm{d}\sigma$ 的极坐标二次积

分是_____.

（7）设 $D : x^2 + y^2 \le 4$ （$y \ge 0$），则 $\iint\limits_{D} \mathrm{d}x\mathrm{d}y =$ _____.

（8）设 D 由 $y = x, y = 2x, y = 1$ 围成，则 $\iint\limits_{D} \mathrm{d}x\mathrm{d}y =$ _____.

（9）设二重积分的积分区域 D 由式子 $1 \le x^2 + y^2 \le 4$ 表示，则 $\iint\limits_{D} \mathrm{d}x\mathrm{d}y =$ _____.

（10）二重积分 $\iint\limits_{\substack{0 \le x \le 1 \\ 0 \le y \le 1}} xy\mathrm{d}x\mathrm{d}y =$ _____.

（11）设 $D = \left\{ (x,y) \mid 0 \le x \le 1, 0 \le y \le 1 \right\}$，则 $\iint\limits_{D} xe^{-2y}\mathrm{d}x\mathrm{d}y =$ _____.

（12）若 D 是方形域 $|x| \le 1, |y| \le 1$，则 $\iint\limits_{D} (x^2 + y^2)\mathrm{d}\sigma =$ _____.

二、计算题.

（1）计算二重积分 $\iint\limits_{D} x \ln y \mathrm{d}x\mathrm{d}y$，其中 $D : 0 \le x \le 4, 1 \le y \le e$.

（2）求二重积分 $I = \iint\limits_{\substack{0 \leqslant x \leqslant \pi \\ 0 \leqslant y \leqslant \pi}} \sin^2 x \sin^2 y \mathrm{d}x\mathrm{d}y$.

（3）计算二重积分 $\iint\limits_D x\mathrm{d}x\mathrm{d}y$ ， D 是由曲线 $y = x^2$ 和 $y = x + 2$ 围成的区域.

（4）求 $\iint\limits_D \dfrac{\sin x}{x}\mathrm{d}x\mathrm{d}y$ ，其中 D 是由直线 $y = x$ ， $y = \dfrac{x}{2}$ 及 $x = 2$ 围成的区域.

（5）求 $\iint\limits_D xy\mathrm{d}x\mathrm{d}y$ ，其中 D 是由直线 $y = 2x$ ， $y = x$ 及 $x = 2$ 围成的区域.

（6）求二重积分 $\iint\limits_D x\mathrm{d}x\mathrm{d}y$ ，其中区域 D 是由直线 $y = x$ ， $y^2 = x$ 所围成.

（7）计算二重积分 $\iint\limits_D y\mathrm{d}x\mathrm{d}y$ ，其中区域 $D: 0 \leqslant y \leqslant 1$ ， $y^2 \leqslant x \leqslant y$.

（8）求二重积分 $\iint\limits_D (x + 2y)\mathrm{d}\sigma$ ， D 是由曲线 $y = x^2$ ， $y = x + 2$ 所围成的区域.

（9）求二重积分 $\iint\limits_D (1 - x - y)\mathrm{d}x\mathrm{d}y$ ，其中 D 是由 $x = 0$ ， $y = 0$ ， $x + y = 1$ 所围成的平面图形.

（10）求二重积分 $\iint\limits_D y\mathrm{d}\sigma$ ，其中 D 是由直线 $y = x$ ， $y = x - 1$ ， $y = 0$ 及 $y = 1$ 所围成的平面区域.

（11）计算二重积分 $I = \iint\limits_D f(x,y)\mathrm{d}\sigma$ ，其中

$$D: x^2 + y^2 \leqslant 4, f(x,y) = \begin{cases} 1, & x^2 + y^2 \leqslant 1, \\ xy^2, & 1 < x^2 + y^2 \leqslant 4. \end{cases}$$

（12）计算二重积分 $\iint\limits_D \ln(x^2 + y^2)\mathrm{d}x\mathrm{d}y$ ，其中 $D: \mathrm{e}^2 \leqslant x^2 + y^2 \leqslant \mathrm{e}^4$.

（13）求 $\iint\limits_D \mathrm{e}^{-(x^2+y^2)}\mathrm{d}x\mathrm{d}y$ ，其中 D 是圆域 $x^2 + y^2 \leqslant 25$.

（14）计算 $\iint\limits_D \dfrac{x}{y}\mathrm{d}x\mathrm{d}y$ ，设 $D = \left\{(x,y) \middle| x^2 + y^2 \leqslant 2ay, x \geqslant 0\right\}$.

（15）求二重积分 $\iint\limits_D \sqrt{x^2 + y^2}\mathrm{d}x\mathrm{d}y$ ，其中 D 是由 $x^2 + y^2 = 2y$ 围成.

（16）计算 $\iint\limits_D \left(\dfrac{y}{x}\right)^2 \mathrm{d}x\mathrm{d}y$ ，设 D 是由 $y = \sqrt{1 - x^2}$ ， $y = x$ ， $y = 0$ 围成的第一象限内的区域.

（17）计算 $\iint\limits_D \dfrac{\mathrm{d}x\mathrm{d}y}{\sqrt{4 - x^2 - y^2}}$ ，设 $D = \left\{(x,y) \middle| 1 \leqslant x^2 + y^2 \leqslant 2, y \geqslant 0\right\}$.

（18） $D: x^2 + y^2 \leqslant a^2$ （ $a > 0$ ），求 a 的值使 $\iint\limits_D \sqrt{a^2 - x^2 - y^2}\mathrm{d}x\mathrm{d}y = \pi$.

高
等
数
学
学
习
指
导
与
习
题
解
答
（
经
管
、
文
科
类
）

参考答案

一、（1）$0 \leqslant x \leqslant 1,\ 0 \leqslant y \leqslant x,\quad \int_0^1 \mathrm{d}y \int_y^1 f(x,y)\mathrm{d}x$；（2）$\int_0^1 \mathrm{d}y \int_{\mathrm{e}^y}^{\mathrm{e}} f(x,y)\mathrm{d}x$；

（3）$\int_0^1 \mathrm{d}y \int_0^{y^2} f(x,y)\mathrm{d}x$；（4）$\int_0^1 \mathrm{d}y \int_y^{\sqrt{y}} f(x,y)\mathrm{d}x$；（5）$\int_0^{2\pi} \mathrm{d}\theta \int_0^2 f(r\cos\theta, r\sin\theta)r\,\mathrm{d}r$；

（6）$\int_{\frac{\pi}{4}}^{\frac{\pi}{2}} \mathrm{d}\theta \int_0^{\sin\theta} f(r^2)r\,\mathrm{d}r$；（7）$2\pi$；（8）$\dfrac{1}{4}$；（9）$3\pi$；（10）$\dfrac{1}{4}$；（11）$\dfrac{1}{4}(1-\mathrm{e}^{-2})$；

（12）$\dfrac{8}{3}$．

二、（1）8；（2）$\dfrac{\pi^2}{4}$；（3）$\dfrac{9}{4}$；（4）$\dfrac{1}{2}(1-\cos 2)$；（5）6；（6）$\dfrac{1}{15}$；（7）$\dfrac{1}{12}$；（8）$\dfrac{333}{20}$；

（9）$\dfrac{1}{6}$；（10）$\dfrac{1}{2}$；（11）π；（12）$\pi\mathrm{e}^2(3\mathrm{e}^2-1)$；（13）$\pi(1-\mathrm{e}^{-25})$；（14）$a^2$；（15）$\dfrac{32}{9}$；

（16）$\dfrac{1}{2}-\dfrac{\pi}{8}$；（17）$(\sqrt{3}-\sqrt{2})\pi$；（18）$a=\sqrt[3]{\dfrac{3}{2}}$．

第10章　无穷级数

10.1　内容提要

10.1.1　数项级数的概念与性质

1. 概念

定义 10.1.1　给定数列 $u_1,u_2,u_3\cdots,u_n,\cdots$，则表达式 $\sum_{n=1}^{\infty}u_n$ 称为（数项）无穷级数，其中第 n 项 u_n 称为级数的一般项或通项. $S_n=\sum_{k=1}^{n}u_k$ 称为级数的前 n 次部分和.

要点：级数定义式 $\sum_{n=1}^{\infty}u_n=u_1+u_2+u_3+\cdots+u_n+\cdots$ 只是形式上的和式.

定义 10.1.2　如果级数 $\sum_{n=1}^{\infty}u_n$ 的部分和数列 $\{S_n\}$ 有极限 S，即 $\lim_{n\to\infty}S_n=S$，则称级数 $\sum_{n=1}^{\infty}u_n$ 收敛，S 称为级数的和，记作 $S=\sum_{n=1}^{\infty}u_n$，否则称级数发散.

要点：

（1）两个数列 $\{u_n\}$、$\{S_n\}$ 有如下关系：

$$S_n=u_1+u_2+\cdots+u_n;\quad u_n=S_n-S_{n-1}\ （n\geqslant2），\quad u_1=S_1.$$

（2）若级数 $\sum_{n=1}^{\infty}u_n$ 收敛，则称 $r_n=S-S_n=u_{n+1}+u_{n+2}+\cdots$ 为级数 $\sum_{n=1}^{\infty}u_n$ 的余项.

2. 性质

（1）若 k 为非零常数，则 $\sum_{n=1}^{\infty}u_n$ 与 $\sum_{n=1}^{\infty}ku_n$ 同敛散，且若前者收敛于 S，则后者收敛于 kS.

（2）若 $\sum_{n=1}^{\infty}u_n=S$，$\sum_{n=1}^{\infty}v_n=\sigma$，$k_1,k_2$ 为常数，则 $\sum_{n=1}^{\infty}(k_1u_n+k_2u_n)=k_1S+k_2\sigma$.

（3）级数前面加上或去掉有限项，级数的敛散性不变.（但一般来讲，收敛时其和要改变.）

（4）若 $\sum_{n=1}^{\infty}u_n$ 收敛，则 $\lim_{n\to\infty}u_n=0$.

（5）设 $\sum\limits_{n=1}^{\infty} u_n$ 为任意项级数，若 $\sum\limits_{n=1}^{\infty}|u_n|$ 收敛，则 $\sum\limits_{n=1}^{\infty} u_n$ 也收敛.

10.1.2　正项级数及其敛散性

1. 概念

若级数 $\sum\limits_{n=1}^{\infty} u_n$ 的每项都是非负的，即 $u_n \geqslant 0$，则称其为正项级数.

2. 正项级数的审敛法

定理 10.2.1　正项级数收敛的充分必要条件是它的部分和数列 $\{S_n\}$ 有界.

定理 10.2.2　（比较审敛法）设有两个正项级数 $\sum\limits_{n=1}^{\infty} u_n$ 和 $\sum\limits_{n=1}^{\infty} v_n$，且从某项起恒有 $u_n \leqslant v_n$.

（1）若 $\sum\limits_{n=1}^{\infty} v_n$ 收敛，则 $\sum\limits_{n=1}^{\infty} u_n$ 也收敛.

（2）若 $\sum\limits_{n=1}^{\infty} u_n$ 发散，则 $\sum\limits_{n=1}^{\infty} v_n$ 也发散.

定理 10.2.3　（比较审敛法的极限形式）设正项级数 $\sum\limits_{n=1}^{\infty} u_n$ 和 $\sum\limits_{n=1}^{\infty} v_n$ 满足

$$\lim_{n\to\infty}\frac{u_n}{v_n}=l \quad (0<l<+\infty,\ u_n\neq 0),$$

则级数 $\sum\limits_{n=1}^{\infty} u_n$ 和 $\sum\limits_{n=1}^{\infty} v_n$ 有相同的敛散性.（读者可考虑当 $l=0$ 和 $l=\infty$ 时可得什么结论.）

要点：用比较判别法或其极限形式判别正项级数的收敛性时，需要选取收敛性已知的正项级数与所给级数作比较，常用的比较级数有：

几何级数（等比级数）$(a>0)$ $\sum\limits_{n=1}^{\infty} au^n$　当 $0<u<1$ 时收敛；当 $u\geqslant 1$ 时发散.

p-级数 $\sum\limits_{n=1}^{\infty}\frac{1}{n^p}$　当 $p>1$ 时收敛，当 $p\leqslant 1$ 时发散.（当 $p=1$ 时称调和级数，$\sum\limits_{n=1}^{\infty}\frac{1}{n}$ 发散.）

定理 10.2.4　（比值审敛法）设 $\sum\limits_{n=1}^{\infty} u_n$ 为正项级数，如果 $\lim\limits_{n\to\infty}\frac{u_{n+1}}{u_n}=\rho$，则　（1）当 $\rho<1$ 时级数收敛；

（2）当 $\rho>1$（或 $\rho=\infty$）时级数发散；

（3）当 $\rho=1$ 时判别法失效.

10.1.3　任意项级数

1. 概念

任意项数　若级数 $\sum\limits_{n=1}^{\infty} u_n$ 的每项都是任意实数，则称之为任意项级数.

交错级数　若级数 $\sum\limits_{n=1}^{\infty} u_n$ 的各项都是正负交错的，则称之为交错级数.

一般设 $u_n \geqslant 0$ ，交错级数的一般形式为

$$u_1 - u_2 + u_3 - u_4 + \cdots + (-1)^{n-1} u_n + \cdots = \sum_{n=1}^{\infty} (-1)^{n-1} u_n .$$

2. 交错级数的审敛法（莱布尼茨审敛法）

定理 10.3.1　若交错级数 $\sum\limits_{n=1}^{\infty} (-1)^{n-1} u_n$ 满足：

（1）数列 $\{u_n\}$ 单调减少，即 $u_n \geqslant u_{n+1}$ （$n \in N$），

（2）$\lim\limits_{n \to \infty} u_n = 0$ ，

则级数 $\sum\limits_{n=1}^{\infty} (-1)^{n-1} u_n$ 收敛，且其和 $S \leqslant u_1$ ，其余项 r_n 的绝对值 $|r_n| \leqslant u_{n+1}$.

3. 绝对收敛与条件收敛

定义 10.3.1　如果级数 $\sum\limits_{n=1}^{\infty} |u_n|$ 收敛，则称级数 $\sum\limits_{n=1}^{\infty} u_n$ 绝对收敛；如果级数 $\sum\limits_{n=1}^{\infty} u_n$

收敛而级数 $\sum\limits_{n=1}^{\infty} |u_n|$ 发散，则称级数 $\sum\limits_{n=1}^{\infty} u_n$ 条件收敛.

要点：判断级数是绝对收敛还是条件收敛，通常先考察 $\sum\limits_{n=1}^{\infty} |u_n|$ 是否收敛.

10.1.4　幂级数

1. 概念

（1）**函数项级数**　如果级数的每一项均为定义在区间 (a,b) 上的函数 $u_n(x)$ ，则称级数

$$\sum_{n=1}^{\infty} u_n(x) = u_1(x) + u_2(x) + \cdots + u_n(x) + \cdots$$

为函数项级数.

（2）**幂级数**　形如

$$\sum_{n=0}^{\infty} a_n (x - x_0)^n = a_0 + a_1(x - x_0) + a_2(x - x_0)^2 + \cdots + a_n(x - x_0)^n + \cdots$$

的函数项级数称为关于 $(x - x_0)$ 的幂级数，其中常数 $a_0, a_1, \cdots, a_n, \cdots$ 称为幂级数的系数.

特别地，当 $x_0 = 0$ 时，即 $\displaystyle\sum_{n=0}^{\infty} a_n x^n = a_0 + a_1 x + a_2 x^2 + \cdots + a_n x^n + \cdots$ 称为关于 x 的幂级数.

（3）和函数　设 $S_n(x) = \displaystyle\sum_{i=1}^{n} u_i(x)$ 为函数项级数 $\displaystyle\sum_{n=1}^{\infty} u_n(x)$ 前 n 项部分和，若在收敛区间内每一点 x，都有 $\displaystyle\lim_{n \to \infty} S_n(x) = S(x)$，则称函数 $S(x)$ 为级数 $\displaystyle\sum_{n=1}^{\infty} u_n(x)$ 的和函数.

2. 幂级数的敛散性

定理 10.4.1（阿贝尔定理）　如果幂级数 $\displaystyle\sum_{n=0}^{\infty} a_n x^n$ 在 $x = x_0$（$x_0 \neq 0$）处收敛，则对所有满足 $|x| < |x_0|$ 的 x，该级数绝对收敛；对所有满足 $|x| > |x_0|$ 的 x，该幂级数发散.

要点：如果幂级数 $\displaystyle\sum_{n=0}^{\infty} a_n x^n$ 在 $x = x_0$（$x_0 \neq 0$）处收敛，则在开区间 $(-|x_0|, |x_0|)$ 内的任何点 x，幂级数都绝对收敛；如果幂级数 $\displaystyle\sum_{n=0}^{\infty} a_n x^n$ 在 $x = x_0$（$x_0 \neq 0$）处发散，则对闭区间 $[-|x_0|, |x_0|]$ 以外的所有点 x，该幂级数都发散. 因此，幂级数的收敛点是聚集在一起的.

3. 幂级数的收敛半径

定义 10.4.1　存在正数 R，若幂级数 $\displaystyle\sum_{n=0}^{\infty} a_n x^n$ 满足

（1）当 $|x| < R$ 时，$\displaystyle\sum_{n=0}^{\infty} a_n x^n$ 绝对收敛；

（2）当 $|x| > R$ 时，$\displaystyle\sum_{n=0}^{\infty} a_n x^n$ 发散；

（3）当 $x = -R$ 或 $x = R$ 时，$\displaystyle\sum_{n=0}^{\infty} a_n x^n$ 可能收敛也可能发散.

则称 R 为幂级数 $\displaystyle\sum_{n=0}^{\infty} a_n x^n$ 的收敛半径，由收敛点构成的区间为幂级数的收敛区间.

定理 10.4.2　设幂级数 $\displaystyle\sum_{n=0}^{\infty} a_n x^n$ 的系数满足 $\displaystyle\lim_{n \to \infty} \left| \frac{a_{n+1}}{a_n} \right| = \rho$，

（1）如果 $\rho \neq 0$，则 $R = \dfrac{1}{\rho}$；

（2）如果 $\rho = 0$，则 $R = +\infty$；

（3）如果 $\rho = +\infty$，则 $R = 0$.

要点：若要确定幂级数的收敛区间,还需判断 $x = \pm R$ 时幂级数是否收敛.

4. **幂级数的性质**

（1）幂级数的运算性质

设幂级数 $\sum\limits_{n=0}^{\infty} a_n x^n = S(x)$ 及 $\sum\limits_{n=0}^{\infty} b_n x^n = G(x)$ 的收敛半径分别是 R_1 和 R_2，令 $R = \min(R_1, R_2)$，则在 $(-R, R)$ 内有：

① 加（减）法 $\sum\limits_{n=0}^{\infty} a_n x^n \pm \sum\limits_{n=0}^{\infty} b_n x^n = \sum\limits_{n=0}^{\infty} (a_n \pm b_n) x^n = S(x) \pm G(x)$；

② 乘法

$$\sum_{n=0}^{\infty} a_n x^n \cdot \sum_{n=0}^{\infty} b_n x^n$$
$$= a_0 b_0 + (a_0 b_1 + a_1 b_0)x + (a_0 b_2 + a_1 b_1 + a_2 b_0)x^2 + \cdots + (a_0 b_n + a_1 b_{n-1} + \cdots + a_n b_0)x^n + \cdots$$
$$= \sum_{n=0}^{\infty} (a_0 b_n + a_1 b_{n-1} + \cdots + a_n b_0)x^n = S(x) \cdot G(x).$$

（2）幂级数的解析性质

设幂级数 $\sum\limits_{n=0}^{\infty} a_n x^n = S(x)$ 在 $(-R, R)$ 内收敛，则

① 在 $(-R, R)$ 内 $S(x)$ 是连续函数；

② $S(x)$ 在 $(-R, R)$ 内可导，且有逐项求导公式

$$S'(x) = \left(\sum_{n=0}^{\infty} a_n x^n\right)' = \sum_{n=0}^{\infty} (a_n x^n)' = n \sum_{n=0}^{\infty} a_n x^{n-1}；$$

③ $S(x)$ 在 $(-R, R)$ 内可积，且有逐项积分公式

$$\int_0^x S(x)\,\mathrm{d}x = \int_0^x \left(\sum_{n=0}^{\infty} a_n x^n\right) dx = \sum_{n=0}^{\infty} \int_0^x (a_n x^n)\,\mathrm{d}x = \sum_{n=0}^{\infty} \frac{a_n}{n+1} x^{n+1}.$$

逐项求导或逐项积分后的幂级数与原幂级数有相同的收敛半径，但在收敛区间的端点处，级数的收敛性可能会改变.

10.5　函数展开成幂级数

1. **直接展开法**

按幂级数的定义直接将函数展开为幂级数.

（1）求出 $f(x)$ 在 $x = 0$ 点的各阶导数值.

（2）作幂级数 $f(0) + f'(0)x + \dfrac{f''(0)}{2!}x^2 + \cdots + \dfrac{f^{(n)}(0)}{n!}x^n + \cdots$；并求出其收敛半

径 R；

（3）在收敛区间内考察余项 $R_n(x)$ 的极限

$$\lim_{n\to\infty} R_n(x) = \lim_{n\to\infty} \frac{f^{(n+1)}(\xi)}{(n+1)!} x^{n+1} \quad (\xi \text{为 0 与之间的某个值}).$$

若 $\lim\limits_{n\to\infty} R_n(x) = 0$，则 $f(x)$ 可展成幂级数，否则不能展成幂级数.

2. 间接展开法

通过已知的幂级数展式以及幂级数的性质将函数展开成幂级数.

常用的展式有

$$\frac{1}{1-x} = 1 + x + x^2 + \cdots + x^n + \cdots \quad (-1 < x < 1);$$

$$\frac{1}{1+x} = 1 - x + x^2 - x^3 + \cdots + (-1)^n x^n + \cdots \quad (-1 < x < 1);$$

$$\sin x = x - \frac{x^3}{3!} + \frac{x^5}{5!} - \frac{x^7}{7!} + \cdots + (-1)^{n-1} \frac{x^{2n-1}}{(2n-1)!} + \cdots \quad (-\infty < x < +\infty);$$

$$\cos x = 1 - \frac{x^2}{2!} + \frac{x^4}{4!} - \frac{x^6}{6!} + \cdots + (-1)^n \frac{x^{2n}}{(2n)!} + \cdots \quad (-\infty < x < +\infty);$$

$$e^x = 1 + x + \frac{x^2}{2!} + \cdots + \frac{x^n}{n!} + \cdots \quad (-\infty < x < +\infty).$$

10.2 典型例题解析

例 1 利用定义判别级数 $\sum\limits_{n=1}^{\infty} \dfrac{n}{(n+1)!}$ 的收敛性.

解 由 $u_n = \dfrac{n}{(n+1)!} = \dfrac{1}{n!} - \dfrac{1}{(n+1)!}$，得 $S_n = u_1 + u_2 + \cdots + u_n = 1 - \dfrac{1}{(n+1)!}$，

因此 $\lim\limits_{n\to\infty} S_n = \lim\limits_{n\to\infty} \left[1 - \dfrac{1}{(n+1)!} \right] = 1$　所以原级数收敛，其和 $S = 1$.

小结 求级数的前 n 项的和（部分和）S_n 时，利用了 $u_2, u_3, \cdots, u_{n-1}$ 可以相互抵消的特点.

例 2 判别级数 $\sum\limits_{n=1}^{\infty} \left(\dfrac{1}{n} - \dfrac{1}{2^n} \right)$ 的收敛性.

分析 此级数的通项 u_n 由两部分组成 $u_n = \dfrac{1}{n} - \dfrac{1}{2^n}$，前一部分为发散的调和级数 $\sum\limits_{n=1}^{\infty} \dfrac{1}{n}$ 的通项 $\dfrac{1}{n}$，后一部分为收敛的等比级数 $\sum\limits_{n=1}^{\infty} \dfrac{1}{2^n}$ 的通项 $\dfrac{1}{2^n}$，不能直接由级数

的性质判别 $\sum\limits_{n=1}^{\infty}\left(\dfrac{1}{n}-\dfrac{1}{2^n}\right)$ 的收敛性. 下面我们利用反证法来判别.

解 令 $u_n=\dfrac{1}{n}-\dfrac{1}{2^n}$，假设 $\sum\limits_{n=1}^{\infty}u_n$ 收敛，由前面所给级数的性质可知，级数 $\sum\limits_{n=1}^{\infty}\dfrac{1}{n}$ $=\sum\limits_{n=1}^{\infty}\left(u_n+\dfrac{1}{2^n}\right)$ 也收敛，这与调和级数 $\sum\limits_{n=1}^{\infty}\dfrac{1}{n}$ 是发散的相矛盾，所以级数 $\sum\limits_{n=1}^{\infty}\left(\dfrac{1}{n}-\dfrac{1}{2^n}\right)$ 发散.

小结 若 $\sum\limits_{n=1}^{\infty}u_n$ 收敛，$\sum\limits_{n=1}^{\infty}v_n$ 发散，则 $\sum\limits_{n=1}^{\infty}(u_n\pm v_n)$ 发散.

例 3 判别级数 $\sum\limits_{n=1}^{\infty}\dfrac{1}{\left(1+\dfrac{1}{n^2}\right)^n}$ 的收敛性.

解 因为 $\lim\limits_{n\to\infty}v_n=\lim\limits_{n\to\infty}\dfrac{1}{\left(1+\dfrac{1}{n^2}\right)^n}=1\ne 0$，所以由级数收敛的必要条件可知原级数为发散级数.

小结 判别常数项级数收敛性的一般方法是：先看一般项 u_n 当 $n\to\infty$ 时是否趋于零. 如果 $\lim\limits_{n\to\infty}u_n\ne 0$，则立即就能断定级数发散；如果 $\lim\limits_{n\to\infty}u_n=0$ 或 $\lim\limits_{n\to\infty}u_n$ 不易求时，再用级数敛散性的判别法进行判别.

例 4 判别正项级数 $\sum\limits_{n=1}^{\infty}\dfrac{1}{2^n+1}$ 的收敛性.

解 由比较审敛法，有 $u_n=\dfrac{1}{2^n+1}<\dfrac{1}{2^n}$，而等比级数 $\sum\limits_{n=1}^{\infty}\dfrac{1}{2^n}$ 是收敛的，所以原级数收敛.

例 5 判别正项级数 $\sum\limits_{n=1}^{\infty}\dfrac{n}{2n^3-1}$ 的收敛性.

解 利用比较审敛法的极限形式，因为

$$\lim_{n\to\infty}\frac{u_n}{\dfrac{1}{n^2}}=\lim_{n\to\infty}\frac{n^3}{2n^3-1}=\frac{1}{2}>0,$$

而 $\sum\limits_{n=1}^{\infty}\dfrac{1}{n^2}$ 是收敛的 p -级数，所以原级数收敛.

小结 如果级数的通项 u_n 为关于 n 的多项式之比，分子的次数小于分母的次数，而且次数之差大于 1，则级数 $\sum\limits_{n=1}^{\infty}u_n$ 收敛；若次数之差小于或等于 1，则级数

$\sum\limits_{n=1}^{\infty} u_n$ 发散.

例6 判别正项级数 $\sum\limits_{n=1}^{\infty} \dfrac{3^n n!}{n^n}$ 的收敛性.

解 因为 $\lim\limits_{n \to \infty} \dfrac{u_{n+1}}{u_n} = \lim\limits_{n \to \infty} \dfrac{3n^n}{(n+1)^n} = \lim\limits_{n \to \infty} \dfrac{3}{\left(1+\dfrac{1}{n}\right)^n} = \dfrac{3}{\mathrm{e}} > 1$，由比值审敛法可知所

给级数 $\sum\limits_{n=1}^{\infty} \dfrac{3^n n!}{n^n}$ 发散.

小结 若通项中含有指数函数或阶乘运算时，一般采用比值审敛法. 但是当 $\lim\limits_{n \to \infty} \dfrac{u_{n+1}}{u_n} = 1$ 时此法失效.

例7 判别下列级数是否收敛，若收敛是绝对收敛还是条件收敛？

（1） $\sum\limits_{n=1}^{\infty} (-1)^{n+1}(\mathrm{e}^{\frac{1}{n}} - 1)$； （2） $\sum\limits_{n=1}^{\infty} (-1)^{n-1} \dfrac{1}{n^p}$.

解 （1）利用比较审敛法的极限形式，因为

$$\lim_{n \to \infty} \dfrac{|a_n|}{\dfrac{1}{n}} = \lim_{n \to \infty} \dfrac{\mathrm{e}^{\frac{1}{n}} - 1}{\dfrac{1}{n}} = \lim_{n \to \infty} \dfrac{(\mathrm{e}^{\frac{1}{n}} - 1)'}{\left(\dfrac{1}{n}\right)'} = 1 > 0，所以级数 \sum_{n=1}^{\infty} |a_n| 发散.$$

又由莱布尼兹审敛法，因为

$$u_n = \mathrm{e}^{\frac{1}{n}} - 1 > \mathrm{e}^{\frac{1}{n+1}} - 1 = u_{n+1}，\quad \lim_{n \to \infty}(\mathrm{e}^{\frac{1}{n}} - 1) = 0.$$

故所给级数条件收敛.

（2）因为 $\sum\limits_{n=1}^{\infty} |u_n|$ 为 p-级数 $\sum\limits_{n=1}^{\infty} \dfrac{1}{n^p}$，由其收敛性可知：

当 $p > 1$ 时，原级数绝对收敛；

当 $0 < p \leqslant 1$ 时，$\sum\limits_{n=1}^{\infty} \dfrac{1}{n^p}$ 发散. 又 $|u_n| = \dfrac{1}{n^p} > \dfrac{1}{(n+1)^p} = |u_{n+1}|$，$\lim\limits_{n \to \infty} \dfrac{1}{n^p} = 0$，于是原级数条件收敛；

当 $p \leqslant 0$ 时，$\lim\limits_{n \to \infty} \dfrac{1}{n^p} \neq 0$，由级数收敛的必要条件可知原级数是发散的.

综上所述：级数 $\sum\limits_{n=1}^{\infty} (-1)^{n-1} \dfrac{1}{n^p}$ $\begin{cases} 绝对收敛 & 当 p > 1 时，\\ 条件收敛 & 当 0 < p \leqslant 1 时，\\ 发散 & 当 p \leqslant 0 时. \end{cases}$

例8 求幂级数 $\sum\limits_{n=1}^{\infty} \dfrac{x^{n-1}}{n 2^n}$ 的收敛半径和收敛区间.

解 由于 $\rho = \lim\limits_{n\to\infty} |\frac{a_{n+1}}{a_n}| = \lim\limits_{n\to\infty} \frac{n2^n}{(n+1)2^{n+1}} = \frac{1}{2}$，可知收敛半径 $R = \frac{1}{\rho} = 2$．

当 $x = -2$ 时，原级数变为收敛的交错级数 $\sum\limits_{n=1}^{\infty} (-1)^{n-1} \frac{1}{2n}$；

当 $x = 2$ 时，原级数变为级数 $\sum\limits_{n=1}^{\infty} \frac{1}{2n}$，发散．

因此原级数的收敛区间为 $[-2, 2)$．

例 9 求幂级数 $\sum\limits_{n=1}^{\infty} \frac{(x-3)^n}{n3^n}$ 的收敛半径和收敛区间．

解 令 $t = x - 3$，原级数化为 $\sum\limits_{n=1}^{\infty} \frac{t^n}{n3^n}$，因为 $\rho = \lim\limits_{n\to\infty} |\frac{a_{n+1}}{a_n}| = \lim\limits_{n\to\infty} \frac{n3^n}{(n+1)3^{n+1}} = \frac{1}{3}$，

可知收敛半径 $R = \frac{1}{\rho} = 3$．

当 $t = -3$，即 $x = 0$ 时，原级数变为收敛的交错级数 $\sum\limits_{n=1}^{\infty} (-1)^n \frac{1}{n}$；

当 $t = 3$，即 $x = 6$ 时，原级数变为调和级数 $\sum\limits_{n=1}^{\infty} \frac{1}{n}$，发散．

因此原级数的收敛区间为 $[0, 6)$．

小结 对幂级数的一般形式 $\sum\limits_{n=1}^{\infty} a_n(x-x_0)^n$，先作代换 $t = x - x_0$，化为 $\sum\limits_{n=1}^{\infty} a_n t^n$ 形式，再求收敛区间．

例 10 将函数 $f(x) = \frac{1}{x}$ 展开成 $(x-3)$ 的幂级数．

解 $f(x) = \frac{1}{x} = \frac{1}{3} \cdot \frac{1}{1 + \frac{x-3}{3}} = \frac{1}{3} \sum\limits_{n=0}^{\infty} (-1)^n \left(\frac{x-3}{3}\right)^n = \sum\limits_{n=0}^{\infty} (-1)^n \frac{(x-3)^n}{3^{n+1}}$（$0 < x < 6$）．

小结 函数展开为幂级数常采用"间接展开法"，要求熟记常用的展式．

例 11 求下列幂级数的和函数：

（1）$\sum\limits_{n=1}^{\infty} n(n+1)x^n$ $(-1, 1)$； （2）$\sum\limits_{n=1}^{\infty} \frac{2n+1}{n!} x^{2n}$ $(-\infty, +\infty)$．

解 （1）

（法一）$S(x) = \sum\limits_{n=1}^{\infty} n(n+1)x^n = x\left[\sum\limits_{n=1}^{\infty} n(n+1)x^{n-1}\right] = x\left[\sum\limits_{n=1}^{\infty} (n+1)x^n\right]'$

$= x\left(\sum\limits_{n=1}^{\infty} x^{n+1}\right)'' = x\left(\frac{x^2}{1-x}\right)'' = \frac{2x}{(1-x)^3}$ $(-1, 1)$；

（法二）$S(x) = \sum_{n=1}^{\infty} n(n+1)x^n = \sum_{n=1}^{\infty}(n+1)[(n+2)-2]x^n$

$$= \sum_{n=1}^{\infty}(n+1)(n+2)x^n - 2\sum_{n=1}^{\infty}(n+1)x^n$$

$$= \left[\sum_{n=1}^{\infty}(n+2)x^{n+1}\right]' - 2\left(\sum_{n=1}^{\infty}x^{n+1}\right)'$$

$$= \left(\sum_{n=1}^{\infty}x^{n+2}\right)'' - 2\left(\frac{x^2}{1-x}\right)' = \left(\frac{x^3}{1-x}\right)'' - 2\left(\frac{x^2}{1-x}\right)' = \frac{2x}{(1-x)^3} \quad (|x|<1).$$

（2）设 $f(x) = \sum_{n=1}^{\infty}\frac{2n+1}{n!}x^{2n} \quad (-\infty < x < +\infty)$.

两边从 0 到 x 积分，得

$$\int_0^x f(x)\mathrm{d}x = \sum_{n=1}^{\infty}\frac{2n+1}{n!}\int_0^x x^{2n}\mathrm{d}x = \sum_{n=1}^{\infty}\frac{1}{n!}x^{2n+1} = x\sum_{n=1}^{\infty}\frac{1}{n!}x^{2n}$$

$$= x\left(\sum_{n=0}^{\infty}\frac{x^{2n}}{n!} - 1\right) = x(\mathrm{e}^{x^2}-1),$$

两边再求导，得

$$f(x) = \sum_{n=1}^{\infty}\frac{2n+1}{n!}x^{2n} = [x(\mathrm{e}^{x^2}-1)]' = (2x^2+1)\mathrm{e}^{x^2}-1 \quad (-\infty < x < +\infty).$$

小结 解这类题目时，往往需要先逐项求导，后积分；或先逐项积分，后求导．因此，事先应有所估计，从而使得经过逐项求导或逐项积分所得的新级数更易于求和．

10.3 习题选解

习题 10.1

1．写出下列级数的一般项：

（1）$1 - \frac{1}{3} + \frac{1}{5} - \frac{1}{7} + \cdots$；

（2）$\frac{3}{2} + \frac{4}{2^2} + \frac{5}{2^3} + \frac{6}{2^4} + \cdots$；

（3）$\frac{\sqrt{x}}{2} + \frac{x}{2\cdot 4} + \frac{x\sqrt{x}}{2\cdot 4\cdot 6} + \frac{x^2}{2\cdot 4\cdot 6\cdot 8} + \cdots$；

（4）$\frac{a^2}{3} - \frac{a^3}{5} + \frac{a^4}{7} - \frac{a^5}{9} + \cdots$.

解 （1）$(-1)^{n-1}\frac{1}{2n-1}$；（2）$\frac{n+2}{2^n}$；（3）$\frac{x^{\frac{n}{2}}}{(2n)!!}$；（4）$(-1)^{n-1}\frac{a^{n+1}}{2n+1}$.

2．根据级数收敛、发散的定义判别下列级数的敛散性：

(1) $\sum\limits_{n=1}^{\infty}\dfrac{1}{\sqrt{n+1}+\sqrt{n}}$;

(2) $\dfrac{1}{1\cdot3}+\dfrac{1}{3\cdot5}+\dfrac{1}{5\cdot7}+\cdots+\dfrac{1}{(2n-1)\cdot(2n+1)}+\cdots$.

解 （1）因为 $u_n=\dfrac{1}{\sqrt{n+1}+\sqrt{n}}=\sqrt{n+1}-\sqrt{n}$ ， $S_n=\sqrt{2}-1+\sqrt{3}-\sqrt{2}+\cdots$

$+\sqrt{n-1}-\sqrt{n}+\sqrt{n+1}-\sqrt{n}=\sqrt{n+1}-1$ ， $\lim\limits_{n\to\infty}S_n=\lim\limits_{n\to\infty}\sqrt{n-1}-1=\infty$ ，则级数发散；

（2）因为 $u_n=\dfrac{1}{2}\left(\dfrac{1}{2n-1}-\dfrac{1}{2n+1}\right)$ ，

$S_n=\dfrac{1}{2}\left(\dfrac{1}{1}-\dfrac{1}{3}\right)+\dfrac{1}{2}\left(\dfrac{1}{3}-\dfrac{1}{5}\right)+\ \ +\dfrac{1}{2}\left(\dfrac{1}{2n-1}-\dfrac{1}{2n+1}\right)=\dfrac{1}{2}\left(1-\dfrac{1}{2n+1}\right)$ ，

$\lim\limits_{n\to\infty}S_n=\lim\limits_{n\to\infty}\dfrac{1}{2}\left(1-\dfrac{1}{2n+1}\right)=\dfrac{1}{2}$ ，级数收敛.

3. 判别下列级数的敛散性：

(1) $-\dfrac{8}{9}+\dfrac{8^2}{9^2}-\dfrac{8^3}{9^3}+\cdots$;

(2) $\dfrac{1}{3}+\dfrac{1}{6}+\dfrac{1}{9}+\dfrac{1}{12}+\dfrac{1}{15}+\cdots$;

(3) $\dfrac{3}{2}+\dfrac{3^2}{2^2}+\dfrac{3^3}{2^3}+\dfrac{3^4}{2^4}+\cdots$;

(4) $\left(\dfrac{1}{2}+\dfrac{1}{3}\right)+\left(\dfrac{1}{2^2}+\dfrac{1}{3^2}\right)+\left(\dfrac{1}{2^3}+\dfrac{1}{3^3}\right)+\cdots$.

(5) $\sum\limits_{n=1}^{\infty}\dfrac{(n-1)^2}{n^3}$;

(6) $\cos\dfrac{\pi}{3}+\cos\dfrac{\pi}{4}+\cos\dfrac{\pi}{5}+\cdots$;

(7) $\sum\limits_{n=1}^{\infty}\dfrac{n-\sqrt{n}}{2n+1}$;

(8) $\sum\limits_{n=1}^{\infty}\dfrac{1}{\sqrt[n]{3}}$;

(9) $\sum\limits_{n=1}^{\infty}\dfrac{4^{n+1}-3^n}{6^n}$;

(10) $\sum\limits_{n=1}^{\infty}\left(\dfrac{1}{n}-\dfrac{1}{2^n}\right)$;

(11) $\sum\limits_{n=1}^{\infty}\dfrac{n}{3n-1}$;

(12) $\sum\limits_{n=1}^{\infty}\dfrac{n^2+2}{2n^2+1}$.

解

（1）收敛；（2）发散；（3）发散；（4）收敛；（5）发散；（6）发散；（7）发散；（8）发散；（9）收敛；（10）发散；（11）发散；（12）发散.

4. 已知级数 $\sum\limits_{n=1}^{\infty}(u_n+v_n)$ 收敛，判别下列结论是否正确：

（1） $\sum\limits_{n=1}^{\infty}u_n$ 与 $\sum\limits_{n=1}^{\infty}v_n$ 均收敛；

（2） $\sum\limits_{n=1}^{\infty}u_n$ 与 $\sum\limits_{n=1}^{\infty}v_n$ 至少有一个收敛；

（3） $\sum\limits_{n=1}^{\infty}u_n$ 与 $\sum\limits_{n=1}^{\infty}v_n$ 或者同时收敛，或者同时发散；

(4) $\displaystyle\sum_{n=1}^{\infty}(u_n+v_n)=\sum_{n=1}^{\infty}u_n+\sum_{n=1}^{\infty}v_n$.

解 （1）错误；（2）错误；（3）正确；（4）错误.

5. 设级数 $\displaystyle\sum_{n=1}^{\infty}u_n$ 满足条件：（1） $\displaystyle\lim_{n\to\infty}u_n=0$ ；（2） $\displaystyle\sum_{n=1}^{\infty}u_{2n}$ 收敛，判断 $\displaystyle\sum_{n=1}^{\infty}u_n$ 是否收敛，并证明你的结论.

证明 收敛.

$\displaystyle\lim_{n\to\infty}u_n=0$ ， $\displaystyle\sum_{n=1}^{\infty}u_{2n}$ 收敛，即 $\displaystyle\lim_{m\to\infty}S_{2m}$ 存在， $S_n=\begin{cases}S_{2m}, & n=2m,\\ S_{2m}+u_{2m+1}, & n=2m+1,\end{cases}$

$\displaystyle\lim_{m\to\infty}(S_{2m}+u_{2m+1})=\lim_{m\to\infty}S_{2m}+\lim_{m\to\infty}u_{2m+1}=\lim_{m\to\infty}S_{2m}+0$ ，证毕.

6. 已知级数 $\displaystyle\sum_{n=1}^{\infty}u_n$ 收敛，且其和为 S ，证明：

(1) 级数 $\displaystyle\sum_{n=1}^{\infty}(u_n+u_{n+2})$ 收敛，且其和为 $2S-u_1-u_2$ ；

(2) 级数 $\displaystyle\sum_{n=1}^{\infty}\left(u_n+\frac{1}{n}\right)$ 发散.

证明

(1) $\displaystyle\sum_{n=1}^{\infty}(u_n+u_{n+2})=\sum_{n=1}^{\infty}u_n+\sum_{n=1}^{\infty}u_{n+2}$ ， $\displaystyle\sum_{n=1}^{\infty}u_n$ 收敛，和为 S ， $\displaystyle\sum_{n=1}^{\infty}u_{n+2}=u_3+u_4+\cdots+u_n+\cdots$ ，

亦收敛，和为 $S-u_1-u_2$ ，由数项级数的性质得级数 $\displaystyle\sum_{n=1}^{\infty}(u_n+u_{n+2})$ 收敛，且其和为 $2S-u_1-u_2$ ；

(2) $\displaystyle\sum_{n=1}^{\infty}\left(u_n+\frac{1}{n}\right)=\sum_{n=1}^{\infty}u_n+\sum_{n=1}^{\infty}\frac{1}{n}$ ，已知 $\displaystyle\sum_{n=1}^{\infty}u_n$ 收敛，假设 $\displaystyle\sum_{n=1}^{\infty}\left(u_n+\frac{1}{n}\right)$ 收敛，则级数

$\displaystyle\sum_{n=1}^{\infty}\frac{1}{n}=\sum_{n=1}^{\infty}\left(u_n+\frac{1}{n}\right)-\sum_{n=1}^{\infty}u_n$ 收敛，但是 $\displaystyle\sum_{n=1}^{\infty}\frac{1}{n}$ 为调和级数，发散，产生矛盾，所以假设不成立， $\displaystyle\sum_{n=1}^{\infty}\left(u_n+\frac{1}{n}\right)$ 发散.

习题 10.2

1. 用比较审敛法或其极限形式判别下列级数的敛散性：

(1) $\displaystyle\sum_{n=1}^{\infty}\frac{1}{\sqrt{n^2-n}}$ ；

(2) $\displaystyle\sum_{n=1}^{\infty}\frac{n}{\sqrt{1+n^5}}$ ；

(3) $\displaystyle\sum_{n=1}^{\infty}\frac{1}{2n-1}$ ；

(4) $\displaystyle\sum_{n=1}^{\infty}\frac{1+n}{1+n^2}$ ；

(5) $\displaystyle\sum_{n=1}^{\infty}\frac{1}{(n+1)(n+4)}$ ；

(6) $\displaystyle\sum_{n=1}^{\infty}\sin\frac{\pi}{2^n}$ ；

（7）$\displaystyle\sum_{n=1}^{\infty}\left(\tan\frac{\pi}{n}\right)^{2}$；

（8）$\displaystyle\sum_{n=1}^{\infty}\frac{1}{\sqrt{n+1}}\sin\frac{1}{n}$；

（9）$\displaystyle\sum_{n=1}^{\infty}\left(\sqrt[3]{1+\frac{1}{n^{2}}}-1\right)$；

（10）$\displaystyle\sum_{n=1}^{\infty}\frac{1}{1+a^{n}}$（$a>0$）；

（11）$\displaystyle\sum_{n=1}^{\infty}\frac{3}{2n^{2}-n}$；

（12）$\displaystyle\sum_{n=1}^{\infty}\frac{\ln n}{n^{2}}$.

解

（1）$u_{n}=\dfrac{1}{\sqrt{n^{2}-n}}>\dfrac{1}{n}$，$\displaystyle\sum_{n=1}^{\infty}\frac{1}{n}$发散，则$\displaystyle\sum_{n=1}^{\infty}\frac{1}{\sqrt{n^{2}-n}}$发散；

（2）$\dfrac{n}{\sqrt{1+n^{5}}}<\dfrac{n}{\sqrt{n^{5}}}=\dfrac{1}{n^{\frac{3}{2}}}$，$\displaystyle\sum_{n=1}^{\infty}\frac{1}{n^{\frac{3}{2}}}$为 p-级数，收敛，则$\displaystyle\sum_{n=1}^{\infty}\frac{n}{\sqrt{1+n^{5}}}$收敛；

（3）$\dfrac{1}{2n-1}>\dfrac{1}{2n}$，$\displaystyle\sum_{n=1}^{\infty}\frac{1}{2n}$发散，则$\displaystyle\sum_{n=1}^{\infty}\frac{1}{2n-1}$发散；

（4）$u_{n}=\dfrac{1+n}{1+n^{2}}$，$v_{n}=\dfrac{1}{n}$，$\displaystyle\lim_{n\to\infty}\frac{u_{n}}{v_{n}}=\lim_{n\to\infty}\frac{n+n^{2}}{1+n^{2}}=1$，$\displaystyle\sum_{n=1}^{\infty}\frac{1}{n}$发散，则$\displaystyle\sum_{n=1}^{\infty}\frac{1+n}{1+n^{2}}$发散；

（5）$u_{n}=\dfrac{1}{(n+1)(n+4)}$，$v_{n}=\dfrac{1}{n^{2}}$，$\displaystyle\lim_{n\to\infty}\frac{u_{n}}{v_{n}}=\lim_{n\to\infty}\frac{n^{2}}{n^{2}+5n+4}=1$，$\displaystyle\sum_{n=1}^{\infty}\frac{1}{n^{2}}$收敛，则

$\displaystyle\sum_{n=1}^{\infty}\frac{1}{(n+1)(n+4)}$收敛；

（6）$u_{n}=\sin\dfrac{\pi}{2^{n}}$，$v_{n}=\dfrac{1}{2^{n}}$，$\displaystyle\lim_{n\to\infty}\frac{u_{n}}{v_{n}}=\lim_{n\to\infty}\frac{\sin\dfrac{\pi}{2^{n}}}{\dfrac{1}{2^{n}}}=\pi$，等比级数$\displaystyle\sum_{n=1}^{\infty}\frac{1}{2^{n}}$收敛，则$\displaystyle\sum_{n=1}^{\infty}\sin\frac{\pi}{2^{n}}$

收敛；

（7）收敛；提示：$\left(\tan\dfrac{\pi}{n}\right)^{2}\sim\dfrac{\pi^{2}}{n^{2}}$（$n\to\infty$）；

（8）收敛；提示：$0<\dfrac{1}{\sqrt{n+1}}\sin\dfrac{1}{n}<\dfrac{1}{n\sqrt{n+1}}$；

（9）收敛；提示：$\sqrt[3]{1+\dfrac{1}{n^{2}}}-1\sim\dfrac{1}{3n^{2}}$（$n\to\infty$）；

（10）$0<a\leqslant1$时发散，$a>1$时收敛；

提示：$0<a\leqslant1$时，$\dfrac{1}{1+a^{n}}\geqslant\dfrac{1}{2}$；$a>1$时，$\dfrac{1}{1+a^{n}}<\dfrac{1}{a^{n}}=\left(\dfrac{1}{a}\right)^{n}$；

（11）$u_{n}=\dfrac{n}{2n^{2}-n}$，$v_{n}=\dfrac{1}{n}$，$\displaystyle\lim_{n\to\infty}\frac{u_{n}}{v_{n}}=\lim_{n\to\infty}\frac{n^{2}}{2n^{2}-n}=\frac{1}{2}$，$\displaystyle\sum_{n=1}^{\infty}\frac{1}{n}$发散，则$\displaystyle\sum_{n=1}^{\infty}\frac{3}{2n^{2}-n}$发散；

（12）设 $u_n = \dfrac{\ln n}{n^2}$，$v_n = \dfrac{1}{n} - \dfrac{1}{n^2}$，$\lim\limits_{n\to\infty} \dfrac{u_n}{v_n} = \lim\limits_{n\to\infty} \dfrac{\ln(n-1+1)n^2}{n^2(n-1)} = \lim\limits_{n\to\infty} \dfrac{\ln(n-1+1)}{(n-1)} = 1$，$\sum\limits_{n=1}^{\infty} v_n$

发散，则 $\sum\limits_{n=1}^{\infty} \dfrac{\ln n}{n^2}$ 发散.

2. 用比值审敛法或根值审敛法判别下列级数的敛散性：

（1）$\sum\limits_{n=1}^{\infty} \dfrac{2n-1}{3^n}$；

（2）$\sum\limits_{n=1}^{\infty} \dfrac{a^n}{n!}$（$a>0$）；

（3）$\sum\limits_{n=1}^{\infty} \dfrac{n!}{2^n+1}$；

（4）$\sum\limits_{n=1}^{\infty} \dfrac{n!2^n}{n^n}$；

（5）$\sum\limits_{n=1}^{\infty} \dfrac{(2n-1)!}{2^n \cdot n!}$；

（6）$\sum\limits_{n=1}^{\infty} \dfrac{1}{\left[\ln(n+1)\right]^n}$；

（7）$\sum\limits_{n=1}^{\infty} \left(\dfrac{n}{2n+1}\right)^n$；

（8）$\sum\limits_{n=1}^{\infty} \dfrac{1}{3^n}\left(\dfrac{n+1}{n}\right)^{n^2}$；

（9）$\sum\limits_{n=1}^{\infty} \dfrac{2^n}{n+3}x^{2n}$；

（10）$\sum\limits_{n=1}^{\infty} \dfrac{1}{n^2}x^n$.

解

（1）级数 $\sum\limits_{n=1}^{\infty} \dfrac{2n-1}{3^n}$，$\lim\limits_{n\to\infty} \dfrac{u_{n+1}}{u_n} = \lim\limits_{n\to\infty} \dfrac{(2n+1)3^n}{(2n-1)3^{n+1}} = \dfrac{1}{3}$，级数收敛；

（2）级数 $\sum\limits_{n=1}^{\infty} \dfrac{a^n}{n!}$（$a>0$），$\lim\limits_{n\to\infty} \dfrac{u_{n+1}}{u_n} = \lim\limits_{n\to\infty} \dfrac{a^{n+1}n!}{a^n(n+1)!} = 0$，级数收敛；

（3）级数 $\sum\limits_{n=1}^{\infty} \dfrac{n!}{2^n+1}$，$\lim\limits_{n\to\infty} \dfrac{u_{n+1}}{u_n} = \lim\limits_{n\to\infty} \dfrac{(n+1)!(2^{n+1}+1)}{n!(2^n+1)} = \infty$，级数发散；

（4）级数 $\sum\limits_{n=1}^{\infty} \dfrac{n!2^n}{n^n}$，$\lim\limits_{n\to\infty} \dfrac{u_{n+1}}{u_n} = \lim\limits_{n\to\infty} \dfrac{(n+1)!2^{n+1}n^n}{n!2^n(n+1)^{n+1}} = \dfrac{2}{e} < 1$，级数收敛；

（5）级数 $\sum\limits_{n=1}^{\infty} \dfrac{(2n-1)!}{2^n \cdot n!}$，$\lim\limits_{n\to\infty} \dfrac{u_{n+1}}{u_n} = \lim\limits_{n\to\infty} \dfrac{(2n+1)!n!2^n}{(2n-1)!(n+1)!2^{n+1}} = \infty$，级数发散；

（6）级数 $\sum\limits_{n=1}^{\infty} \dfrac{1}{\left[\ln(n+1)\right]^n}$，$\lim\limits_{n\to\infty} \dfrac{u_{n+1}}{u_n} = \lim\limits_{n\to\infty} \dfrac{\left[\ln(n+1)\right]^n}{\left[\ln(n+2)\right]^{n+1}} = \lim\limits_{n\to\infty} \dfrac{n^n}{(n+1)^{n+1}} = 0$，级数收敛；

（7）级数 $\sum\limits_{n=1}^{\infty} \left(\dfrac{n}{2n+1}\right)^n$，$\lim\limits_{n\to\infty} \sqrt[n]{u_n} = \lim\limits_{n\to\infty} \left(\dfrac{n}{2n+1}\right) = \dfrac{1}{2}$，级数收敛；

（8）级数 $\sum\limits_{n=1}^{\infty} \dfrac{1}{3^n}\left(\dfrac{n+1}{n}\right)^{n^2}$，$\lim\limits_{n\to\infty} \sqrt[n]{u_n} = \lim\limits_{n\to\infty} \dfrac{1}{3}\left(\dfrac{n+1}{n}\right)^n = \dfrac{1}{3}e$，级数收敛；

（9）级数 $\sum\limits_{n=1}^{\infty} \dfrac{2^n}{n+3}x^{2n}$，$\lim\limits_{n\to\infty} \dfrac{u_{n+1}}{u_n} = \lim\limits_{n\to\infty} \dfrac{2^{n+1}x^{2n+2}(n+3)}{2^n x^{2n}(n+4)} = 2x^2$，当 $|x| < \dfrac{1}{\sqrt{2}}$ 时收敛，其

他发散；

（10）级数 $\sum\limits_{n=1}^{\infty}\dfrac{1}{n^2}x^n$，$\lim\limits_{n\to\infty}\dfrac{u_{n+1}}{u_n}=\lim\limits_{n\to\infty}\dfrac{x^{n+1}n^2}{x^n(n+1)^2}=x$，当 $x\leqslant 1$ 时级数收敛，当 $x>1$ 时级数发散.

3. 判别下列结论是否正确：

（1）正项级数 $\sum\limits_{n=1}^{\infty}u_n$ 收敛，是级数 $\sum\limits_{n=1}^{\infty}u_n^2$ 收敛的充分必要条件；

（2）若 $\lim\limits_{n\to\infty}\dfrac{u_n}{v_n}=1$，则 $\sum\limits_{n=1}^{\infty}u_n$ 与 $\sum\limits_{n=1}^{\infty}v_n$ 同时收敛或同时发散；

（3）若 $\dfrac{u_{n+1}}{u_n}<1$，则正项级数 $\sum\limits_{n=1}^{\infty}u_n$ 收敛；

（4）若 $\dfrac{u_{n+1}}{u_n}>1$，则正项级数 $\sum\limits_{n=1}^{\infty}u_n$ 必发散；

（5）若正项级数 $\sum\limits_{n=1}^{\infty}u_n$ 收敛，则必有 $\lim\limits_{n\to\infty}\sqrt[n]{u_n}<1$.

解

（1）错误，如 $\sum\limits_{n=1}^{\infty}\dfrac{1}{n}$，$\sum\limits_{n=1}^{\infty}\dfrac{1}{n^2}$；

（2）错误，如 $\sum\limits_{n=1}^{\infty}\left((-1)^n\dfrac{1}{\sqrt{n}}+\dfrac{1}{n}\right)$，$\sum\limits_{n=1}^{\infty}(-1)^n\dfrac{1}{\sqrt{n}}$，$\lim\limits_{n\to\infty}\dfrac{(-1)^n\dfrac{1}{\sqrt{n}}+\dfrac{1}{n}}{(-1)^n\dfrac{1}{\sqrt{n}}}=1$，但 $\sum\limits_{n=1}^{\infty}\left((-1)^n\dfrac{1}{\sqrt{n}}+\dfrac{1}{n}\right)$ 发散，$\sum\limits_{n=1}^{\infty}(-1)^n\dfrac{1}{\sqrt{n}}$ 收敛；

（3）错误，如正项级数 $\sum\limits_{n=1}^{\infty}\dfrac{1}{n}$，$\dfrac{u_{n+1}}{u_n}=\dfrac{n}{n+1}<1$，但 $\sum\limits_{n=1}^{\infty}\dfrac{1}{n}$ 发散；

（4）正确，实因 $u_{n+1}>u_n$，$S_n>nu_1\to\infty$；

（5）错误，如正项级数 $\sum\limits_{n=1}^{\infty}\dfrac{1}{n^2}$ 收敛，但 $u_n=\dfrac{1}{n^2}$，$\lim\limits_{n\to\infty}\sqrt[n]{u_n}=1$.

4. 判别下列级数的敛散性：

（1）$\sum\limits_{n=1}^{\infty}n\left(\dfrac{3}{4}\right)^n$；

（2）$\sum\limits_{n=1}^{\infty}\dfrac{n^4}{n!}$；

（3）$\sum\limits_{n=1}^{\infty}\dfrac{n+1}{n(n+2)}$；

（4）$\sum\limits_{n=1}^{\infty}2^n\sin\dfrac{2\pi}{n^n}$；

（5）$\sum\limits_{n=1}^{\infty}\sqrt{\dfrac{n+1}{n}}$；

（6）$\sum\limits_{n=1}^{\infty}\dfrac{1}{na+b}$（$a>0$，$b>0$）.

解 （1）级数 $\displaystyle\sum_{n=1}^{\infty} n\left(\dfrac{3}{4}\right)^n$ ， $\displaystyle\lim_{n\to\infty}\dfrac{u_{n+1}}{u_n}=\lim_{n\to\infty}\dfrac{(n+1)\left(\dfrac{3}{4}\right)^{n+1}}{n\left(\dfrac{3}{4}\right)^n}=\dfrac{3}{4}$ ，级数收敛；

（2）级数 $\displaystyle\sum_{n=1}^{\infty}\dfrac{n^4}{n!}$ ， $\displaystyle\lim_{n\to\infty}\dfrac{u_{n+1}}{u_n}=\lim_{n\to\infty}\dfrac{(n+1)^4 n!}{(n+1)! n^4}=0$ ，级数收敛；

（3）级数 $\displaystyle\sum_{n=1}^{\infty}u_n=\sum_{n=1}^{\infty}\dfrac{n+1}{n(n+2)}$ ， $\displaystyle\sum_{n=1}^{\infty}v_n=\sum_{n=1}^{\infty}\dfrac{1}{n}$ ， $\displaystyle\lim_{n\to\infty}\dfrac{u_n}{v_n}=\lim_{n\to\infty}\dfrac{n+1}{n+2}=1$ ， $\displaystyle\sum_{n=1}^{\infty}v_n$ 发散，则

级数发散；

（4）收敛；提示： $2^n\sin\dfrac{2\pi}{n^n}\leqslant\dfrac{2^n}{n^n}=\left(\dfrac{2}{n}\right)^n$ ， $\displaystyle\lim_{n\to\infty}\sqrt[n]{\left(\dfrac{2}{n}\right)^n}=\lim_{n\to\infty}\dfrac{2}{n}=0<1$ ；

（5）级数 $\displaystyle\sum_{n=1}^{\infty}u_n=\sum_{n=1}^{\infty}\sqrt{\dfrac{n+1}{n}}$ ， $\displaystyle\sum_{n=1}^{\infty}v_n=\sum_{n=1}^{\infty}\dfrac{1}{n}$ ， $\displaystyle\lim_{n\to\infty}\dfrac{u_n}{v_n}=\lim_{n\to\infty}\sqrt{n^2+n}=\infty$ ， $\displaystyle\sum_{n=1}^{\infty}v_n$ 发散，

则级数发散；

（6）级数 $\displaystyle\sum_{n=1}^{\infty}u_n=\sum_{n=1}^{\infty}\dfrac{1}{na+b}$ ， $\displaystyle\sum_{n=1}^{\infty}v_n=\sum_{n=1}^{\infty}\dfrac{1}{n}$ ， $\displaystyle\lim_{n\to\infty}\dfrac{u_n}{v_n}=\lim_{n\to\infty}\dfrac{n}{na+b}=\dfrac{1}{a}$ ， $\displaystyle\sum_{n=1}^{\infty}v_n$ 发散，则

级数发散.

5. 判别级数 $\displaystyle\sum_{n=1}^{\infty}\int_n^{n+1}\dfrac{\mathrm{e}^{-x}}{x}\mathrm{d}x$ 的敛散性.

解 收敛. 提示： $0<u_n=\displaystyle\int_n^{n+1}\dfrac{\mathrm{e}^{-x}}{x}\mathrm{d}x<\int_n^{n+1}\mathrm{e}^{-x}\mathrm{d}x=\left(1-\dfrac{1}{\mathrm{e}}\right)\mathrm{e}^n$.

习题 10.3

1. 判别下列级数是否收敛，若收敛，是绝对收敛还是条件收敛？

（1） $\displaystyle\sum_{n=1}^{\infty}(-1)^n\dfrac{1}{\sqrt{n}}$ ；

（2） $\displaystyle\sum_{n=1}^{\infty}(-1)^n\dfrac{1}{2n+1}$ ；

（3） $\displaystyle\sum_{n=1}^{\infty}(-1)^{n-1}\dfrac{n+1}{2n+1}$ ；

（4） $\displaystyle\sum_{n=1}^{\infty}(-1)^{n-1}\dfrac{1}{\ln(n+1)}$ ；

（5） $\displaystyle\sum_{n=1}^{\infty}(-1)^{\frac{n(n-1)}{2}}\dfrac{n}{3^{n-1}}$ ；

（6） $\displaystyle\sum_{n=1}^{\infty}\dfrac{1}{n^2}\sin\dfrac{n^2+1}{n}$ ；

（7） $\displaystyle\sum_{n=1}^{\infty}(-1)^{n-1}\ln\dfrac{n+1}{n}$ ；

（8） $\displaystyle\sum_{n=1}^{\infty}\left(\dfrac{na}{n+1}\right)^n$ ；

（9） $\displaystyle\sum_{n=1}^{\infty}(-1)^{n-1}\left(\sqrt[n]{\mathrm{e}}-1\right)$ ；

（10） $\displaystyle\sum_{n=1}^{\infty}(-1)^{n-1}\dfrac{n^n}{2^{n^2}}$.

解

（1）交错级数 $\sum\limits_{n=1}^{\infty}u_n = \sum\limits_{n=1}^{\infty}(-1)^n\dfrac{1}{\sqrt{n}}$，满足莱布尼茨条件，收敛，$\sum\limits_{n=1}^{\infty}|u_n| = \sum\limits_{n=1}^{\infty}\dfrac{1}{\sqrt{n}}$ 发散，条件收敛；

（2）交错级数 $\sum\limits_{n=1}^{\infty}u_n = \sum\limits_{n=1}^{\infty}(-1)^n\dfrac{1}{2n+1}$，满足莱布尼茨条件，$\sum\limits_{n=1}^{\infty}|u_n| = \sum\limits_{n=1}^{\infty}\dfrac{1}{2n+1}$ 发散，条件收敛；

（3）$\sum\limits_{n=1}^{\infty}|u_n| = \sum\limits_{n=1}^{\infty}\dfrac{n+1}{2n+1}$，发散，交错级数 $\sum\limits_{n=1}^{\infty}(-1)^{n-1}\dfrac{n+1}{2n+1}$，不满足莱布尼茨条件，发散；

（4）交错级数 $\sum\limits_{n=1}^{\infty}u_n = \sum\limits_{n=1}^{\infty}(-1)^{n-1}\dfrac{1}{\ln(n+1)}$ 满足莱布尼茨条件，$\sum\limits_{n=1}^{\infty}|u_n| = \sum\limits_{n=1}^{\infty}\dfrac{1}{\ln(n+1)}$ 发散，条件收敛；

（5）$\sum\limits_{n=1}^{\infty}|u_n| = \sum\limits_{n=1}^{\infty}\dfrac{n}{3^{n-1}}$，$\lim\limits_{n\to\infty}\dfrac{|u_{n+1}|}{|u_n|} = \lim\limits_{n\to\infty}\dfrac{n+1}{3^n}\dfrac{3^{n-1}}{n} = \dfrac{1}{3}$，收敛，原级数绝对收敛；

（6）$\sum\limits_{n=1}^{\infty}\dfrac{1}{n^2}\sin\dfrac{n^2+1}{n}$，$|u_n| = \left|\dfrac{1}{n^2}\sin\dfrac{n^2+1}{n}\right|\le\dfrac{1}{n^2}$，$\sum\limits_{n=1}^{\infty}\dfrac{1}{n^2}$ 收敛，$\sum\limits_{n=1}^{\infty}\left|\dfrac{1}{n^2}\sin\dfrac{n^2+1}{n}\right|$ 收敛，则绝对收敛；

（7）交错级数 $\sum\limits_{n=1}^{\infty}u_n = \sum\limits_{n=1}^{\infty}(-1)^{n-1}\ln\dfrac{n+1}{n}$ 满足莱布尼茨条件，$\sum\limits_{n=1}^{\infty}|u_n| = \sum\limits_{n=1}^{\infty}\ln\dfrac{n+1}{n}$ 发散，条件收敛；

（8）$|a|<1$ 时绝对收敛，$|a|\ge 1$ 时发散；

提示：$\lim\limits_{n\to\infty}\sqrt[n]{\left|\left(\dfrac{na}{n+1}\right)^n\right|} = |a|$，$|a|=1$ 时，$\lim\limits_{n\to\infty}\left|\left(\dfrac{na}{n+1}\right)^n\right| = \lim\limits_{n\to\infty}\left(\dfrac{n}{n+1}\right)^n = \dfrac{1}{e}\ne 0$；

（9）交错级数 $\sum\limits_{n=1}^{\infty}u_n = \sum\limits_{n=1}^{\infty}(-1)^{n-1}\left(\sqrt[n]{e}-1\right)$ 满足莱布尼茨条件，$\sum\limits_{n=0}^{\infty}|u_n| = \sum\limits_{n=1}^{\infty}\left(\sqrt[n]{e}-1\right)$ 发散，条件收敛；

（10）$\sum\limits_{n=1}^{\infty}(-1)^{n-1}\dfrac{n^n}{2^{n^2}}$，$\sum\limits_{n=1}^{\infty}|u_n| = \sum\limits_{n=1}^{\infty}\dfrac{n^n}{2^{n^2}}$，$\lim\limits_{n\to\infty}\sqrt[n]{\dfrac{n^n}{2^{n^2}}} = \lim\limits_{n\to\infty}\dfrac{n}{2^n} = 0$，绝对收敛.

2. 判别下列结论是否正确：

（1）若 $\sum\limits_{n=1}^{\infty}u_n$ 收敛，则 $\sum\limits_{n=1}^{\infty}(-1)^n u_n$ 条件收敛；

（2）若交错级数 $\sum\limits_{n=1}^{\infty}(-1)^n u_n$ 收敛，则必为条件收敛；

（3）若 $\sum\limits_{n=1}^{\infty}u_n^2$ 发散，则 $\sum\limits_{n=1}^{\infty}u_n$ 也发散；

（4）若 $\lim\limits_{n\to\infty}\left|\dfrac{u_{n+1}}{u_n}\right|>1$，则 $\sum\limits_{n=1}^{\infty}u_n$ 必发散；

（5）若 $\sum\limits_{n=1}^{\infty}u_n$ 收敛，$\sum\limits_{n=1}^{\infty}v_n$ 绝对收敛，则 $\sum\limits_{n=1}^{\infty}u_nv_n$ 绝对收敛.

解 （1）错误，如 $\sum\limits_{n=1}^{\infty}(-1)^n\dfrac{1}{\sqrt{n}}$ 收敛，$u_n=(-1)^n\dfrac{1}{\sqrt{n}}$，但 $\sum\limits_{n=1}^{\infty}(-1)^nu_n=\sum\limits_{n=1}^{\infty}\dfrac{1}{\sqrt{n}}$ 发散；

（2）错误，如 $\sum\limits_{n=1}^{\infty}(-1)^n\dfrac{1}{n^2}$ 收敛且绝对收敛；

（3）错误，如 $u_n=(-1)^n\dfrac{1}{\sqrt{n}}$，$\sum\limits_{n=1}^{\infty}u_n^2=\sum\limits_{n=1}^{\infty}\dfrac{1}{n}$ 发散，但 $\sum\limits_{n=1}^{\infty}(-1)^n\dfrac{1}{\sqrt{n}}$ 收敛；

（4）正确，实因 $\lim\limits_{n\to\infty}\left|\dfrac{u_{n+1}}{u_n}\right|>1$，必有 $\lim\limits_{n\to\infty}|u_n|\neq 0$，$\lim\limits_{n\to\infty}u_n\neq 0$；

（5）正确，实因 $|u_n|\leqslant 1$，$|u_nv_n|\leqslant|v_n|$.

习题 10.4

1. 求下列幂级数的收敛半径，收敛区间和收敛域：

（1）$\sum\limits_{n=1}^{\infty}nx^n$；

（2）$\sum\limits_{n=1}^{\infty}(-1)^n\dfrac{x^n}{n^2}$；

（3）$\sum\limits_{n=1}^{\infty}n!x^n$；

（4）$\sum\limits_{n=1}^{\infty}\dfrac{x^n}{2^nn!}$；

（5）$\sum\limits_{n=1}^{\infty}\dfrac{2^nx^n}{n^2+1}$；

（6）$\sum\limits_{n=1}^{\infty}(-1)^{n-1}\dfrac{x^n}{n\cdot 3^n}$；

（7）$\sum\limits_{n=1}^{\infty}(-1)^n\dfrac{x^{2n+1}}{2n+1}$；

（8）$\sum\limits_{n=1}^{\infty}\dfrac{(x-5)^n}{\sqrt{n}}$；

（9）$\sum\limits_{n=1}^{\infty}(-1)^{n-1}\dfrac{(x+1)^n}{n}$；

（10）$\sum\limits_{n=1}^{\infty}\dfrac{1}{1+n^2}x^{2n}$.

解 （1）$\lim\limits_{n\to\infty}\left|\dfrac{a_{n+1}}{a_n}\right|=\lim\limits_{n\to\infty}\dfrac{n+1}{n}=1$，$R=\dfrac{1}{\rho}$，$(-1,1)$，$(-1,1)$；

（2）$\lim\limits_{n\to\infty}\left|\dfrac{a_{n+1}}{a_n}\right|=\lim\limits_{n\to\infty}\dfrac{(n+1)^2}{n^2}=1$，$R=\dfrac{1}{\rho}$，$R=1$，$(-1,1)$，$[-1,1]$；

（3）$\lim\limits_{n\to\infty}\left|\dfrac{a_{n+1}}{a_n}\right|=\lim\limits_{n\to\infty}\dfrac{(n+1)!}{n!}=\infty$，$R=\dfrac{1}{\rho}$，$R=0$；

（4）$\lim\limits_{n\to\infty}\left|\dfrac{a_{n+1}}{a_n}\right|=\lim\limits_{n\to\infty}\dfrac{2^nn!}{2^{n+1}(n+1)!}=0$，$R=\dfrac{1}{\rho}$，$R=+\infty$，$(-\infty,+\infty)$，$(-\infty,+\infty)$；

（5）$\lim\limits_{n\to\infty}\left|\dfrac{a_{n+1}}{a_n}\right|=\lim\limits_{n\to\infty}\dfrac{2^{n+1}(n^2+1)}{2^n((n+1)^2+1)}=2$，$R=\dfrac{1}{\rho}=\dfrac{1}{2}$，$\left(-\dfrac{1}{2},\dfrac{1}{2}\right)$，$\left[-\dfrac{1}{2},\dfrac{1}{2}\right]$；

（6）$\lim\limits_{n\to\infty}\left|\dfrac{a_{n+1}}{a_n}\right|=\lim\limits_{n\to\infty}\dfrac{n3^n}{(n+1)3^{n+1}}=\dfrac{1}{3}$，$R=\dfrac{1}{\rho}$，$R=3$，$(-3,3)$，$(-3,3]$；

（7）设 $y=x^2$，原级数变为 $\sum\limits_{n=1}^{\infty}(-1)^n\dfrac{y^{n+1}}{2n+1}$，$\lim\limits_{n\to\infty}\left|\dfrac{a_{n+1}}{a_n}\right|=\lim\limits_{n\to\infty}\dfrac{2n+3}{2n+1}=1$，$R=\dfrac{1}{\rho}$，$R=1$，$(-1,1)$，$[-1,1]$；

（8）$\lim\limits_{n\to\infty}\left|\dfrac{a_{n+1}}{a_n}\right|=\lim\limits_{n\to\infty}\dfrac{\sqrt{n}}{\sqrt{n+1}}=1$，$R=\dfrac{1}{\rho}$，$R=1$，$(4,6)$，$[4,6)$；

（9）$\lim\limits_{n\to\infty}\left|\dfrac{a_{n+1}}{a_n}\right|=\lim\limits_{n\to\infty}\dfrac{n}{n+1}=1$，$R=\dfrac{1}{\rho}$，$R=1$，$(-2,0)$，$(-2,0]$；

（10）设 $y=x^2$，原级数变为 $\sum\limits_{n=1}^{\infty}\dfrac{1}{1+n^2}y^n$，$\lim\limits_{n\to\infty}\left|\dfrac{a_{n+1}}{a_n}\right|=\lim\limits_{n\to\infty}\dfrac{1+n^2}{1+(n+1)^2}=1$，$R=\dfrac{1}{\rho}$，$R=1$，$(-1,1)$，$[-1,1]$.

2．求下列幂级数的收敛域与和函数：

（1）$\sum\limits_{n=1}^{\infty}\dfrac{n}{n+1}x^n$；

（2）$\sum\limits_{n=1}^{\infty}\dfrac{x^{2n-1}}{2n-1}$；

（3）$\sum\limits_{n=1}^{\infty}nx^{n-1}$；

（4）$\sum\limits_{n=1}^{\infty}\dfrac{x^{4n+1}}{4n+1}$.

解　（1）$S(x)=\begin{cases}\dfrac{1}{1-x}+\dfrac{1}{x}\ln(1-x), & 0<|x|<1,\\[2mm] 0, & x=0;\end{cases}$

（2）$S(x)=\dfrac{1}{2}\ln\dfrac{1+x}{1-x}$，$(-1,1)$；

（3）$S(x)=\dfrac{1}{(1-x)^2}$，$(-1,1)$；

（4）$S(x)=\dfrac{1}{4}\ln\dfrac{1+x}{1-x}+\dfrac{1}{2}\arctan x-x$，$(-1,1)$.

习题 10.5

1．将下列各函数展成 x 的幂级数，并求收敛区间：

（1）$\ln(a+x)$（$a>0$）；

（2）$\arctan x$；

（3）$\dfrac{x}{x^2-3x+2}$；

（4）$\sin^2 x$；

（5）$\dfrac{1}{(1-x)^2}$；

（6）a^x.

解　（1）$\ln(a+x)=\ln a+\sum\limits_{n=1}^{\infty}(-1)^{n-1}\dfrac{1}{n}\left(\dfrac{x}{a}\right)^n$，$(-a,a]$（$a>0$）；

(2) $\arctan x=\sum_{n=0}^{n}(-1)^{n}\dfrac{1}{2n+1}x^{2n+1}$, $[-1,1]$;

(3) $\dfrac{x}{x^{2}-3x+2}=\sum_{n=0}^{\infty}\left(1-\dfrac{1}{2^{n+1}}\right)x^{n+1}$, $(-1,1)$;

(4) $\sin^{2}x=\sum_{n=1}^{\infty}(-1)^{n-1}\dfrac{1}{2(2n)!}(2x)^{2n}$, $(-\infty,+\infty)$;

(5) $\dfrac{1}{(1-x)^{2}}=\sum_{n=1}^{\infty}nx^{n-1}$, $(-1,1)$;

(6) $a^{x}=\sum_{n=0}^{\infty}\dfrac{(x\ln a)^{n}}{n!}$, $(-\infty,+\infty)$.

2. 将函数 $f(x)=\dfrac{1}{x}$ 展开成 $(x-3)$ 的幂级数.

解 $f(x)=\dfrac{1}{x}=\sum_{n=0}^{n}(-1)^{n}\dfrac{1}{3^{n+1}}(x-3)^{n}$, $(0,6)$.

3. 将函数 $f(x)=\dfrac{1}{x^{2}+3x+2}$ 展开成 $(x+4)$ 的幂级数.

解 $f(x)=\dfrac{1}{x^{2}+3x+2}=\sum_{n=0}^{n}\left(\dfrac{1}{2^{n+1}}-\dfrac{1}{3^{n+1}}\right)(x+4)^{n}$, $(-6,-2)$.

4. 计算 $\ln 3$ 的近似值, 要求误差不超过 0.0001.

解 $\ln 3\approx 1.0986$.

5. 计算积分 $\int_{0}^{0.5}\dfrac{\arctan x}{x}\mathrm{d}x$ 的近似值, 要求误差不超过 0.001.

解 $\int_{0}^{0.5}\dfrac{\arctan x}{x}\mathrm{d}x\approx 0.487$.

复习题 10

1. 判别下列级数的敛散性:

(1) $\sum_{n=1}^{\infty}\mathrm{e}^{-\frac{1}{n^{2}}}$;

(2) $\dfrac{1}{1\times 4}+\dfrac{1}{4\times 7}+\cdots+\dfrac{1}{(3n-2)(3n+1)}$;

(3) $\sum_{n=1}^{\infty}\dfrac{\sqrt{n}}{\sqrt{n^{4}+1}}$;

(4) $\sum_{n=1}^{\infty}\dfrac{\pi^{2n}}{(2n)!}$;

(5) $\sum_{n=1}^{\infty}\dfrac{n^{n}}{n!\cdot 2^{n}}$;

(6) $\sum_{n=1}^{\infty}\dfrac{5^{n}(n+1)!}{(2n)!}$.

解 （1）发散；（2）收敛；（3）收敛；（4）收敛；（5）发散；（6）收敛.

2. 下列级数是否收敛? 若收敛, 是绝对收敛还是条件收敛?

(1) $\displaystyle\sum_{n=1}^{\infty}(-1)^{n+1}\frac{2n+1}{n(n+1)}$;

(2) $\displaystyle\sum_{n=1}^{\infty}\frac{n\cos\frac{n\pi}{3}}{2^n}$;

(3) $\displaystyle\sum_{n=1}^{\infty}\left(\frac{2n^2+1}{n(n+1)}\right)^n$;

(4) $\displaystyle\sum_{n=1}^{\infty}\left[\frac{(-1)^n}{2n+1}-\frac{1}{4^n}\right]$.

解 （1）条件收敛；（2）绝对收敛；（3）发散；（4）条件收敛.

3．求下列幂级数的收敛半径和收敛域：

(1) $\displaystyle\sum_{n=1}^{\infty}\frac{2n+1}{n!}x^{2n+1}$;

(2) $\displaystyle\sum_{n=1}^{\infty}\frac{(2x+1)^n}{n}$;

(3) $\displaystyle\sum_{n=1}^{\infty}(-1)^n\frac{(x-1)^{n-1}}{n\cdot 3^n}$.

解 （1） $\displaystyle\lim_{n\to\infty}\frac{a_{n+1}}{a_n}=\lim_{n\to\infty}\frac{(2n+3)n!}{(2n+1)(n+1)!}=0$, $R=\dfrac{1}{\rho}=+\infty$, $(-\infty,+\infty)$;

（2）设 $2x+1=y,\displaystyle\lim_{n\to\infty}\frac{a_{n+1}}{a_n}=\lim_{n\to\infty}\frac{n}{n+1}=1$, $R=\dfrac{1}{\rho}=1$, $[-1,0)$;

（3） $u_n=(-1)^n\dfrac{(x-1)^{n-1}}{n\cdot 3^n}$, $\displaystyle\lim_{n\to\infty}\left|\frac{u_{n+1}}{u_n}\right|=\lim_{n\to\infty}\left|\frac{(x-1)^n n3^n}{(n+1)\cdot 3^{n+1}(x-1)^{n-1}}\right|=\left|\frac{x-1}{3}\right|$, 所以当 $\left|\dfrac{x-1}{3}\right|<1$,

该级数绝对收敛，所以收敛半径 $R=1$ ，收敛区间 $(-2,4]$.

4．将下列函数展成 x 的幂级数：

(1) $f(x)=\dfrac{x}{2+x}$;

(2) $f(x)=\ln\dfrac{1}{3x+4}$.

解 （1） $f(x)=\dfrac{x}{2+x}=\displaystyle\sum_{n=1}^{\infty}(-1)^{n+1}\frac{x^n}{2^n}$, $(-2,2]$;

（2） $f(x)=\ln\dfrac{1}{3x+4}=-\ln 4+\displaystyle\sum_{n=1}^{\infty}(-1)^{n+1}\frac{3^n}{n4^n}x^n$, $\left(-\dfrac{4}{3},0\right]$.

5．将 $f(x)=\dfrac{1}{x^2+4x+3}$ 展开成 $(x-1)$ 的幂级数，并写出收敛域.

解 $f(x)=\dfrac{1}{x^2+4x+3}=\displaystyle\sum_{n=0}^{\infty}(-1)^n\left(\frac{1}{2^{n+2}}-\frac{1}{2^{2n+3}}\right)(x-1)^n$, $(-1,3)$.

6．将函数 $\displaystyle\int_0^x\frac{\sin t}{t}\mathrm{d}t$ $\left(\text{规定}\left.\dfrac{\sin x}{x}\right|_{x=0}=\lim_{x\to 0}\dfrac{\sin x}{x}=1\right)$ 展开成 x 的幂级数，给出收敛域，并

求级数 $\displaystyle\sum_{n=0}^{\infty}\frac{(-1)^n}{(2n+1)!}$ 的和.

解 $\displaystyle\int_0^x\frac{\sin t}{t}\mathrm{d}t=\sum_{n=0}^{\infty}(-1)^n\frac{1}{(2n+1)(2n+1)!}x^{2n+1}$, $(-\infty,+\infty)$, $\displaystyle\sum_{n=0}^{\infty}\frac{(-1)^n}{(2n+1)!}=\sin 1$.

提示：$\dfrac{\sin x}{x} = \sum\limits_{n=0}^{\infty} (-1)^n \dfrac{1}{(2n+1)!} x^{2n}, \quad (-\infty, +\infty)$.

自测题 10

1. 填空题：

（1）设 S_n 为级数 $\sum\limits_{n=1}^{\infty} u_n$ 的部分和，若 $\lim\limits_{n \to \infty} S_n = S$ ，则 $\sum\limits_{n=1}^{\infty} u_n =$ _____ ，余项 $r_n =$ _____ ；

（2）设 $\sum\limits_{n=1}^{\infty} u_n$ ，若 $\lim\limits_{n \to \infty} u_n \neq 0$ ，则 $\sum\limits_{n=1}^{\infty} u_n$ _____ ；

（3）设 $\sum\limits_{n=1}^{\infty} u_n = S$ ，$\sum\limits_{n=1}^{\infty} v_n = \sigma$ ，则 $\sum\limits_{n=1}^{\infty} (ku_n + v_n) =$ _____ ，k 为常数；

（4）级数 $\dfrac{3}{2} + \dfrac{4}{2^2} + \dfrac{5}{2^3} + \dfrac{6}{2^4} + \cdots$ 的一般项为_____ ；

（5）级数 $\sum\limits_{n=1}^{\infty} aq^n$ ，当 $|q| < 1$ 时级数 $\sum\limits_{n=1}^{\infty} aq^n$ _____ ，$|q| \geqslant 1$ 时级数 $\sum\limits_{n=1}^{\infty} aq^n$ _____ .

（6）级数 $\sum\limits_{n=0}^{\infty} \dfrac{nx^{2n}}{3^n}$ 的收敛域是_____ ；

（7）级数 $\sum\limits_{n=1}^{\infty} (-1)^{n-1} \dfrac{x^n}{n}$ 的收敛半径 $R =$ _____ ；

（8）幂级数 $1 + x + \dfrac{1}{2!} x^2 + \cdots + \dfrac{1}{n!} x^n + \cdots$ 的收敛域是_____ ；

（9）幂级数 $\sum\limits_{n=0}^{\infty} n! x^n$ 的收敛半径 $R =$ _____ .

解 （1）S ，$S - S_n$ ；（2）发散；（3）$kS + \sigma$ ；（4）$\dfrac{n+2}{2^n}$ ；（5）收敛，发散；（6）$\left[-\sqrt{3}, \sqrt{3} \right]$ ；

（7）1；（8）$(-\infty, +\infty)$ ；（9）0 .

2. 判断题：

（1）若级数 $\sum\limits_{n=1}^{\infty} u_n$ 发散，k 为常数，则级数 $\sum\limits_{n=1}^{\infty} ku_n$ 发散；

（2）若级数 $\sum\limits_{n=1}^{\infty} a_n$ 发散，$\sum\limits_{n=1}^{\infty} b_n$ 收敛，则 $\sum\limits_{n=1}^{\infty} (a_n + b_n)$ 发散；

（3）若级数 $\sum\limits_{n=1}^{\infty} a_n$ 与 $\sum\limits_{n=1}^{\infty} b_n$ 均发散，则 $\sum\limits_{n=1}^{\infty} (a_n + b_n)$ 必发散；

（4）若级数 $\sum\limits_{n=1}^{\infty} (a_n + b_n)$ 收敛，则级数 $\sum\limits_{n=1}^{\infty} a_n$ 与 $\sum\limits_{n=1}^{\infty} b_n$ 均收敛.

解 （1）错误；（2）正确；（3）错误；（4）错误.

3. 单选题:

（1）当（　　）时，无穷级数 $\sum\limits_{n=1}^{\infty}(-1)^n u_n$ （$u_n>0$）绝对收敛；

A. $u_{n+1}\leqslant u_n$ （$n=1,2,\cdots$）；   B. $\lim\limits_{n\to\infty}u_n=0$；

C. $u_{n+1}\leqslant u_n$ （$n=1,2,\cdots$），$\lim\limits_{n\to\infty}u_n=0$； D. $\sum\limits_{n=1}^{\infty}u_n$ （$u_n>0$）收敛．

（2）级数 $\sum\limits_{n=1}^{\infty}u_n$ 与 $\sum\limits_{n=1}^{\infty}v_n$ 满足 $u_n\leqslant v_n$ （$n=1,2,\cdots$），则（　　）；

A. $\sum\limits_{n=1}^{\infty}v_n$ 收敛时，$\sum\limits_{n=1}^{\infty}u_n$ 也收敛；   B. $\sum\limits_{n=1}^{\infty}u_n$ 发散时，$\sum\limits_{n=1}^{\infty}v_n$ 也发散；

C. $\sum\limits_{n=1}^{\infty}v_n$ 收敛时，$\sum\limits_{n=1}^{\infty}u_n$ 未必收敛； D. $\sum\limits_{n=1}^{\infty}v_n$ 发散时，$\sum\limits_{n=1}^{\infty}u_n$ 必发散．

（3）级数 $\sum\limits_{n=1}^{\infty}(u_{2n-1}+u_{2n})$ 是收敛的，则（　　）；

A. $\sum\limits_{n=1}^{\infty}u_n$ 必收敛；   B. $\sum\limits_{n=1}^{\infty}u_n$ 未必收敛；

C. $\lim\limits_{n\to\infty}u_n=0$；   D. $\sum\limits_{n=1}^{\infty}u_n$ 发散．

（4）级数 $\sum\limits_{n=1}^{\infty}u_n$ 收敛，则必有（　　）；

A. $\sum\limits_{n=1}^{\infty}(u_{2n-1}+u_{2n})$ 发散；   B. $\sum\limits_{n=1}^{\infty}ku_n$ 发散（$k\neq0$）；

C. $\sum\limits_{n=1}^{\infty}|u_n|$ 收敛；   D. $\lim\limits_{n\to\infty}u_n=0$．

（5）当（　　）时级数 $\sum\limits_{n=1}^{\infty}\dfrac{a}{q^n}$ 收敛（a 为常数）；

A. $q<1$；   B. $|q|<1$；

C. $q>-1$；   D. $|q|>1$．

（6）若级数 $\sum\limits_{n=1}^{\infty}u_n$ 收敛，则下列级数收敛的是（　　）；

A. $\sum\limits_{n=1}^{\infty}100u_n$；   B. $\sum\limits_{n=1}^{\infty}(u_n+100)$；

C. $\sum\limits_{n=1}^{\infty}u_n^{100}$；   D. $\sum\limits_{n=1}^{\infty}\dfrac{100}{u_n}$．

（7）若级数 $\sum\limits_{n=1}^{\infty}u_n$ 与 $\sum\limits_{n=1}^{\infty}v_n$ 分别收敛于 S_1 与 S_2，则（　　）式未必成立；

A. $\sum_{n=1}^{\infty}(u_n \pm v_n) = S_1 \pm S_2$;   B. $\sum_{n=1}^{\infty} ku_n = kS_1$;

C. $\sum_{n=1}^{\infty} kv_n = kS_2$;   D. $\sum_{n=1}^{\infty} \frac{u_n}{v_n} = \frac{S_1}{S_2}$.

（8）级数 $\sum_{n=1}^{\infty} \frac{(-1)^{n-1}}{3^n}$ 不是（　　）；

A. 交错级数；   B. 等比级数；

C. 条件收敛；   D. 绝对收敛.

（9）下列级数绝对收敛的是（　　）；

A. $\sum_{n=1}^{\infty} \frac{(-1)^{n-1}}{\sqrt{n}}$;   B. $\sum_{n=1}^{\infty} (-1)^{n-1} \sin\left(\frac{2}{3}\right)^n$;

C. $\sum_{n=1}^{\infty} (-1)^{n-1} \frac{n}{\sqrt{2n^2+1}}$;   D. $\sum_{n=1}^{\infty} (-1)^{n-1} \frac{1}{\sqrt{2n^2+4}}$.

（10）下列级数绝对收敛的是（　　）；

A. $\sum_{n=1}^{\infty} \frac{(-1)^{n-1}}{n}$;   B. $\sum_{n=1}^{\infty} (-1)^{n-1} \frac{n}{2n-1}$;

C. $\sum_{n=1}^{\infty} \frac{(-1)^{n-1}}{3^n}$;   D. $\sum_{n=1}^{\infty} \frac{(-1)^n}{\sqrt{n}}$.

（11）下列级数发散的是（　　）；

A. $\sum_{n=1}^{\infty} (-1)^{n-1} \frac{1}{\ln(n+1)}$;   B. $\sum_{n=1}^{\infty} \frac{1}{3^n}$;

C. $\sum_{n=1}^{\infty} \frac{(-1)^{n-1}}{3^n}$;   D. $\sum_{n=1}^{\infty} \frac{3^n}{n}$.

（12）幂级数 $\sum_{n=1}^{\infty} \frac{x^n}{n}$ 的收敛域是（　　）；

A. $[-1,1]$;   B. $[-1,1)$;

C. $(-1,1)$;   D. $(-1,1]$.

（13）函数 $f(x) = e^{-x^2}$ 展成 x 的幂级数为（　　）；

A. $1 + x^2 + \frac{x^4}{2!} + \frac{x^6}{3!} + \cdots$;   B. $1 - x^2 + \frac{x^4}{2!} - \frac{x^6}{3!} + \cdots$;

C. $1 + x + \frac{x^2}{2!} + \frac{x^3}{3!} + \cdots$;   D. $1 - x + \frac{x^2}{2!} - \frac{x^3}{3!} + \cdots$.

（14）幂级数 $\sum_{n=1}^{\infty} \frac{(x+5)^n}{\sqrt{n}}$ 的收敛域是（　　）；

A. $[-6,-4)$;   B. $(-4,4]$;

C. $[4,6)$;   D. $(-6,6)$.

（15）若级数 $\sum\limits_{n=1}^{\infty} a_n(x-3)^n$ 在 $x=-2$ 处收敛，则此级数在 $x=5$ 处（　　）.

  A. 发散；   B. 条件收敛；

  C. 绝对收敛；   D. 收敛性不确定.

  解 （1）D；（2）C；（3）B；（4）D；（5）D；（6）A；（7）D；（8）C；（9）B；（10）C；（11）D；（12）B；（13）B；（14）A；（15）C.

  4．判别下列级数的敛散性：

  （1）$\sum\limits_{n=1}^{\infty} \dfrac{n}{2n-1}$ ；   （2）$\sum\limits_{n=1}^{\infty} \dfrac{1}{\sqrt{n}}\sin\dfrac{1}{n}$ ；

  （3）$\sum\limits_{n=1}^{\infty} \dfrac{1}{3n+2}$ ；   （4）$\sum\limits_{n=1}^{\infty} \dfrac{\cos n\pi}{5^n}$ ；

  （5）$\sum\limits_{n=1}^{\infty} \dfrac{n^n}{n!2^n}$ ；   （6）$\sum\limits_{n=1}^{\infty} \dfrac{1}{3^n}\left(\dfrac{n+1}{n}\right)^{n^2}$ ；

  （7）$\sum\limits_{n=1}^{\infty} \dfrac{1}{\sqrt[n]{n}}$ ；   （8）$\sum\limits_{n=1}^{\infty} \dfrac{n^{n-1}}{\left(3n^2-n-1\right)^{\frac{n+1}{2}}}$.

  解

  （1）$\sum\limits_{n=1}^{\infty} \dfrac{n}{2n-1}=\sum\limits_{n=1}^{\infty}\left(\dfrac{1}{2}+\dfrac{1}{4n-2}\right)$ ，$u_n=\dfrac{1}{2}+\dfrac{1}{4n-2}>\dfrac{1}{2}+\dfrac{1}{4n}$ ，级数 $\sum\limits_{n=1}^{\infty}\left(\dfrac{1}{2}+\dfrac{1}{4n}\right)$ 发散，原级数发散；

  （2）$u_n=\dfrac{1}{\sqrt{n}}\sin\dfrac{1}{n}$ ，$\dfrac{1}{\sqrt{n}}\sin\dfrac{1}{n}\leqslant\dfrac{1}{n^{\frac{3}{2}}}$ ，$\sum\limits_{n=1}^{\infty} v_n=\sum\limits_{n=1}^{\infty}\dfrac{1}{n^{\frac{3}{2}}}$ ，v_n 为 p 级数，收敛，则原级数收敛；

  （3）$u_n=\dfrac{1}{3n+2}>\dfrac{1}{3n}$ ，级数 $\sum\limits_{n=1}^{\infty}\dfrac{1}{3n}$ 发散，原级数发散；

  （4）$\dfrac{\cos n\pi}{5^n}\leqslant\dfrac{1}{5^n}$ ，$\sum\limits_{n=1}^{\infty} v_n=\sum\limits_{n=1}^{\infty}\dfrac{1}{5^n}$ ，等比级数收敛，原级数收敛；

  （5）$\lim\limits_{n\to\infty}\dfrac{u_{n+1}}{u_n}=\lim\limits_{n\to\infty}\dfrac{(n+1)^{n+1}n!2^n}{n^n(n+1)!2^{n+1}}=\dfrac{e}{2}>1$ ，发散；

  （6）$\lim\limits_{n\to\infty}\sqrt[n]{u_n}=\lim\limits_{n\to\infty}\sqrt[n]{\dfrac{1}{3^n}\left(\dfrac{n+1}{n}\right)^{n^2}}=\dfrac{e}{3}<1$ ，收敛；

  （7）级数 $u_n=\dfrac{1}{\sqrt[n]{n}}$ ，$v_n=\dfrac{1}{n}$ ，$n\geqslant1$ ，$u_n\geqslant v_n$ ，$\sum\limits_{n=1}^{\infty} v_n$ 发散，原级数发散；

  （8）级数 $u_n=\dfrac{n^{n-1}}{\left(3n^2-n-1\right)^{\frac{n+1}{2}}}$ ，$v_n=\dfrac{n^{n-1}}{\left(3n^2\right)^{\frac{n+1}{2}}}=\dfrac{1}{3^{\frac{n+1}{2}}n^2}$ ，$u_n<v_n$ ，$\sum\limits_{n=0}^{\infty} v_n=\sum\limits_{n=0}^{\infty}\dfrac{1}{3^{\frac{n+1}{2}}n^2}$ ，

$$\lim_{n \to \infty} \frac{v_{n+1}}{v_n} = \lim_{n \to \infty} \frac{3^{\frac{n+1}{2}} n^2}{3^{\frac{n+2}{2}} (n+1)^2} = \frac{\sqrt{3}}{3} > 1$$，级数 $\sum_{n=0}^{\infty} v_n$ 收敛，原级数收敛.

5. 判别下列级数的敛散性，若收敛，指明是条件收敛还是绝对收敛：

（1）$\sum_{n=1}^{\infty} (-1)^n \frac{1}{\sqrt{n^2+n}}$；

（2）$\sum_{n=1}^{\infty} (-1)^n \frac{1}{\pi^{n+1}} \sin \frac{\pi}{n+1}$；

（3）$\sum_{n=1}^{\infty} (-1)^n \frac{n}{n+1}$；

（4）$\sum_{n=1}^{\infty} (-2)^n \sin \frac{\pi}{3^n}$；

（5）$\sum_{n=1}^{\infty} \frac{\sin \alpha + (-1)^n n}{n^2}$；

（6）$\sum_{n=1}^{\infty} (-1)^n \frac{n}{n^3+1}$.

解 （1）条件收敛；（2）绝对收敛；（3）发散；（4）绝对收敛；（5）条件收敛；（6）绝对收敛.

6. 求幂级数的收敛半径，收敛区间和收敛域：

（1）$\sum_{n=1}^{\infty} \frac{1}{n2^n} x^n$；

（2）$\sum_{n=1}^{\infty} \frac{3^n+5^n}{n} x^n$；

（3）$\sum_{n=1}^{\infty} \frac{n}{2^n} x^{2n}$；

（4）$\sum_{n=1}^{\infty} n(x+1)^n$；

（5）$\sum_{n=1}^{\infty} \frac{1}{n(n+1)} x^{n+1}$；

（6）$\sum_{n=1}^{\infty} \frac{(-3)^n+2^n}{n^2} x^n$.

解 （1）$R=2$，$(-2,2)$，$[-2,2)$；

（2）$R=\frac{1}{5}$，$\left(-\frac{1}{5}, \frac{1}{5}\right)$，$\left[-\frac{1}{5}, \frac{1}{5}\right)$；

（3）$R=\sqrt{2}$，$(-\sqrt{2}, \sqrt{2})$，$(-\sqrt{2}, \sqrt{2})$；

（4）$R=0$，$x=-1$；

（5）$R=1$，$(-1,1)$，$[-1,1]$；

（6）$R=\frac{1}{3}$，$\left(-\frac{1}{3}, \frac{1}{3}\right)$，$\left[-\frac{1}{3}, \frac{1}{3}\right]$.

7. 求级数 $\sum_{n=1}^{\infty} (-1)^n \frac{x^{2n+1}}{2n+1}$ 在收敛区间内的和函数.

解 和函数为 $S(x) = \arctan x - x$，$(-1,1)$.

8.（1）将 $f(x) = \ln(3-2x-x^2)$ 展开成 x 的幂级数；

（2）将 $f(x) = \cos^2 x$ 展开成 x 的幂级数；

（3）将 $f(x) = \frac{1}{x^2+3x+2}$ 展开成 $x+4$ 的幂级数；

（4）将 $f(x) = \left(\frac{e^x-1}{x}\right)'$（规定 $f(0)=1$）展开成 x 的幂级数，给出收敛域，并求级数

$\sum_{n=1}^{\infty} \frac{n}{(n+1)!}$ 的和.

解 （1）$f(x) = \ln(3-2x-x^2) = \ln 3 + \sum_{n=1}^{\infty} \frac{1}{n}\left[\frac{(-1)^{n-1}}{3^n} - 1\right] x^n$，$[-1,1)$；

（2）$f(x) = \cos^2 x = 1 + \sum_{n=1}^{\infty} \frac{(-1)^n 2^{2n-1}}{(2n)!} x^{2n}$，$(-\infty, +\infty)$ ；

（3）$f(x) = \frac{1}{x^2 + 3x + 2} = \sum_{n=0}^{\infty} \left(\frac{1}{2^{n+1}} + \frac{1}{3^{n+1}} \right)(x+4)^n$，$(-6, -2)$ ；

（4）$f(x) = \left(\frac{e^x - 1}{x} \right)' = \sum_{n=2}^{\infty} \frac{n-1}{n!} x^{n-2}$，$(-\infty, +\infty)$，$\sum_{n=1}^{\infty} \frac{n}{(n+1)!} = 1$.

10.4　同步练习及答案

同步练习

一、填空题.

（1）$\sum_{n=0}^{\infty} \left(\frac{1}{5} \right)^n = $ _____ ；

（2）已知级数 $\sum_{n=1}^{\infty} (1 - u_n)$ 收敛，则 $\lim_{n \to \infty} u_n = $ _____ ；

（3）级数 $\sum_{n=1}^{\infty} \frac{(-1)^n}{\sqrt{n}}$ 是 _____ 收敛；级数 $\sum_{n=1}^{\infty} (-1)^{n-1} \frac{1}{2^n}$ 是 _____ 收敛；

（4）已知级数 $\sum_{n=1}^{\infty} \frac{(-1)^n}{n^{p-3}}$ ，当 p _____ 时级数绝对收敛，当 p _____ 时级数条件收敛，当 p _____ 时级数发散；

（5）级数 $\sum_{n=1}^{\infty} \frac{1}{n(n+1)(n+2)}$ 的和是 _____ ；

（6）幂级数 $\sum_{n=0}^{\infty} \frac{x^n}{3^n}$ 的收敛半径 $R = $ _____ ；收敛区间是 _____ ；

（7）幂级数 $\sum_{n=0}^{\infty} \frac{x^n}{n!}$ 的和函数是 _____ ；

（8）函数 $f(x) = \ln(3 + x)$ 在 $x = 0$ 点展开的幂级数为 _____ .

二、单项选择题.

（1）已知 $\sum_{n=0}^{\infty} \frac{2^n}{n!}$ 收敛，则 $\lim_{n \to \infty} \frac{2^n}{n!} = $（　　）；

A. 1；

B. 0；

C. $+\infty$ ；

D. $-\infty$.

（2）下列级数中收敛的是（　　）；

A. $\sum_{n=1}^{\infty} \frac{n+1}{2n}$ ；

B. $\sum_{n=1}^{\infty} \left(\frac{1}{2} \right)^{1-n}$ ；

C. $\displaystyle\sum_{n=1}^{\infty}\frac{2^n}{n}$；

D. $\displaystyle\sum_{n=1}^{\infty}\frac{(-1)^{n-1}}{\sqrt{n}}$.

（3）若级数 $\displaystyle\sum_{n=1}^{\infty}\frac{1}{n^{p+1}}$ 发散，则（ ）；

A. $p\leqslant 0$；

B. $p>0$；

C. $p\leqslant 1$；

D. $p<1$.

（4）若级数 $\displaystyle\sum_{n=1}^{\infty}u_n$ 收敛，则下列级数中必收敛的是（ ）；

A. $\displaystyle\sum_{n=1}^{\infty}(u_{n+1}+u_n)$；

B. $\displaystyle\sum_{n=1}^{\infty}(u_{2n-1}-u_{2n})$；

C. $\displaystyle\sum_{n=1}^{\infty}u_n^2$；

D. $\displaystyle\sum_{n=1}^{\infty}(-1)^n\frac{u_n}{n}$.

（5）若 $\displaystyle\lim_{n\to\infty}u_n=0$，则级数 $\displaystyle\sum_{n=1}^{\infty}u_n$（ ）；

A. 一定收敛；

B. 一定发散；

C. 一定条件收敛；

D. 可能收敛，可能发散.

（6）当 p 满足（ ）时，级数 $\displaystyle\sum_{n=1}^{\infty}n^{2-p}$ 收敛；

A. $p\geqslant 3$；

B. $p>3$；

C. $p\leqslant 3$；

D. $p<3$.

（7）下列级数中条件收敛的是（ ）；

A. $\displaystyle\sum_{n=1}^{\infty}\frac{(-1)^{n-1}}{\sqrt{n}}$；

B. $\displaystyle\sum_{n=1}^{\infty}(-1)^{n-1}\left(\frac{2}{3}\right)^n$；

C. $\displaystyle\sum_{n=1}^{\infty}(-1)^{n-1}\frac{n}{\sqrt{2n^3+1}}$；

D. $\displaystyle\sum_{n=1}^{\infty}(-1)^{n-1}\frac{1}{\sqrt{n^3+4}}$.

（8）幂级数 $\displaystyle\sum_{n=1}^{\infty}\frac{3^n}{n+3}x^n$ 的收敛半径 $R=$（ ）；

A. 1；

B. 3；

C. $\dfrac{1}{3}$；

D. ∞.

（9）a^x 展开为 x 的幂级数（ $a>0$, $a\neq 1$ ）是（ ）；

A. $\displaystyle\sum_{n=0}^{\infty}\frac{x^n}{n!}$；

B. $\displaystyle\sum_{n=0}^{\infty}(-1)^n\frac{x^n}{n!}$；

C. $\displaystyle\sum_{n=0}^{\infty}\frac{(x\ln a)^n}{n!}$；

D. $\displaystyle\sum_{n=0}^{\infty}\frac{(x\ln a)^n}{n}$.

（10）幂级数 $\sum\limits_{n=1}^{\infty} n\left(\dfrac{x}{2}\right)^{n-1}$ 的收敛区间是（　　）；

    A．$(-2,2]$；   B．$[-2,2)$；

    C．$(-2,2)$；   D．$[-2,2]$．

三、计算题．

（1）判定下列级数的敛散性．

  1）$\sum\limits_{n=1}^{\infty} \ln\left(1+\dfrac{1}{n}\right)$；   2）$\sum\limits_{n=1}^{\infty} \dfrac{\ln n}{2n^3-1}$．

（2）判定下列级数的收敛性，若收敛，指明是条件收敛还是绝对收敛．

  1）$\sum\limits_{n=1}^{\infty} (-1)^{n-1} \dfrac{1}{(2n-1)^2}$；   2）$\sum\limits_{n=1}^{\infty} (-1)^{n-1} \dfrac{n+1}{n^2}$．

（3）求幂级数 $\sum\limits_{n=1}^{\infty} 2^n \dfrac{(x+1)^n}{\sqrt{n}}$ 的收敛半径，收敛区间．

（4）求幂级数 $\sum\limits_{n=1}^{\infty} (-1)^{n-1} \dfrac{x^n}{n}$ 的和函数．

（5）将 $f(x)=\dfrac{x}{1+x-2x^2}$ 展开成 x 的幂级数．

参考答案

一、（1）$\dfrac{5}{4}$；（2）1；（3）条件；绝对；（4）$p>4$，$3<p\leqslant 4$，$p\leqslant 3$；（5）$\dfrac{1}{4}$；

（6）3，$(-3,3)$；（7）e^x，$(-\infty,+\infty)$；（8）$\ln 3+\sum\limits_{n=1}^{\infty}(-1)^{n-1}\dfrac{x^n}{n\cdot 3^n}$，$(-3,3]$．

二、（1）B；（2）D；（3）A；（4）A；（5）D；（6）B；（7）A；（8）C；（9）C；

（10）C．

三、（1）1）发散；2）收敛；（2）1）绝对收敛；2）条件收敛．

（3）收敛半径 $R=\dfrac{1}{2}$；收敛区间为 $\left[-\dfrac{3}{2},-\dfrac{1}{2}\right)$．

（4）$\sum\limits_{n=1}^{\infty}(-1)^{n-1}\dfrac{x^n}{n}=\ln(1+x)$，$(-1,1)$

（5）$f(x)=\dfrac{x}{1+x-2x^2}=\dfrac{1}{3}\left(\dfrac{1}{1-x}-\dfrac{1}{1+2x}\right)$

$=\dfrac{1}{3}\left(\sum\limits_{n=0}^{\infty}x^n-\sum\limits_{n=0}^{\infty}(-2x)^n\right)=\dfrac{1}{3}\sum\limits_{n=0}^{\infty}\left[1-(-1)^n 2^n\right]x^n$（$|x|<\dfrac{1}{2}$）．

参考文献

[1] 同济大学应用数学系. 高等数学（第六版）. 北京：高等教育出版社，2006.

[2] 同济大学数学系. 高等数学习题全解指南. 北京：高等教育出版社，2006.

[3] 顾静相. 经济数学基础. 北京：高等教育出版社，2004.

[4] 徐建豪，刘克宁. 经济应用数学. 北京：高等教育出版社，2003.

[5] 毛京中. 高等数学学习指导. 北京：北京理工大学出版社，2001.

[6] 朱来义. 微积分（第二版）. 北京：高等教育出版社，2003.

[7] 范培华，章学诚，刘西垣. 微积分. 北京：中国商业出版社，2006.

[8] 刘淑环，刘崇丽，闫红霞. 高等数学. 北京：北京华文出版社，2002.

[9] 张国楚，徐本顺，李祎. 大学文科数学. 北京：高等教育出版社，2002.

[10] 李铮，周放. 高等数学. 北京：科学出版社，2001.

[11] 周建莹，李正元. 高等数学解题指南. 北京：北京大学出版社，2002.

[12] 上海财经大学应用数学系. 高等数学. 上海：上海财经大学出版社，2003.

[13] 蒋兴国，吴延东. 高等数学. 北京：机械工业出版社，2002.

[14] 赵树嫄. 微积分. 北京. 中国人民大学出版社，2002.

[15] 盛祥耀. 高等数学. 北京：高等教育出版社，2002.

[16] 何春江. 高等数学. 北京：中国水利水电出版社，2006.

[17] 何春江. 经济数学. 北京：中国水利水电出版社，2008.

[18] 张义清，徐新丽. 高等数学学习指导. 北京：机械工业出版社，2003.

[19] 张翠莲. 高等数学（经管、文科类）. 北京：中国水利水电出版社，2009.